离散数学

（第五版）

耿素云 屈婉玲 张立昂 编著

清华大学出版社
北京

内 容 简 介

本书包括数理逻辑、集合论、图论、组合分析初步、代数结构和形式语言与自动机初步等6个方面的内容.

书中概念论述清楚,内容丰富,通俗易懂,并且着重于概念的应用,而不着重于定理的证明.每章后均附有习题,建议学时60～80.

本书可以作为计算机及信息管理等相关专业本科生的教材,也可以作为计算机技术与软件专业技术资格(水平)考试的参考书,同时还可以供从事计算机软件、硬件开发和应用的人员使用.另有配套教材《离散数学题解(第五版)》.

本书是北京高等教育精品教材。

图书在版编目(CIP)数据

离散数学/耿素云,屈婉玲,张立昂编著.--5版.--北京:清华大学出版社,2013(2023.9重印)
ISBN 978-7-302-32507-9

Ⅰ.①离… Ⅱ.①耿… ②屈… ③张… Ⅲ.①离散数学-高等学校-教材 Ⅳ.①O158

中国版本图书馆CIP数据核字(2013)第108093号

责任编辑: 白立军
封面设计: 傅瑞学
责任校对: 时翠兰
责任印制: 宋 林

出版发行: 清华大学出版社
网 址: http://www.tup.com.cn, http://www.wqbook.com
地 址: 北京清华大学学研大厦A座 **邮 编:** 100084
社 总 机: 010-83470000 **邮 购:** 010-62786544
投稿与读者服务: 010-62776969, c-service@tup.tsinghua.edu.cn
质量反馈: 010-62772015, zhiliang@tup.tsinghua.edu.cn
课件下载: http://www.tup.com.cn,010-83470236
印 装 者: 三河市天利华印刷装订有限公司
经 销: 全国新华书店
开 本: 185mm×260mm **印 张:** 17.25 **字 数:** 401千字
版 次: 1999年8月第1版 2013年7月第5版 **印 次:** 2023年9月第29次印刷
定 价: 39.00元

产品编号:044139-02

第五版前言

本书自从 2008 年发行第四版以来，随着信息技术飞速发展和社会对高层次信息人才的迫切需求，根据教育部计算机科学与技术专业教学指导委员会提出的《计算机科学与技术专业规范》和《高等学校计算机科学与技术专业核心课程教学实施方案》的建议，结合信息管理与信息系统专业的教学要求，本书第五版在保持原有写作风格的基础上，除了对文字做了进一步加工，纠正了某些疏漏以外，并对部分内容进行了调整，主要表现如下.

(1) 将代数结构部分的内容进行了整合，并调整到教材的最后.

(2) 图论部分(第 5～第 7 章)的叙述有较大的改动.

(3) 增添了一些内容，主要是与离散数学应用相关的内容，它们是组合电路(第 1 章)，欧拉函数(第 3 章)，着色问题(第 5 章)，地图着色与四色定理、格雷码(第 6 章)等.

(4) 对部分习题做了补充和调整.

在此次修订中，也对配套出版的《离散数学题解》进行了同步更新和调整，PPT 电子教案的修订版随后推出. 各章修订都由原作者完成.

本书适合作为计算机应用和信息技术等相关专业的教学用书，教师可以根据不同教学要求进行适当剪裁，大约用 54～72 学时完成教学计划. 此外，本书也可以作为从事信息系统开发的科技人员的参考书.

作者

2013 年 2 月

第四版前言

本书从 1991 年发行第一版，到 2004 年推出第三版并被评为北京市精品教材以来，信息技术飞速发展，新成果层出不穷，一个崭新的信息时代正在到来．为了应对高层次信息人才需求的巨大挑战，近年来，教育部计算机科学与技术专业教学指导委员会组织有关专家对国内外计算机专业教育进行了深入的调研，提出了《计算机科学与技术专业规范》(CCC2004—2005)．在这个规范中，计算机科学与技术专业被细化成计算机科学、计算机工程、软件工程、信息技术 4 个专业方向，并提出了相关专业方向的教学计划和课程设计．

根据这个意见的指导思想，并结合信息管理与信息系统专业的教学要求，本书第四版在保持原有写作风格的基础上，除了对文字做了进一步加工，纠正了某些疏漏以外，并对部分内容进行了调整，主要表现如下．

(1) 在组合分析中补充了递推方程的求解及其在计算机递归算法分析中的应用．

(2) 形式系统通常包含形式语言以及用形式语言表述的公理和推理规则．在形式系统中，符号串本身是没有语义的，只能通过解释赋予它们一定的语义，但在讨论系统的公理或推理规则时应该与语义无关．本书在以前几个版本关于一阶逻辑推理的叙述中没有采用公理化的方法．为了兼顾逻辑体系的严谨性及本书的定位与写作风格，决定删掉这部分内容．

(3) 面向计算机科学技术的新发展，补充了一些离散数学在相关领域的应用实例．

在此次修订中，也对配套出版的《离散数学题解》进行了相应的更新和调整，PPT 电子教案的修订版随后推出．各章修订都由原作者完成．

本书适合作为计算机应用和信息技术等相关专业的教学用书，教师可以根据不同教学要求进行适当剪裁，大约用 54～72 学时完成教学计划．此外，本书也可以作为从事信息系统开发的科技人员的参考书．

作者

2007 年 10 月

第三版前言

本书已出版发行12个年头.当初是为了适应全国计算机软件专业技术资格和水平考试的需要而编写的.现在,全国计算机软件专业技术资格和水平考试的内容有了很大的变化,仅在系统分析员级中还有离散数学.但是,出乎我们意料的是,本书的发行量一直在逐年上升,被很多学校选作教材.为了更好地适应这种形势的需要,应清华大学出版社的要求,出版本书的第三版.

第三版在内容上没有做大的改动.除订正第二版中的错误和修改了少量的表述外,主要是对每章的最后一节"题例分析"进行了修改和补充.原来"题例分析"中的例题全部是选择题(这是因为当初全国计算机软件专业技术资格和水平考试中的离散数学只有这种题型),尽管每一题都加了"分析",对相关知识和技巧做了尽可能全面的讲解,但由于这种题型的限制,还是很难充分发挥这一节的应有作用.第三版保留了部分选择题,根据内容的需要添加或改写了其他形式的例题,使得这一节更好地起到它应有的作用,即帮助读者理解和掌握本章的内容,强调学习中应注意的事项(如容易犯的错误),进一步讲解做题的技巧等.

各部分的修改由原作者完成.

作者

2003年9月

第二版前言

计算机的出现和蓬勃发展彻底改变了人类的生活，它必将作为20世纪最灿烂辉煌的成就之一载入史册. 从科学计算到大型的信息管理系统，从人工智能直至进入家庭，计算机已成为人们生活中密不可分的一个组成部分. 当前，人类社会经过农业经济、工业经济，正在进入到知识经济的时代. 经济的增长将更多地依赖于知识和信息的生产、扩散和应用，人类社会正在成为名副其实的信息化社会. 这既为计算机科学技术的发展提供了前所未有的机遇和动力，也提出了更多的问题和更高的要求. 解决这些问题的关键就是知识和技术的创新. 因此，作为计算机科学技术的支撑学科之一的离散数学正变得日益重要. 离散数学是现代数学的重要分支，是研究离散量的结构及相互关系的学科，它在计算机理论研究及软、硬件开发的各个领域都有着广泛的应用. 作为一门重要的专业基础课，通过离散数学的教学，不仅能为学生的专业课学习及将来从事的软、硬件开发和应用研究打下坚实的基础，同时也有助于培养他们的抽象思维、严格的逻辑推理和创新能力.

《离散数学》一书自从1992年2月由清华大学出版社作为"全国计算机软件专业技术资格(水平)考试系列教材"出版以来，已历经7年. 由于它取材适度、概念清楚、讲解翔实、通俗易读、既适合教学也便于自学的特点，也由于它"着重于基本概念的论述和应用，而不重于定理证明"的风格而受到读者的欢迎和好评. 这本书不仅被广大参加软件水平考试培训的人员使用，同时也被许多高校选作计算机或相关专业本科生的教材.

作为第二版，本书保留了原书的体系、风格和6个部分的基本内容，即①数理逻辑；②集合论；③代数结构；④图论；⑤组合分析初步；⑥形式语言与自动机初步. 同时，为了适应专科教育的要求，与第一版相比，除了对原书中的错误和疏漏之处进行订正以外，还在以下几个方面进行了修订.

(1) 对原书的习题进行了调整和充实. 个别章节更新了某些习题，而对大部分章节补充了难度适当、风格多样、覆盖面较广的习题.

(2) 删去了原书中关于习题的提示或解答的内容. 为了更好地帮助初学者、特别是自学者掌握离散数学的主要概念及解题方法与技巧，与本书配套出版了《离散数学题解》. 在题解中按章给出内容提要、解题要求、习题和解答，并结合习题针对一些普遍性的分析方法、解题技巧、求解步骤和规范，以及应该避免的错误进行了详尽的论述.

在以上的修订工作中，数理逻辑与图论(第1、2、7、8、9章)由耿素云完成；集合论、代数结构与组合分析初步(第3、4、5、6、10章)由屈婉玲完成；形式语言与自动机初步(第11章)由张立昂完成.

本书既可以作为计算机及相关专业本科生的教材，也可以作为计算机软件专业水平考试的参考教材，同时适合于从事计算机软、硬件开发和应用的科学技术人员使用.根据多年的教学经验，作为本科生教材，本书可在120学时内讲授完毕.

最后，我们诚恳欢迎广大读者对本书批评和指正.

作者

1999年2月

第一版前言

本书是根据“计算机专业技术资格和水平考试大纲”的要求编写的，是“全国计算机软件专业技术资格和水平考试系列教材”之一，它是高级程序员级和系统分析员级的离散数学教材. 离散数学是现代数学的重要分支，是计算机科学理论的基础. 本书共含 6 个方面的内容：①数理逻辑；②集合论；③代数结构；④图论；⑤组合分析初步；⑥形式语言与自动机初步.

数理逻辑与图论(第 1、2、7、8、9 章)由耿素云编写；集合论、代数结构、组合分析初步(第 3、4、5、6、10 章)由屈婉玲编写；形式语言与自动机初步(第 11 章)由张立昂编写.

根据资格和水平考试的特点，本书着重于基本概念的论述和应用，而不着重于定理的证明. 每章均给出了典型的题例分析，并配置了相当数量的习题，书后给出了大部分习题的提示或解答. 本书不仅是函授的教材，便于考生复习与自学，而且也可供计算机软件人员学习与参考.

由于作者水平所限，书中难免有不妥或错误之处，恳请读者指正.

编　者

1991 年 4 月于北京大学计算机系

目　　录

第1章 命题逻辑

数理逻辑是用数学方法来研究推理的形式结构和推理规律的数学学科. 它与数学的其他分支、计算机科学、人工智能、语言学等学科均有密切的联系,并且日益显示出它的重要作用和更加广泛的应用前景. 数理逻辑的内容相当丰富. 本书只介绍命题逻辑和一阶逻辑(谓词逻辑)的逻辑演算. 对数理逻辑感兴趣的读者,可参阅有关专著.

1.1 命题符号化及联结词

数理逻辑研究的中心问题是推理,而推理的前提和结论都是表达判断的陈述句. 因而,表达判断的陈述句构成了推理的基本单位. 于是,称能判断真假的陈述句为**命题**. 这种陈述句的判断只有两种可能,一种是正确的判断,一种是错误的判断. 称判断为正确的命题的**真值**(或**值**)为**真**,称判断为错误的命题的真值为**假**,因而又可以称命题是具有唯一真值的陈述句.

例 1.1 判断下列句子中哪些是命题.

(1) 2 是素数.

(2) 雪是黑色的.

(3) $2+3=5$.

(4) 明年 10 月 1 日是晴天.

(5) 3 能被 2 整除.

(6) 这朵花多好看呀!

(7) 明天下午有会吗?

(8) 请关上门!

(9) $x+y>5$.

(10) 存在地球外的星球上也有生命.

解 在这 10 个句子中,(6)是感叹句,(7)是疑问句,(8)是祈使句,这 3 句话都不是陈述句,当然它们都不是命题. 其余的 7 个句子都是陈述句,但(9)不是命题,因为它没有确定的真值. 当 $x=6,y=7$ 时,$6+7>5$ 正确,而当 $x=1,y=2$ 时,$1+2>5$ 不正确. 其余的陈述句都是命题. 其中(1)、(3)是真命题;(2)、(5)为假命题;(4)的真值虽然现在还不知道,但到明年 10 月 1 日就知道了,因而是命题,它的真值是唯一的. 句子(10)的真值也是唯一的,只是人们还不知道而已,随着科学技术的发展,其真值会知道的,因而它也是命题.

从以上的分析可以看出,判断一个句子是否为命题,首先要看它是否为陈述句,然后再看它的真值是否是唯一的. 当然真值是否唯一与人们是否知道它的真值是两回事.

在例 1.1 中给出的 6 个命题都是简单的陈述句,都不能分解成更简单的句子了,称这样的命题为**简单命题**或**原子命题**. 本书中用小写的英文字母 $p,q,r,\cdots,p_i,q_i,r_i,\cdots$ 表示简单

命题,称为命题符号化. 例如,

p: 2 是素数.

q: 雪是黑色的.

此时,p 是真命题,q 是假命题.

对于简单命题来说,它的真值是确定的,因而又称为**命题常项**或**命题常元**. 上面的 p、q 都是命题常项.

在例 1.1 中,(9)不是命题,但当给定 x 与 y 的值后,它的真值也就定下来了,这种真值可以变化的简单陈述句称为**命题变项**或**命题变元**,命题变项是取值"真"或"假"的变量,也用 $p,q,r,\cdots,p_i,q_i,r_i,\cdots$ 表示. 一个符号,例如 p,它表示的是命题常项还是命题变项,一般由上下文来确定. 注意,命题变项不是命题.

在数理逻辑中,将命题的真值也符号化. 一般用 1(或 T)表示"真"(本书中用 1 表示真);用 0(或 F)表示"假"(本书中用 0 表示假). 有时也用 1 表示真命题;用 0 表示假命题.

以上讨论的是简单命题. 在命题逻辑中,主要是研究由简单命题用联结词联结而成的命题,这样的命题称为**复合命题**. 下例给出的命题均是复合命题.

例 1.2 将下列命题符号化.

(1) 3 不是偶数.

(2) 2 是素数和偶数.

(3) 林芳学过英语或日语.

(4) 如果角 A 和角 B 是对顶角,则角 A 等于角 B.

解 上面 4 个句子都是具有唯一真值的陈述句,因而它们都是命题,且都是由简单命题经过联结词的联结而形成的复合命题. (1)中命题也可说成"3 并非是偶数",使用了联结词"非". (2)中命题也可说成"2 是素数并且也是偶数",使用了联结词"并且". (3)中使用了联结词"或". (4)中使用了联结词"如果,则". 除了以上 4 个联结词外,常用的,特别是在数学中常用的联结词还有"当且仅当". 以上 5 种联结词也是自然语言中常用的联结词,不过在自然语言中有的联结词具有不精确性. 例如,联结词"或",有时具有相容性,有时具有排斥性. 可是在数理逻辑中不允许这种二义性的存在,因而对联结词必须给出精确的定义. 另外,为了书写和推演的方便,必须将联结词符号化. 下面给出 5 种常用联结词的符号表示及相应复合命题的严格定义.

定义 1.1 设 p 为任一命题. 复合命题"非 p"(或"p 的否定")称为 p 的**否定式**,记作 $\neg p$. $\neg$为**否定联结词**. $\neg p$ 为真当且仅当 p 为假.

在例 1.2(1)中,设 p 表示"3 是偶数",则 $\neg p$ 表示"3 不是偶数". 显然,p 的真值为 0,$\neg p$ 的真值为 1.

定义 1.2 设 p、q 为两命题. 复合命题"p 并且 q"(或"p 和 q")称作 p 与 q 的**合取式**,记作 $p \wedge q$. $\wedge$为**合取联结词**. $p \wedge q$ 为真当且仅当 p 与 q 同时为真.

在例 1.2(2)中,用 p 表示"2 是素数",q 表示"2 是偶数",则 $p \wedge q$ 表示"2 是素数和偶数",由于 p、q 的真值均为 1,所以 $p \wedge q$ 的真值也为 1.

p 与 q 的合取表达的逻辑关系是 p 与 q 两个命题同时成立,因而自然语言中常用的联结词"既……又……","不仅……而且……","虽然……但是……"等,都可以符号化为$\wedge$,请看下例.

例 1.3 将下列命题符号化.

(1) 李平既聪明又用功.

(2) 李平虽然聪明,但不用功.

(3) 李平不但聪明,而且用功.

(4) 李平不是不聪明,而是不用功.

解 用 p 表示"李平聪明",q 表示"李平用功",则(1)、(2)、(3)、(4)分别符号化为 $p\wedge q$、$p\wedge\neg q$、$p\wedge q$ 和 $\neg(\neg p)\wedge\neg q$. 以上 4 个复合命题全用了联结词 $\wedge$. 但不能见到"和"、"与"就用"$\wedge$". 例如,"李文与李武是兄弟","王芳和陈兰是好朋友",这两个命题中分别有"和"及"与"字,可是它们都是简单命题而不是复合命题,因而,分别符号化为 p、q 即可.

定义 1.3 设 p、q 为两命题. 复合命题"p 或 q"称作 p 与 q 的**析取式**,记作 $p\vee q$. $\vee$ 为**析取联结词**. $p\vee q$ 为真当且仅当 p 与 q 中至少一个为真.

由定义不难看出,析取式 $p\vee q$ 表示的是一种相容性或,即允许 p 与 q 同时为真. 例如,"王燕学过英语或法语",可符号化为 $p\vee q$,其中 p 为"王燕学过英语",q 为"王燕学过法语",当 p 为真 q 为假,p 为假 q 为真,以及 p 与 q 同时为真时,$p\vee q$ 均为真.

可是在自然语言中的"或"具有二义性,有时有相容性(称作相容或),有时是不相容的(称作排斥或). 例如,设 p 表示"派小王去开会",q 表示"派小李去开会",那么"派小王或小李去开会"不能符号化为 $p\vee q$,因为这里的意思是派他们两人中的一人去开会,这个"或"表达的是排斥或. 可以借助于联结词 $\neg$、$\wedge$、$\vee$ 来表达这种排斥或,即符号化为 $(p\wedge\neg q)\vee(\neg p\wedge q)$,或 $(p\vee q)\wedge\neg(p\wedge q)$.

定义 1.4 设 p、q 为两命题. 复合命题"如果 p,则 q"称作 p 与 q 的**蕴涵式**,记作 $p\rightarrow q$,称 p 为蕴涵式的**前件**,q 为蕴涵式的**后件**. $\rightarrow$ 称作**蕴涵联结词**. $p\rightarrow q$ 为假当且仅当 p 为真且 q 为假.

$p\rightarrow q$ 表示的基本逻辑关系是,q 是 p 的必要条件,或 p 是 q 的充分条件. 因此,复合命题"只要 p 就 q","p 仅当 q","只有 q 才 p"等,都可以符号化为 $p\rightarrow q$ 的形式.

在使用蕴涵联结词时,除了注意其表示的基本逻辑关系外,还应注意两点:其一,在自然语言中,"如果 p,则 q"中的 p 与 q 往往有某种内在的联系,但在数理逻辑中 $p\rightarrow q$ 中的 p 与 q 不一定有什么内在联系. 其二,在数学中,"如果 p,则 q"往往表示前件 p 为真,后件 q 为真的推理关系,但在数理逻辑中,当前件 p 为假时,$p\rightarrow q$ 为真. 其实,在日常生活中也会用到这一点. 例如,小张发誓说:"如果太阳从西边升起,我就不姓张." 这句话永远是对的,因为前件为假,小张不会有改姓的担忧.

为了掌握蕴涵联结词的逻辑关系及应用中应注意的事项,请看下例.

例 1.4 将下列命题符号化.

(1) 只要天不下雨,我就骑自行车上班.

(2) 只有天不下雨,我才骑自行车上班.

(3) 若 $2+2=4$,则太阳从东方升起.

(4) 若 $2+2\neq 4$,则太阳从东方升起.

(5) 若 $2+2=4$,则太阳从西方升起.

(6) 若 $2+2\neq4$，则太阳从西方升起.

解 先分析(1)、(2). 令 p：天下雨；q：我骑自行车上班.

(1)中，$\neg p$ 是 q 的充分条件，因而符号化为 $\neg p\rightarrow q$. 在(2)中，$\neg p$ 是 q 的必要条件，因而应符号化为 $q\rightarrow\neg p$. 在使用蕴涵联结词时，一定要认真分析蕴涵式的前件与后件，然后组成蕴涵式. 另外还应注意同一命题的各种等价说法. 例如，"除非天下雨，否则我就骑自行车上班"与(1)是等价的. "如果天下雨，我就不骑自行车上班"与(2)是等价的.

再分析(3)～(6). 设 p：$2+2=4$. q：太阳从东方升起. r：太阳从西方升起. 则(3)、(4)、(5)、(6)分别符号化为 $p\rightarrow q$、$\neg p\rightarrow q$、$p\rightarrow r$、$\neg p\rightarrow r$. 在这些蕴涵式中，前件与后件之间无内在联系. 由于 p、q、r 的真值均知道，由定义可知，上面 4 个蕴涵式的真值分别为 1、1、0、1.

定义 1.5 设 p、q 为两命题. 复合命题"p 当且仅当 q"称作 p 与 q 的**等价式**，记作 $p\leftrightarrow q$. $\leftrightarrow$称作**等价联结词**. $p\leftrightarrow q$ 真当且仅当 p、q 真值相同.

等价式 $p\leftrightarrow q$ 所表达的逻辑关系是，p 与 q 互为充分必要条件. 只要 p 与 q 的真值同为真或同为假，$p\leftrightarrow q$ 的真值就为真，否则 $p\leftrightarrow q$ 的真值为假，请看下例.

例 1.5 分析下列各命题的真值.

(1) $2+2=4$ 当且仅当 3 是奇数.

(2) $2+2=4$ 当且仅当 3 不是奇数.

(3) $2+2\neq4$ 当且仅当 3 是奇数.

(4) $2+2\neq4$ 当且仅当 3 不是奇数.

(5) 两圆的面积相等当且仅当它们的半径相等.

解 设 p：$2+2=4$，q：3 是奇数，则 p、q 都是真命题. (1)、(2)、(3)、(4)分别符号化为 $p\leftrightarrow q$、$p\leftrightarrow\neg q$、$\neg p\leftrightarrow q$、$\neg p\leftrightarrow\neg q$. 由定义可知，$p\leftrightarrow q$ 和 $\neg p\leftrightarrow\neg q$ 的真值为 1，而 $p\leftrightarrow\neg q$ 和 $\neg p\leftrightarrow q$ 的真值为 0.

在(5)中，由于两圆的面积相等与它们的半径相等同为真或同为假，所以该命题为真.

以上介绍了 5 种常用联结词，在命题逻辑中也称作**真值联结词**或**逻辑联结词**. 可用这些联结词将各种各样的复合命题符号化. 基本步骤如下.

(1) 分析出各简单命题，将它们符号化.

(2) 使用合适的联结词，把简单命题逐个联结起来，组成复合命题的符号化表示. 必要时，可以添加圆括号，圆括号一定要成对出现.

例 1.6 将下列命题符号化.

(1) 小王是游泳冠军或百米赛跑冠军.

(2) 小王现在在宿舍或在图书馆里.

(3) 选小王或小李中的一人当班长.

(4) 如果我上街，我就去书店看看，除非我很累.

(5) 王一乐是计算机系的学生，他生于 1968 年或 1969 年，他是三好学生.

解 各命题符号化如下.

(1) $p\vee q$，其中 p：小王是游泳冠军，q：小王是百米赛跑冠军.

(2) 这里的"或"是排斥或，但因小王在宿舍与在图书馆不能同时发生，因而也可符号化为 $p\vee q$. 其中，p：小王在宿舍. q：小王在图书馆.

(3) 这里的“或”也为排斥或. 设 p：选小王当班长. q：选小李当班长. 因为 p 与 q 可同时为真，所以应符号化为 $(p \wedge \neg q) \vee (\neg p \wedge q)$；而不应符号化为 $p \vee q$.

在使用析取联结词时，首先应分析表达的是相容或还是排斥或. 若是相容或，以及 p、q 不能同时为真的排斥或，均可直接符号化为 $p \vee q$ 的形式. 如果是排斥或，并且 p 与 q 可同时为真，就应符号化为 $(p \wedge \neg q) \vee (\neg p \wedge q)$ 的形式.

(4) $\neg r \rightarrow (p \rightarrow q)$. 其中，$p$：我上街. q：我去书店看看. r：我很累.

此句中的联结词“除非”相当于“如果不……”的意思，因而 $\neg r$ 可看成 $p \rightarrow q$ 的前件. 其实，此命题也可以叙述为“如果我不累并且我上街，则我就去书店看看”，因而也可以符号化为 $(\neg r \wedge p) \rightarrow q$. 后面将会看到这两个形式是等值的.

(5) $p \wedge (q \vee r) \wedge s$. 其中，$p$：王一乐是计算机系的学生. q：他生于 1968 年. r：他生于 1969 年. s：他是三好学生.

联结词符也称为逻辑运算符. 它们与普通数的运算符一样，在运算时有优先级. 规定优先级的顺序为 $\neg, \wedge, \vee, \rightarrow, \leftrightarrow$. 若有括号，先进行括号中的运算. 对相同的联结词按从左到右顺序运算.

1.2 命题公式及分类

在 1.1 节中，介绍了 5 种常用的联结词及由它们组成的基本复合命题：$\neg p$、$p \wedge q$、$p \vee q$、$p \rightarrow q$、$p \leftrightarrow q$，其中 p、q 为简单命题，即命题常项. 当然由这 5 种联结词和多个命题常项可以组成更复杂的复合命题. 若在复合命题中，p、q、r 等不仅可以代表命题常项，还可以代表命题变项，这样组成的复合命题形式称为**命题公式**. 抽象地说，命题公式是由命题常项、命题变项、联结词、括号等组成的符号串. 但并不是由这些符号任意组成的符号串都是命题公式，因而，必须给出命题公式的严格定义.

定义 1.6 (1) 单个命题变项 $p, q, r, \cdots, p_i, q_i, r_i, \cdots$ 是合式公式.

(2) 如果 A 是合式公式，则 $(\neg A)$ 也是合式公式.

(3) 如果 A、B 是合式公式，则 $(A \wedge B)$、$(A \vee B)$、$(A \rightarrow B)$、$(A \leftrightarrow B)$ 也是合式公式.

(4) 只有有限次地应用 (1)～(3) 组成的符号串才是**合式公式**.

在命题逻辑中合式公式又称为**命题公式**，简称为**公式**.

为方便起见，规定 $(\neg A)$、$(A \wedge B)$ 等的外层括号可以省去. 在公式的定义中，A、B 等符号代表任意的命题公式，在以下的定义中均有类似的用法.

根据定义，$\neg(p \vee q)$、$p \rightarrow (q \rightarrow r)$、$(p \wedge q) \leftrightarrow r$ 等都是命题公式，而 $pq \rightarrow r$、$\neg p \vee \rightarrow r$ 等都不是命题公式.

今后在公式中也可以出现 1 和 0，此时，把 1 看作某个恒取 1 的公式(如 $p \vee \neg p$)的缩写，把 0 看作某个恒取 0 的公式(如 $p \wedge \neg p$)的缩写.

下面给出命题公式层次的定义.

定义 1.7 (1) 若 A 是单个命题变项，则称 A 是 0 层公式.

(2) 称 A 是 $n+1(n \geqslant 0)$ 层公式是指 A 符合下列情况之一.

① $A = \neg B$，B 是 n 层公式.

② $A = B \wedge C$，其中 B、C 分别为 i 层和 j 层公式，且 $n = \max(i, j)$.

③ $A=B\vee C$，其中 B、C 的层次同②.

④ $A=B\to C$，其中 B、C 的层次同②.

⑤ $A=B\leftrightarrow C$，其中 B、C 的层次同②.

定义中的符号"="为通常意义下的等号，以下再出现时意义相同.

由定义可看出，$\neg p\vee q$、$p\wedge q\wedge r$、$\neg(\neg p\wedge q)\to(r\vee s)$分别为 2 层、2 层、4 层命题公式.

一个含有命题变项的命题公式的真值是不确定的，只有对它的每个命题变项用指定的命题常项代替后，命题公式才变成命题，其真值也就唯一确定了. 例如，命题公式$(p\wedge q)\to r$中，若指定 p 为"2 是素数"，q 为"3 是奇数"，r 为"4 能被 2 整除"，则$(p\wedge q)\to r$ 变成真命题. 若 p、q 的指定同前，而 r 为"3 能被 2 整除"，则$(p\wedge q)\to r$ 就变成假命题了. 给命题变项指定一个代替的命题常项，实际上就是给命题变项指定一个真值，1 或 0.

一般地，对一个命题公式的解释或赋值定义如下.

定义 1.8 设 A 为一命题公式，$p_1,p_2,\cdots,p_n$ 为出现在 A 中的所有的命题变项. 给 $p_1,p_2,\cdots,p_n$指定一组真值，称为对 A 的一个**赋值**或**解释**. 若指定的一组值使 A 的值为真，则称这组值为 A 的**成真赋值**；若使 A 的值为假，则称这组值为 A 的**成假赋值**.

若命题公式 A 中含命题变项 $p_1,p_2,\cdots,p_n$，将赋值 $p_1=\alpha_1,p_2=\alpha_2,\cdots,p_n=\alpha_n$，记作$\alpha_1\alpha_2\cdots\alpha_n$，其中 $\alpha_i(1\leqslant i\leqslant n)$为 0 或 1. 若命题变项为 $p,q,r,\cdots$，则赋值 $\alpha_1\alpha_2\cdots$是按字典顺序给它们赋值，即 $p=\alpha_1,q=\alpha_2,r=\alpha_3,\cdots$. 例如，公式 $A=(p\wedge q)\to r$，110($p=1,q=1,r=0$)为 A 的成假赋值，111、011、010 等是 A 的成真赋值.

含 n 个命题变项的命题公式共有 2^n 组赋值. 将命题公式 A 在所有赋值之下取值的情况列成表，称为 A 的**真值表**. 构造真值表的具体步骤如下.

(1) 找出命题公式中所含的所有命题变项 $p_1,p_2,\cdots,p_n$(若无下角标就按字典顺序给出).

(2) 按从低到高的顺序写出各层次.

(3) 列出所有可能的赋值. 从 00…0(n 位)开始，每次加 1，直到 11…1 为止.

(4) 对应每个赋值，计算命题公式各层次的值，直到最后计算出命题公式的值.

例 1.7 求下列命题公式的真值表.

(1) $p\wedge(q\vee\neg r)$.

(2) $(p\wedge(p\to q))\to q$.

(3) $\neg(p\to q)\wedge q$.

解 表 1-1、表 1-2、表 1-3 分别为(1)、(2)、(3)的真值表. 由表 1-1 可知，100、110、111 是(1)的成真赋值，其余的都是成假赋值. 由表 1-2 可知，(2)无成假赋值. 由表 1-3 可知，(3)无成真赋值.

根据在各种赋值下的取值情况，可将命题公式分为 3 类，定义如下.

定义 1.9 设 A 为一个命题公式.

(1) 若 A 在所有赋值下取值均为真，则称 A 为**重言式**或**永真式**.

(2) 若 A 在所有赋值下取值均为假，则称 A 为**矛盾式**或**永假式**.

(3) 若 A 至少存在一组成真赋值，则称 A 是**可满足式**.

由定义可知，重言式一定是可满足式，但反之不真.

表 1-1

p	q	r	$\neg r$	$q\vee\neg r$	$p\wedge(q\vee\neg r)$
0	0	0	1	1	0
0	0	1	0	0	0
0	1	0	1	1	0
0	1	1	0	1	0
1	0	0	1	1	1
1	0	1	0	0	0
1	1	0	1	1	1
1	1	1	0	1	1

表 1-2

p	q	$p\rightarrow q$	$p\wedge(p\rightarrow q)$	$(p\wedge(p\rightarrow q))\rightarrow q$
0	0	1	0	1
0	1	1	0	1
1	0	0	0	1
1	1	1	1	1

表 1-3

p	q	$p\rightarrow q$	$\neg(p\rightarrow q)$	$\neg(p\rightarrow q)\wedge q$
0	0	1	0	0
0	1	1	0	0
1	0	0	1	0
1	1	1	0	0

给定一个命题公式，判断其类型的一种方法是利用命题公式的真值表．若真值表最后一列全为1，则这个命题公式为重言式；若最后一列全为0，则这个命题公式为矛盾式；若最后一列既有0又有1，则这个命题公式为非重言式的可满足式．在例1.7中，由真值表可知，(1)为可满足式；(2)为重言式；(3)为矛盾式．下两节还将给出判断命题公式类型的其他方法．

n个命题变项的真值表实际上是给出$\{0,1\}^n$到$\{0,1\}$的一个对应关系，这就是真值函数．

定义 1.10　一个$n(n\geqslant 1)$阶笛卡儿积$\{0,1\}^n$到$\{0,1\}$的函数称为一个**n元真值函数**．n元真值函数F记为$F:\{0,1\}^n\rightarrow\{0,1\}$[①]．

n个命题变项，共有2^n个可能的赋值．对于每个赋值，真值函数的函数值非0即1．于是n个命题变元共可以形成2^{2^n}个不同的真值函数．每个真值函数对应一个真值表(只看最后一列，不计中间的计算过程)，也对应无穷多个命题公式，这些公式彼此都是等值的，它们中的每一个都是这个真值函数的一个表达形式．

① 关于笛卡儿积和函数的记法，请见第4章二元关系和函数部分．

含两个命题变项 p、q 的真值函数共有 16 个. 表 1-4 中给出了这 16 个真值函数,其中 F_1 对应的命题公式都是矛盾式,F_{16}对应的命题公式都是重言式,F_2 对应 $p \wedge q$ 或与它等值的命题公式,F_3 对应 $\neg(p \rightarrow q)$或与其等值的命题公式……

表 1-4

p	q	F_1	F_2	F_3	F_4	F_5	F_6	F_7	F_8
0	0	0	0	0	0	0	0	0	0
0	1	0	0	0	0	1	1	1	1
1	0	0	0	1	1	0	0	1	1
1	1	0	1	0	1	0	1	0	1
p	q	F_9	F_{10}	F_{11}	F_{12}	F_{13}	F_{14}	F_{15}	F_{16}
0	0	1	1	1	1	1	1	1	1
0	1	0	0	0	0	1	1	1	1
1	0	0	0	1	1	0	0	1	1
1	1	0	1	0	1	0	1	0	1

1.3 等值演算

给定 $n(n \geqslant 1)$个命题变项,按合式公式的形成规则可以形成无穷多个命题公式,而在这无穷多个命题公式中,有些具有相同的真值表. 例如,$n=2$ 时,$p \rightarrow q$,$\neg p \vee q$,$\neg(p \wedge \neg q)$,…,这些表面看来不同的命题形式,在所有 4 个赋值 00、01、10、11 下均有相同的真值,也就是说它们的真值表最后一列是相同的. 事实上,n 个命题变项只能生成 2^{2^n} 个真值不同的命题公式. 在 $n=2$ 时,只能生成 $2^{2^2}=16$ 个真值不同的命题公式. 这就存在着如何判断哪些命题公式具有相同真值的问题. 设 A、B 是均含 n 个命题变项 $p_1, p_2, \cdots, p_n$ 的命题公式,由定义可知,若 A、B 具有相同的真值,则 $A \leftrightarrow B$ 恒真,即 $A \leftrightarrow B$ 是重言式.

定义 1.11 设 A、B 为两命题公式,若等价式 $A \leftrightarrow B$ 是重言式,则称 A 与 B 是**等值的**,记作 $A \Leftrightarrow B$.

注意,定义中引进的符号"$\Leftrightarrow$"不是联结词符,它只是当 A 与 B 等值时的一种简便记法. 千万不能将"$\Leftrightarrow$"与"$\leftrightarrow$"和"$=$"混为一谈.

根据定义判断两命题公式是否等值可用真值表法. 设 A、B 为两命题公式,由定义判断 A 与 B 是否等值,应判断 $A \leftrightarrow B$ 是否为重言式,若 $A \leftrightarrow B$ 的真值表最后一列全为 1,则 $A \leftrightarrow B$ 为重言式,因而 $A \Leftrightarrow B$. 而最后一列全为 1 当且仅当在所有赋值之下,A 与 B 的真值相同,因而判断 A 与 B 是否等值等价于判断 A、B 的真值表是否相同.

例 1.8 判断下列命题公式是否等值.

(1) $\neg(p \vee q)$与 $\neg p \vee \neg q$.

(2) $\neg(p \vee q)$与 $\neg p \wedge \neg q$.

解 (1) 由表 1-5 可知,$\neg(p \vee q)$与 $\neg p \vee \neg q$ 不等值.

(2) 由表 1-6 可知,$\neg(p \vee q)$与 $\neg p \wedge \neg q$ 是等值的.

表　1-5

p	q	$\neg p$	$\neg q$	$p\vee q$	$\neg(p\vee q)$	$\neg p\vee\neg q$
0	0	1	1	0	1	1
0	1	1	0	1	0	1
1	0	0	1	1	0	1
1	1	0	0	1	0	0

表　1-6

p	q	$\neg p$	$\neg q$	$p\vee q$	$\neg(p\vee q)$	$\neg p\wedge\neg q$
0	0	1	1	0	1	1
0	1	1	0	1	0	0
1	0	0	1	1	0	0
1	1	0	0	1	0	0

下面给出 24 个重要的等值式，希望读者牢记住它们，它们在后面要经常用到. 在下面的公式中，A、B、C 仍代表任意的命题公式.

双重否定律　　$\neg\neg A\Leftrightarrow A$.

等幂律　　$A\vee A\Leftrightarrow A$.

　　$A\wedge A\Leftrightarrow A$.

交换律　　$A\vee B\Leftrightarrow B\vee A$.

　　$A\wedge B\Leftrightarrow B\wedge A$.

结合律　　$(A\vee B)\vee C\Leftrightarrow A\vee(B\vee C)$.

　　$(A\wedge B)\wedge C\Leftrightarrow A\wedge(B\wedge C)$.

分配律　　$A\vee(B\wedge C)\Leftrightarrow(A\vee B)\wedge(A\vee C)$.

　　$A\wedge(B\vee C)\Leftrightarrow(A\wedge B)\vee(A\wedge C)$.

德·摩根律　　$\neg(A\vee B)\Leftrightarrow\neg A\wedge\neg B$.

　　$\neg(A\wedge B)\Leftrightarrow\neg A\vee\neg B$.

吸收律　　$A\vee(A\wedge B)\Leftrightarrow A$.

　　$A\wedge(A\vee B)\Leftrightarrow A$.

零律　　$A\vee 1\Leftrightarrow 1$.

　　$A\wedge 0\Leftrightarrow 0$.

同一律　　$A\vee 0\Leftrightarrow A$.

　　$A\wedge 1\Leftrightarrow A$.

排中律　　$A\vee\neg A\Leftrightarrow 1$.

矛盾律　　$A\wedge\neg A\Leftrightarrow 0$.

蕴涵等值式　　$A\rightarrow B\Leftrightarrow\neg A\vee B$.

等价等值式　　$A\leftrightarrow B\Leftrightarrow(A\rightarrow B)\wedge(B\rightarrow A)$.

假言易位　　$A\rightarrow B\Leftrightarrow\neg B\rightarrow\neg A$.

等价否定等值式　　$A\leftrightarrow B\Leftrightarrow\neg A\leftrightarrow\neg B$.

归谬论 $(A \to B) \land (A \to \neg B) \Leftrightarrow \neg A$.

以上等值式都不难用真值表证明. 由于A、B、C代表的是任意的命题公式,因而每个公式都是一个模式,它可以代表无数多个同类型的命题公式. 例如,$p \lor \neg p \Leftrightarrow 1$、$(p \land q) \lor \neg (p \land q) \Leftrightarrow 1$、$\neg p \lor \neg(\neg p) \Leftrightarrow 1$ 等都是排中律的具体形式. 每个具体的命题形式称为对应模式的一个实例. 可以用上述基本等值式推演出更多的等值式. 根据已知的等值式,推演出与给定公式等值的公式的过程称为**等值演算**. 在进行等值演算时,还要使用**置换规则**. 例如,设命题公式为 $p \land \neg(q \lor r)$,根据德・摩根律,可用 $\neg q \land \neg r$ 置换公式中的 $\neg(q \lor r)$,使其变成 $p \land (\neg q \land \neg r)$,这样做的根据是下述的置换定理.

定理 1.1 设 $\Phi(A)$是含命题公式 A 的命题公式,$\Phi(B)$是用命题公式 B 置换了 $\Phi(A)$中的 A 之后得到的命题公式. 如果 $A \Leftrightarrow B$,则 $\Phi(A) \Leftrightarrow \Phi(B)$.

证明 由于A与B等值,对任意的赋值,A与B的值都相等,把它们分别代入$\Phi(\cdot)$,其结果当然也一样,从而 $\Phi(A) \Leftrightarrow \Phi(B)$. ■

利用等值演算可以验证两个命题公式是否等值,也可以判别命题公式的类型,还可以用来解决许多实际问题. 下面举一些等值演算的例子.

例 1.9 验证下列等值式.

(1) $p \to (q \to r) \Leftrightarrow (p \land q) \to r$.

(2) $p \Leftrightarrow (p \land q) \lor (p \land \neg q)$.

解 验证两个命题公式等值可以从其中任一个开始演算.

(1) $p \to (q \to r)$

$\Leftrightarrow \neg p \lor (q \to r)$ (蕴涵等值式)

$\Leftrightarrow \neg p \lor (\neg q \lor r)$ (蕴涵等值式)

$\Leftrightarrow (\neg p \lor \neg q) \lor r$ (结合律)

$\Leftrightarrow \neg (p \land q) \lor r$ (德・摩根律)

$\Leftrightarrow (p \land q) \to r$. (蕴涵等值式)

在演算的每一步中,都用了置换规则,因此在注释中略去置换规则. 下面都如此,不再一一说明.

(2) p

$\Leftrightarrow p \land 1$ (同一律)

$\Leftrightarrow p \land (q \lor \neg q)$ (排中律)

$\Leftrightarrow (p \land q) \lor (p \land \neg q)$. (分配律)

在上述演算中,都是从左边公式开始进行的,读者可从右边公式开始演算.

例 1.10 判别下列公式的类型.

(1) $q \lor \neg((\neg p \lor q) \land p)$.

(2) $(p \lor \neg p) \to ((q \land \neg q) \land r)$.

(3) $(p \to q) \land \neg p$.

解 (1) $q \lor \neg((\neg p \lor q) \land p)$

$\Leftrightarrow q \lor \neg((\neg p \land p) \lor (q \land p))$ (分配律)

$\Leftrightarrow q \lor \neg(0 \lor (q \land p))$ (矛盾律)

$\Leftrightarrow q \vee \neg(q \wedge p)$ （同一律）

$\Leftrightarrow q \vee (\neg q \vee \neg p)$ （德·摩根律）

$\Leftrightarrow (q \vee \neg q) \vee \neg p$ （结合律）

$\Leftrightarrow 1 \vee \neg p$ （排中律）

$\Leftrightarrow 1.$ （零律）

由此可知，(1)为重言式.

(2) $(p \vee \neg p) \to ((q \wedge \neg q) \wedge r)$

$\Leftrightarrow 1 \to ((q \wedge \neg q) \wedge r)$ （排中律）

$\Leftrightarrow 1 \to (0 \wedge r)$ （矛盾律）

$\Leftrightarrow 1 \to 0$ （零律）

$\Leftrightarrow 0.$

由此可知，(2)为矛盾式.

(3) $(p \to q) \wedge \neg p$

$\Leftrightarrow (\neg p \vee q) \wedge \neg p$ （蕴涵等值式）

$\Leftrightarrow \neg p.$ （吸收律）

由演算结果可知，(3)是非重言式的可满足式，10、11是它的成假赋值，00、01是它的成真赋值.

例 1.11 用等值演算法解决下面问题.

A、B、C、D 4 人参加百米竞赛. 观众甲、乙、丙预测比赛的名次如下.

甲：C 第一，B 第二.

乙：C 第二，D 第三.

丙：A 第二，D 第四.

比赛结束后发现甲、乙、丙每人预测的情况都是各对一半，试问实际名次如何（假设无并列名次）？

解 设 p_i, q_i, r_i, s_i 分别表示 A 第 i 名，B 第 i 名，C 第 i 名，D 第 i 名，$i=1,2,3,4$，显然，p_i, q_i, r_i, s_i 中均各有一个真命题. 由题意可知，要寻找使下列 3 式成立的真命题：

① $(r_1 \wedge \neg q_2) \vee (\neg r_1 \wedge q_2) \Leftrightarrow 1.$

② $(r_2 \wedge \neg s_3) \vee (\neg r_2 \wedge s_3) \Leftrightarrow 1.$

③ $(p_2 \wedge \neg s_4) \vee (\neg p_2 \wedge s_4) \Leftrightarrow 1.$

由①和②得

$$\begin{aligned}1 &\Leftrightarrow ((r_1 \wedge \neg q_2) \vee (\neg r_1 \wedge q_2)) \wedge ((r_2 \wedge \neg s_3) \vee (\neg r_2 \wedge s_3)) \\ &\Leftrightarrow (r_1 \wedge \neg q_2 \wedge r_2 \wedge \neg s_3) \vee (r_1 \wedge \neg q_2 \wedge \neg r_2 \wedge s_3) \\ &\quad \vee (\neg r_1 \wedge q_2 \wedge r_2 \wedge \neg s_3) \vee (\neg r_1 \wedge q_2 \wedge \neg r_2 \wedge s_3).\end{aligned}$$

由于 C 不能既第一又第二，又 B 和 C 不能都第二，故上式中第一和第三对括号为 0，于是根据同一律可得

④ $(r_1 \wedge \neg q_2 \wedge \neg r_2 \wedge s_3) \vee (\neg r_1 \wedge q_2 \wedge \neg r_2 \wedge s_3) \Leftrightarrow 1.$

又由③、④得到，

$$1 \Leftrightarrow (p_2 \wedge \neg s_4 \wedge r_1 \wedge \neg q_2 \wedge \neg r_2 \wedge s_3)$$

$$\vee(p_2 \wedge \neg s_4 \wedge \neg r_1 \wedge q_2 \wedge \neg r_2 \wedge s_3)$$
$$\vee(\neg p_2 \wedge s_4 \wedge r_1 \wedge \neg q_2 \wedge \neg r_2 \wedge s_3)$$
$$\vee(\neg p_2 \wedge s_4 \wedge \neg r_1 \wedge q_2 \wedge \neg r_2 \wedge s_3).$$

由于 A、B 不能同时第二，D 不能第三又第四，所以有

$$1 \Leftrightarrow p_2 \wedge \neg s_4 \wedge r_1 \wedge \neg q_2 \wedge \neg r_2 \wedge s_3$$
$$\Leftrightarrow p_2 \wedge \neg q_2 \wedge r_1 \wedge \neg r_2 \wedge s_3 \wedge \neg s_4.$$

由上式可知 r_1、p_2、s_3 是真命题，即 C 第一，A 第二，D 第三，B 只能是第四了.

1.4 范　　式

本节介绍命题公式的标准型——主析取范式和主合取范式. 同一真值函数所对应的所有命题公式具有相同的标准型，这为判断两命题公式是否等值以及判断公式的类型又提供了一种方法.

定义 1.12　仅由有限个命题变项或其否定构成的析取式称为**简单析取式**. 仅由有限个命题变项或其否定构成的合取式称为**简单合取式**.

例如，p、$\neg p$、$p \vee q$、$p \vee \neg q$、$\neg p \vee q \vee \neg r$ 等都是简单析取式，p、$\neg p$、$p \wedge q$、$\neg p \wedge q$、$\neg p \wedge \neg q \wedge r$ 等都是简单合取式.

从定义不难看出以下两点：

(1) 一个简单析取式是重言式，当且仅当它同时含一个命题变项及其否定；

(2) 一个简单合取式是矛盾式，当且仅当它同时含一个命题变项及其否定.

例如，简单析取式 $p \vee \neg p \vee q$ 是重言式. 简单合取式 $p \wedge \neg p \wedge q$ 是矛盾式.

定义 1.13　仅由有限个简单合取式构成的析取式称为**析取范式**，仅由有限个简单析取式构成的合取式称为**合取范式**.

例如，$p \vee q \vee \neg r$，$\neg p \wedge \neg q \wedge r$，$(p_1 \wedge \neg p_2 \wedge p_3) \vee (\neg p_1 \wedge p_2) \vee (p_1 \wedge p_2 \wedge \neg p_3)$ 是析取范式，$p \vee q \vee \neg r$，$\neg p \wedge \neg q \wedge r$，$(p_1 \vee \neg p_2 \vee \neg p_3) \wedge (\neg p_1 \vee p_2 \vee p_3) \wedge (p_1 \vee \neg p_3)$ 是合取范式. 其中，$p \vee q \vee \neg r$ 既是含 3 个简单合取式的析取范式，又是含 1 个简单析取式的合取范式；类似地，$\neg p \wedge \neg q \wedge r$ 既是含 1 个简单合取式的析取范式，又是含 3 个简单析取式的合取范式.

析取范式与合取范式有下列性质：

(1) 一个析取范式是矛盾式，当且仅当它的每个简单合取式都是矛盾式；

(2) 一个合取范式是重言式，当且仅当它的每个简单析取式都是重言式.

给定任意的命题公式，都能通过等值演算求出与之等值的析取范式与合取范式，具体步骤如下.

(1) 消去→和↔.

$$p \rightarrow q \Leftrightarrow \neg p \vee q,$$
$$p \leftrightarrow q \Leftrightarrow (\neg p \vee q) \wedge (p \vee \neg q).$$

(2) 否定号的消去或内移.

$$\neg\neg p \Leftrightarrow q,$$
$$\neg(p \wedge q) \Leftrightarrow \neg p \vee \neg q,$$
$$\neg(p \vee q) \Leftrightarrow \neg p \wedge \neg q.$$

(3) 使用分配律. 求析取范式应该使用“$\wedge$”对“$\vee$”的分配律,求合取范式使用“$\vee$”对“$\wedge$”的分配律.

任给一个命题公式,经过以上三步演算,都可得到与它等值的析取范式或合取范式. 于是,得到下述定理.

定理 1.2(范式存在定理) 任一命题公式都存在与之等值的析取范式和合取范式.

不过,命题公式的析取范式和合取范式不是唯一的.

例 1.12 求下面命题公式的合取范式和析取范式.

$$((p\vee q)\to r)\to p.$$

解 (1) 求合取范式.

$$
\begin{aligned}
&((p\vee q)\to r)\to p \\
\Leftrightarrow&(\neg(p\vee q)\vee r)\to p && \text{(消去第一个}\to\text{)}\\
\Leftrightarrow&\neg(\neg(p\vee q)\vee r)\vee p && \text{(消去第二个}\to\text{)}\\
\Leftrightarrow&\neg((\neg p\wedge\neg q)\vee r)\vee p && (\neg\text{内移})\\
\Leftrightarrow&((\neg\neg p\vee\neg\neg q)\wedge\neg r)\vee p && (\neg\text{内移})\\
\Leftrightarrow&((p\vee q)\wedge\neg r)\vee p && (\neg\text{消去})\\
\Leftrightarrow&(p\vee q\vee p)\wedge(\neg r\vee p) && (\vee\text{对}\wedge\text{分配律})\\
\Leftrightarrow&(p\vee q)\wedge(\neg r\vee p).
\end{aligned}
$$

(2) 求析取范式.

前 5 步是相同的,在第 6 步用$\wedge$对$\vee$的分配律就可得到析取范式.

$$
\begin{aligned}
&((p\vee q)\to r)\to p \\
\Leftrightarrow&((p\vee q)\wedge\neg r)\vee p \\
\Leftrightarrow&(p\wedge\neg r)\vee(q\wedge\neg r)\vee p, && (\wedge\text{对}\vee\text{分配律})\\
\Leftrightarrow&p\vee(q\wedge\neg r). && \text{(交换律,吸收律)}
\end{aligned}
$$

最后两式都是原公式的析取范式.

由于与某一命题公式等值的析取范式与合取范式的不唯一性,因而析取范式与合取范式不能作为同一真值函数所对应的命题公式的标准形式. 为此,进一步给出主析取范式和主合取范式的概念.

定义 1.14 设有 n 个命题变项,若在简单合取式中每个命题变项与其否定有且仅有一个出现一次,则这样的简单合取式称为**极小项**. 在极小项中,命题变项与其否定通常按下角标或字典顺序排列.

3 个命题变项 p、q、r 可形成 8 个极小项. 如果将命题变项看成 1,命题变项的否定看成 0,则每个极小项对应一个二进制数. 这个二进制数正好是该极小项的成真赋值. 用这个二进制数对应的十进制数作为该极小项符号的角码.

8 个极小项对应情况如下:

$\neg p\wedge\neg q\wedge\neg r$ 000 记作 m_0;

$\neg p\wedge\neg q\wedge r$ 001 记作 m_1;

$\neg p\wedge q\wedge\neg r$ 010 记作 m_2;

$\neg p\wedge q\wedge r$ 011 记作 m_3;

$p\wedge\neg q\wedge\neg r$　　100　　记作 m_4；

$p\wedge\neg q\wedge r$　　101　　记作 m_5；

$p\wedge q\wedge\neg r$　　110　　记作 m_6；

$p\wedge q\wedge r$　　111　　记作 m_7.

一般情况下，n 个命题变项共产生 2^n 个极小项，分别记为 $m_0, m_1, \cdots, m_{2^n-1}$.

定义 1.15　如果公式 A 的析取范式中的简单合取式全是极小项，则称该析取范式为 A 的**主析取范式**.

定理 1.3　任何命题公式都有唯一的主析取范式.

下面给出求主析取范式的步骤，这也就证明了主析取范式的存在性，唯一性的证明从略. 求给定命题公式 A 的主析取范式的步骤如下.

(1) 求 A 的析取范式 A'.

(2) 若 A' 的某简单合取式 B 中不含命题变项 p_i，也不含否定 $\neg p_i$，则将 B 展成如下形式：

$$B\Leftrightarrow B\wedge 1\Leftrightarrow B\wedge(p_i\vee\neg p_i)\Leftrightarrow(B\wedge p_i)\vee(B\wedge\neg p_i).$$

若 B 中不含多个这样的 p_i，则同时合取所有这样的 p_i 与 $\neg p_i$ 的析取.

(3) 消去重复出现的命题变项和极小项以及矛盾式，如 $p\wedge p$ 用 p 取代，$p\wedge\neg p$ 用 0 取代，$m_i\vee m_i$ 用 m_i 取代.

(4) 将极小项按下角标由小到大的顺序排列.

例 1.13　求例 1.12 中给出的命题公式的主析取范式.

解　在例 1.12 中已求得原公式的析取范式 $p\vee(q\wedge\neg r)$，它含两个简单合取式 p 和 $(q\wedge\neg r)$. 在 p 中无 q 也无 $\neg q$，无 r 也无 $\neg r$ 出现，因而应该用 $p\wedge(\neg q\vee q)\wedge(\neg r\vee r)$ 取代 p. 在 $(q\wedge\neg r)$ 中无 p 也无 $\neg p$，因而应该用 $(\neg p\vee p)\wedge(q\wedge\neg r)$ 取代 $(q\wedge\neg r)$. 然后展开得极小项.

$$\begin{aligned}
&((p\vee q)\rightarrow r)\rightarrow p\\
\Leftrightarrow\ & p\vee(q\wedge\neg r) \qquad\qquad (\text{析取范式})\\
\Leftrightarrow\ & p\wedge(\neg q\vee q)\wedge(\neg r\vee r)\vee(\neg p\vee p)\wedge(q\wedge\neg r)\\
\Leftrightarrow\ & (p\wedge\neg q\wedge\neg r)\vee(p\wedge q\wedge\neg r)\vee(p\wedge\neg q\wedge r)\\
& \vee(p\wedge q\wedge r)\vee(\neg p\wedge q\wedge\neg r)\vee(p\wedge q\wedge\neg r)\\
\Leftrightarrow\ & m_4\vee m_6\vee m_5\vee m_7\vee m_2\vee m_6\\
\Leftrightarrow\ & m_2\vee m_4\vee m_5\vee m_6\vee m_7
\end{aligned}$$

由极小项的定义可知，上式中，2、4、5、6、7 的二进制表示 010、100、101、110、111 为原公式的成真赋值，而此公式的主析取范式中没出现的极小项 m_0、m_1、m_3 的角码 0、1、3 的二进制表示 000、001、011 为原公式的成假赋值. 因而，只要知道了一个命题公式 A 的主析取范式，可立即写出 A 的真值表.

反之，若知道了 A 的真值表，找出所有的成真赋值，以对应的十进制数作为角码的极小项即为 A 的主析取范式中所含的全部极小项，从而可立即写出 A 的主析取范式.

例 1.14　试由 $p\wedge q\vee r$ 的真值表(见表 1-7)求它的主析取范式.

表 1-7

p	q	r	$p\wedge q$	$p\wedge q\vee r$	p	q	r	$p\wedge q$	$p\wedge q\vee r$
0	0	0	0	0	1	0	0	0	0
0	0	1	0	1	1	0	1	0	1
0	1	0	0	0	1	1	0	1	1
0	1	1	0	1	1	1	1	1	1

由表 1-7 可知,001、011、101、110、111 是原公式的成真赋值,因而以对应的十进制数 1、3、5、6、7 为角码的极小项 m_1、m_3、m_5、m_6、m_7 在 $p\wedge q\vee r$ 的主析取范式中,即

$$p\wedge q\vee r\Leftrightarrow m_1\vee m_3\vee m_5\vee m_6\vee m_7$$

类似地,每一个真值函数都给出它所对应的命题公式的成真赋值,即使得函数值等于 1 的所有自变量的取值,以这些成真赋值对应的十进制数为脚码的极小项的析取正好表示这个真值函数,它也是这个真值函数所对应的所有公式的主析取范式.

由以上分析可知,主析取范式有以下用途.

1. 判断两命题公式是否等值

由于任何命题公式的主析取范式都是唯一的,因而若 $A\Leftrightarrow B$,说明 A 与 B 有相同的主析取范式. 反之,若 A、B 有相同的主析取范式,必有 $A\Leftrightarrow B$. 例如

$$\begin{aligned}p\to q&\Leftrightarrow \neg p\vee q\\&\Leftrightarrow \neg p\wedge(\neg q\vee q)\vee(\neg p\vee p)\wedge q\\&\Leftrightarrow(\neg p\wedge\neg q)\vee(\neg p\wedge q)\vee(p\wedge q)\\&\Leftrightarrow m_0\vee m_1\vee m_3,\\ \neg p\vee(p\wedge q)&\Leftrightarrow \neg p\wedge(\neg q\vee q)\vee(p\wedge q)\\&\Leftrightarrow(\neg p\wedge\neg q)\vee(\neg p\wedge q)\vee(p\wedge q)\\&\Leftrightarrow m_0\vee m_1\vee m_3,\end{aligned}$$

所以

$$p\to q\Leftrightarrow \neg p\vee(p\wedge q).$$

2. 判断命题公式的类型

设 A 是含 n 个命题变项的命题公式,A 为重言式,当且仅当 A 的主析取范式中含全部 2^n 个极小项. A 为矛盾式,当且仅当 A 的主析取范式中不含任何极小项,此时记 A 的主析取范式为 0. 当然,若 A 的主析取范式中至少含一个极小项,则 A 是可满足式.

例 1.15 判断下列命题公式的类型.

(1) $\neg(p\to q)\wedge q$.

(2) $((p\to q)\wedge p)\to q$.

(3) $(p\to q)\wedge q$.

解 (1) $\neg(p\to q)\wedge q$

$\Leftrightarrow\neg(\neg p\vee q)\wedge q$

$\Leftrightarrow p \wedge \neg q \wedge q$

$\Leftrightarrow 0.$

(2) $((p \to q) \wedge p) \to q$

$\Leftrightarrow \neg((\neg p \vee q) \wedge p) \vee q$

$\Leftrightarrow \neg(\neg p \vee q) \vee \neg p \vee q$

$\Leftrightarrow (p \wedge \neg q) \vee \neg p \vee q$

$\Leftrightarrow (p \wedge \neg q) \vee \neg p \wedge (\neg q \vee q) \vee (\neg p \vee p) \wedge q$

$\Leftrightarrow (\neg p \wedge \neg q) \vee (\neg p \wedge q) \vee (p \wedge \neg q) \vee (p \wedge q)$

$\Leftrightarrow m_0 \vee m_1 \vee m_2 \vee m_3$

(3) $(p \to q) \wedge q$

$\Leftrightarrow (\neg p \vee q) \wedge q$

$\Leftrightarrow q$

$\Leftrightarrow (\neg p \wedge q) \vee (p \wedge q)$

$\Leftrightarrow m_1 \vee m_3$

由以上推演可知,(1)为矛盾式,(2)为重言式,(3)为非重言式的可满足式.

3. 求命题公式的成真和成假赋值

在上例(3)中,01、11 是成真赋值,00、10 是成假赋值.

除了主析取范式外,还有其对偶形式,即主合取范式. 为此先给出极大项的定义.

定义 1.16 设有 n 个命题变项,若在简单析取式中每个命题变项与其否定有且仅有一个出现一次,则这样的简单析取式称为**极大项**.

同极小项类似,在极大项中,命题变项与其否定通常按下角标或字典顺序排列. n 个命题变项可产生 2^n 个极大项,每个极大项对应一个二进制数. 这个二进制数正好是该极大项的成假赋值,以它对应的十进制数作为该极大项符号的角码.

例如,$n=3$ 时,有 8 个极大项,对应的二进制数(成假赋值)、角码及名称如下:

$p \vee q \vee r$ 000,记作 M_0;

$p \vee q \vee \neg r$ 001,记作 M_1;

$p \vee \neg q \vee r$ 010,记作 M_2;

$p \vee \neg q \vee \neg r$ 011,记作 M_3;

$\neg p \vee q \vee r$ 100,记作 M_4;

$\neg p \vee q \vee \neg r$ 101,记作 M_5;

$\neg p \vee \neg q \vee r$ 110,记作 M_6;

$\neg p \vee \neg q \vee \neg r$ 111,记作 M_7.

定义 1.17 如果公式 A 的合取范式中的简单析取式全是极大项,则称该合取范式为**主合取范式**.

定理 1.4 任一命题公式都有唯一的主合取范式.

求命题公式 A 的主合取范式与求主析取范式的步骤类似,也是先求出合取范式 A'. 若 A'的某简单析取式 B 中不含命题变项 p_i,也不含其否定 $\neg p_i$,则将 B 展成如下形式:

$$B \Leftrightarrow B \vee 0 \Leftrightarrow B \vee (p_i \wedge \neg p_i) \Leftrightarrow (B \vee p_i) \wedge (B \vee \neg p_i).$$

例 1.16 求 $p \wedge q \vee r$ 的主合取范式.

解

$$
\begin{aligned}
& (p \wedge q) \vee r \\
\Leftrightarrow & (p \vee r) \wedge (q \vee r) \qquad \text{(合取范式)} \\
\Leftrightarrow & (p \vee (q \wedge \neg q) \vee r) \wedge ((p \wedge \neg p) \vee q \vee r) \\
\Leftrightarrow & (p \vee q \vee r) \wedge (p \vee \neg q \vee r) \\
& \wedge (p \vee q \vee r) \wedge (\neg p \vee q \vee r) \\
\Leftrightarrow & (p \vee q \vee r) \wedge (p \vee \neg q \vee r) \wedge (\neg p \vee q \vee r) \\
\Leftrightarrow & M_0 \wedge M_2 \wedge M_4.
\end{aligned}
$$

其实,只要求出了命题公式 A 的主析取范式,就可以立即得到主合取范式,反之亦然. 首先注意到极小项与极大项之间的关系:

$$\neg m_i \Leftrightarrow M_i, \quad \neg M_i \Leftrightarrow m_i.$$

设命题公式 A 中含 n 个命题变项,且设 A 的主析取范式中含 k 个极小项 $m_{i_1}, m_{i_2}, \cdots, m_{i_k}$,则 $\neg A$ 的主析取范式中必含其余的 $2^n - k$ 个极小项,设为 $m_{j_1}, m_{j_2}, \cdots, m_{j_{2^n-k}}$,即

$$
\begin{aligned}
\neg A & \Leftrightarrow m_{j_1} \vee m_{j_2} \vee \cdots \vee m_{j_{2^n-k}} \\
A & \Leftrightarrow \neg\neg A \Leftrightarrow \neg(m_{j_1} \vee m_{j_2} \vee \cdots \vee m_{j_{2^n-k}}) \\
& \Leftrightarrow \neg m_{j_1} \wedge \neg m_{j_2} \wedge \cdots \wedge \neg m_{j_{2^n-k}} \\
& \Leftrightarrow M_{j_1} \wedge M_{j_2} \wedge \cdots \wedge M_{j_{2^n-k}}.
\end{aligned}
$$

由此可得出由 A 的主析取范式求主合取范式的步骤如下.

(1) 求出 A 的主析取范式.

(2) 写出以 A 的主析取范式中没出现的极小项的角码为角码的极大项.

(3) 由这些极大项构成的合取式即为 A 的主合取范式.

例如,A 中含 3 个命题变项,主析取范式为

$$A \Leftrightarrow m_0 \vee m_1 \vee m_5 \vee m_7$$

则主合取范式为

$$A \Leftrightarrow M_2 \wedge M_3 \wedge M_4 \wedge M_6$$

反之,也可以通过主合取范式立即得到主析取范式. 通过主合取范式也可以判断公式之间是否等值,判断公式的类型(注意重言式的主合取范式中不含任何极大项,用 1 表示),求成假赋值(所含极大项角码的二进制表示)等.

1.5 联结词全功能集

在一个形式系统中,多少个联结词最"合适"呢? 一般说来,在自然推理系统中,联结词集中的联结词可以多些,而公理系统中联结词集中的联结词越少越好. 但联结词集中的联结词无论是多些还是少些,它必须能够具备表示所有真值函数的能力. 具有这样性质的联结词集叫全功能集.

定义 1.18 设 S 是一个联结词集合,如果任一真值函数都可以用仅含 S 中的联结词的命题公式表示,则称 S 为**全功能集**.

定理 1.5 $\{\neg,\wedge,\vee\}$、$\{\neg,\wedge\}$、$\{\neg,\vee\}$、$\{\neg,\rightarrow\}$都是联结词全功能集.

证明 正如前面已经指出的那样,每一个真值函数都可以用一个主析取范式表示,而主析取范式中只使用联结词$\neg$,$\wedge$和$\vee$,故$\{\neg,\wedge,\vee\}$是联结词全功能集.

为了证明$\{\neg,\wedge\}$是全功能集,只需证明可以用$\neg$和$\wedge$代替$\vee$. 事实上,

$$p\vee q\Leftrightarrow\neg\neg(p\vee q)\Leftrightarrow\neg(\neg p\wedge\neg q),$$

故得证$\{\neg,\wedge\}$是全功能集.

类似地,$p\wedge q\Leftrightarrow\neg(\neg p\vee\neg q)$,故$\{\neg,\vee\}$是全功能集.

又 $p\rightarrow q\Leftrightarrow\neg p\vee q$,因为$\{\neg,\vee\}$是全功能集,故$\{\neg,\rightarrow\}$也是全功能集.

除上面介绍的 5 种基本联结词外,下面再给出在逻辑设计中常用的 2 种联结词.

定义 1.19 设 p、q 为两命题,复合命题"p 与 q 的否定"称为 p 与 q 的**与非式**,记作 $p\uparrow q$,即 $p\uparrow q\Leftrightarrow\neg(p\wedge q)$. $\uparrow$称作**与非联结词**.

复合命题"p 或 q 的否定"称作 p 与 q 的**或非式**,记作 $p\downarrow q$,即 $p\downarrow q\Leftrightarrow\neg(p\vee q)$. $\downarrow$称作**或非联结词**.

根据定义,$p\uparrow q$ 为真当且仅当 p、q 不同时为真; $p\downarrow q$ 为真当且仅当 p、q 同时为假.

$\uparrow$和$\downarrow$与$\neg$,$\wedge$,$\vee$有下述关系:

$$\neg p\Leftrightarrow\neg(p\wedge p)\Leftrightarrow p\uparrow p$$

$$p\wedge q\Leftrightarrow\neg\neg(p\wedge q)\Leftrightarrow\neg(p\uparrow q)\Leftrightarrow(p\uparrow q)\uparrow(p\uparrow q)$$

$$p\vee q\Leftrightarrow\neg\neg(p\vee q)\Leftrightarrow\neg(\neg p\wedge\neg q)\Leftrightarrow(\neg p)\uparrow(\neg q)\Leftrightarrow(p\uparrow p)\uparrow(q\uparrow q)$$

类似地,

$$\neg p\Leftrightarrow p\downarrow p$$

$$p\wedge q\Leftrightarrow(p\downarrow p)\downarrow(q\downarrow q)$$

$$p\vee q\Leftrightarrow(p\downarrow q)\downarrow(p\downarrow q)$$

由上述关系与定理 1.5,可得定理 1.6.

定理 1.6 $\{\uparrow\}$,$\{\downarrow\}$是联结词全功能集.

显然,任何包含全功能集的联结词集合都是全功能集,如$\{\neg,\wedge,\vee,\rightarrow,\leftrightarrow\}$、$\{\neg,\wedge,\rightarrow\}$、$\{\neg,\uparrow\}$等都是全功能集. 可以证明$\{\wedge,\vee\}$不是全功能集,进而$\{\vee\}$、$\{\wedge\}$等不是全功能集.

例 1.17 将公式 $p\wedge\neg q$ 化成只含下列各联结词集中的联结词的等值的公式.

(1) $\{\neg,\vee\}$; (2) $\{\neg,\rightarrow\}$; (3) $\{\uparrow\}$; (4) $\{\downarrow\}$.

解 (1) $p\wedge\neg q$

$\Leftrightarrow\neg(\neg p\vee q)$.

(2) $p\wedge\neg q$

$\Leftrightarrow\neg(\neg p\vee q)$

$\Leftrightarrow\neg(p\rightarrow q)$.

(3) $p\wedge\neg q$

$\Leftrightarrow p\wedge(q\uparrow q)$

$\Leftrightarrow\neg(\neg(p\wedge(q\uparrow q)))$

$\Leftrightarrow\neg(p\uparrow(q\uparrow q))$

$\Leftrightarrow (p \uparrow (q \uparrow q)) \uparrow (p \uparrow (q \uparrow q)).$

(4) $\quad p \wedge \neg q$

$\Leftrightarrow \neg(\neg p \vee q)$

$\Leftrightarrow (\neg p) \downarrow q$

$\Leftrightarrow (p \downarrow p) \downarrow q.$

1.6 组合电路

可以用电子元件物理实现逻辑运算，用这些元件组合成的电路物理实现命题公式，这就是**组合电路**. 实现∧、∨、¬的元件分别叫做与门、或门、非门. **与门**有 2 个(或 2 个以上)输入，每个输入是 1 个真值，有 1 个输出，输出它的所有输入的合取. **或门**也有 2 个(或 2 个以上)输入，每个输入是一个真值，有 1 个输出，输出它的所有输入的析取. **非门**只有 1 个输入，输入是 1 个真值，有 1 个输出，输出它的输入的否定. 它们的图形符号如图 1-1 所示.

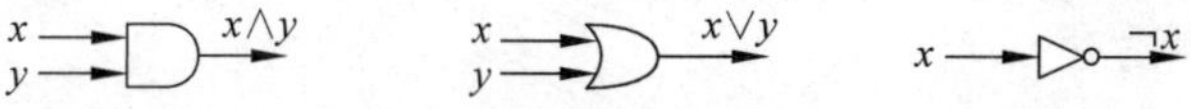

(a) 与门 (b) 或门 (c) 非门

图 1-1

例如，产生输出 $(x \vee y) \wedge \neg x$ 的电路如图 1-2(a)所示，也可以画成图 1-2(b)的样子，避免了线的交叉.

(a) (b)

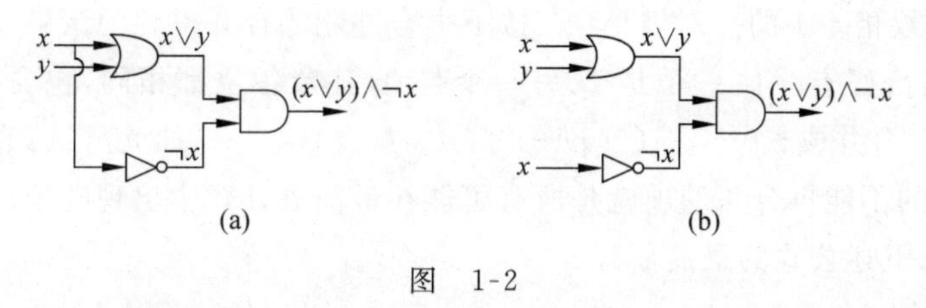

图 1-2

例 1.18 楼梯有一盏灯由上下 2 个开关控制，要求按动任何一个开关都能打开或关闭灯. 试设计一个这样的线路.

解 用 x、y 分别表示这 2 个开关的状态，开关的 2 个状态分别用 1 和 0 表示. 用 F 表示灯的状态，打开为 1，关闭为 0. 不妨设当 2 个开关都为 0 时灯是打开的. 根据题目的要求，开关的状态与灯的状态的关系如表 1-8 所示. 表 1-8 是一张真值表，也是一个真值函数. 根据它可以写出 F 的主析取范式：

$$\begin{aligned} F &= m_0 \wedge m_3 \\ &= (\neg x \wedge \neg y) \vee (x \wedge y). \end{aligned}$$

根据这个公式，控制楼梯电灯的组合电路如图 1-3 所示.

设计组合电路时，首先像例 1.19 那样构造一个输入输出表，给出所有可能的输入与对应的输出，这实际上是一个真值函数. 根据这个表可以写出表示这个真值函数的主析取范式，从而设计出需要的组合电路. 但是在主析取范式中可能包含许多不必要的运算，使得组

表 1-8

x	y	$F(x,y)$
0	0	1
0	1	0
1	0	0
1	1	1

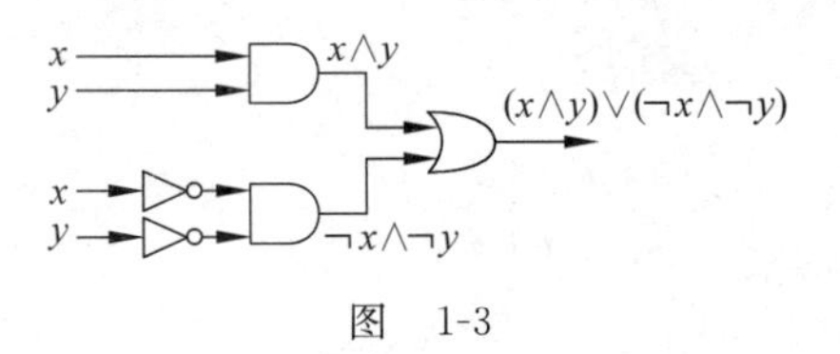

图 1-3

合电路中使用许多不必要的元件. 例如,考虑一个组合电路,当且仅当 $x=y=z=1$ 或 $x=y=1$ 且 $z=0$ 时输出 1. 这个输出的主析取范式为 $F=m_6\vee m_7=(x\wedge y\wedge\neg z)\vee(x\wedge y\wedge z)$. 如果直接按照这个公式设计电路,需要用 4 个与门,1 个或门和 1 个非门. 实际上,$(x\wedge y\wedge z)\vee(x\wedge y\wedge\neg z)\Leftrightarrow x\wedge y$,只需要一个与门就行了. 因此,需要对主析取范式进行化简,以使得公式中包含尽可能少的运算. 这种包含最少运算的公式称作**最简展开式**. 化简的方法如下.

奎因-莫可拉斯基方法

(1) 合并简单合取式生成所有可能出现在最简展开式中的项. 合并的方法如下:首先列出主析取范式中所有极小项的角码的二进制表示. 2 个极小项可以合并当且仅当它们的角码的二进制表示恰好有一位不同. 如,101 与 001,对应地,$(x\wedge\neg y\wedge z)\vee(\neg x\wedge\neg y\wedge z)\Leftrightarrow\neg y\wedge z$. 把合并后的结果记作$-01$. 合并每一对可以合并的极小项,这只需要考虑角码二进制表示中 1 的个数相差 1 的一对极小项. 接下去合并刚才合并得到的结果. 同样地,2 项可以合并当且仅当恰好有一位一个是 1、另一个是 0,其余各位都相同,包含"$-$"在内. 如,-01 与 -00 可以合并成 $-0-$,即$(\neg y\wedge z)\vee(\neg y\wedge\neg z)\Leftrightarrow\neg y$. 如此继续,直到不再能合并为止. 最后得到的不能再合并的项就是所有可能在最简展开式中出现的项.

例 1.19 求下述公式的最简展开式:

$$\begin{aligned}F=&(\neg x_1\wedge\neg x_2\wedge\neg x_3\wedge x_4)\vee(\neg x_1\wedge\neg x_2\wedge x_3\wedge x_4)\vee(\neg x_1\wedge x_2\wedge\neg x_3\wedge x_4)\\&\vee(\neg x_1\wedge x_2\wedge x_3\wedge x_4)\vee(x_1\wedge\neg x_2\wedge x_3\wedge\neg x_4)\\&\vee(x_1\wedge\neg x_2\wedge x_3\wedge x_4)\vee(x_1\wedge x_2\wedge x_3\wedge\neg x_4).\end{aligned}$$

解 表 1-9 中列出了 F 中的 7 个极小项. 表中的标记 * 表示该项已被合并,合并过程见表 1-9(续),其中(3,5)与(6,7),(3,6)与(5,7)都合并成(3,5,6,7). 最后得到没有被合并过的 4 项(1,4),(2,4),(2,6)和(3,5,6,7),要从它们中选择构成最简展开式的项.

表 1-9

编号	极小项	角码	标记	编号	极小项	角码	标记
1	$x_1\wedge x_2\wedge x_3\wedge\neg x_4$	1110	*	5	$\neg x_1\wedge x_2\wedge\neg x_3\wedge x_4$	0101	*
2	$x_1\wedge\neg x_2\wedge x_3\wedge x_4$	1011	*	6	$\neg x_1\wedge\neg x_2\wedge x_3\wedge x_4$	0011	*
3	$\neg x_1\wedge x_2\wedge x_3\wedge x_4$	0111	*	7	$\neg x_1\wedge\neg x_2\wedge\neg x_3\wedge x_4$	0001	*
4	$x_1\wedge\neg x_2\wedge x_3\wedge\neg x_4$	1010	*				

表 1-9(续)

第一批				第二批		
合并项	项	表示串	标记	合并项	项	表示串
(1,4)	$x_1 \wedge x_3 \wedge \neg x_4$	1—10		(3,5,6,7)	$\neg x_1 \wedge x_4$	0——1
(2,4)	$x_1 \wedge \neg x_2 \wedge x_3$	101—				
(2,6)	$\neg x_2 \wedge x_3 \wedge x_4$	—011				
(3,5)	$\neg x_1 \wedge x_2 \wedge x_4$	01—1	*			
(3,6)	$\neg x_1 \wedge x_3 \wedge x_4$	0—11	*			
(5,7)	$\neg x_1 \wedge \neg x_3 \wedge x_4$	0—01	*			
(6,7)	$\neg x_1 \wedge \neg x_2 \wedge x_4$	00—1	*			

(2) 确定最简展开式中的项. 经过上述步骤得到的项都是由原公式中的极小项合并而成的,称一个项覆盖合并成它的极小项. 显然,最简展开式中的项必须覆盖原公式中所有的极小项. 在这个前提下,还要使包含的运算符尽可能地少.

继续例 1.19 的解,展开式中运算符的个数等于所选项中运算符数之和加项数减 1. 根据表 1-10 列出的被选项的情况,可以选择(1,4),(2,4)和(3,5,6,7),也可以选择(1,4),(2,6)和(3,5,6,7). 即最简展开式为

$$F \Leftrightarrow (x_1 \wedge x_3 \wedge \neg x_4) \vee (x_1 \wedge \neg x_2 \wedge x_3) \vee (\neg x_1 \wedge x_4)$$

或

$$F \Leftrightarrow (x_1 \wedge x_3 \wedge \neg x_4) \vee (\neg x_2 \wedge x_3 \wedge x_4) \vee (\neg x_1 \wedge x_4)$$

表 1-10

项	$x_1 \wedge x_3 \wedge \neg x_4$	$x_1 \wedge \neg x_2 \wedge x_3$	$\neg x_2 \wedge x_3 \wedge x_4$	$\neg x_1 \wedge x_4$
覆盖	(1,4)	(2,4)	(2,6)	(3,5,6,7)
运算符数	3	3	3	2

此外,除常用的与门、或门和非门外,还有实现 ↑ 的与非门和实现 ↓ 的或非门. 由于{↑}和{↓}是全功能集,在组合电路中可以只使用与非门,也可以只使用或非门. 当然,还可以根据需要设计各种功能的用于电路的元件.

1.7 推理理论

推理是从前提推出结论的思维过程,**前提**是指已知的命题公式,**结论**是指从前提出发应用推理规则推出的命题公式. 前提可多个,由前提 $A_1, A_2, \cdots, A_k$ 推出结论 B 的严格定义如下.

定义 1.20 若$(A_1 \wedge A_2 \wedge \cdots \wedge A_k) \rightarrow B$ 为重言式,则称 $A_1, A_2, \cdots, A_k$ 推出结论 B 的**推理正确**,B 是 $A_1, A_2, \cdots, A_k$ 的**逻辑结论**或**有效结论**. 称$(A_1 \wedge A_2 \wedge \cdots \wedge A_k) \rightarrow B$ 为由前提 $A_1, A_2, \cdots, A_k$ 推出结论 B 的**推理的形式结构**.

同用 $A \Leftrightarrow B$ 表示 $A \leftrightarrow B$ 是重言式类似,用 $A \Rightarrow B$ 表示 $A \rightarrow B$ 是重言式. 因而,若由前提

$A_1,A_2,\cdots,A_k$ 推出结论 B 的推理正确，也记作

$$(A_1 \wedge A_2 \wedge \cdots \wedge A_k) \Rightarrow B.$$

于是，判断推理是否正确就是判断一个蕴涵式是否是重言式，可以用真值表法、等值演算法、主析取范式法等方法.

需要强调指出，推理正确不能保证结论一定正确，因为前提可能是错误的. 当 A_1，$A_2,\cdots,A_k$ 中有为假的时，$A_1 \wedge A_2 \wedge \cdots \wedge A_k \to B$ 恒为真. 只有在推理正确且前提也正确时，才能保证结论正确. 在通常的数学证明中，前提总是正确的，因而得出的结论也正确. 这是通常的数学证明与这里介绍的形式推理的区别. 为了建立更严格的数学证明的推理理论，需要引入公理，这已超出本书的范围.

例 1.20 判断下面各推理是否正确.

(1) 如果天气凉快，小王就不去游泳. 天气凉快. 所以小王没去游泳.

(2) 如果我上街，我一定去新华书店. 我没上街. 所以我没去新华书店.

解 解上述类型的推理问题，应先将命题符号化，然后写出前提、结论和推理的形式结构，最后进行判断.

(1) 设 p：天气凉快；q：小王去游泳.

前提：$p \to \neg q, p$.

结论：$\neg q$.

推理的形式结构为

$$((p \to \neg q) \wedge p) \to \neg q. \qquad (*)$$

判断(*)是否为重言式. 用真值表法，如表 1-11 所示.

表 1-11

p	q	$\neg q$	$p \to \neg q$	$(p \to \neg q) \wedge p$	$((p \to \neg q) \wedge p) \to \neg q$
0	0	1	1	0	1
0	1	0	1	0	1
1	0	1	1	1	1
1	1	0	0	0	1

真值表的最后一列全为 1，因而(*)是重言式. 所以推理正确.

(2) 设 p：我上街；q：我去新华书店.

前提：$p \to q, \neg p$.

结论：$\neg q$.

推理的形式结构为

$$((p \to q) \wedge \neg p) \to \neg q. \qquad (**)$$

用等值演算法

$$\begin{aligned}
&((p \to q) \wedge \neg p) \to \neg q \\
\Leftrightarrow &\neg((\neg p \vee q) \wedge \neg p) \vee \neg q \\
\Leftrightarrow &p \vee \neg q.
\end{aligned}$$

可见(**)不是重言式，所以推理不正确.

下面介绍一种新的证明推理正确的证明方法——构造证明法. 这种方法是按照给定的规则进行,其中有些规则建立在**推理定律**(即重言蕴涵式)的基础之上.

重要的推理定律有以下 8 条:

(1) $A \Rightarrow (A \vee B)$; 附加

(2) $(A \wedge B) \Rightarrow A$; 化简

(3) $((A \rightarrow B) \wedge A) \Rightarrow B$; 假言推理

(4) $((A \rightarrow B) \wedge \neg B) \Rightarrow \neg A$; 拒取式

(5) $((A \vee B) \wedge \neg A) \Rightarrow B$; 析取三段论

(6) $((A \rightarrow B) \wedge (B \rightarrow C)) \Rightarrow (A \rightarrow C)$; 假言三段论

(7) $((A \leftrightarrow B) \wedge (B \leftrightarrow C)) \Rightarrow (A \leftrightarrow C)$; 等价三段论

(8) $(A \rightarrow B) \wedge (C \rightarrow D) \wedge (A \vee C) \Rightarrow (B \vee D)$. 构造性二难

证明是一个描述推理过程的命题公式序列,其中每个命题公式或者是已知的前提,或者是由前面的命题公式应用推理规则得到的结论.

下面给出证明中常用的推理规则.

(1) 前提引入规则: 在证明的任何一步,都可以引入前提.

(2) 结论引入规则: 在证明的任何一步,前面已经证明的结论都可作为后续证明的前提.

(3) 置换规则: 在证明的任何步骤上,命题公式中的任何子命题公式都可以用与之等值的命题公式置换. 例如,可用 $\neg p \vee q$ 置换 $p \rightarrow q$ 等.

在以下推理规则中,用 $A_1, A_2, \cdots, A_k \vDash B$ 表示 B 是 $A_1, A_2, \cdots, A_k$ 的逻辑结论,在证明的序列中,若已有 $A_1, A_2, \cdots, A_k$,则可以引入 B. 根据上述 8 条推理定律可得下面推理规则.

(4) 假言推理规则: $A \rightarrow B, A \vDash B$.

(5) 附加规则: $A \vDash A \vee B$.

(6) 化简规则: $A \wedge B \vDash A$.

(7) 拒取式规则: $A \rightarrow B, \neg B \vDash \neg A$.

(8) 假言三段论规则: $A \rightarrow B, B \rightarrow C \vDash A \rightarrow C$.

(9) 析取三段论规则: $A \vee B, \neg B \vDash A$.

(10) 构造性二难规则: $A \rightarrow B, C \rightarrow D, A \vee C \vDash B \vee D$.

(11) 合取引入规则: $A, B \vDash A \wedge B$.

下面通过例题说明如何利用以上规则构造证明.

例 1.21 构造下列推理的证明.

(1) 前提: $p \rightarrow r, q \rightarrow s, p \vee q$.

结论: $r \vee s$.

(2) 前提: $p \vee q, p \rightarrow \neg r, s \rightarrow t, \neg s \rightarrow r, \neg t$.

结论: q.

证明 (1) ① $p \rightarrow r$ 前提引入

② $q \to s$　　　前提引入

③ $p \vee q$　　　前提引入

④ $r \vee s$　　　①②③构造性二难

(2) ① $s \to t$　　　前提引入

② $\neg t$　　　前提引入

③ $\neg s$　　　①②拒取式

④ $\neg s \to r$　　　前提引入

⑤ r　　　③④假言推理

⑥ $p \to \neg r$　　　前提引入

⑦ $\neg p$　　　⑤⑥拒取式

⑧ $p \vee q$　　　前提引入

⑨ q　　　⑦⑧析取三段论

例 1.22　写出下面推理的证明.

如果今天是星期一,则要进行英语或离散数学考试. 如果英语老师有会,则不考英语. 今天是星期一,英语老师有会. 所以进行离散数学考试.

解　设p:今天是星期一.

q:进行英语考试.

r:进行离散数学考试.

s:英语老师有会.

前提:$p \to (q \vee r), s \to \neg q, p, s$.

结论:r.

证明:① $p \to (q \vee r)$　　　前提引入

② p　　　前提引入

③ $q \vee r$　　　①②假言推理

④ $s \to \neg q$　　　前提引入

⑤ s　　　前提引入

⑥ $\neg q$　　　④⑤假言推理

⑦ r　　　③⑥析取三段论

下面介绍在使用构造证明法时,常用的两种技巧.

1. 附加前提证明法

有时要证明的结论以蕴涵式的形式出现,即推理的形式结构为

$$(A_1 \wedge A_2 \wedge \cdots \wedge A_k) \to (A \to B). \qquad (*)$$

对(*)进行等值演算得

$$\begin{aligned}(*) &\Leftrightarrow \neg(A_1 \wedge A_2 \wedge \cdots \wedge A_k) \vee (\neg A \vee B)\\ &\Leftrightarrow \neg(A_1 \wedge A_2 \wedge \cdots \wedge A_k \wedge A) \vee B\\ &\Leftrightarrow (A_1 \wedge A_2 \wedge \cdots \wedge A_k \wedge A) \to B. \qquad (**)\end{aligned}$$

在(**)中,原来结论中的前件 A 已经变成前提了,称 A 为附加前提. 如果能证明(**)为重言式,则(*)也为重言式. 称这种将结论中的前件作为前提证明后件是有效结论的证明法为**附加前提证明法**.

例 1.23 用附加前提证明法证明下面推理.

前提:$p\to(q\to r)$, $\neg s\vee p$, q.

结论:$s\to r$.

证明:① $\neg s\vee p$ 前提引入

② s 附加前提引入

③ p ①②析取三段论

④ $p\to(q\to r)$ 前提引入

⑤ $q\to r$ ③④假言推理

⑥ q 前提引入

⑦ r ⑤⑥假言推理

由附加前提证明法可知,推理正确.

2. 归谬法

设 $A_1, A_2, \cdots, A_k$ 是 k 个命题公式. 若 $A_1\wedge A_2\wedge\cdots\wedge A_k$ 是可满足式,则称 $A_1, A_2, \cdots, A_k$ 是相容的. 否则(即 $A_1\wedge A_2\wedge\cdots\wedge A_k$ 是矛盾式)称 $A_1, A_2, \cdots, A_k$ 是**不相容的**.

由于

$$
\begin{aligned}
(A_1\wedge A_2\wedge\cdots\wedge A_n)\to B &\Leftrightarrow \neg(A_1\wedge A_2\wedge\cdots\wedge A_n)\vee B\\
&\Leftrightarrow \neg(A_1\wedge A_2\wedge\cdots\wedge A_n\wedge\neg B),
\end{aligned}
$$

因而,若 $A_1, A_2, \cdots, A_n$ 与 $\neg B$ 不相容,则说明 B 是公式 $A_1, A_2, \cdots, A_n$ 的逻辑结论. 这种将 $\neg B$ 作为附加前提推出矛盾的证明方法称为**归谬法**. 请见例 1.24.

例 1.24 构造下面推理的证明.

前提:$p\to(\neg(r\wedge s)\to\neg q)$, p, $\neg s$.

结论:$\neg q$.

证明:① $p\to(\neg(r\wedge s)\to\neg q)$ 前提引入

② p 前提引入

③ $\neg(r\wedge s)\to\neg q$ ①②假言推理

④ $\neg(\neg q)$ 否定结论引入

⑤ q ④置换

⑥ $r\wedge s$ ③⑤拒取式

⑦ $\neg s$ 前提引入

⑧ s ⑥化简

⑨ $s\wedge\neg s$ ⑦⑧合取

由⑨得出了矛盾,根据归谬法说明推理正确.

1.8 题例分析

例 1.25～例 1.29 为选择题.

例 1.25 给定语句如下.

(1) 15 是素数.

(2) 10 能被 2 整除,3 是偶数.

(3) 你下午有会吗? 若无会,请到我这儿来!

(4) $2x+3>0$.

(5) 2 是素数或是合数.

(6) 这个男孩真勇敢呀!

(7) 如果 $2+2=6$,则 5 是奇数.

(8) 只有 4 是偶数,3 才能被 2 整除.

(9) 明年 5 月 1 日是晴天.

(10) 圆的面积等于半径的平方与 π 的乘积.

以上 10 个语句中,是简单命题的为$\boxed{A}$,是复合命题的为$\boxed{B}$,是真命题的为$\boxed{C}$,假命题的为$\boxed{D}$,真值待定(真值客观存在,只是现在不知道)的命题是$\boxed{E}$.

供选择的答案

A: ①(1)、(4)、(8); ②(4)、(6)、(9)、(10); ③(1)、(9)、(10).

B: ①(3)、(10); ②(2)、(5)、(7)、(8); ③(7)、(8).

C: ①(2)、(5)、(9)、(10); ②(7)、(8)、(10); ③(2)、(9)、(10); ④(5)、(7)、(8)、(10).

D: ①(1)、(2)、(8); ②(1)、(2); ③(1)、(5).

E: ①(4)、(9); ②(9); ③(7)、(8).

答案 A: ③; B: ②; C: ④; D: ②; E: ②.

分析 (3)、(4)、(6)不是命题. (1)、(2)为假命题. (5)、(7)、(8)、(10)为真命题. (9)真值待定.

(5) 设 p: 2 是素数. p 为真命题. q: 2 是合数. q 是假命题. $p \vee q$ 为真命题.

(7) 由于蕴涵式的前件为假,所以蕴涵式的真值为真.

(8) 设 p: 4 是偶数. q: 3 能被 2 整除. 命题符号化为 $\neg p \rightarrow \neg q$ 或 $q \rightarrow p$,因为 q 为假,所以 $q \rightarrow p$ 为真.

例 1.26 给定命题公式如下:

(1) $(p \wedge q) \rightarrow (p \vee q)$;

(2) $(p \leftrightarrow q) \leftrightarrow ((p \rightarrow q) \wedge (q \rightarrow p))$;

(3) $\neg(p \rightarrow q) \wedge q$;

(4) $(p \wedge \neg p) \leftrightarrow q$;

(5) $p \rightarrow (p \vee q)$;

(6) $(p \vee \neg p) \rightarrow ((q \wedge \neg q) \wedge r)$;

(7) $((p \to q) \to p) \leftrightarrow p$；

(8) $(p \wedge q) \vee (p \wedge \neg q)$；

(9) $\neg(p \vee q \vee r) \leftrightarrow (\neg p \wedge \neg q \wedge \neg r)$；

(10) $(p \wedge q) \wedge r$.

在以上 10 个命题公式中，重言式的为[A]，矛盾式的为[B].

供选择的答案

A：① (1)、(2)、(5)、(7)；②(1)、(4)、(5)、(7)；③(1)、(2)、(5)、(7)、(9)；④(2)、(5)、(8).

B：①(3)；②(4)、(6)；③(6)；④(3)、(6).

答案　A：③；B：④.

分析　可用真值表法、等值演算法、主析取(主合取)范式等方法判断公式的类型. 有时用直接观察的方法更方便些. 例如，对于(1)，p 与 q 都为真必蕴涵 p 与 q 中至少有一个为真，故它是重言式. 对于(10)，一看即知 111 是成真赋值，其余的赋值均是成假赋值，因而它不是重言式，也不是矛盾式.

例 1.27　给定命题公式如下：

$$(\neg p \to q) \to (\neg q \vee p).$$

该命题公式的主析取范式中含极小项的个数为[A]，主合取范式中含极大项的个数为[B]，成真赋值个数为[C]，成假赋值个数为[D].

供选择的答案

A、B、C、D：①0；②1；③2；④3；⑤4.

答案　A：④；B：②；C：④；D：②.

分析　先求主析取范式：

$$\begin{aligned}
&(\neg p \to q) \to (\neg q \vee p) \\
\Leftrightarrow &\neg(p \vee q) \vee \neg q \vee p \\
\Leftrightarrow &(\neg p \wedge \neg q) \vee (p \vee \neg p) \wedge \neg q \vee p \wedge (q \vee \neg q) \\
\Leftrightarrow &(\neg p \wedge \neg q) \vee (p \wedge \neg q) \vee (p \wedge q) \\
\Leftrightarrow &m_0 \vee m_2 \vee m_3.
\end{aligned}$$

易知，主合取范式为 M_1，即

$$(\neg p \to q) \to (\neg q \vee p) \Leftrightarrow M_1.$$

主析取范式中含 3 个极小项，极小项角码的二进制表示 00、10、11 为成真赋值. 剩下的一个(即主合取范式中唯一的极大项 M_1 的角码的二进制表示)01 为成假赋值.

例 1.28　公安人员审查一件盗窃案，已知的事实如下：

(1) 甲或乙盗窃了录音机；

(2) 若甲盗窃了录音机，则作案时间不能发生在午夜前；

(3) 若乙的证词正确，则午夜时屋里灯光未灭；

(4) 若乙的证词不正确，则作案时间发生在午夜之前；

(5) 午夜时屋里灯光灭了.

盗窃录音机的是$\boxed{A}$.

供选择的答案

A：①甲；②乙.

答案 A：②.

分析一 首先将已查明的事实符号化.

设p：甲盗窃录音机；

q：乙盗窃录音机；

r：作案时间发生在午夜前；

s：乙的证词正确；

t：午夜时灯光未灭.

前提：$p \vee q, p \to \neg r, s \to t, \neg s \to r, \neg t$.

在本题中，结论没有确定，可是只有两种可能，不是 p 就是 q，因而可根据已知前提进行推演，结论由推演结果来决定.

① $\neg t$ 前提引入

② $s \to t$ 前提引入

③ $\neg s$ ①②拒取式

④ $\neg s \to r$ 前提引入

⑤ r ③④假言推理

⑥ $p \to \neg r$ 前提引入

⑦ $\neg p$ ⑤⑥拒取式

⑧ $p \vee q$ 前提引入

⑨ q ⑦⑧析取三段论

至此说明乙盗窃了录音机.

分析二 根据已查明的事实，$p \vee q, p \to \neg r, s \to t, \neg s \to r, \neg t$ 的值均为真，据此确定 p 和 q 的值，即求上述各式的合取式的成真赋值.

$$(p \vee q) \wedge (p \to \neg r) \wedge (s \to t) \wedge (\neg s \to r) \wedge (\neg t)$$
$$\Leftrightarrow (p \vee q) \wedge (\neg p \vee \neg r) \wedge (\neg s \vee t) \wedge (s \vee r) \wedge (\neg t)$$
$$\Leftrightarrow (p \vee q) \wedge (\neg p \wedge \neg s \wedge r \wedge \neg t)$$
$$\Leftrightarrow \neg p \wedge q \wedge \neg s \wedge r \wedge \neg t.$$

它的成真赋值是 $p=0, q=1, s=0, r=1, t=0$. 因此，结论是乙盗窃录音机. 此外，还有下述结论：甲没有盗窃录音机，作案时间不是在午夜之前，乙在说谎，午夜时灯光已灭.

例 1.29 给定命题公式$(p \vee q) \to r$，该公式在全功能集$\{\neg, \to\}$中的形式为$\boxed{A}$，在$\{\neg, \wedge\}$中的形式为$\boxed{B}$，在$\{\neg, \vee\}$中的形式为$\boxed{C}$，在$\{\uparrow\}$中的形式为$\boxed{D}$，在$\{\downarrow\}$中的形式为$\boxed{E}$.

供选择的答案

A：①$(p \to q) \to r$；②$(\neg p \to q) \to r$；③$(\neg q \to \neg p) \to r$.

B：① $\neg p \wedge \neg q \wedge \neg r$；②$p \wedge q \wedge \neg r$；③$\neg(\neg p \wedge \neg q) \wedge \neg r$；④ $\neg(\neg(\neg p \wedge \neg q) \wedge \neg r)$；⑤$\neg((\neg p \wedge \neg q) \wedge \neg r)$.

C：① $p \vee q \vee r$；② $\neg(p \vee q \vee r)$；③ $\neg(p \vee q) \vee r$.

D：① $((p \uparrow p) \uparrow (q \uparrow q)) \uparrow (r \uparrow r)$；② $(p \uparrow q) \uparrow (r \uparrow r)$；③ $((p \uparrow p) \uparrow (q \uparrow q)) \uparrow r$.

E：① $((p \downarrow q) \downarrow (p \downarrow q)) \downarrow r$；② $((p \downarrow q) \downarrow r) \downarrow ((p \downarrow q) \downarrow r)$；③ $(p \downarrow q) \downarrow r$.

答案 A：②；B：④；C：③；D：①；E：②.

分析 利用等值演算法消去指定联结词集中没有的联结词，其结果的形式可能不唯一，但在供选择的答案中均只有唯一的一式与 $(p \vee q) \to r$ 等值，所以容易找到正确答案.

(1) 在 $\{\neg, \to\}$ 中，

$$
\begin{aligned}
&(p \vee q) \to r \\
\Leftrightarrow &(\neg\neg p \vee q) \to r \\
\Leftrightarrow &(\neg p \to q) \to r.
\end{aligned}
$$

(2) 在 $\{\neg, \wedge\}$ 中，

$$
\begin{aligned}
&(p \vee q) \to r \\
\Leftrightarrow &\neg(p \vee q) \vee r \\
\Leftrightarrow &(\neg p \wedge \neg q) \vee r \\
\Leftrightarrow &\neg(\neg(\neg p \wedge \neg q) \wedge \neg r).
\end{aligned}
$$

(3) 在 $\{\neg, \vee\}$ 中，

$$
\begin{aligned}
&(p \vee q) \to r \\
\Leftrightarrow &\neg(p \vee q) \vee r.
\end{aligned}
$$

(4) 在 $\{\uparrow\}$ 中，由(2)

$$
\begin{aligned}
&(p \vee q) \to r \\
\Leftrightarrow &\neg(\neg(\neg p \wedge \neg q) \wedge \neg r) \\
\Leftrightarrow &\neg((\neg p \uparrow \neg q) \wedge \neg r) \\
\Leftrightarrow &(\neg p \uparrow \neg q) \uparrow \neg r \\
\Leftrightarrow &((p \uparrow p) \uparrow (q \uparrow q)) \uparrow (r \uparrow r).
\end{aligned}
$$

(5) 在 $\{\downarrow\}$ 中，

$$
\begin{aligned}
&(p \vee q) \to r \\
\Leftrightarrow &\neg(p \vee q) \vee r \\
\Leftrightarrow &(p \downarrow q) \vee r \\
\Leftrightarrow &\neg\neg((p \downarrow q) \vee r) \\
\Leftrightarrow &\neg((p \downarrow q) \downarrow r) \\
\Leftrightarrow &((p \downarrow q) \downarrow r) \downarrow ((p \downarrow q) \downarrow r).
\end{aligned}
$$

例 1.30 设 p：自然对数的底 e 是无理数.

q：纽约是美国的首都.

r：指南针是中国的四大发明之一.

s：18 有 4 个素因子.

求下列各复合命题的真值：

(1) $(p \wedge q) \to (\neg r \wedge s)$；

(2) $(p \wedge \neg q \wedge r \wedge \neg s) \vee (s \to \neg q)$；

(3) $(p \wedge q \wedge r) \leftrightarrow (\neg p \vee \neg s)$.

答案 (1)、(2)的真值为1,(3)的真值为0.

分析 首先确定命题 p、q、r、s 的真值：p、r 是真命题,美国的首都是华盛顿,而不是纽约,所以 q 是假命题,18有6个因子,其中只有2与3是素因子,所以 s 也是假命题. 这样,p、q、r、s 的真值分别为1、0、1、0,将其代入(1)、(2)、(3),得出(1)、(2)、(3)的真值分别为1、1、0,即(1)、(2)为真命题,(3)为假命题.

例1.31 设 p：$4<3$,q：$3>2$. 将下面命题符号化,并讨论命题的真值.

(1) 只要 $4<3$,就有 $3>2$.

(2) 只要 $4<3$,就有 $3\leqslant 2$.

(3) 只有 $4<3$,才有 $3>2$.

(4) 只有 $4<3$,才有 $3\leqslant 2$.

(5) 除非 $4<3$,否则 $3>2$.

(6) $4\geqslant 3$ 仅当 $3\leqslant 2$.

(7) $4<3$ 当且仅当 $3>2$.

答案 (1) $p \rightarrow q$,真值为1.

(2) $p \rightarrow \neg q$,真值为1.

(3) $q \rightarrow p$,真值为0.

(4) $\neg q \rightarrow p$,真值为1.

(5) $\neg p \rightarrow q$,真值为1.

(6) $\neg p \rightarrow \neg q$,真值为0.

(7) $p \leftrightarrow q$,真值为0.

分析 本题考查对蕴涵联结词以及"如果 p,则 q"(符号化为 $p \rightarrow q$)的不同表述的理解. $p \rightarrow q$ 的逻辑关系为 q 是 p 的必要条件,p 是 q 的充分条件,可以有多种不同的叙述形式. 如

"q 是 p 的必要条件"

"只要 p,就 q"

"p 仅当 q"

"只有 q,才 p"

"没有 q,就没有 p"

"除非 q,才 p"

"除非 q,否则非 p"

等,它们的符号化形式都为 $p \rightarrow q$. 遇到具体问题要具体分析,找出准确的符号化形式.

在本题中,p 是假命题,q 是真命题.

(1) q 是 p 的必要条件,符号化为 $p \rightarrow q$,真值为1(因为前件为假).

(2) $\neg q$ 是 p 的必要条件,符号化为 $p \rightarrow \neg q$,真值当然也是1.

(3) 在此句中,p 成了 q 的必要条件,所以,符号化为 $q \rightarrow p$,因为前件真,后件假,真值为0.

(4) p 成了 $\neg q$ 的必要条件,因而符号化为 $\neg q \rightarrow p$,$\neg q$ 为假命题,故 $\neg q \rightarrow p$ 的真值为1.

(5) 此句为“除非 p,否则 $\neg(\neg q)$”,这说明 p 为 $\neg q$ 的必要条件,所以符号化为 $\neg q \to p$. 这句话又可说成“如果 $\neg p$,则 q.”,故又可符号化为 $\neg p \to q$. 两者等值,真值为 1.

(6) $\neg q$ 是 $\neg p$ 的必要条件,符号化为 $\neg p \to \neg q$(或 $q \to p$). 因为前件为真,后件为假,所以真值为 0.

(7) p 与 q 互为充要条件,所以符号化为 $p \leftrightarrow q$,真值显然为 0.

例 1.32 设 A 是含 n 个命题变项的公式,下面 4 个结论中,哪个(些)是错误的?

(1) 若 A 的主析取范式中含 2^n 个极小项,则 A 是重言式.

(2) 若 A 的主合取范式中含 2^n 个极大项,则 A 是矛盾式.

(3) 若 A 的主析取范式中不含任何极小项,则 A 的主析取范式为 0.

(4) 若 A 的主合取范式中不含任何极大项,则 A 的主合取范式为 0.

答案 (4)的结论是错误的,其余均正确.

分析 (1)与(2)的结论显然是正确的. 下面说明(3)正确,而(4)不正确.

若 A 的主析取范式中不含任何极小项,说明 A 无成真赋值,所以 A 为矛盾式,因而规定矛盾式的主析取范式为 0 是合理的,保证任何命题公式都存在并且是唯一的与之等值的主析取范式. 所以(3)正确.

若 A 的主合取范式中不含任何极大项,说明 A 无成假赋值,因而 A 为重言式,重言式怎能与 0 等值呢? 它只能与 1 等值,因而规定重言式的主合取范式为 1,这也保证了任何命题公式都存在唯一的主合取范式与之等值. 所以(4)是错误结论. 犯此错误的人不在少数.

例 1.33 已知命题公式 A 含 3 个命题变项,其成真赋值为 000、010、100、110,求 A 的主析取范式与主合取范式.

答案 主析取范式为 $m_0 \vee m_2 \vee m_4 \vee m_6$.

主合取范式为 $M_1 \wedge M_3 \wedge M_5 \wedge M_7$.

分析 公式的每个成真赋值对应主析取范式中的唯一的一个极小项,该极小项的名称的下角标为该成真赋值的十进制表示,A 的成真赋值的十进制表示,分别为 0、2、4、6,所以,$A \Leftrightarrow m_0 \vee m_2 \vee m_4 \vee m_6$——$A$ 的主析取范式.

剩下的 001、011、101、111 为 A 的成假赋值,它们对应的极大项的下角标分别为 1、3、5、7,所以,$A \Leftrightarrow M_1 \wedge M_3 \wedge M_5 \wedge M_7$——$A$ 的主合取范式.

习　题

1.1 判断下列语句是否为命题,若是命题请指出是简单命题还是复合命题.

(1) $\sqrt{2}$是无理数.

(2) 5 能被 2 整除.

(3) 现在开会吗?

(4) $x+5>0$.

(5) 这朵花真好看呀!

(6) 2 是素数当且仅当三角形有 3 条边.

(7) 雪是黑色的当且仅当太阳从东方升起.

(8) 2080 年 10 月 1 日天气晴好.

(9) 太阳系以外的星球上有生物.

(10) 小李在宿舍里.

(11) 全体起立!

(12) 4 是 2 的倍数或是 3 的倍数.

(13) 4 是偶数且是奇数.

(14) 李明与王华是同学.

(15) 蓝色和黄色可以调配成绿色.

1.2 将上题中的命题符号化,并讨论它们的真值.

1.3 判断下列各命题的真值.

(1) 若 $2+2=4$,则 $3+3=6$.

(2) 若 $2+2=4$,则 $3+3\neq 6$.

(3) 若 $2+2\neq 4$,则 $3+3=6$.

(4) 若 $2+2\neq 4$,则 $3+3\neq 6$.

(5) $2+2=4$ 当且仅当 $3+3=6$.

(6) $2+2=4$ 当且仅当 $3+3\neq 6$.

(7) $2+2\neq 4$ 当且仅当 $3+3=6$.

(8) $2+2\neq 4$ 当且仅当 $3+3\neq 6$.

1.4 将下列命题符号化,并讨论其真值.

(1) 如果今天是 1 号,则明天是 2 号.

(2) 如果今天是 1 号,则明天是 3 号.

1.5 将下列命题符号化.

(1) 2 是偶数又是素数.

(2) 小王不但聪明而且用功.

(3) 虽然天气很冷,老王还是来了.

(4) 他一边吃饭,一边看电视.

(5) 如果天下大雨,他就乘公共汽车上班.

(6) 只有天下大雨,他才乘公共汽车上班.

(7) 除非天下大雨,否则他不乘公共汽车上班.

(8) 不经一事,不长一智.

1.6 设 p、q 的真值为 0;r、s 的真值为 1,求下列各命题公式的真值.

(1) $p\vee(q\wedge r)$.

(2) $(p\leftrightarrow r)\wedge(\neg q\vee s)$.

(3) $(p\wedge(q\vee r))\rightarrow((p\vee q)\wedge(r\wedge s))$.

(4) $\neg(p\vee(q\rightarrow(r\wedge\neg p)))\rightarrow(r\vee\neg s)$.

1.7 判断下列命题公式的类型,方法不限.

(1) $p\to(p\vee q\vee r)$.

(2) $(p\to\neg p)\to\neg p$.

(3) $\neg(p\to q)\wedge q$.

(4) $(p\to q)\to(\neg q\to\neg p)$.

(5) $(\neg p\to q)\to(q\to\neg p)$.

(6) $(p\wedge\neg p)\leftrightarrow q$.

(7) $(p\vee\neg p)\to((q\wedge\neg q)\wedge\neg r)$.

(8) $(p\leftrightarrow q)\to\neg(p\vee q)$.

(9) $((p\to q)\wedge(q\to r))\to(p\to r)$.

(10) $((p\vee q)\to r)\leftrightarrow s$.

1.8 用等值演算法证明下列等值式.

(1) $(p\wedge q)\vee(p\wedge\neg q)\Leftrightarrow p$.

(2) $((p\to q)\wedge(p\to r))\Leftrightarrow(p\to(q\wedge r))$.

(3) $\neg(p\leftrightarrow q)\Leftrightarrow((p\vee q)\wedge\neg(p\wedge q))$.

1.9 用等值演算法判断下列公式的类型.

(1) $\neg((p\wedge q)\to p)$.

(2) $((p\to q)\wedge(q\to p))\leftrightarrow(p\leftrightarrow q)$.

(3) $(\neg p\to q)\to(q\to\neg p)$.

1.10 已知真值函数 F、G、H、R 的真值表如表 1-12 所示.分别给出用下列联结词集合中的联结词表示的与 F、G、H、R 等值的一个命题公式.

(1) $\{\neg,\to\}$;(2) $\{\neg,\wedge\}$;(3) $\{\neg,\vee\}$;(4) $\{\uparrow\}$;(5) $\{\downarrow\}$.

表 1-12

p	q	F	G	H	R	p	q	F	G	H	R
0	0	0	0	1	1	1	0	1	0	1	1
0	1	0	1	0	1	1	1	0	1	0	0

1.11 设 A、B、C 为任意的命题公式.

(1) 已知 $A\vee C\Leftrightarrow B\vee C$,问 $A\Leftrightarrow B$ 吗?

(2) 已知 $A\wedge C\Leftrightarrow B\wedge C$,问 $A\Leftrightarrow B$ 吗?

(3) 已知 $\neg A\Leftrightarrow\neg B$,问 $A\Leftrightarrow B$ 吗?

1.12 求下列命题公式的主析取范式、主合取范式、成真赋值、成假赋值.

(1) $(p\vee(q\wedge r))\to(p\wedge q\wedge r)$.

(2) $(\neg p\to q)\to(\neg q\vee p)$.

(3) $\neg(p\to q)\wedge q\wedge r$.

1.13 通过求主析取范式判断下列各组命题公式是否等值.

(1) $p\to(q\to r)$;$q\to(p\to r)$.

(2) $p\uparrow q;p\downarrow q$.

1.14 一个排队线路,输入为 A、B、C,其输出分别为 F_A、F_E、F_C. 在同一时间内只能有一个信号通过.如果同时有两个或两个以上信号通过时,则按 A、B、C 的顺序输出.例如,A、B、C 同时输入时,只能 F_A 有输出.写出 F_A、F_B、F_C 的逻辑表达式,并化成全功能集$\{\downarrow\}$中的表达式.

1.15 某勘探队有3名队员.有一天取得一块矿样,3人的判断如下:

甲说:这不是铁,也不是铜;

乙说:这不是铁,是锡;

丙说:这不是锡,是铁.

经实验室鉴定后发现,其中一人两个判断都正确,一个人判对一半,另一个人全错了.根据以上情况判断矿样的种类,并指出谁的判断全对?谁的判断对一半?谁的判断全错?

1.16 有一盏灯由3个开关控制,要求按任何一个开关都能使灯由亮变黑或由黑变亮.试设计一个这样的组合电路.

1.17 输入输出的关系如表1-13和表1-14所示,试写出实现它们的组合电路的合式公式,并用奎因-莫可拉斯基方法化简.

(1)

表 1-13

x	y	z	F	x	y	z	F
0	0	0	0	1	0	0	1
0	0	1	1	1	0	1	1
0	1	0	1	1	1	0	0
0	1	1	1	1	1	1	0

(2)

表 1-14

x_1	x_2	x_3	x_4	F	x_1	x_2	x_3	x_4	F
0	0	0	0	1	1	0	0	0	1
0	0	0	1	0	1	0	0	1	0
0	0	1	0	0	1	0	1	0	1
0	0	1	1	0	1	0	1	1	1
0	1	0	0	1	1	1	0	0	1
0	1	0	1	0	1	1	0	1	0
0	1	1	0	0	1	1	1	0	0
0	1	1	1	0	1	1	1	1	0

1.18 判断下列推理是否正确.先将命题符号化,再写出前提和结论,然后进行判断.

(1) 如果今天是1号,则明天是5号.今天是1号.所以明天是5号.

(2) 如果今天是1号,则明天是5号.明天是5号.所以今天是1号.

(3) 如果今天是1号,则明天是5号.明天不是5号.所以今天不是1号.

(4) 如果今天是1号,则明天是5号.今天不是1号.所以明天不是5号.

1.19 构造下面推理的证明.

(1) 前提:$\neg(p\wedge\neg q)$,$\neg q\vee r$,$\neg r$.

结论:$\neg p$.

(2) 前提:$p\to(q\to s)$,q,$p\vee\neg r$.

结论:$r\to s$.

(3) 前提:$p\to q$.

结论:$p\to(p\wedge q)$.

(4) 前提:$q\to p$,$q\leftrightarrow s$,$s\leftrightarrow t$,$t\wedge r$.

结论:$p\wedge q\wedge s\wedge r$.

(5) 前提:$(p\wedge q)\to r$,$\neg r\vee s$,$\neg s$,p.

结论:$\neg q$.

1.20 判断下述推理是否正确,并证明你的结论.如果他是理科学生,他必学好数学.如果他不是文科学生,他必是理科学生.他没学好数学.所以他是文科学生.

以下各题是选择题.题目要求是从供选择的答案中选出填入叙述中的方框□内的正确答案.

1.21 给定命题公式如下:

$$p\vee(q\wedge\neg r).$$

上述公式的成真赋值为[A],成假赋值为[B],公式的类型为[C].

供选择的答案

A:①无;②全体赋值;③010,100,101,111;④010,100,101,110,111.

B:①无;②全体赋值;③000,001,011;④000,010,110.

C:①重言式;②矛盾式;③可满足式.

1.22 给定命题公式如下:

$$\neg(p\wedge q)\to r.$$

上述公式的主析取范式中含极小项的个数为[A],主合取范式中含极大项的个数为[B],成真赋值为[C].

供选择的答案

A:①2;②3;③5;④0;⑤8.

B:①0;②8;③5;④3.

C:①000,001,110;②001,011,101,110,111;③全体赋值;④无.

1.23 给定下列3组前提.

(1) $\neg(p\wedge\neg q)$,$\neg q\vee r$,$\neg r$.

(2) $(p\wedge q)\to r$,$\neg r\vee s$,$\neg s$.

(3) $\neg p \lor q, \neg q \lor r, r \to s$.

上述各前提中,(1)的逻辑结论(有效结论)为$\boxed{A}$,(2)的逻辑结论为$\boxed{B}$,(3)的逻辑结论为$\boxed{C}$.

供选择的答案

A、B、C:①r; ②q; ③ $\neg p$; ④s; ⑤ $\neg p \lor \neg q$;⑥ $p \to s$;⑦ $p \land q$.

第2章　一阶逻辑

在命题逻辑中，命题是命题演算的基本单位. 命题只是一种比较简单的陈述，常常不足以表现人们想要表达的内容，因而甚至无法处理一些简单而又常见的推理. 例如，在命题逻辑中，对著名的“苏格拉底三段论”就无法证明其正确性. 这个三段论说：

凡是人都要死的.
苏格拉底是人.
所以苏格拉底是要死的.

在命题逻辑中，只能用 p、q、r 表示以上 3 个命题，上述推理可表成 $(p \wedge q) \rightarrow r$. 这个命题公式不是重言式，可是凭人们的直觉上述论断是正确的. 原因是在命题逻辑中，只能把“凡是人都要死的”作为一个简单命题，而失去了它的内在含义. 这就是命题逻辑的局限性. 为了表达出这句话的内在含义，还需要进一步区分“凡是”、“人”、“是要死的”，这就是**一阶逻辑**所研究的内容，一阶逻辑也称**谓词逻辑**.

2.1　一阶逻辑基本概念

先来仔细分析一下“凡是人都要死的”这句话，它由 3 部分组成，“凡是”是所有的、每一个的意思. 所有的什么呢？这里说的是“人”这个特殊的对象. 而“是要死的”是一种性质. 这句话的意思是所有的这种对象都有这种性质. 为了能够形式化地描述这些，在一阶逻辑中引入了量词、个体词和谓词 3 个新的概念. 首先介绍个体词和谓词. **个体词**是指可以独立存在的客体，它可以是一个具体的事物，也可以是一个抽象的概念. 例如，李明、人、玫瑰花、黑板、自然数、$\sqrt{2}$、思想、定理等都可以作为个体词. 而谓词是用来刻画个体词的性质或个体词之间关系的词. 在下面 3 个简单命题中：

$\sqrt{2}$是无理数.
王宏是程序员.
小李比小赵高 2 厘米.

“$\sqrt{2}$”、“王宏”、“小李”、“小赵”都是个体词. 而“……是无理数”、“……是程序员”、“……比……高 2 厘米”都是谓词. 前两个谓词是表示个体词性质的，而后一个谓词表示个体词之间的关系.

表示具体的或特定的个体的词称为**个体常项**，一般用小写的英文字母 $a,b,c,\cdots$ 表示. 表示抽象的，或泛指的个体的词称为**个体变项**，常用小写英文字母 $x,y,z,\cdots$表示. 个体变项的取值范围称为**个体域**(或**论域**). 个体域可以是有限的集合，例如，$\{1,2,3,4\}$、$\{a,b,c\}$、{计算机，2，狮子}，也可以是无限的集合，例如，自然数集合、实数集合等. 特别是，当无特殊声明时，个体域由宇宙间的一切事物组成，称为**全总个体域**.

称表示具体性质或关系的谓词为**谓词常项**，用大写英文字母 $F,G,H,\cdots$表示，例如，用 F 表示"……是无理数"．表示抽象的或泛指的谓词称为**谓词变项**，也用 $F,G,H\cdots$表示．F、G、H 等表示的是谓词常项还是变项可以根据上、下文确定．个体变项 x 具有性质 F，记作 $F(x)$．个体变项 x、y 具有关系 L，记作 $L(x,y)$．也把这种个体变项和谓词的联合体 $F(x)$、$L(x,y)$等称为谓词．这与数学中称函数 f 和函数 $f(x)$一样．若 $F(x)$表示"x 是无理数"，$L(x,y)$表示"x 比 y 高 2 厘米"，a 表示$\sqrt{2}$，b 表示小李，c 表示小赵，则 $F(a)$表示"$\sqrt{2}$是无理数"，$L(b,c)$表示"小李比小赵高 2 厘米"．

谓词中包含的个体词数称为**元数**．含 $n(n\geqslant 1)$个个体词的谓词称为 ***n* 元谓词**．一元谓词是表示个体词性质的．当 $n\geqslant 2$ 时，n 元谓词表示个体词之间的关系．一般说来，用 $P(x_1,x_2,\cdots,x_n)$表示 n 元谓词，它是以个体变项的个体域为定义域，以$\{0,1\}$为值域的 n 元函数，在这里 n 个个体变项的顺序不能随意改动．一般说来，谓词 $P(x_1,x_2,\cdots,x_n)$不是命题，它的真值无法确定，要想使它成为命题，必须指定某一谓词常项代替 P，同时还要用 n 个个体常项代替 n 个个体变项．例如，$L(x,y)$是一个 2 元谓词，它不是命题．当令 $L(x,y)$表示"x 小于 y"之后，该谓词中的谓词部分已为常项，但它还不是命题．当取 a 为 2，b 为 3 时，$L(a,b)$才是命题，并且是真命题．当取 c 为 2，d 为 1 时，$L(c,d)$为假命题．不带个体变项的谓词称为 **0 元谓词**，例如，上述的 $L(a,b)$、$L(c,d)$等都是 0 元谓词．0 元谓词常项都是命题．简单命题都可以用 0 元谓词常项表示，因而可将命题看成谓词的特殊情况．命题逻辑中的联结词在一阶逻辑中均可应用．

例 2.1 将下列命题用 0 元谓词符号化．

(1) 2 是素数且是偶数．

(2) 如果 2 大于 3，则 2 大于 4．

(3) 如果张明比李民高，李民比赵亮高，则张明比赵亮高．

解 (1) 设$F(x)$：x 是素数．

$G(x)$：x 是偶数．

a：2．

则命题符号化为

$$F(a)\wedge G(a).$$

(2) 设 $L(x,y)$：x 大于 y．

$$a:2;b:3;c:4,$$

则命题符号化为

$$L(a,b)\rightarrow L(a,c).$$

(3) 设 $H(x,y)$：x 比 y 高．

a：张明；b：李民；c：赵亮．

则命题符号化为

$$H(a,b)\wedge H(b,c)\rightarrow H(a,c).$$

除了个体词和谓词外，还需要表示数量的词，称表示数量的词为**量词**．量词有全称量词和存在量词两种．

1. 全称量词

对应日常语言中的“一切”,“所有的”,“任意的”等词,用符号$\forall$表示. $\forall x$表示对个体域里的所有个体. $\forall xF(x)$表示个体域里的所有个体都有性质F.

2. 存在量词

对应日常语言中的“存在着”,“有一个”,“至少有一个”等词,用符号$\exists$表示. $\exists x$表示存在个体域里的个体. $\exists xF(x)$表示存在着个体域中的个体具有性质F.

考虑下述两个命题的符号化.

(1) 所有的人都要死的.

(2) 有的人活百岁以上.

在考虑符号化时必须先明确个体域.

第一种情况,考虑个体域D为人类集合.

(1) 符号化为

$$\forall xF(x),\text{其中 } F(x):x\text{ 是要死的.} \tag{*}$$

这个命题是真命题.

(2) 符号化为

$$\exists xG(x),\text{其中 } G(x):x\text{ 活百岁以上.} \tag{**}$$

这个命题也是真命题.

第二种情况,考虑个体域D为全总个体域. 在这种情况下,(1)不能符号化为$\forall xF(x)$,(2)也不能符号化为$\exists xG(x)$. 原因是,此时$\forall xF(x)$表示宇宙间的一切事物都是要死的,这与原命题不符. $\exists xG(x)$表示在宇宙间的一切事物中存在百岁以上的,显然也没表达出原命题的意义. 因而必须引入一个新的谓词,将人分离出来. 在全总个体域的情况下,以上两命题可叙述如下.

(1) 对所有个体而言,如果它是人,则它是要死的.

(2) 存在着个体,它是人并且活百岁以上.

于是,引入一个新的谓词$M(x)$: x是人. 称这个谓词为**特性谓词**. 有了特性谓词后,(1)可符号化为

$$\forall x(M(x)\rightarrow F(x)) \tag{*}$$

(2)符号化为

$$\exists x(M(x)\land G(x)) \tag{**}$$

在使用量词时,应注意以下6点.

(1) 在不同的个体域中,命题符号化的形式可能不一样.

(2) 如果事先没有给出个体域,都应以全总个体域为个体域.

(3) 在引入特性谓词后,使用全称量词与存在量词符号化的形式是不同的,请注意上面(*)、(**)两种形式.

(4) 个体域和谓词的含义确定之后,n元谓词要转化为命题至少需要n个量词(关于这

一点以后进一步讨论).

(5) 当个体域为有限集时,如 $D=\{a_1,a_2,\cdots,a_n\}$,由量词的意义可以看出,对于任意的谓词 $A(x)$,都有

① $\forall xA(x)\Leftrightarrow A(a_1)\wedge A(a_2)\wedge\cdots\wedge A(a_n)$;

② $\exists xA(x)\Leftrightarrow A(a_1)\vee A(a_2)\vee\cdots\vee A(a_n)$.

这实际上是将一阶逻辑中命题公式转化为命题逻辑中的命题公式了.

(6) 多个量词同时出现时,不能随意颠倒它们的顺序. 颠倒后可能与原来的含义完全不同.

考虑命题:"对任意的 x,存在 y,使得 $x+y=5$." 取个体域为实数集,这个命题符号化为

$$\forall x\exists yH(x,y),$$

其中,$H(x,y)$:$x+y=5$,这是个真命题.

但如果将量词的顺序颠倒,得

$$\exists y\forall xH(x,y),$$

此式的含义为"存在 y,使得对任意的 x,都有 $x+y=5$",这与原来的意思完全不同了,并且它是假命题. 可见量词的顺序不能随意颠倒.

例 2.2 在一阶逻辑中将下面命题符号化.

(1) 凡有理数均可表成分数.

(2) 有的有理数是整数.

要求:(a) 个体域为有理数集合.

(b) 个体域为实数集合.

(c) 个体域为全总个体域.

解 (a) 不用引入特性谓词.

(1) $\forall xF(x)$,其中 $F(x)$:x 可表成分数.

(2) $\exists xG(x)$,其中 $G(x)$:x 是整数.

(b) 引入特性谓词:$R(x)$:x 是有理数.

(1) $\forall x(R(x)\rightarrow F(x))$,其中 $F(x)$:x 可表成分数.

(2) $\exists x(R(x)\wedge G(x))$,其中 $G(x)$:x 是整数.

(c) 同(b).

在各个体域中,以上命题均为真命题.

例 2.3 将下列命题符号化.

(1) 对所有的 x,均有 $x^2-1=(x+1)(x-1)$.

(2) 存在 x,使得 $x+5=2$.

要求:(a) 个体域为自然数集合.

(b) 个体域为实数集合.

解 (a) 不需引入特性谓词.

(1) $\forall xF(x)$,其中 $F(x)$:$x^2-1=(x+1)(x-1)$.

(2) $\exists xG(x)$,其中 $G(x)$:$x+5=2$.

(1)为真命题,(2)为假命题.

(b) (1)、(2)符号化形式同上,但此时(1)、(2)均为真命题.

例 2.4 在一阶逻辑中将下面命题符号化.

(1) 凡偶数均能被 2 整除.

(2) 存在着偶素数.

(3) 没有不吃饭的人.

(4) 素数不全是奇数.

解 在本题中,没指定个体域,因而取个体域为全总个体域.

(1) $\forall x(F(x)\rightarrow G(x))$.

其中 $F(x)$: x 是偶数,$G(x)$: x 能被 2 整除.

(2) $\exists x(F(x)\wedge G(x))$.

其中 $F(x)$: x 是偶数,$G(x)$: x 是素数.

(3) $\neg\exists x(M(x)\wedge\neg F(x))$. ①

其中 $M(x)$: x 是人,$F(x)$: x 吃饭.

本命题还可以如下叙述:所有的人都吃饭,因而又可符号化为

$$\forall x(M(x)\rightarrow F(x)). \quad ②$$

以后将证明①与②是等值的.

(4) $\neg\forall x(F(x)\rightarrow G(x))$. ③

其中 $F(x)$: x 是素数,$G(x)$: x 是奇数.

本命题还可以如下叙述:有的素数不是奇数,因而又可符号化为

$$\exists x(F(x)\wedge\neg G(x)) \quad ④$$

以后将证明③、④是等值的.

本例中的几个命题的符号化很具有典型性,希望注意分析.

以上各例中,涉及的谓词都是一元谓词,下面给出多元谓词的例子.

例 2.5 在一阶逻辑中将下列命题符号化.

(1) 所有的人都不一样高.

(2) 每个自然数都有后继数.

(3) 有的自然数无先驱数.

自然数 n 的后继数为 $n+1, n=0,1,2,\cdots$. 自然数 n 的先驱数为 $n-1, n=1,2,\cdots$.

解 因为题目中没指明个体域,因而使用全总个体域.

(1) 符号化为

$$\forall x\forall y(M(x)\wedge M(y)\wedge H(x,y)\rightarrow\neg L(x,y)),$$

或者

$$\neg\exists x\exists y(M(x)\wedge M(y)\wedge H(x,y)\wedge L(x,y)),$$

其中 $M(x)$: x 是人,$H(x,y)$: $x\neq y$(x 与 y 不是同一个人),$L(x,y)$: x 与 y 一样高.

(2) $\forall x(F(x)\rightarrow\exists y(F(y)\wedge H(x,y)))$.

其中 $F(x)$: x 是自然数,$H(x,y)$: y 是 x 的后继数.

(3) $\exists x(F(x)\wedge\forall y(F(y)\rightarrow\neg L(x,y)))$.

其中 $F(x)$：x 是自然数，$L(x,y)$：y 是 x 的先驱数.

(2)、(3)也可不使用 2 元谓词，请读者考虑.

2.2　一阶逻辑合式公式及解释

2.1 节初步介绍了一阶逻辑命题符号化的有关概念及方法. 为了使符号化能更准确和规范以及正确进行谓词演算和推理，必须给出一阶逻辑中合式公式严格的形式定义. 为此先给出本书中使用的字母表.

定义 2.1　字母表如下：

(1) 个体常项：$a,b,c,\cdots,a_i,b_i,c_i,\cdots,i\geqslant 1$；

(2) 个体变项：$x,y,z,\cdots,x_i,y_i,z_i,\cdots,i\geqslant 1$；

(3) 函数符号：$f,g,h,\cdots,f_i,g_i,h_i,\cdots,i\geqslant 1$；

(4) 谓词符号：$F,G,H,\cdots,F_i,G_i,H_i,\cdots,i\geqslant 1$；

(5) 量词符号：$\forall,\exists$；

(6) 联结词符：$\neg,\wedge,\vee,\rightarrow,\leftrightarrow$；

(7) 括号和逗号：(,),,.

定义 2.2　项的递归定义如下：

(1) 个体常项和变项是项；

(2) 若 $\phi(x_1,x_2,\cdots,x_n)$是任意 n 元函数，$t_1,t_2,\cdots,t_n$ 是项，则 $\phi(t_1,t_2,\cdots,t_n)$也是项；

(3) 只有有限次地使用(1)、(2)生成的符号串才是项.

a、b、x、y、$f(x,y)=x+y$、$g(x,y)=x-y$、$h(x,y)=x\cdot y$ 等都是项，$f(a,g(x,y))=a+(x-y)$、$g(h(x,y),f(a,b))=x\cdot y-(a+b)$等也都是项.

定义 2.3　设 $R(x_1,x_2,\cdots,x_n)$是任意的 $n(n\geqslant 1)$元谓词，$t_1,t_2,\cdots,t_n$ 是项，则称 $R(t_1,t_2,\cdots,t_n)$为**原子公式**.

定义 2.2 和定义 2.3 中 ϕ 和 R 都不是字母表中的符号，它们分别代表任意的函数和任意的谓词，这与在第 1 章中用 A、B 等表示任意的命题公式一样.

定义 2.4　**合式公式**的定义如下：

(1) 原子公式是合式公式；

(2) 若 A 是合式公式，则$(\neg A)$也是合式公式；

(3) 若 A、B 是合式公式，则$(A\wedge B)$、$(A\vee B)$、$(A\rightarrow B)$、$(A\leftrightarrow B)$也是合式公式；

(4) 若 A 是合式公式，则 $\forall xA$、$\exists xA$ 也是合式公式；

(5) 只有有限次地应用(1)～(4)构成的符号串才是合式公式.

在一阶逻辑中合式公式又称为**谓词公式**，简称为**公式**. 为简单起见，合式公式的最外层括号可以省去.

例 2.1～例 2.5 中，各命题符号化结果都是合式公式.

定义 2.5　在合式公式 $\forall xA$ 和 $\exists xA$ 中，称 x 为**指导变项**，称 A 为相应量词的**辖域**. 在辖域中，x 的所有出现称为**约束出现**(即 x 受相应量词指导变项的约束)，A 中不是约束出现的其他变项的出现称为**自由出现**.

例 2.6 指出下列各合式公式中的指导变项、量词的辖域、个体变项的自由出现和约束出现.

(1) $\forall x(F(x) \to \exists y H(x,y))$;

(2) $\exists x F(x) \wedge G(x,y)$;

(3) $\forall x(R(x,y,z) \wedge \forall y H(x,y,z))$.

解 (1) 在整个公式中,x 是指导变项,$\forall$的辖域为$(F(x) \to \exists y H(x,y))$,$x$ 的 2 次出现都是约束出现. 在 $\exists y H(x,y)$ 中,y 为指导变项,$\exists$ 的辖域为 $H(x,y)$,y 是约束出现. $H(x,y)$中的 x 也是约束出现,但它受前面 $\forall x$ 的约束.

(2) 在 $\exists x F(x)$ 中,x 是指导变项,$\exists$的辖域为 $F(x)$,x 是约束出现. $G(x,y)$ 中,x、y 都是自由出现. 在整个公式中,x 的第一次出现是约束出现,第二次出现是自由出现,y 是自由出现.

(3) 在整个公式中,x 是指导变项,第一个 $\forall$的辖域为$(R(x,y,z) \wedge \forall y H(x,y,z))$. 在 $\forall y H(x,y,z)$中,y 是指导变项,量词$\forall$的辖域为 $H(x,y,z)$. x 的 2 次出现都是约束出现,y 的第一次出现是自由出现,第二次出现是约束出现,z 的 2 次出现都是自由出现.

今后,用 $A(x)$表示 x 是自由出现的任意的公式,例如,$A(x)$可以表示 $F(x) \to G(x)$、$\exists y G(x,y)$、$\forall y \forall z(R(x,y,z))$等. 若在 $A(x)$前加上 $\forall x$ 或 $\exists x$,即 $\forall x A(x)$,或 $\exists x A(x)$,x 就成为约束出现的个体变项了. 类似地,用 $A(x,y)$ 表示 x、y 是自由出现的公式,如 $R(x,y) \to L(x)$、$R(x,y) \vee \exists z L(x,z)$等. 而 $\forall x A(x,y)$中,x 成为约束出现的变项,y 仍为自由出现的变项. 而在 $\exists x \forall y A(x,y)$ 中,x、y 都成为约束出现的变项了. 反之,去掉 $\forall x A(x)$、$\exists x \forall y A(x,y)$中的量词,所得 $A(x)$、$A(x,y)$中的 x、y 成为自由出现的变项了.

定义 2.6 若公式 A 中无自由出现的个体变项,则称 A 是**封闭的合式公式**,简称**闭式**.

例如,$\forall x(F(x) \to G(x))$,$\exists x \forall y(F(x) \vee G(x,y))$都是闭式. 而 $\forall x(F(x) \to G(x,y))$,$\exists z \forall y L(x,y,z)$都不是闭式.

在例 2.6 的(2)和(3)中看到,在一个合式公式中,可能有既约束出现又自由出现的个体变项,如例 2.6(2)中的 x. 其实,在这里 x 的 2 次出现实际上是 2 个不同的变项,只是用了同一个名字,如同 2 个人都叫张三一样. 例 2.6(3)中的 y 也一样. 这就容易产生混淆. 为了避免出现这种情况,很简单,给其中的一个改个名字,所有不同的变项都用不同的名字,名字相同的变项都是同一变项的不同出现. 这样一来公式中就不会有既约束出现又自由出现的变项了. 这就是下面的规则.

换名规则 将一个指导变项及其在辖域中所有约束出现替换成公式中没有出现的个体变项符号.

例如,在例 2.6(2)中,利用换名规则,将指导变项 x 及它的第一次出现替换成 z,得到

$$\exists z F(z) \wedge G(x,y),$$

在例 2.6(3)中,利用换名规则得到

$$\forall s(R(s,y,z) \wedge \forall t H(x,t,z)),$$

在这两个公式中都不存在既是约束出现又是自由出现的个体变项.

在命题逻辑中,讨论公式的恒真、恒假及可满足性只需考虑公式在所有可能的赋值下的取值. 但是,在一阶逻辑中,由于引入了函数和谓词,情况变得十分复杂. 为了进行类似的

讨论，要给公式中出现的每一个个体常项符号、函数变项符号和谓词变项符号“赋值”，这就是**解释**.

定义 2.7 一个**解释 I** 由下面 4 部分组成.

(1) 非空个体域 D；

(2) 给论及的每一个个体常项符号指定一个 D 中的元素；

(3) 给论及的每一个函数变项符号指定一个 D 上的函数；

(4) 给论及的每一个谓词变项符号指定一个 D 上的谓词.

在使用解释 I 解释公式 A 时，采用指定的个体域 D，并将 A 中的所有个体常项符号、函数变项符号及谓词变项符号分别替换成 I 中指定的元素、函数及谓词.

例 2.7 给定解释 I 如下：

(1) $D_I=\{2,3\}$；

(2) $a=2$；

(3) 函数 $f(x)$：$f(2)=3, f(3)=2$；

(4) 谓词 $F(x)$：$F(2)=0, F(3)=1$；

$G(x,y)$：$G(i,j)=1, i,j=2,3$；

$L(x,y)$：$L(2,2)=L(3,3)=1$；

$L(2,3)=L(3,2)=0$.

在解释 I 下，求下列各式的真值.

(1) $\forall x(F(x)\land G(x,a))$；

(2) $\exists x(F(f(x))\land G(x,f(x)))$；

(3) $\forall x\exists yL(x,y)$.

解 设(1)、(2)、(3)中公式分别为 A、B、C. 在解释 I 下：

(1) $A\Leftrightarrow(F(2)\land G(2,2))\land(F(3)\land G(3,2))$

$\Leftrightarrow(0\land 1)\land(1\land 1)\Leftrightarrow 0$.

(2) $B\Leftrightarrow(F(f(2))\land G(2,f(2)))\lor(F(f(3))\land G(3,f(3)))$

$\Leftrightarrow(F(3)\land G(2,3))\lor(F(2)\land G(3,2))$

$\Leftrightarrow(1\land 1)\lor(0\land 1)\Leftrightarrow 1$.

(3) $C\Leftrightarrow(L(2,2)\lor L(2,3))\land(L(3,2)\lor L(3,3))$

$\Leftrightarrow(1\lor 0)\land(0\lor 1)\Leftrightarrow 1$.

例 2.8 给定解释 N 如下：

(1) 个体域 D_N 为自然数集合；

(2) $a=0$；

(3) 函数 $f(x,y)=x+y, g(x,y)=x\cdot y$；

(4) 谓词 $F(x,y)$为 $x=y$.

在解释 N 下，下面哪些公式为真？哪些公式为假？

(1) $\forall xF(g(x,a),x)$；

(2) $\forall x\forall y(F(f(x,a),y)\rightarrow F(f(y,a),x))$；

(3) $\forall x\forall y\exists zF(f(x,y),z)$；

(4) $\forall x \forall y F(f(x,y),g(x,y))$；

(5) $F(f(x,y),f(y,z))$.

解 在解释 N 下，公式分别化为：

(1) $\forall x(x \cdot 0 = x)$，这是假命题；

(2) $\forall x \forall y(x+0=y \rightarrow y+0=x)$，这是真命题；

(3) $\forall x \forall y \exists z(x+y=z)$，这是真命题；

(4) $\forall x \forall y(x+y=x \cdot y)$，这是假命题；

(5) $x+y=y+z$，它的真值不确定，因而不是命题.

从例2.7和例2.8中看出，在给定的解释下，有的公式真值确定，是一个命题；有的公式真值不确定，不是命题. 然而对闭式来说，由于每个个体变项都受量词的约束，因而在任何解释下总表达一个意义确定的语句，即是一个命题. 例2.8中，(1)～(4)都是闭式，它们在所给的解释下都是命题. 对于非闭式的公式，如果进一步给每个自由出现的个体变项指定个体域中的一个元素，那么它也成为命题.

给定解释 I，对公式中每个自由出现的个体变项指定个体域中的一个元素称作在解释 I 下的**赋值**.

例如，对例2.8(5)中的公式，取解释 N 下的赋值 σ：$\sigma(x)=1,\sigma(y)=2,\sigma(z)=3$，则在解释 N 和赋值 σ 下，该公式为 $1+2=2+3$，这是假命题. 若取赋值 σ'：$\sigma'(x)=1,\sigma'(y)=2,\sigma'(z)=1$，则在解释 N 和赋值 σ' 下，该公式为 $1+2=2+1$，这是真命题.

在给定的解释和赋值下，任何公式都是命题. 闭公式与赋值无关，只需要给定解释.

定义2.8 设 A 为一谓词公式，如果 A 在任何解释和该解释下的任何赋值下都为真，则称 A 为**逻辑有效式**(或称**永真式**)；如果 A 在任何解释和该解释下的任何赋值下都为假，则称 A 是**矛盾式**(或称**永假式**)；若至少存在一个解释和该解释下的一个赋值使 A 为真，则称 A 是**可满足式**.

从定义可知，逻辑有效式是可满足式，但反之不真.

与命题公式不同，由于公式的复杂性和解释的多样性，谓词公式的可满足性是不可判定的，即不存在一个可行的算法能够判断任一公式是否是可满足的. 但对某些特殊情况可以判断其可满足性.

定义2.9 设 A_0 是含命题变项 $p_1,p_2,\cdots,p_n$ 的命题公式，$A_1,A_2,\cdots,A_n$ 是 n 个谓词公式，用 A_i 处处代换 $p_i(1 \leqslant i \leqslant n)$，所得公式 A 称为 A_0 的**代换实例**.

例如，$F(x) \rightarrow G(x)$，$\forall x F(x) \rightarrow \exists x G(x)$ 等都是 $p \rightarrow q$ 的代换实例.

可以证明：命题公式中的重言式的代换实例都是永真式，命题公式中的矛盾式的代换实例都是矛盾式.

例2.9 判断下列公式中哪些是逻辑有效式？哪些是矛盾式？

(1) $\forall x F(x) \rightarrow \exists x F(x)$；

(2) $\forall x F(x) \rightarrow (\forall x \exists y G(x,y) \rightarrow \forall x F(x))$；

(3) $\neg(F(x,y) \rightarrow R(x,y)) \land R(x,y)$；

(4) $\forall x F(x,y) \lor \forall y F(x,y)$；

(5) $\forall x\exists yF(x,y)\to\exists x\forall yF(x,y)$.

解 (1) 这是闭式,只需要考虑解释. 设 I 为任意的解释,其个体域为 D. 若后件 $\exists xF(x)$ 为假,即存在 $x_0\in D$,使得 $F(x_0)$ 为假,则 $\forall xF(x)$ 为假,所以 $\forall xF(x)\to\exists xF(x)$ 为真. 由 I 的任意性,得证原式是逻辑有效的.

(2) 易知 $p\to(q\to p)$ 为重言式,而这个公式是该重言式的代换实例,因而是逻辑有效式.

(3) 这个公式是 $\neg(p\to q)\wedge q$ 的代换实例. 而 $\neg(p\to q)\wedge q$ 是矛盾式,所以它是矛盾式.

(4) 注意,$\forall xF(x,y)$ 中的 y 和 $\forall yF(x,y)$ 中的 x 是自由出现. 取解释 I:个体域为自然数集 $\mathbf{N}$,$F(x,y)$:$x\leqslant y$. 取赋值 σ_1:$\sigma_1(x)=0,\sigma_1(y)=1$. 在解释 I 和赋值 σ_1 下,公式为 $\forall x(x\leqslant 1)\vee\forall y(0\leqslant y)$,其值为真. 再取赋值 σ_2:$\sigma_2(x)=1,\sigma_2(y)=0$. 在解释 I 和赋值 σ_2 下,公式为 $\forall x(x\leqslant 0)\vee\forall y(1\leqslant y)$,其值为假. 故这个公式是非逻辑有效式的可满足式.

(5) 这是闭式,只需要考虑解释. 取解释 I 如下:个体域为自然数集合 $\mathbf{N}$,$F(x,y)$ 为 $x=y$. 在这个解释 I 下,前件化为 $\forall x\exists y(x=y)$,其值为真;而后件为 $\exists x\forall y(x=y)$,其值为假. 因而在此解释下,蕴涵式为假. 这说明这个公式不是逻辑有效式.

在上面的解释 I 中,将 $F(x,y)$ 改为 $x\leqslant y$,得到一个新的解释 I'. 在 I' 下,蕴涵式的前件和后件都是真的,所以蕴涵式为真,说明这个公式也不是矛盾式. 综上所述,这个公式是非逻辑有效式的可满足式.

例 2.8(5)也是非逻辑有效式的可满足式. 在前面已经给出使其为假的解释 N 和赋值 σ,使其为真的解释 N 和赋值 σ'.

2.3 一阶逻辑等值式与前束范式

定义 2.10 设 A、B 是一阶逻辑中的两公式,若 $A\leftrightarrow B$ 为逻辑有效式,则称 A 与 B 是**等值**的,记作 $A\Leftrightarrow B$,称 $A\Leftrightarrow B$ 为**等值式**.

由于重言式都是逻辑有效式,因而 1.3 节中给出的 24 个等值式及其代换实例都是一阶逻辑中的等值式. 例如,

$$\forall xA(x) \quad 与 \quad \forall xA(x)\wedge\forall xA(x);$$

$$\forall xA(x)\to\exists xB(x) \quad 与 \quad \neg\forall xA(x)\vee\exists xB(x).$$

等都是等值的,即

$$\forall xA(x)\Leftrightarrow\forall xA(x)\wedge\forall xA(x),$$

$$(\forall xA(x)\to\exists xB(x))\Leftrightarrow(\neg\forall xA(x)\vee\exists xB(x)).$$

还应该指出,使用换名规则所得公式与原来的公式是等值的.

下面以定理的形式给出一阶逻辑中其他一些重要的等值式,它们的证明都略去.

定理 2.1 量词否定等值式:

(1) $\neg\forall xA(x)\Leftrightarrow\exists x\neg A(x)$;

(2) $\neg\exists xA(x)\Leftrightarrow\forall x\neg A(x)$.

其中,$A(x)$ 是任意的公式.

当个体域 D 是有限集时,定理 2.1 中的两个等值式是容易验证的. 设 $D=\{a_1,a_2,\cdots,$

$a_n\}$，

$$\begin{aligned}\neg\forall xA(x) &\Leftrightarrow \neg(A(a_1)\wedge A(a_2)\wedge\cdots\wedge A(a_n))\\ &\Leftrightarrow \neg A(a_1)\vee\neg A(a_2)\vee\cdots\vee\neg A(a_n)\\ &\Leftrightarrow \exists x\neg A(x).\end{aligned}$$

$$\begin{aligned}\neg\exists xA(x) &\Leftrightarrow \neg(A(a_1)\vee A(a_2)\vee\cdots\vee A(a_n))\\ &\Leftrightarrow \neg A(a_1)\wedge\neg A(a_2)\wedge\cdots\wedge\neg A(a_n)\\ &\Leftrightarrow \forall x\neg A(x).\end{aligned}$$

定理 2.2 量词辖域收缩与扩张等值式：

(1) ① $\forall x(A(x)\vee B)\Leftrightarrow\forall xA(x)\vee B$；

② $\forall x(A(x)\wedge B)\Leftrightarrow\forall xA(x)\wedge B$；

③ $\forall x(A(x)\to B)\Leftrightarrow\exists xA(x)\to B$；

④ $\forall x(B\to A(x))\Leftrightarrow B\to\forall xA(x)$.

(2) ① $\exists x(A(x)\vee B)\Leftrightarrow\exists xA(x)\vee B$；

② $\exists x(A(x)\wedge B)\Leftrightarrow\exists xA(x)\wedge B$；

③ $\exists x(A(x)\to B)\Leftrightarrow\forall xA(x)\to B$；

④ $\exists x(B\to A(x))\Leftrightarrow B\to\exists xA(x)$.

在以上各公式中，$A(x)$是含 x 自由出现的任意的公式，而 B 中不含有 x 的自由出现.

当个体域 $D=\{a_1,a_2,\cdots,a_n\}$时，以上各公式的验证也是容易的. 下面验证(1)中的①.

$\forall x(A(x)\vee B)$可写成

$$(A(a_1)\vee B)\wedge(A(a_2)\vee B)\wedge\cdots\wedge(A(a_n)\vee B)$$
$$\Leftrightarrow(A(a_1)\wedge A(a_2)\wedge\cdots\wedge A(a_n))\vee B$$

第 2 个式子恰好是$\forall xA(x)\vee B$ 的展开式.

类似可验证其余公式. 另外注意，(1)、(2)中的③、④都可由①、②及定理 2.1 推出. 下面证明(1)中的③.

$$\begin{aligned}&\forall x(A(x)\to B)\\ &\Leftrightarrow\forall x(\neg A(x)\vee B)\\ &\Leftrightarrow\forall x\neg A(x)\vee B &&\text{((1)中的①)}\\ &\Leftrightarrow\neg\exists xA(x)\vee B &&\text{(定理 2.1 中的(2))}\\ &\Leftrightarrow\exists xA(x)\to B.\end{aligned}$$

定理 2.3 量词分配等值式：

(1) $\forall x(A(x)\wedge B(x))\Leftrightarrow\forall xA(x)\wedge\forall xB(x)$；

(2) $\exists x(A(x)\vee B(x))\Leftrightarrow\exists xA(x)\vee\exists xB(x)$.

人们称(1)为$\forall$对$\wedge$的分配；称(2)为$\exists$对$\vee$的分配. 注意$\forall$对$\vee$及$\exists$对$\wedge$都不存在分配等值式.

例 2.10 证明：

(1) $\forall x(A(x)\vee B(x))\not\Leftrightarrow\forall xA(x)\vee\forall xB(x)$；

(2) $\exists x(A(x)\wedge B(x))\not\Leftrightarrow\exists xA(x)\wedge\exists xB(x)$.

证明 取谓词公式 $F(x)$、$G(x)$分别代替 $A(x)$和 $B(x)$. 只要证明下面两公式：

$$\forall x(F(x) \vee G(x)) \leftrightarrow \forall xF(x) \vee \forall xG(x), \quad ①$$

$$\exists x(F(x) \wedge G(x)) \leftrightarrow \exists xF(x) \wedge \exists xG(x), \quad ②$$

都不是逻辑有效式即可.

取解释 I 为：个体域 D 为自然数集，$F(x)$ 为 x 是奇数，$G(x)$ 为 x 是偶数. 此时，$\forall x(F(x) \vee G(x))$ 为真，但 $\forall xF(x) \vee \forall xG(x)$ 为假，于是①为假. 因而①不是逻辑有效式. 在同样解释下②也为假，从而②也不是逻辑有效式.

定理 2.4 下面两等值式成立：

(1) $\forall x \forall yA(x,y) \Leftrightarrow \forall y \forall xA(x,y)$；

(2) $\exists x \exists yA(x,y) \Leftrightarrow \exists y \exists xA(x,y)$.

其中 $A(x,y)$ 是任意的含 x、y 自由出现的谓词公式.

同命题逻辑类似，在一阶逻辑中也希望研究谓词公式的规范形式，这就是前束范式.

定义 2.11 设 A 为一谓词公式，如果 A 具有如下形式：

$$Q_1x_1Q_2x_2\cdots Q_kx_kB,$$

则称 A 是**前束范式**，其中每个 $Q_i(1 \leqslant i \leqslant k)$ 为 $\forall$ 或 $\exists$，B 为不含量词的谓词公式.

例如，$\forall x \exists y(F(x,y) \to G(x,y))$、$\exists x \forall y \forall z(F(x,y,z) \to G(x,y,t))$ 等都是前束范式，而 $\forall xF(x) \wedge \forall xG(x,y)$、$\forall x(F(x) \to \forall y(G(y) \to H(x)))$ 等都不是前束范式.

在一阶逻辑中，任何合式公式 A 都存在与其等值的前束范式，称这样的前束范式为公式 A 的前束范式. 可利用 2.2 节中给出的换名规则以及定理 2.1～定理 2.3 求 A 的前束范式.

例 2.11 求下列公式的前束范式.

(1) $\forall xF(x) \wedge \neg \exists xG(x)$；

(2) $\forall xF(x) \vee \neg \exists xG(x)$；

(3) $\forall xF(x) \to \exists xG(x)$；

(4) $\exists xF(x) \to \forall xG(x)$；

(5) $(\forall xF(x,y) \to \exists yG(y)) \to \forall xH(x,y)$.

解 (1) $\forall xF(x) \wedge \neg \exists xG(x)$

$\Leftrightarrow \forall xF(x) \wedge \forall x \neg G(x)$ （定理 2.1(2)）

$\Leftrightarrow \forall x(F(x) \wedge \neg G(x))$. （定理 2.3(1)）

(2) $\forall xF(x) \vee \neg \exists xG(x)$

$\Leftrightarrow \forall xF(x) \vee \forall x \neg G(x)$ （定理 2.1(2)）

$\Leftrightarrow \forall xF(x) \vee \forall y \neg G(y)$ （换名规则）

$\Leftrightarrow \forall x(F(x) \vee \forall y \neg G(y))$ （定理 2.2(1)中的①）

$\Leftrightarrow \forall x \forall y(F(x) \vee \neg G(y))$. （定理 2.2(1)中的①）

(3) $\forall xF(x) \to \exists xG(x)$

$\Leftrightarrow \neg \forall xF(x) \vee \exists xG(x)$

$\Leftrightarrow \exists x \neg F(x) \vee \exists xG(x)$ （定理 2.1(1)）

$\Leftrightarrow \exists x(\neg F(x) \vee G(x))$. （定理 2.3(2)）

(4) $\exists xF(x)\to\forall xG(x)$

$\Leftrightarrow\exists xF(x)\to\forall yG(y)$ (换名规则)

$\Leftrightarrow\forall x(F(x)\to\forall yG(y))$ (定理 2.2(1)中的③)

$\Leftrightarrow\forall x\forall y(F(x)\to G(y))$. (定理 2.2(1)中的④)

(5) $(\forall xF(x,y)\to\exists yG(y))\to\forall xH(x,y)$

$\Leftrightarrow(\forall xF(x,y)\to\exists sG(s))\to\forall tH(t,y)$ (换名规则)

$\Leftrightarrow\exists x(F(x,y)\to\exists sG(s))\to\forall tH(t,y)$ (定理 2.2(2)中的③)

$\Leftrightarrow\exists x\exists s(F(x,y)\to G(s))\to\forall tH(t,y)$ (定理 2.2(2)中的④)

$\Leftrightarrow\forall x\forall s((F(x,y)\to G(s))\to\forall tH(t,y))$ (定理 2.2(1)中的③)

$\Leftrightarrow\forall x\forall s\forall t((F(x,y)\to G(s))\to H(t,y))$. (定理 2.2(1)中的④)

公式的前束范式是不唯一的. 例如，$\exists x\exists y(F(x)\to G(y))$、$\exists y\exists x(F(x)\to G(y))$等也是(3)的前束范式.

另外还应注意，一个公式的前束范式的各指导变项应是各不相同的，原公式中自由出现的个体变项在前束范式中还应是自由出现的. 若发现前束范式中有相同的指导变项，或原来自由出现的个体变项变成约束出现的了，说明换名规则用得有错误或用得次数不够，应仔细进行检查，加以纠正.

最后，回到本章开头提到的苏格拉底三段论“凡是人都要死的. 苏格拉底是人. 所以苏格拉底是要死的.” 证明这个三段论是正确的.

设 $F(x)$：x 是人. $G(x)$：x 是要死的. a：苏格拉底. 苏格拉底三段论可形式化为

$$\forall x(F(x)\to G(x))\land F(a)\to G(a)$$

要证这个蕴涵式为逻辑有效式. 为此，只需证明在任何解释下当前件为真时，后件也为真. 证明如下：

设前件为真，即 $\forall x(F(x)\to G(x))$ 与 $F(a)$ 都为真. 由于 $\forall x(F(x)\to G(x))$ 为真，有 $F(a)\to G(a)$ 为真. 由 $F(a)\to G(a)$ 与 $F(a)$ 为真，根据假言推理得证 $G(a)$ 为真.

一阶逻辑的推理理论远比命题逻辑的推理理论复杂，这已超出本教材的范围.

2.4 题例分析

例 2.12～例 2.14 为选择题.

例 2.12 (1) 每列火车都比某些汽车快.

(2) 某些汽车比所有的火车慢.

令 $F(x)$：x 是火车. $G(y)$：y 是汽车.

$H(x,y)$：x 比 y 快.

(1)的符号化公式为[A]或[B]. (2) 的符号化公式为[C]或[D].

供选择的答案

A、B：① $\forall x(F(x)\land\exists y(G(y)\land H(x,y)))$；

② $\forall x\exists y(F(x)\to(G(y)\to H(x,y)))$；

③ $\forall x(F(x)\to\exists y(G(y)\land H(x,y)))$；

④ $\exists y \forall x(F(x) \to (G(y) \land H(x,y)))$；

⑤ $\forall x \exists y(F(x) \to (G(y) \land H(x,y)))$.

C、D：① $\exists y(G(y) \to \forall x(F(x) \land H(x,y)))$；

② $\exists y(G(y) \land \forall x(F(x) \to H(x,y)))$；

③ $\forall x \exists y(G(y) \to (F(x) \land H(x,y)))$；

④ $\exists y \forall x(G(y) \land (F(x) \to H(x,y)))$；

⑤ $\exists y(G(y) \to \forall x(F(x) \to H(x,y)))$.

在答案中，要求A、C的编号分别小于B、D的编号.

答案 A：③；B：⑤；C：②；D：④.

分析 由定理2.2(2)中的④可知A、B的供选答案中，③⇔⑤. 由定理2.2(1)中的②可知，C、D的供选答案中，②⇔④.

例2.13 给定解释 I 如下：

(1) 个体域 D_I 为整数集合；

(2) $a_0=0, a_1=1$；

(3) $f(x,y)=x-y, g(x,y)=x+y$；

(4) $F(x,y)$ 为 $x<y$.

和赋值 σ：$\sigma(x)=5, \sigma(y)=-2$.

给定下面各公式：

(1) $F(f(x,a_1),g(x,a_1))$；

(2) $\forall x \forall y F(f(x,y),g(x,y))$；

(3) $\forall x \exists y F(f(x,y),g(x,y))$；

(4) $\forall y(F(y,a_0) \to \forall x(\neg F(f(x,y),g(x,y))))$；

(5) $\forall y \forall x(F(x,y) \to F(f(x,y),x))$；

(6) $F(f(x,y),g(x,y))$；

(7) $\forall x(F(x,a_0) \to F(f(x,y),g(x,y)))$.

在解释 I 和赋值 σ 下，上面7个公式中为真的为[A]，为假的为[B].

供选择的答案

A：①(1)、(2)、(3)、(4)；②(5)、(6)；③(1)、(3)、(5)；④(1)、(3)、(4).

B：①(5)、(6)、(7)；②(1)、(2)、(3)、(4)、(7)；③(2)、(5)、(6)、(7)；④(2)、(4)、(6)、(7).

答案 A：④；B：③.

分析 在解释 I 下，上面7个公式分别化为

(1) $(5-1)<(5+1)$；

(2) $\forall x \forall y(x-y<x+y)$；

(3) $\forall x \exists y(x-y<x+y)$；

(4) $\forall y((y<0) \to \forall x(x-y \geqslant x+y))$；

(5) $\forall y \forall x((x<y) \to (x-y<x))$；

(6) $(5+2)<(5-2)$；

(7) $\forall x((x<0)\rightarrow(x+2<x-2))$.

从解释后的公式容易看出,(1)、(3)、(4)为真,而(2)、(5)、(6)、(7) 为假.

例 2.14 给定下面谓词公式:

(1) $\forall x(\neg F(x)\rightarrow\neg F(x))$;

(2) $\forall xF(x)\rightarrow\exists xF(x)$;

(3) $\neg(F(x)\rightarrow(\forall yG(x,y)\rightarrow F(x)))$;

(4) $\forall x\exists yF(x,y)\rightarrow\exists x\forall yF(x,y)$;

(5) $\neg\forall xF(x)\leftrightarrow\exists x\neg F(x)$;

(6) $\forall x(F(x)\land G(x))\rightarrow(\forall xF(x)\lor\forall xG(x))$;

(7) $\exists x\exists yF(x,y)\rightarrow\forall x\forall yF(x,y)$;

(8) $\forall x(F(x)\lor G(x))\rightarrow(\forall xF(x)\lor\forall xG(x))$;

(9) $(\forall xF(x)\lor\forall xG(x))\rightarrow\forall x(F(x)\lor G(x))$;

(10) $\forall x\forall yF(x,y)\leftrightarrow\forall y\forall xF(x,y)$;

(11) $\neg(\forall xF(x)\rightarrow\forall yG(y))\land\forall yG(y)$.

上面 11 个公式中,逻辑有效式的为 A ,矛盾式的为 B .

供选择的答案

A: ①(1)、(2)、(4)、(5)、(6); ②(2)、(4)、(6)、(8); ③(1)、(2)、(5)、(6)、(9)、(10); ④(4)、(5)、(6)、(8)、(9)、(10).

B: ①(3)、(4)、(5); ②(9)、(10)、(11); ③(3)、(11); ④(4)、(9)、(11).

答案 A: ③; B: ③.

分析 (3)、(11)是命题逻辑中矛盾式的代换实例. 易知(1)、(2)是逻辑有效式. (5)是量词否定等值式的代换实例. (6)是量词分配等值式中的一个逻辑有效蕴涵式. 不难证明,(9)、(10)也是逻辑有效的. (4)、(7)、(8)既不是逻辑有效式,又不是矛盾式. 它们都有使其为真的解释,又有使其为假的解释.

例 2.15 设 $F(x)$: x 是人. $G(x)$: x 爱吃辣椒. 有人给出命题"不是所有人都爱吃辣椒"的 4 种符号化形式:

(1) $\neg\forall x(F(x)\land G(x))$;

(2) $\neg\forall x(F(x)\rightarrow G(x))$;

(3) $\neg\exists x(F(x)\land G(x))$;

(4) $\exists x(F(x)\land\neg G(x))$.

哪个(些)是正确的? 为什么?

答案 (2)与(4)是正确的.

分析 设该命题为 A. $\neg A$ 的意思是"所有人都爱吃辣椒". $\neg A$ 的符号化形式应为

$$\forall x(F(x)\rightarrow G(x)),$$

因而 A 的符号化形式应为

$$\neg\forall x(F(x)\rightarrow G(x)).$$

A 的另一种表述应为"有的人不爱吃辣椒",符号化为

$$\exists x(F(x)\land\neg G(x)).$$

(2)与(4)是等值的：

$$\neg\forall x(F(x)\to G(x))$$
$$\Leftrightarrow\neg\forall x(\neg F(x)\vee G(x))$$
$$\Leftrightarrow\exists x(F(x)\wedge\neg G(x)).$$

将(1)翻译成自然语言为“不是所有事物都是爱吃辣椒的人”，(3)翻译成自然语言为“没有人爱吃辣椒”，这显然都与原意不符.

例 2.16 有人说无法求公式$\forall x(F(x)\to G(x))\to\exists xH(x,y)$的前束范式，理由是两个量词的指导变元相同. 他的理由正确吗？给出该公式的一个前束范式.

答案 他的理由不正确. $\exists x\exists z((F(x)\to G(x))\to H(z,y))$是该公式的一个前束范式.

分析 此人忘掉了“换名规则”. 演算过程如下：

$$\forall x(F(x)\to G(x))\to\exists xH(x,y)$$
$$\Leftrightarrow\forall x(F(x)\to G(x))\to\exists zH(z,y)\qquad\text{（换名规则）}$$
$$\Leftrightarrow\exists x\exists z((F(x)\to G(x))\to H(z,y)).$$

或

$$\forall x(F(x)\to G(x))\to\exists xH(x,y)$$
$$\Leftrightarrow\forall z(F(z)\to G(z))\to\exists xH(x,y)\qquad\text{（换名规则）}$$
$$\Leftrightarrow\exists z\exists x((F(z)\to G(z))\to H(x,y)).$$

例 2.17 设个体域$D=\{a,b\}$，在D中消去公式$\exists x(F(x)\wedge\forall yG(y))$中的量词时，甲、乙给出了不同的演算过程：

甲： $\exists x(F(x)\wedge\forall yG(y))$

$\Leftrightarrow\exists x(F(x)\wedge(G(a)\wedge G(b))$

$\Leftrightarrow(F(a)\wedge(G(a)\wedge G(b)))\vee(F(b)\wedge(G(a)\wedge G(b))).$

乙的： $\exists x(F(x)\wedge\forall yG(y))$

$\Leftrightarrow\exists xF(x)\wedge\forall yG(y)$

$\Leftrightarrow(F(a)\vee F(b))\wedge(G(a)\wedge G(b)).$

甲、乙的结果是等值的，显然乙的简单些，为什么会简单些？

答案 乙使用了量词辖域收缩等值式，缩小了$\exists x$的辖域.

分析 在有限个体域内消去量词时，如果能将量词的辖域尽量缩小，能简化演算过程.

习　题

2.1 在一阶逻辑中将下列命题符号化.

(1) 鸟都会飞翔.

(2) 并不是所有的人都爱吃糖.

(3) 有人爱看小说.

(4) 没有不爱看电影的人.

2.2 在一阶逻辑中将下列命题符号化，并指出各命题的真值. 个体域分别为

(a) 自然数集合 **N**(**N** 中含 0).

(b) 整数集合 **Z**.

(c) 实数集合 **R**.

(1) 对于任意的 x,均有$(x+1)^2=x^2+2x+1$.

(2) 存在 x,使得 $x+2=0$.

(3) 存在 x,使得 $5x=1$.

2.3 在一阶逻辑中将下列命题符号化.

(1) 每个大学生不是文科生就是理科生.

(2) 有些人喜欢所有的花.

(3) 没有不犯错误的人.

(4) 在北京工作的人未必都是北京人.

(5) 任何金属都可以溶解在某种液体中.

(6) 凡对顶角都相等.

2.4 将下列各式翻译成自然语言,然后在不同个体域中确定它们的真值.

(1) $\forall x\exists y(x\cdot y=0)$

(2) $\exists x\forall y\ (x\cdot y=0)$

(3) $\forall x\exists y\ (x\cdot y=1)$

(4) $\exists x\forall y(x\cdot y=1)$

(5) $\forall x\exists y(x\cdot y=x)$

(6) $\exists x\forall y(x\cdot y=x)$

(7) $\forall x\forall y\exists z(x-y=z)$

个体域分别为

(a) 实数集合 **R**.

(b) 整数集合 **Z**.

(c) 正整数集合 $\mathbf{Z}^+$.

(d) $\mathbf{R}$-$\{0\}$(非零实数集合).

2.5 (1) 试给出解释 I_1,使得

$$\forall x(F(x)\rightarrow G(x))与\forall x(F(x)\land G(x))$$

在 I_1 下具有不同的真值.

(2) 试给出解释 I_2,使得

$$\exists x(F(x)\land G(x))与\exists x(F(x)\rightarrow G(x))$$

在 I_2 下具有不同的真值.

2.6 设解释 R 和赋值 σ 如下:D_R 是实数集,$a=0$,函数 $f(x,y)=x-y$,谓词 $F(x,y)$ 为 $x<y$,σ:$\sigma(x)=0$,$\sigma(y)=1$,$\sigma(z)=2$. 在解释 R 和赋值 σ 下,下列哪些公式为真?哪些为假?

(1) $\forall xF(f(a,x),a)$.

(2) $\forall xF(f(x,y),x)\rightarrow\exists y\neg F(x,f(y,z))$.

(3) $\forall x(F(x,y)\rightarrow\forall y(F(y,z)\rightarrow\forall zF(x,z)))$.

(4) $\forall x \exists y F(x, f(f(x,y),y))$.

2.7 给出解释 I,使下面两个公式在解释 I 下均为假,从而说明这两个公式都不是逻辑有效式.

(1) $\forall x(F(x) \vee G(x)) \rightarrow (\forall x F(x) \vee \forall x G(x))$.

(2) $(\exists x F(x) \wedge \exists x G(x)) \rightarrow \exists x(F(x) \wedge G(x))$.

2.8 试寻找一个闭式 A,使 A 在某些解释下为真,而在另外一些解释下 A 为假.

2.9 试给出一个非封闭的公式 A,使得存在解释 I,在 I 下,A 的真值不确定,即 A 仍不是命题.

2.10 设个体域 $D=\{a,b,c\}$,在 D 下验证量词否定等值式.

(1) $\neg \forall x A(x) \Leftrightarrow \exists x \neg A(x)$.

(2) $\neg \exists x A(x) \Leftrightarrow \forall x \neg A(x)$.

2.11 在一阶逻辑中将下面命题符号化,并且要求只使用全称量词.

(1) 没有人长着绿色头发.

(2) 有的北京人没去过香山.

2.12 设个体域 $D=\{a,b,c\}$,消去下列各公式中的量词.

(1) $\forall x F(x) \rightarrow \exists y G(y)$.

(2) $\forall x(F(x) \wedge \exists y G(y))$.

(3) $\exists x \forall y H(x,y)$.

2.13 设解释 I 为：个体域 $D_I=\{-2,3,6\}$,$a=3$,一元谓词 $F(x)$：$x \leqslant 3$,$G(x)$：$x>5$,$R(x)$：$x \leqslant 7$. 在 I 下求下列各式的真值.

(1) $\forall x(F(x) \wedge G(x))$.

(2) $\forall x(R(x) \rightarrow F(x)) \vee G(a)$.

(3) $\exists x\ (F(x) \vee G(x))$.

2.14 求下列各式的前束范式.

(1) $\neg \exists x F(x) \rightarrow \forall y G(x,y)$.

(2) $\neg(\forall x\, F(x,y) \vee \exists y G(x,y))$.

2.15 求下列各式的前束范式.

(1) $\forall x F(x) \vee \exists y G(x,y)$.

(2) $\exists x(F(x) \wedge \forall y G(x,y,z)) \rightarrow \exists z H(x,y,z)$.

题 2.16 和题 2.17 为选择题. 题目要求是从供选择的答案中选出应填入叙述中的方框 □ 内的正确答案.

2.16 取个体域为整数集,给定下列各公式.

(1) $\forall x \exists y\ (x \cdot y=0)$.

(2) $\forall x \exists y\ (x \cdot y=1)$.

(3) $\exists y \exists x\ (x \cdot y=2)$.

(4) $\forall x \forall y \exists z(x-y=z)$.

(5) $x-y=-y+x$.

(6) $\forall x \forall y\ (x \cdot y=y)$.

(7) $\forall x\,(x \cdot y = x)$.

(8) $\exists x \forall y\,(x + y = 2y)$.

在上面公式中，真命题的为[A]，假命题的为[B].

供选择的答案

A：①(1)，(3)，(4)，(6)；②(3)，(4)，(5)；③(1)，(3)，(4)，(5)；④(3)，(4)，(6)，(7).

B：①(2)，(3)，(6)；②(2)，(6)，(8)；③(1)，(2)，(6)，(7)；④(2)，(6)，(7)，(8).

2.17 给定下列各公式.

(1) $(\neg \exists x F(x) \vee \forall y G(y)) \wedge (F(u) \rightarrow \forall z H(z))$.

(2) $\exists x F(y,x) \rightarrow \forall y G(y)$.

(3) $\forall x (F(x,y) \rightarrow \forall y G(x,y))$.

[A]是(1)的前束范式，[B]是(2)的前束范式，[C]是(3)的前束范式.

答案不止一个的，请全部给出来.

供选择的答案

A、B、C：① $\exists x \forall y \forall z((\neg F(x) \vee G(y)) \wedge (F(u) \rightarrow H(z)))$；

② $\forall x \forall y \forall z((\neg F(x) \vee G(y)) \wedge (F(u) \rightarrow H(z)))$；

③ $\exists x \forall y(F(y,x) \rightarrow G(y))$；　④ $\forall x \forall z(F(y,x) \rightarrow G(z))$；

⑤ $\forall x \forall z(\neg F(y,x) \vee G(z))$；　⑥ $\forall x \exists z(F(x,y) \rightarrow G(x,z))$；

⑦ $\forall x \forall z(F(x,y) \rightarrow G(x,z))$；　⑧ $\forall z \forall x(F(x,y) \rightarrow G(x,z))$；

⑨ $\forall z \forall x(\neg F(y,x) \vee G(z))$.

第3章 集合的基本概念和运算

3.1 集合的基本概念

集合是不能精确定义的基本的数学概念.一般认为一个集合指的是一些可确定的、可分辨的事物构成的整体.对于给定的集合和事物,应该可以断定这个特定的事物是否属于这个集合.如果属于,就称它为这个集合的**元素**.集合可以由各种类型的事物构成.例如,

26个英文字母的集合;

PASCAL语言中保留字的集合;

坐标平面上所有点的集合;

全体中国人的集合;

……

集合通常用大写的英文字母来标记.例如,**N**代表自然数集合(包括0),**Z**代表整数集合,**Q**代表有理数集合,**R**代表实数集合,**C**代表复数集合.

给出一个集合的方法有两种,一种是列出集合的所有元素,元素之间用逗号隔开,并把它们用花括号括起来.例如,

$$A=\{a,b,c,d\},$$

其中a是A的元素,记作$a\in A$.同样有$b\in A$,$c\in A$和$d\in A$,但e不是A的元素,可记作$e\notin A$.另一种方法是用谓词概括该集合中元素的属性.集合

$$B=\{x\mid P(x)\}$$

表示B由使$P(x)$为真的全体x构成.例如,

$$B=\{x\mid x\in \mathbf{Z}\wedge 3<x\leqslant 6\},$$

则$B=\{4,5,6\}$.

一般来说,集合的元素可以是任何类型的事物,一个集合也可以作为另一个集合的元素.例如,集合

$$A=\{a,\{b,c\},d,\{\{d\}\}\}.$$

其中$a\in A$,$\{b,c\}\in A$,$d\in A$,$\{\{d\}\}\in A$,但$b\notin A$,$\{d\}\notin A$.b是A的元素$\{b,c\}$的元素,不是A的元素.可以用一种树形结构把集合和它的元素之间的关系表示出来.在每个层次上,都把集合作为一个结点,它的元素则作为它的儿子.这样,A集合的结构如图3-1所示.不难看出,A有4个儿子,所以A只有4个元素,而b、c和$\{d\}$都是A的元素的元素,但不是A的元素.

图 3-1

在集合论中,人们还规定元素之间是彼此相异的,并且是没有次序关系的.例如,集合$\{3,4,5\}$、$\{3,4,4,4,5\}$和$\{5,3,4\}$都是同一个集合.

下面考虑两个集合之间的关系.

定义3.1 设A、B为集合,如果B中的每个元素都是A中的元素,则称B为A的**子集**

合，简称**子集**. 这时也称 **B 被 A 包含**，或 **A 包含 B**，记作 $B\subseteq A$. 如果 B 不被 A 包含，则记作 $B\nsubseteq A$. 包含的符号化表示为

$$B\subseteq A\Leftrightarrow \forall x(x\in B\rightarrow x\in A).$$

例如，$A=\{0,1,2\}$，$B=\{0,1\}$，$C=\{1,2\}$，则有 $B\subseteq A$，$C\subseteq A$，但 $B\nsubseteq C$. 因为存在 0，$0\in B$ 但 $0\notin C$. 类似地有 $C\nsubseteq B$.

根据定义不难得到：对任何集合 S，都有 $S\subseteq S$.

定义 3.2 设 A、B 为集合，如果 $A\subseteq B$ 且 $B\subseteq A$，则称 **A 与 B 相等**，记作 $A=B$. 符号化表示为

$$A=B\Leftrightarrow A\subseteq B\wedge B\subseteq A.$$

如果 A 和 B 不相等，则记作 $A\neq B$.

由以上定义可知，两个集合相等的充分必要条件是它们具有相同的元素. 例如，

$$A=\{x\mid x\text{ 是小于等于 3 的素数}\},$$
$$B=\{x\mid x=2\vee x=3\},$$

则 $A=B$.

定义 3.3 设 A、B 为集合，如果 $B\subseteq A$ 且 $B\neq A$，则称 B 是 A 的**真子集**，记作 $B\subset A$.

如果 B 不是 A 的真子集，则记作 $B\not\subset A$. 这时，或者 $B\nsubseteq A$，或者 $B=A$.

例如，$\{0,1\}$是$\{0,1,2\}$的真子集，但$\{1,3\}$和$\{0,1,2\}$都不是$\{0,1,2\}$的真子集.

定义 3.4 不含任何元素的集合称作**空集**，记作$\varnothing$. 空集可以符号化表示为

$$\varnothing=\{x\mid x\neq x\}.$$

空集是客观存在的，例如，

$$A=\{x\mid x\in\mathbf{R}\wedge x^2+1=0\}$$

是方程 $x^2+1=0$ 的实数解集. 因为该方程没有实数解，所以 $A=\varnothing$.

定理 3.1 空集是一切集合的子集.

证明 任给集合 A，由子集定义有

$$\varnothing\subseteq A\Leftrightarrow \forall x(x\in\varnothing\rightarrow x\in A),$$

右边的蕴涵式中因前件 $x\in\varnothing$ 为假，所以整个蕴涵式对一切 x 为真，因此$\varnothing\subseteq A$ 为真. ■

推论 空集是唯一的.

证明 假设存在空集$\varnothing_1$ 和$\varnothing_2$，由定理 3.1 有$\varnothing_1\subseteq\varnothing_2$ 和$\varnothing_2\subseteq\varnothing_1$，根据集合相等的定义得$\varnothing_1=\varnothing_2$. ■

例 3.1 确定下列命题是否为真.

(1) $\varnothing\subseteq\varnothing$；(2) $\varnothing\in\varnothing$；(3) $\varnothing\subseteq\{\varnothing\}$；(4) $\varnothing\in\{\varnothing\}$.

解 (1)，(3)，(4)为真，(2)为假.

由这个例题不难看出$\varnothing$与$\{\varnothing\}$的区别. $\varnothing$中不含有任何元素，而$\{\varnothing\}$中有一个元素$\varnothing$，所以$\varnothing\neq\{\varnothing\}$.

含有 n 个元素的集合简称 **n 元集**，它的含有 m 个($m\leqslant n$)元素的子集称作它的 **m 元子集**. 任给一个 n 元集，怎样求出它的全部子集呢？举例说明如下.

例 3.2 $A=\{a,b,c\}$，求 A 的全部子集.

解 将 A 的子集从小到大分类：

0 元子集，即空集，只有 1 个：$\varnothing$.

1 元子集，即单元集，有 C_3^1 个：$\{a\},\{b\},\{c\}$.

2 元子集，有 C_3^2 个：$\{a,b\},\{a,c\},\{b,c\}$.

3 元子集，有 C_3^3 个：$\{a,b,c\}$.

一般说来，对于 n 元集 A，它的 $m(0\leqslant m\leqslant n)$ 元子集有 C_n^m 个，所以不同的子集总数是

$$C_n^0+C_n^1+\cdots+C_n^n,$$

由二项式定理不难证明这个和是 2^n. 所以，n 元集有 2^n 个子集.

定义 3.5 设 A 为集合，把 A 的全体子集构成的集合称作 A 的**幂集**，记作 $P(A)$（或 $\mathscr{P}A, 2^A$）. 符号化表示为

$$P(A)=\{x\mid x\subseteq A\}.$$

设 $A=\{a,b,c\}$，由例 3.2 可知

$$P(A)=\{\varnothing,\{a\},\{b\},\{c\},\{a,b\},\{a,c\},\{b,c\},\{a,b,c\}\}.$$

不难看出，若 A 是 n 元集，则 $P(A)$ 有 2^n 个元素.

例 3.3 计算以下幂集：

(1) $P(\varnothing)$；

(2) $P(\{\varnothing\})$；

(3) $P(\{\varnothing,\{\varnothing\}\})$；

(4) $P(\{1,\{2,3\}\})$.

解 (1) $P(\varnothing)=\{\varnothing\}$；

(2) $P(\{\varnothing\})=\{\varnothing,\{\varnothing\}\}$；

(3) $P(\{\varnothing,\{\varnothing\}\})=\{\varnothing,\{\varnothing\},\{\{\varnothing\}\},\{\varnothing,\{\varnothing\}\}\}$；

(4) $P(\{1,\{2,3\}\})=\{\varnothing,\{1\},\{\{2,3\}\},\{1,\{2,3\}\}\}$.

定义 3.6 在一个具体问题中，如果所涉及的集合都是某个集合的子集，则称这个集合为**全集**，记作 E（或 U）.

全集是个有相对性的概念. 由于所研究的问题不同，所取的全集也不同. 例如，在研究平面解析几何的问题时可以把整个坐标平面取作全集；在研究整数的问题时，可以把整数集 **Z** 取作全集.

3.2 集合的基本运算

给定集合 A 和 B，可以通过集合的并($\cup$)、交($\cap$)、相对补($-$)、绝对补($\sim$)和对称差($\oplus$)等运算产生新的集合.

定义 3.7 设 A、B 为集合，A 与 B 的**并集** $A\cup B$、**交集** $A\cap B$、B 对 A 的**相对补集** $A-B$ 分别定义如下：

$$A\cup B=\{x\mid x\in A\vee x\in B\};$$

$$A\cap B=\{x\mid x\in A\wedge x\in B\};$$

$$A-B=\{x\mid x\in A\wedge x\notin B\}.$$

显然，$A\cup B$ 由 A 或 B 中的元素构成，$A\cap B$ 由 A 和 B 中的公共元素构成，$A-B$ 由属

于A但不属于B的元素构成. 例如,

$$A=\{1,2,3\},\quad B=\{1,4\},\quad C=\{3\}.$$

则有

$$A\cup B=\{1,2,3,4\}=B\cup A;$$
$$A\cap B=\{1\}=B\cap A;$$
$$A-B=\{2,3\};$$
$$B-A=\{4\};$$
$$C-A=\varnothing;$$
$$B\cap C=\varnothing.$$

当两个集合的交集是空集时,称它们是**不交**的. 上面例子中的B和C是不交的.

把以上定义加以推广,可以得到n个集合的并集和交集,即

$$A_1\cup A_2\cup\cdots\cup A_n=\{x\mid x\in A_1\vee x\in A_2\vee\cdots\vee x\in A_n\};$$
$$A_1\cap A_2\cap\cdots\cap A_n=\{x\mid x\in A_1\wedge x\in A_2\wedge\cdots\wedge x\in A_n\}.$$

例如,

$$\{0,1\}\cup\{1,2\}\cup\{\{0,1\},\{1,2\}\}=\{0,1,2,\{0,1\},\{1,2\}\};$$
$$\{0,1\}\cap\{1,2\}\cap\{\{0,1\},\{1,2\}\}=\varnothing.$$

可以把n个集合的并和交简记为$\bigcup_{i=1}^{n}A_i$和$\bigcap_{i=1}^{n}A_i$,即

$$\bigcup_{i=1}^{n}A_i=A_1\cup A_2\cup\cdots\cup A_n;$$

$$\bigcap_{i=1}^{n}A_i=A_1\cap A_2\cap\cdots\cap A_n.$$

当n无限增大时,可以记为

$$\bigcup_{i=1}^{\infty}A_i=A_1\cup A_2\cup\cdots$$

$$\bigcap_{i=1}^{\infty}A_i=A_1\cap A_2\cap\cdots$$

定义 3.8 设E为全集,$A\subseteq E$,则称A对E的相对补集为A的**绝对补集**,记作$\sim A$,即

$$\sim A=E-A=\{x\mid x\in E\wedge x\notin A\}.$$

因为E为全集,在所研究的问题中,任何集合的元素x都是E的元素,也就是说,$x\in E$是真命题. 所以$\sim A$可以定义为

$$\sim A=\{x\mid x\notin A\}.$$

例如,

$$E=\{0,1,2,3\},\quad A=\{0,1,2\},\quad B=\{0,1,2,3\},\quad C=\varnothing,$$

则

$$\sim A=\{3\},\quad \sim B=\varnothing,\quad \sim C=E.$$

定义 3.9 设 A、B 为集合，则 A 与 B 的**对称差**是

$$A\oplus B=(A-B)\cup(B-A).$$

例如，

$$A=\{0,1,2\},\quad B=\{2,3\},$$

则有

$$A\oplus B=\{0,1\}\cup\{3\}=\{0,1,3\}.$$

A 与 B 的对称差还有一个等价的定义，即

$$A\oplus B=(A\cup B)-(A\cap B).$$

在上面的例子中用这种定义也可以得到同样的结果，即

$$A\oplus B=\{0,1,2,3\}-\{2\}=\{0,1,3\}.$$

集合之间的相互关系和有关的运算可以用**文氏图**(John Venn)给予形象描述，文氏图的构造方法如下.

首先画一个大矩形表示全集 E，其次在矩形内画一些圆(或任何其他的适当的闭曲线)，用圆的内部表示集合. 在一般情况下，如果不特殊说明，这些表示集合的圆应该是彼此相交的. 如果已知某两个集合是不交的，则表示它们的圆彼此相离. 通常在图中画有阴影的区域表示新组成的集合. 图 3-2 是一些文氏图的实例.

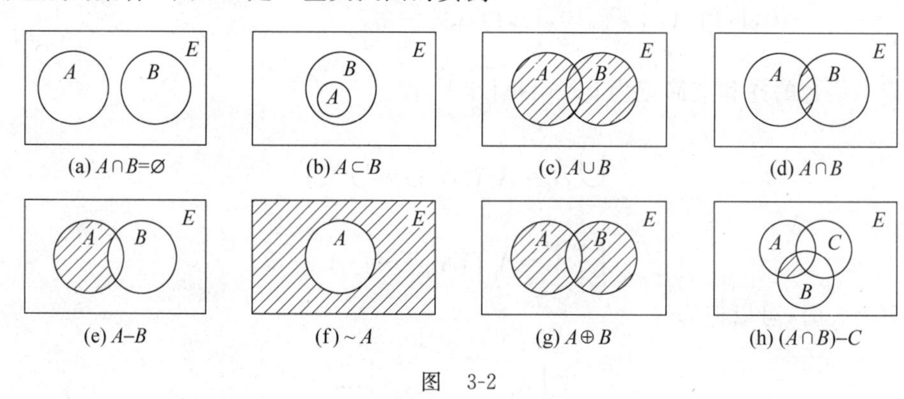

(a) $A\cap B=\varnothing$　(b) $A\subset B$　(c) $A\cup B$　(d) $A\cap B$

(e) $A-B$　(f) $\sim A$　(g) $A\oplus B$　(h) $(A\cap B)-C$

图 3-2

任何代数运算都遵从一定的算律，集合运算也不例外. 下面列出的是集合运算的主要算律，其中的 A、B、C 表示任意的集合.

幂等律
$$A\cup A=A;\tag{3.1}$$
$$A\cap A=A.\tag{3.2}$$

结合律
$$(A\cup B)\cup C=A\cup(B\cup C);\tag{3.3}$$
$$(A\cap B)\cap C=A\cap(B\cap C).\tag{3.4}$$

交换律
$$A\cup B=B\cup A;\tag{3.5}$$
$$A\cap B=B\cap A.\tag{3.6}$$

分配律
$$A\cup(B\cap C)=(A\cup B)\cap(A\cup C);\tag{3.7}$$
$$A\cap(B\cup C)=(A\cap B)\cup(A\cap C).\tag{3.8}$$

同一律
$$A\cup\varnothing=A;\tag{3.9}$$
$$A\cap E=A.\tag{3.10}$$

零律 $A \cup E = E$; (3.11)

$A \cap \varnothing = \varnothing$. (3.12)

排中律 $A \cup \sim A = E$. (3.13)

矛盾律 $A \cap \sim A = \varnothing$. (3.14)

吸收律 $A \cup (A \cap B) = A$; (3.15)

$A \cap (A \cup B) = A$. (3.16)

德·摩根律 $A - (B \cup C) = (A - B) \cap (A - C)$; (3.17)

(3.17～3.20) $A - (B \cap C) = (A - B) \cup (A - C)$; (3.18)

$\sim (B \cup C) = \sim B \cap \sim C$; (3.19)

$\sim (B \cap C) = \sim B \cup \sim C$; (3.20)

$\sim \varnothing = E$; (3.21)

$\sim E = \varnothing$. (3.22)

双重否定律 $\sim (\sim A) = A$. (3.23)

以上恒等式的证明主要用到命题演算的等值式. 证明的基本思想是：欲证 $P = Q$,即证

$$P \subseteq Q \land Q \subseteq P,$$

也就是要证对任意的 x 有

$$x \in P \Rightarrow x \in Q \quad 和 \quad x \in Q \Rightarrow x \in P$$

成立,把这两个式子合到一起就是

$$x \in P \Leftrightarrow x \in Q.$$

例 3.4 证明式(3.17),即

$$A - (B \cup C) = (A - B) \cap (A - C).$$

证明 对任意的 x,

$$\begin{aligned}
& x \in A - (B \cup C) \\
\Leftrightarrow\ & x \in A \land x \notin B \cup C \\
\Leftrightarrow\ & x \in A \land \neg (x \in B \cup C) \\
\Leftrightarrow\ & x \in A \land \neg (x \in B \lor x \in C) \\
\Leftrightarrow\ & x \in A \land (\neg x \in B \land \neg x \in C) \\
\Leftrightarrow\ & x \in A \land (x \notin B \land x \notin C) \\
\Leftrightarrow\ & (x \in A \land x \notin B) \land (x \in A \land x \notin C) \\
\Leftrightarrow\ & x \in A - B \land x \in A - C \\
\Leftrightarrow\ & x \in (A - B) \cap (A - C).
\end{aligned}$$

故

$$A - (B \cup C) = (A - B) \cap (A - C).$$

除了以上的算律以外,还有一些关于集合运算性质的重要结果. 由于篇幅所限,有关的证明略去,仅把结论列在下面,供读者参考.

$$A \cap B \subseteq A, \quad A \cap B \subseteq B. \tag{3.24}$$

$$A \subseteq A \cup B, \quad B \subseteq A \cup B. \tag{3.25}$$

$$A - B \subseteq A. \tag{3.26}$$

$$A-B=A\cap\sim B. \tag{3.27}$$

$$A\cup B=B\Leftrightarrow A\subseteq B\Leftrightarrow A\cap B=A\Leftrightarrow A-B=\varnothing. \tag{3.28}$$

$$A\oplus B=B\oplus A. \tag{3.29}$$

$$(A\oplus B)\oplus C=A\oplus(B\oplus C). \tag{3.30}$$

$$A\oplus\varnothing=A. \tag{3.31}$$

$$A\oplus A=\varnothing. \tag{3.32}$$

$$A\oplus B=A\oplus C\Rightarrow B=C. \tag{3.33}$$

式(3.27)建立了相对补运算和交运算之间的联系. 可以利用它把相对补转变成交. 请看例3.5.

例3.5 证明$(A-B)\cup B=A\cup B$.

证明

$$\begin{aligned}(A-B)\cup B&=(A\cap\sim B)\cup B\\&=(A\cup B)\cap(\sim B\cup B)\\&=(A\cup B)\cap E\\&=A\cup B.\end{aligned}$$

式(3.28)给出了$A\subseteq B$的3种等价的定义,这不仅提供了证明两个集合之间包含关系的新方法,同时也可以用于集合公式的化简.

例3.6 化简$((A\cup B\cup C)\cap(A\cup B))-((A\cup(B-C))\cap A)$.

解 因为$A\cup B\subseteq A\cup B\cup C$,$A\subseteq A\cup(B-C)$,由式(3.28)有

$$(A\cup B\cup C)\cap(A\cup B)=A\cup B,$$

$$(A\cup(B-C))\cap A=A,$$

所以,原式是

$$(A\cup B)-A=B-A.$$

例3.7 设$A\subseteq B$,证明$\sim B\subseteq\sim A$.

证明 已知$A\subseteq B$,由式(3.28)得$B\cap A=A$. 所以

$$\sim B\cup\sim A=\sim(B\cap A)=\sim A.\quad(德·摩根律)$$

再利用式(3.28)有

$$\sim B\subseteq\sim A.$$

式(3.29)～式(3.33)是关于对称差运算的算律,前4条可通过对称差的定义加以证明,最后一条叫消去律,它的证明在例3.8中.

例3.8 已知$A\oplus B=A\oplus C$,证明$B=C$.

证明 $A\oplus B=A\oplus C.$ (已知)

则有 $A\oplus(A\oplus B)=A\oplus(A\oplus C),$

$(A\oplus A)\oplus B=(A\oplus A)\oplus C,$ (结合律)

$\varnothing\oplus B=\varnothing\oplus C,$ (式(3.32))

所以 $B=C.$ (式(3.29)和式(3.31))

3.3 集合中元素的计数

集合 $A=\{1,2,\cdots,n\}$，它含有 n 个元素，可以说这个集合的基数是 n，记作

$$\text{card } A=n.$$

所谓基数，是表示集合中所含元素多少的量. 如果 A 的基数是 n，也可以记为 $|A|=n$，显然空集的基数是 0，即 $|\varnothing|=0$.

定义 3.10 设 A 为集合，若存在自然数 n(0 也是自然数)，使得 $|A|=\text{card } A=n$，则称 A 为**有穷集**，否则称 A 为**无穷集**.

例如，$\{a,b,c\}$ 是有穷集，而 $\mathbf{N}$、$\mathbf{Z}$、$\mathbf{Q}$、$\mathbf{R}$ 都是无穷集.

有穷集的基数很容易确定，而无穷集的基数就比较复杂了，这里不讨论这个问题. 本节所涉及的计数问题是针对有穷集而言. 让我们先看一个简单的例子.

例 3.9 有 100 名程序员，其中 47 名熟悉 FORTRAN 语言，35 名熟悉 PASCAL 语言，23 名熟悉这两种语言. 问有多少人对这两种语言都不熟悉?

解 设 A、B 分别表示熟悉 FORTRAN 和 PASCAL 语言的程序员的集合，则该问题可以用图 3-3 来表示. 将熟悉两种语言的对应人数 23 填到 $A\cap B$ 的区域内，不难得到 $A-B$ 和 $B-A$ 的人数分别为

$$|A-B|=|A|-|A\cap B|=47-23=24,$$
$$|B-A|=|B|-|A\cap B|=35-23=12,$$

从而得到

$$|A\cup B|=24+23+12=59,$$
$$|\sim(A\cup B)|=100-59=41,$$

所以，两种语言都不熟悉的有 41 人.

使用文氏图可以很方便地解决有穷集的计数问题. 首先根据已知条件把对应的文氏图画出来. 一般来说，每一条性质决定一个集合，有多少条性质，就有多少个集合. 如果没有特殊的说明，任何两个集合都是相交的. 然后将已知集合的基数填入表示该集合的区域内. 通常是从几个集合的交集填起，接着根据计算的结果将数字逐步填入其他空白区域内，直到所有区域都填好为止.

例 3.10 求在 1 和 1000 之间不能被 5 或 6，也不能被 8 整除的数的个数.

解 设 1 到 1000 之间的整数构成全集 E，A、B、C 分别表示其中可被 5、6 或 8 整除的数的集合. 文氏图如图 3-4 所示.

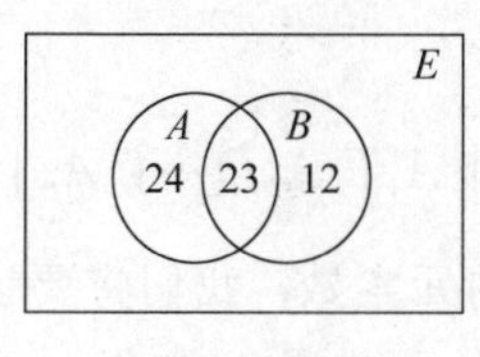

图 3-3

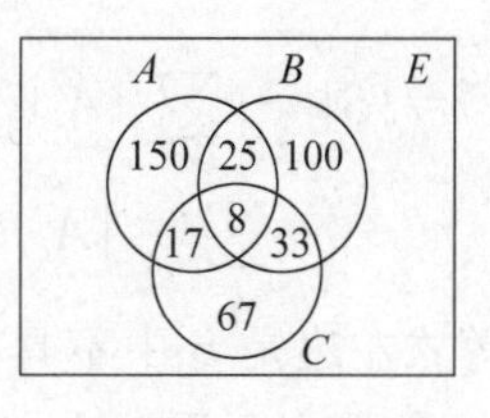

图 3-4

在 $A\cap B\cap C$ 中的数一定可以被 5、6 和 8 的最小公倍数 $[5,6,8]=120$ 整除，即

$$|A\cap B\cap C|=\lfloor 1000/[5,6,8]\rfloor=\lfloor 1000/120\rfloor=8,$$

其中 $\lfloor x\rfloor$ 表示小于等于 x 的最大整数. 然后将 8 填入 $A\cap B\cap C$ 的区域内.

同样可得

$$|A\cap B|=\lfloor 1000/[5,6]\rfloor=\lfloor 1000/30\rfloor=33,$$
$$|A\cap C|=\lfloor 1000/[5,8]\rfloor=\lfloor 1000/40\rfloor=25,$$
$$|B\cap C|=\lfloor 1000/[6,8]\rfloor=\lfloor 1000/24\rfloor=41.$$

然后将 $33-8=25$，$25-8=17$，$41-8=33$ 分别填入邻近的 3 块区域.

最后计算

$$|A|=\lfloor 1000/5\rfloor=200,$$
$$|B|=\lfloor 1000/6\rfloor=166,$$
$$|C|=\lfloor 1000/8\rfloor=125.$$

根据这些结果，剩下的区域就不难填出来了，从而得到

$$|A\cup B\cup C|=400.$$

所以，不能被 5、6 和 8 整除的数有 600 个.

除了使用文氏图的方法外，对于集合的计数还有一条重要的定理——**包含排斥原理**. 下面介绍这个定理.

设 S 是有穷集，P_1 和 P_2 分别表示两种性质，对于 S 中的任何一个元素 x，只能处于以下 4 种情况之一：只具有性质 P_1；只具有性质 P_2；具有 P_1 和 P_2 两种性质；两种性质都没有. 令 A_1 和 A_2 分别表示 S 中具有性质 P_1 和 P_2 的元素的集合. 为使表达式简洁，对任何集合 B，用 $\overline{B}$ 代替 $\sim B$. 由文氏图不难得到以下公式：

$$|\overline{A}_1\cap\overline{A}_2|=|S|-(|A_1|+|A_2|)+|A_1\cap A_2|,$$

这就是包含排斥原理的一种简单形式.

如果涉及 3 条性质，包含排斥原理的公式则变成：

$$|\overline{A}_1\cap\overline{A}_2\cap\overline{A}_3|=|S|-(|A_1|+|A_2|+|A_3|)+(|A_1\cap A_2|+|A_1\cap A_3|+|A_2\cap A_3|)-|A_1\cap A_2\cap A_3|$$

一般来说，设 S 为有穷集，$P_1,P_2,\cdots,P_m$ 是 m 条性质. S 中的任何一个元素 x 对于性质 $P_i(i=1,2,\cdots,m)$ 具有或者不具有，两种情况必居其一. 令 A_i 表示 S 中具有性质 P_i 的元素构成的集合，那么包含排斥原理可以叙述为定理 3.2.

定理 3.2 S 中不具有性质 $P_1,P_2,\cdots,P_m$ 的元素数是

$$\begin{aligned}&|\overline{A}_1\cap\overline{A}_2\cap\cdots\cap\overline{A}_m|\\&=|S|-\sum_{i=1}^{m}|A_i|+\sum_{1\leqslant i<j\leqslant m}|A_i\cap A_j|\\&\quad-\sum_{1\leqslant i<j<k\leqslant m}|A_i\cap A_j\cap A_k|+\cdots+(-1)^m|A_1\cap A_2\cap\cdots\cap A_m|.\end{aligned}$$

证明 等式左边是 S 中不具有性质 $P_1,P_2,\cdots,P_m$ 的元素数. 我们将要证明：对 S 中的任何元素 x，如果它不具有这 m 条性质，则对等式右边的贡献是 1；如果 x 至少具有其中的一条性质，则对等式右边的贡献是 0.

设 x 不具有性质 $P_1, P_2, \cdots, P_m$，那么 $x \notin A_i, i=1,2,\cdots,m$. 对任何整数 i 和 j，$1 \leqslant i < j \leqslant m$，都有 $x \notin A_i \cap A_j$. 对任何整数 i、j 和 k，$1 \leqslant i < j < k \leqslant m$，都有 $x \notin A_i \cap A_j \cap A_k, \cdots, x \notin A_1 \cap A_2 \cap \cdots \cap A_m$. 但是 $x \in S$，所以在等式右边的计数中它的贡献是

$$1-0+0-0+\cdots+(-1)^m \cdot 0=1.$$

设 x 具有 n 条性质，$1 \leqslant n \leqslant m$，则 x 对 $|S|$ 的贡献是 1，即 C_n^0，对 $\sum_{i=1}^{m}|A_i|$ 项的贡献是 $C_n^1=n$. 对 $\sum_{1 \leqslant i<j \leqslant m}|A_i \cap A_j|$ 项的贡献是 $C_n^2, \cdots$，对 $|A_1 \cap A_2 \cap \cdots \cap A_m|$ 项的贡献是 C_n^m. 所以，x 对等式右边计数的总贡献是

$$\begin{aligned} & C_n^0-C_n^1+C_n^2-\cdots+(-1)^m C_n^m \quad (n \leqslant m) \\ = & C_n^0-C_n^1+C_n^2-\cdots+(-1)^n C_n^n. \end{aligned}$$

根据二项式定理不难得到上面式子的结果是 0. ■

推论 在 S 中至少具有一条性质的元素数是

$$\begin{aligned} & |A_1 \cup A_2 \cup \cdots \cup A_m| \\ = & \sum_{i=1}^{m}|A_i|-\sum_{1 \leqslant i<j \leqslant m}|A_i \cap A_j| \\ & +\sum_{1 \leqslant i<j<k \leqslant m}|A_i \cap A_j \cap A_k|-\cdots+(-1)^{m+1}|A_1 \cap A_2 \cap \cdots \cap A_m|. \end{aligned}$$

证明

$$\begin{aligned} & |A_1 \cup A_2 \cup \cdots \cup A_m| \\ = & |S|-|\overline{A_1 \cup A_2 \cup \cdots \cup A_m}| \\ = & |S|-|\overline{A}_1 \cap \overline{A}_2 \cap \cdots \cap \overline{A}_m|. \end{aligned}$$

将定理 3.2 的结果代入即可得证. ■

考虑例 3.10，由包含排斥原理可得

$$\begin{aligned} & |\overline{A}_1 \cap \overline{A}_2 \cap \overline{A}_3| \\ = & |S|-(|A_1|+|A_2|+|A_3|)+(|A_1 \cap A_2|+|A_1 \cap A_3| \\ & +|A_2 \cap A_3|)-|A_1 \cap A_2 \cap A_3| \\ = & 1000-(200+166+125)+(33+25+41)-8 \\ = & 600. \end{aligned}$$

这恰好与用文氏图所求得的结果是一致的.

例 3.11 某班有 25 个学生，其中 14 人会打篮球，12 人会打排球，6 人会打篮球和排球，5 人会打篮球和网球，还有 2 人会打这 3 种球. 而 6 个会打网球的人都会打另外一种球(指篮球或排球)，求不会打这 3 种球的人数.

解 设会打排球、网球、篮球的学生集合分别为 A、B 和 C，则有

$$|A|=12, \quad |B|=6, \quad |C|=14, \quad |S|=25,$$
$$|A \cap C|=6, \quad |B \cap C|=5, \quad |A \cap B \cap C|=2.$$

现在求 $|A \cap B|$. 因为会打网球的人都会打另外一种球，即篮球或排球. 而其中会打篮球的有 5 人，那么另一个人肯定会打排球但不会打篮球. 再加上会打 3 种球的 2 人，共有 3 人会打排球和网球. 即 $|A \cap B|=3$. 根据定理 3.2 有

$$|\overline{A} \cap \overline{B} \cap \overline{C}|=25-(12+6+14)+(3+6+5)-2=5.$$

例 3.12 一个班里有 50 个学生，在第一次考试中有 26 人得 5 分，在第二次考试中有 21 人得 5 分. 如果两次考试中都没得 5 分的有 17 人，那么两次考试都得 5 分的有多少人?

解 1 设 A、B 分别表示在第一次和第二次考试中得 5 分的学生的集合，那么有

$$|S|=50,\quad |A|=26,\quad |B|=21,\quad |\overline{A}\cap\overline{B}|=17.$$

由包含排斥原理有

$$|\overline{A}\cap\overline{B}|=|S|-(|A|+|B|)+|A\cap B|,$$

即

$$\begin{aligned}|A\cap B|&=|\overline{A}\cap\overline{B}|-|S|+|A|+|B|\\&=17-50+26+21\\&=14.\end{aligned}$$

有 14 人两次考试都得 5 分.

解 2 画出文氏图，如图 3-5 所示. 因为首先要填入 $A\cap B$ 中的人数正是题目所要求的，所以设它为 x，然后填入其他区域中的数字，并列出方程如下：

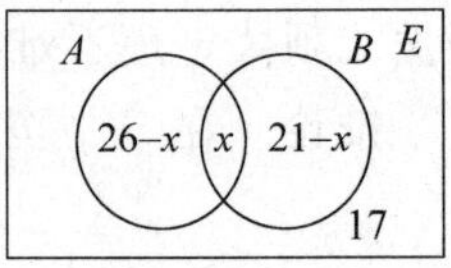

$$(26-x)+x+(21-x)+17=50.$$

图 3-5

解得 $x=14$.

例 3.13 求欧拉函数的值.

欧拉函数 ϕ 是数论中的一个重要函数，在密码学中有着重要的应用. 设 n 是正整数，$\phi(n)$ 表示 $\{0,1,\cdots,n-1\}$ 中与 n 互素的数的个数. 例如，$\phi(12)=4$，因为与 12 互素的数有 1，5，7，11. 这里认为 $\phi(1)=1$. 下面利用包含排斥原理给出欧拉函数的计算公式.

给定正整数 n，$n=p_1^{\alpha_1}p_2^{\alpha_2}\cdots p_k^{\alpha_k}$ 为 n 的素因子分解式，令

$$A_i=\{x\,|\,0\leqslant x<n-1 \text{ 且 } p_i \text{ 整除 } x\},\quad i=1,2,\cdots,k$$

那么

$$\phi(n)=|\overline{A}_1\cap\overline{A}_2\cap\cdots\cap\overline{A}_k|.$$

下面计算等式右边的各项.

$$|A_i|=\frac{n}{p_i},\quad i=1,2,\cdots,k$$

$$|A_i\cap A_j|=\frac{n}{p_ip_j},\quad 1\leqslant i<j\leqslant n$$

$$\vdots$$

$$|A_1\cap A_2\cap\cdots\cap A_k|=\frac{n}{p_1p_2\cdots p_k}.$$

根据包含排斥原理

$$\begin{aligned}\phi(n)&=|\overline{A}_1\cap\overline{A}_2\cap\cdots\cap\overline{A}_k|\\&=n-\left(\frac{n}{p_1}+\frac{n}{p_2}+\cdots+\frac{n}{p_k}\right)+\left(\frac{n}{p_1p_2}+\frac{n}{p_1p_3}+\cdots+\frac{n}{p_{k-1}p_k}\right)\\&\quad-\cdots+(-1)^k\frac{n}{p_1p_2\cdots p_k}\\&=n\left(1-\frac{1}{p_1}\right)\left(1-\frac{1}{p_2}\right)\cdots\left(1-\frac{1}{p_k}\right).\end{aligned}$$

例如，$60=2^2\times3\times5$，根据上述公式得

$$\phi(60)=60\left(1-\frac{1}{2}\right)\left(1-\frac{1}{3}\right)\left(1-\frac{1}{5}\right)=60\times\frac{1}{2}\times\frac{2}{3}\times\frac{4}{5}=16.$$

与 60 互素的正整数有 16 个，它们是 1,7,11,13,17,19,23,29,31,37,41,43,47,49,53,59.

3.4 题例分析

例 3.14～例 3.17 为选择题.

例 3.14 设 F 表示一年级大学生的集合，S 表示二年级大学生的集合，R 表示计算机科学系学生的集合，M 表示数学系学生的集合，T 表示选修离散数学的学生的集合，L 表示爱好文学的学生的集合，P 表示爱好体育运动的学生的集合，则下列各句子所对应的集合表达式分别是什么？

(1) 所有计算机科学系二年级的学生都选修离散数学. $\boxed{\text{A}}$

(2) 数学系的学生或者爱好文学或者爱好体育运动. $\boxed{\text{B}}$

(3) 数学系一年级的学生都没有选修离散数学. $\boxed{\text{C}}$

(4) 只有一、二年级的学生才爱好体育运动. $\boxed{\text{D}}$

(5) 除去数学系和计算机科学系二年级的学生外都不选修离散数学. $\boxed{\text{E}}$

供选择的答案

A、B、C、D、E：① $T\subseteq(M\cup R)\cap S$；② $R\cap S\subseteq T$；③ $(M\cap F)\cap T=\varnothing$；④ $M\subseteq L\cup P$；⑤ $P\subseteq F\cup S$；⑥ $S-(M\cup R)\subseteq P$.

答案 A：②；B：④；C：③；D：⑤；E：①.

分析 (1) 计算机系二年级学生的集合为 $R\cap S$，选修离散数学的学生的集合为 T，前者为后者的子集.

(2) 数学系学生的集合为 M，爱好文学或爱好体育运动的学生的集合为 $L\cup P$，前者为后者的子集.

(3) 数学系一年级学生的集合为 $M\cap F$，选修离散数学学生的集合为 T，这两个集合不交.

(4) 只有 p 才 q，这种句型的逻辑含义是如果 q 则 p. 所以，这句话可解释为：爱好体育运动的学生一定是一、二年级的学生. 爱好体育运动的学生构成集合 P，一、二年级的学生构成集合 $F\cup S$，前者是后者的子集.

(5) 除去 p 都不 q，这种句型的逻辑含义可解释为如果 q 则 p. 原来的句子就变成：选修离散数学的学生都是数学系和计算机科学系二年级的学生. 所以 $T\subseteq(M\cup R)\cap S$.

例 3.15 设 $S_1=\{1,2,\cdots,8,9\}$，$S_2=\{2,4,6,8\}$，$S_3=\{1,3,5,7,9\}$，$S_4=\{3,4,5\}$，$S_5=\{3,5\}$. 确定在以下条件下 X 可能与 $S_1,\cdots,S_5$ 中哪个集合相等.

(1) 若 $X\cap S_5=\varnothing$，则 $\boxed{\text{A}}$.

(2) 若 $X\subseteq S_4$ 但 $X\cap S_2=\varnothing$，则 $\boxed{\text{B}}$.

(3) 若 $X \subseteq S_1$ 且 $X \nsubseteq S_3$，则$\boxed{C}$.

(4) 若 $X - S_3 = \varnothing$，则$\boxed{D}$.

(5) 若 $X \subseteq S_3$ 且 $X \nsubseteq S_1$，则$\boxed{E}$.

供选择的答案

A、B、C、D、E：①$X=S_2$ 或 S_5；②$X=S_4$ 或 S_5；③$X=S_1$，S_2 或 S_4；④X 与其中任何集合都不等；⑤$X=S_2$；⑥$X=S_5$；⑦$X=S_3$ 或 S_5；⑧$X=S_2$ 或 S_4.

答案 A：⑤；B：⑥；C：③；D：⑦；E：④.

分析 (1) 和 S_5 不交的集合不含 3 和 5，只能是 S_2.

(2) 只有 S_4 和 S_5 是 S_4 的子集，但 $S_4 \cap S_2 \neq \varnothing$，所以，$S_5$ 满足要求.

(3) $X \nsubseteq S_3$ 意味着 X 中必含有偶数，S_1、S_2 和 S_4 中含有偶数并且都是 S_1 的子集.

(4) 由 $X - S_3 = \varnothing$ 知 $X \subseteq S_3$，那么 X 可能是 S_3 或 S_5.

(5) 由于 $S_3 \subseteq S_1$，所以 $X \subseteq S_3 \subseteq S_1$，与 $X \nsubseteq S_1$ 矛盾. X 与这 5 个集合中的任何一个都不相等.

例 3.16 对 24 名科技人员进行掌握外语情况的调查. 其统计资料如下：会英、日、德和法语的人数分别为 13、5、10 和 9 人. 其中同时会英语和日语的有 2 人. 同时会英语和法语，或者同时会英语和德语，或者同时会德语和法语两种语言的各有 4 人. 会日语的人既不懂法语也不懂德语. 由上述资料，知道在这 24 名人员中只掌握一门外语的人数：会英语的有$\boxed{A}$人，会法语的有$\boxed{B}$人，会德语的有$\boxed{C}$人和会日语的有$\boxed{D}$人. 同时会英、德和法语 3 种语言的有$\boxed{E}$人.

供选择的答案

A、B、C、D、E：①0；②1；③2；④3；⑤4；⑥5；⑦6；⑧7；⑨8；⑩9.

答案 A：⑤；B：③；C：④；D：④；E：②.

分析 **解 1** 文氏图法.

令 A、B、C、D 分别表示会英、法、德、日语的人的集合. 根据题意画出文氏图如图 3-6 所示. 设同时会 3 种语言的有 x 人，只会英、法或德语一种语言的分别为 y_1、y_2、y_3 人. 将 x、y_1、y_2 和 y_3 填入图中相应的区域中，然后依次填入其他区域的人数.

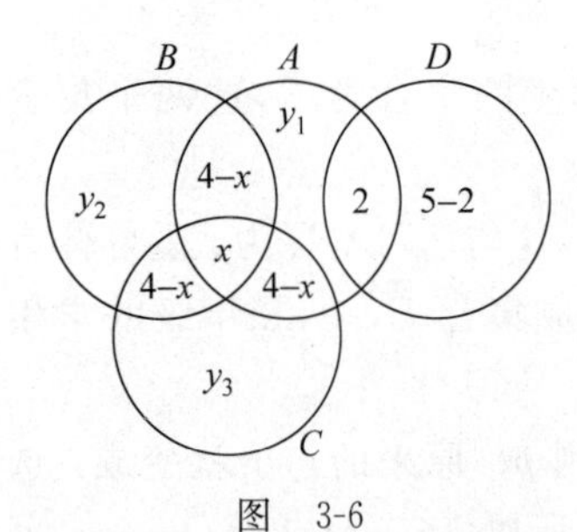

图 3-6

请看图 3-6. 由图列出方程组如下：

$$y_1 + 2(4-x) + x + 2 = 13, \quad ①$$

$$y_2 + 2(4-x) + x = 9, \quad ②$$

$$y_3 + 2(4-x) + x = 10, \quad ③$$

$$y_1 + y_2 + y_3 + 3(4-x) + x + 5 = 24. \quad ④$$

将式①、式②和式③相加得

$$y_1 + y_2 + y_3 + 6(4-x) + 3x + 2 = 32, \quad ⑤$$

⑤－④得

$$3(4-x) + 2x - 3 = 8,$$

解得

$$x=1.$$

再代入式①、式②和式③，解得

$$y_1=4,\quad y_2=2,\quad y_3=3.$$

解 2 包含排斥原理法.

由题意，只会日语的有 5－2＝3 人. 因此会英、法或德语的有 24－3＝21 人. 先不考虑会日语的人. 设 A、B、C 分别表示会英、法、德语的人的集合，由已知条件有

$$|A\cup B\cup C|=21,\quad |A|=13,\quad |B|=9,\quad |C|=10.$$

$$|A\cap B|=4,\quad |A\cap C|=4,\quad |B\cap C|=4.$$

令 $|A\cap B\cap C|=x$. 由包含排斥原理有

$$|A\cup B\cup C|=(|A|+|B|+|C|)-(|A\cap B|+|A\cap C|+|B\cap C|)+|A\cap B\cap C|,$$

代入相应的数字解得 $|A\cap B\cap C|=1$. 从而得到

$$\begin{aligned}|A-(B\cup C)|&=|A|-(|A\cap B|+|A\cap C|)+|A\cap B\cap C|\\&=13-(4+4)+1\\&=6.\end{aligned}$$

因为这 6 人中还有 2 人会日语，所以只会英语的人数应该是 6－2＝4. 同理求得

$$|B-(A\cup C)|=9-(4+4)+1=2,$$

$$|C-(A\cup B)|=10-(4+4)+1=3.$$

例 3.17 设 S、T、M 是集合，图 3-7 给出 5 个文氏图. 那么(a)、(b)、(c)、(d)和(e)图的阴影部分的区域所代表的集合表达式分别是 [A]、[B]、[C]、[D]、[E].

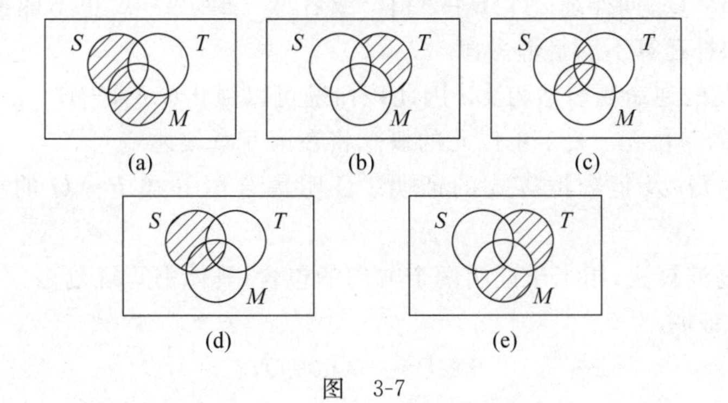

图 3-7

供选择的答案

A、B、C、D、E：①$(S\cap M)-T$；②$S\cup M$；③$(S\cup M)-T$；④$(T\oplus M)-S$；
⑤$S\cap(T\cup M)$；⑥$(T\cup M)-S$；⑦$T-(S\cup M)$；⑧$T-(S-M)$；
⑨$(S-T)\cap M$；⑩$(S\cap M)\cup(S-T)$.

答案 A：③；B：⑦；C：⑤；D：⑩；E：④.

分析 可使用排除法. ①是 $S\cap M$ 的子集，不是任何阴影区域的集合表达式. 同理可知②、⑥、⑧和⑨也不符合题意. 剩下的 5 个集合表达式显然分别对应于 5 个文氏图. 根据每个表达式就不难找到相应的图了.

例 3.18 设 A、B、C 为任意集合,判断下述命题是否恒真,如果恒真给出证明,否则举出反例.

(1) $A\cup B=A\cup C\Rightarrow B=C$.

(2) $A\oplus B=A\Rightarrow B=\varnothing$.

(3) $A\cap(B-C)=(A\cap B)-(A\cap C)$.

(4) $(A\cap B)\cup(B-A)=B$.

答案

(1) 不是恒真. 反例 $A=\{1,2\}$,$B=\{1\}$,$C=\{2\}$.

(2) 恒真. 证明如下:

假设 $B\neq\varnothing$,则存在 $x\in B$. 若 $x\in A$,则 $x\notin A\oplus B$,与 $A\oplus B=A$ 矛盾. 若 $x\notin A$,则 $x\in A\oplus B$,也与 $A\oplus B=A$ 矛盾.

(3) 恒真. 证明如下:

$$\begin{aligned}(A\cap B)-(A\cap C)&=(A\cap B)\cap\sim(A\cap C)=(A\cap B)\cap(\sim A\cup\sim C)\\&=(A\cap B\cap\sim A)\cup(A\cap B\cap\sim C)=\varnothing\cup(A\cap B\cap\sim C)=A\cap B\cap\sim C\\&=A\cap(B\cap\sim C)=A\cap(B-C).\end{aligned}$$

(4) 恒真.证明如下:

$$(A\cap B)\cup(B-A)=(A\cap B)\cup(B\cap\sim A)=B\cap(A\cup\sim A)=B\cap E=B.$$

分析

(1) 在集合等式两边进行相同的集合运算,得到的结果仍旧是等式. 例如,由 $B=C$ 可以得到 $A\cup B=A\cup C$、$A\cap B=A\cap C$、$A-B=A-C$ 等. 但是逆过程不成立,即 $A\cup B=A\cup C$ 不能推出 $B=C$. 同样地,$A\cap B=A\cap C$ 或者 $A-B=A-C$ 也不能推出 $B=C$. 这说明集合的并、交和补运算不满足消去律.

(2) 这个命题的逆命题显然为真. 因此该命题可以强化成:$A\oplus B=A\Leftrightarrow B=\varnothing$,这说明 $\varnothing$ 是集合 $\oplus$ 运算的单位元. 关于单位元的概念将在第 9 章叙述.

(2)、(3)和(4)涉及集合恒等式的证明. 证明集合恒等式 $P=Q$ 的主要方法有以下 3 种.

方法 1 命题演算法,相当于证明两个方向的包含,具体书写规范是

任取 x,然后证明

$$x\in P\Rightarrow\cdots\Rightarrow x\in Q,$$
$$x\in Q\Rightarrow\cdots\Rightarrow x\in P.$$

有时某个方向的包含是显然的结果,那么只需证明其中的一个方向. 而当以上两个方向的推理互为逆过程时,可以将这两个过程合写成一个过程,即

$$x\in P\Leftrightarrow\cdots\Leftrightarrow x\in Q.$$

在这种情况下,必须保证推理的每一步都是可逆的,即由左边可推出右边,同时由右边也可以推出左边.

方法 2 恒等变形法. 本题(3)与(4)的证明使用了这种方法. 使用恒等变形法必须熟悉集合恒等式和一些常用的结果,如 $A-B=A\cap\sim B$ 等.

方法 3 反证法. (2)的证明使用了这种方法.

例 3.19 设 A、B 为集合，试确定下列各式成立的充分必要条件.

(1) $A-B=B$.

(2) $A-B=B-A$.

(3) $A\cap B=A\cup B$.

答案 (1) $A=B=\varnothing$.

(2) $A=B$.

(3) $A=B$.

分析 求解这类问题可能用到集合恒等式、不同集合之间的包含关系，以及文氏图等. 具体求解过程可以说明如下.

(1) 由 $A-B=B$ 得

$$(A\cap\sim B)\cap B=B\cap B,$$

化简得 $B=\varnothing$. 再将这个结果代入已知等式得 $A=\varnothing$. 从而得到必要条件 $A=B=\varnothing$.

下面验证充分性. 如果 $A=B=\varnothing$ 成立，则 $A-B=\varnothing=B$ 也成立.

(2) 充分性是显然的，下面验证必要性. 由 $A-B=B-A$ 得

$$(A-B)\cup A=(B-A)\cup A,$$

从而有 $A=A\cup B$，即 $A\subseteq B$. 同理可证 $B\subseteq A$.

(3) 充分性是显然的，下面验证必要性. 由 $A\cap B=A\cup B$ 得

$$A\cup(A\cap B)=A\cup(A\cup B),$$

化简得 $A=A\cup B$，从而有 $A\subseteq B$. 类似可以证明 $B\subseteq A$.

习　题

题 3.1～题 3.7 是选择题，题目要求是从供选择的答案中选出应填入叙述中的□内的正确答案.

3.1 设 F 表示一年级大学生的集合，S 表示二年级大学生的集合，M 表示数学专业学生的集合，R 表示计算机专业学生的集合，T 表示听离散数学课学生的集合，G 表示星期一晚上听音乐会的学生的集合，H 表示星期一晚上很迟才睡觉的学生的集合，则下列各句子所对应的集合表达式分别是什么？

(1) 所有计算机专业二年级的学生在学离散数学课. $\boxed{\text{A}}$

(2) 这些且只有这些学离散数学课的学生或者星期一晚上去听音乐会的学生在星期一晚上很迟才睡觉. $\boxed{\text{B}}$

(3) 听离散数学课的学生都没听星期一晚上的音乐会. $\boxed{\text{C}}$

(4) 听音乐会的只是大学一、二年级的学生. $\boxed{\text{D}}$

(5) 除去数学专业和计算机专业以外的二年级学生都去听音乐会. $\boxed{\text{E}}$

供选择的答案

A、B、C、D、E：①$T\subseteq G\cup H$；②$G\cup H\subseteq T$；③$S\cap R\subseteq T$；④$H=G\cup T$；

⑤$T\cap G=\varnothing$；⑥$F\cup S\subseteq G$；⑦$G\subseteq F\cup S$；⑧$S-(R\cup M)\subseteq G$；
⑨$G\subseteq S-(R\cap M)$.

3.2 设S表示某人拥有的所有的树的集合，$M,N,T,P\subseteq S$，且M是珍贵的树的集合，N是果树的集合，T是去年刚栽的树的集合，P是在果园中的树的集合. 下面是3个前提条件和2条结论.

前提 (1) 所有的珍贵的树都是去年栽的.
(2) 所有的果树都在果园里.
(3) 果园里没有去年栽的树.

结论 (1) 所有的果树都是去年栽的.
(2) 没有一棵珍贵的树是果树.

则前提(1)、(2)、(3)和结论(1)的集合表达式分别为$\boxed{\text{A}}$、$\boxed{\text{B}}$、$\boxed{\text{C}}$、$\boxed{\text{D}}$. 根据前提条件，两个结论中正确的是$\boxed{\text{E}}$.

供选择的答案

A、B、C、D、E：① $N\subseteq P$；② $T\subseteq N$；③ $M\subseteq T$；④ $M\cap P=\varnothing$；⑤ $P\cap T=\varnothing$；
⑥ $N\subseteq T$；⑦ $N\cap M=\varnothing$.

3.3 设$S=\{\varnothing,\{1\},\{1,2\}\}$，则有

(1) $\boxed{\text{A}}\in S$.

(2) $\boxed{\text{B}}\subseteq S$.

(3) $P(S)$有$\boxed{\text{C}}$个元素.

(4) $|S|=\boxed{\text{D}}$.

(5) $\boxed{\text{E}}$既是S的元素，又是S的子集.

供选择的答案

A：①$\{1,2\}$；②1；

B：③$\{\{1,2\}\}$；④$\{1\}$；

C、D：⑤3；⑥6；⑦7；⑧8；

E：⑨$\{1\}$；⑩$\varnothing$.

3.4 设S、T、M为任意的集合，且$S\cap M=\varnothing$. 下面是一些集合表达式，每一个表达式与图3-8的某一个文氏图的阴影区域相对应. 请指明这种对应关系.

(1) $S\cap T\cap M$ 对应于$\boxed{\text{A}}$；

(2) $\sim S\cup T\cup M$ 对应于$\boxed{\text{B}}$；

(3) $S\cup(T\cap M)$ 对应于$\boxed{\text{C}}$；

(4) $(\sim S\cap T)-M$ 对应于$\boxed{\text{D}}$；

(5) $\sim S\cap\sim T\cap M$ 对应于$\boxed{\text{E}}$.

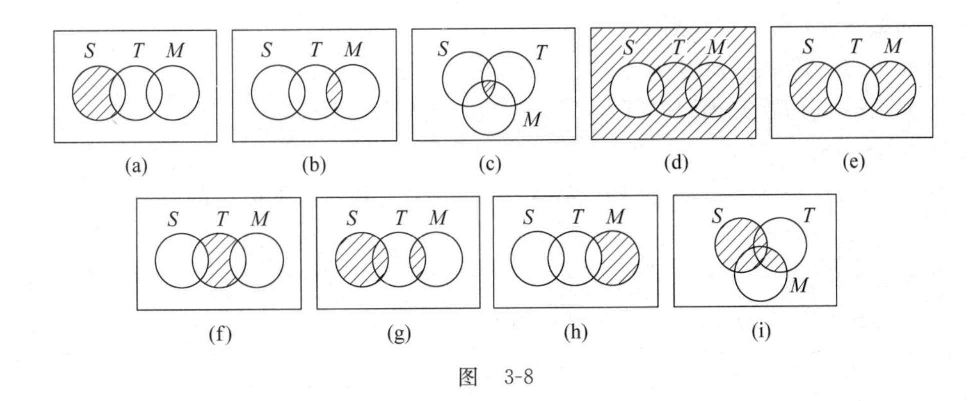

图 3-8

供选择的答案

A、B、C、D、E：①(a)；②(b)；③(c)；④(d)；⑤(e)；⑥(f)；⑦(g)；⑧(h)；⑨(i).

3.5 对 60 个人的调查表明有 25 人阅读《每周新闻》杂志，26 人阅读《时代》杂志，26 人阅读《幸运》杂志，9 人阅读《每周新闻》和《幸运》杂志，11 人阅读《每周新闻》和《时代》杂志，8 人阅读《时代》和《幸运》杂志，还有 8 人什么杂志也不阅读. 那么阅读全部 3 种杂志的有 A 人，只阅读《每周新闻》的有 B 人，只阅读《时代》杂志的有 C 人，只阅读《幸运》杂志的有 D 人，只阅读一种杂志的有 E 人.

供选择的答案

A、B、C、D、E：①2；②3；③6；④8；⑤10；⑥12；⑦15；⑧28；⑨30；⑩31.

3.6 从 1 到 300 的整数中

(1) 同时能被 3、5 和 7 这 3 个数整除的数有 A 个.

(2) 不能被 3、5，也不能被 7 整除的数有 B 个.

(3) 可以被 3 整除，但不能被 5 和 7 整除的数有 C 个.

(4) 可被 3 或 5 整除，但不能被 7 整除的数有 D 个.

(5) 只能被 3、5 和 7 之中的一个数整除的数有 E 个.

供选择的答案

A、B、C、D、E：①2；②6；③56；④68；⑤80；⑥102；⑦120；⑧124；⑨138；⑩162.

3.7 75 个学生去书店买语文、数学、英语课外书，每种书每个学生至多买 1 本. 已知有 20 个学生每人买 3 本书，55 个学生每人至少买 2 本书. 设每本书的价格都是 1 元，所有的学生总共花费 140 元. 那么恰好买 2 本书的有 A 个学生. 至少买 2 本书的学生花费 B 元. 买 1 本书的有 C 个学生. 至少买 1 本书的有 D 个学生. 没买书的有 E 个学生.

供选择的答案

A、B、C、D、E：①10；②15；③30；④35；⑤40；⑥55；⑦60；⑧65；⑨130；⑩140.

3.8 设 S、T、M 为任意集合，判断下列命题的真假.

(1) $\varnothing$是$\varnothing$的子集.

(2) 如果 $S\cup T=S\cup M$,则 $T=M$.

(3) 如果 $S-T=\varnothing$,则 $S=T$.

(4) 如果 $\sim S\cup T=E$,则 $S\subseteq T$.

(5) $S\oplus S=S$.

3.9 $S_1=\varnothing, S_2=\{\varnothing\}, S_3=P(\{\varnothing\}), S_4=P(\varnothing)$,判断以下命题的真假.

(1) $S_2\in S_4$.

(2) $S_1\subseteq S_3$.

(3) $S_4\subseteq S_2$.

(4) $S_4\in S_3$.

(5) $S_2=S_1$.

3.10 用列元素法表示以下集合.

(1) $A=\{x\mid x\in\mathbf{N}\wedge x^2\leqslant 7\}$.

(2) $A=\{x\mid x\in\mathbf{N}\wedge|3-x|<3\}$.

(3) $A=\{x\mid x\in\mathbf{R}\wedge(x+1)^2\leqslant 0\}$.

(4) $A=\{<x,y>\mid x,y\in\mathbf{N}\wedge x+y\leqslant 4\}$.

3.11 求使得以下集合等式成立时,a、b、c、d 应该满足的条件.

(1) $\{a,b\}=\{a,b,c\}$.

(2) $\{a,b,a\}=\{a,b\}$.

(3) $\{a,\{b,c\}\}=\{a,\{d\}\}$.

(4) $\{\{a,b\},\{c\}\}=\{\{b\}\}$.

(5) $\{\{a,\varnothing\},b,\{c\}\}=\{\{\varnothing\}\}$.

3.12 设 a、b、c、d 代表不同的元素. 说明以下集合 A 和 B 之间成立哪一种关系(指 $A\subset B$, $B\subset A$, $A=B$, $A\not\subseteq B$ 且 $B\not\subseteq A$).

(1) $A=\{\{a,b\},\{c\},\{d\}\}$, $B=\{\{a,b\},\{c\}\}$.

(2) $A=\{\{a,b\},\{b\},\varnothing\}$, $B=\{\{b\}\}$.

(3) $A=\{x\mid x\in\mathbf{N}\wedge x^2>4\}$, $B=\{x\mid x\in\mathbf{N}\wedge x>2\}$.

(4) $A=\{ax+b\mid x\in\mathbf{R}\wedge a,b\in\mathbf{Z}\}$, $B=\{x+y\mid x,y\in\mathbf{R}\}$.

(5) $A=\{x\mid x\in\mathbf{R}\wedge x^2+x-2=0\}$, $B=\{y\mid y\in\mathbf{Q}\wedge y^2+y-2=0\}$.

(6) $A=\{x\mid x\in\mathbf{R}\wedge x^2\leqslant 2\}$, $B=\{x\mid x\in\mathbf{R}\wedge 2x^3-5x^2+4x=1\}$.

3.13 计算 $A\cup B$、$A\cap B$、$A-B$、$A\oplus B$.

(1) $A=\{\{a,b\},c\}$, $B=\{c,d\}$.

(2) $A=\{\{a,\{b\}\},c,\{c\},\{a,b\}\}$, $B=\{\{a,b\},c,\{b\}\}$.

(3) $A=\{x\mid x\in\mathbf{N}\wedge x<3\}$, $B=\{x\mid x\in\mathbf{N}\wedge x\geqslant 2\}$.

(4) $A=\{x\mid x\in\mathbf{R}\wedge x<1\}$, $B=\{x\mid x\in\mathbf{Z}\wedge x<1\}$.

(5) $A=\{x\mid x\in\mathbf{Z}\wedge x<0\}$, $B=\{x\mid x\in\mathbf{Z}\wedge x\geqslant 2\}$.

3.14 计算幂集 $P(A)$.

(1) $A=\{\varnothing\}$.

(2) $A=\{\{1\},1\}$.

(3) $A=P(\{1,2\})$.

(4) $A=\{\{1,1\},\{2,1\},\{1,2,1\}\}$.

(5) $A=\{x \mid x\in\mathbf{R}\wedge x^3-2x^2-x+2=0\}$.

3.15 请用文氏图表示以下集合.

(1) $\sim A\cup(B\cap C)$.

(2) $(A\oplus B)-C$.

(3) $(A\cap\sim B)\cup(C-B)$.

(4) $A\cup(C\cap\sim B)$.

3.16 设 A、B、C 代表任意集合，判断以下等式是否恒真. 如果不为恒真请举一反例.

(1) $(A\cup B)-C=(A-C)\cup(B-C)$.

(2) $A-(B-C)=(A-B)\cup(A\cap C)$.

(3) $A-(B\cup C)=(A-B)-C$.

(4) $(A\cup B\cup C)-(A\cup B)=C$.

(5) $(A\cup B)-(B\cup C)=A-C$.

(6) $A\cap(B\oplus C)=(A\cap B)\oplus(A\cap C)$.

3.17 设 A、B、C、D 代表任意集合，判断以下命题是否恒真. 如果不是，请举一反例.

(1) $A\subset B\wedge C\subset D\Rightarrow A\cap C\subset B\cap D$.

(2) $A\subseteq B\wedge C\subseteq D\Rightarrow A-D\subseteq B-C$.

(3) $A\subseteq B\Leftrightarrow B=A\cup(B-A)$.

(4) $A-B=B-A\Leftrightarrow A=B$.

3.18 设 $|A|=3$，$|P(B)|=64$，$|P(A\cup B)|=256$. 求 $|B|$、$|A\cap B|$、$|A-B|$、$|A\oplus B|$.

3.19 求在 1 到 1 000 000 之间（包括 1 和 1 000 000 在内）有多少个整数既不是完全平方数，也不是完全立方数？

3.20 错位排列的计数问题. 设 $i_1i_2\cdots i_n$ 是 $1,2,\cdots,n$ 这 n 个数的排列. 如果排在第 i 位的数都不等于 i，其中 $i=1,2,\cdots,n$，则称这个排列为错位排列. 比如 1,2,3,4 的错位排列有 2143，2341，2413，3142，3412，3421，4123，4312，4321，一共 9 个错位排列，记作 $D_4=9$. 将 n 个数的错位排列个数记作 D_n，证明 $D_n=n!\left[1-\frac{1}{1!}+\frac{1}{2!}-\cdots+(-1)^n\frac{1}{n!}\right]$.

3.21 求不超过 120 的素数个数.

第4章 二元关系和函数

4.1 集合的笛卡儿积与二元关系

定义 4.1 由两个元素 x 和 y(允许 $x=y$)按一定的顺序排列成的二元组称作一个**有序对**(也称**序偶**),记作 $<x,y>$(也可记作 (x,y)). 其中 x 是它的**第一元素**,y 是它的**第二元素**.

平面直角坐标系中点的坐标就是有序对. 例如,$<1,-1>$, $<2,0>$, $<1,1>$, $<-1,1>$, …都代表坐标系中不同的点.

一般说来有序对具有以下特点.

(1) 当 $x\neq y$ 时,$<x,y>\neq<y,x>$.

(2) 两个有序对相等,即 $<x,y>=<u,v>$ 的充分必要条件是 $x=u$ 且 $y=v$.

这些特点是集合 $\{x,y\}$ 所不具备的,例如,当 $x\neq y$ 时,有 $\{x,y\}=\{y,x\}$. 原因在于有序对 $<x,y>$ 中强调了 x 与 y 的顺序性,而集合 $\{x,y\}$ 中的 x 和 y 是无序的.

在实际问题中有时会用到有序 3 元组,有序 4 元组,……,有序 n 元组. 可以用有序对来定义有序 n 元组.

定义 4.2 一个**有序 n 元组**($n\geqslant 3$)是一个有序对,其中第一个元素是一个有序 $n-1$ 元组,一个有序 n 元组记作 $<x_1,x_2,\cdots,x_n>$,即

$$<x_1,x_2,\cdots,x_n>=<<x_1,\cdots,x_{n-1}>,x_n>.$$

例如,空间直角坐标系中点的坐标 $<1,-1,3>$、$<2,4.5,0>$ 等都是有序 3 元组. n 维空间中点的坐标或 n 维向量都是有序 n 元组.

在关系数据库中,数据是按照表来组织的. 一个表由许多记录构成. 比如 $<$书号,书名,作者,出版社,出版日期,所属学科领域$>$ 就是由 6 个字段构成的书的记录,可以把它看成一个 6 元组. 所有书的记录就构成了 6 元组的集合.

形式上也可以把 $<x>$ 看成有序 1 元组,只不过这里的顺序性没有什么实际意义. 以后提到有序 n 元组,其中的 n 可以看成任何的正整数.

下面定义一种新的集合运算——积运算.

定义 4.3 设 A、B 为集合,用 A 中元素为第一元素,B 中元素为第二元素,构成有序对. 所有这样的有序对组成的集合称作 A 和 B 的**笛卡儿积**,记作 $A\times B$. 符号化表示为

$$A\times B=\{<x,y>\mid x\in A\wedge y\in B\}.$$

例如,$A=\{a,b\}$,$B=\{0,1,2\}$,则

$$A\times B=\{<a,0>,<a,1>,<a,2>,<b,0>,<b,1>,<b,2>\};$$

$$B\times A=\{<0,a>,<0,b>,<1,a>,<1,b>,<2,a>,<2,b>\}.$$

由排列组合的知识不难证明,如果 A 中有 m 个元素,B 中有 n 个元素,则 $A\times B$ 和 $B\times A$ 中都有 mn 个元素.

从笛卡儿积的定义和逻辑演算的知识可以看出，若$<x,y>\in A\times B$，则有 $x\in A$ 和 $y\in B$. 若$<x,y>\notin A\times B$，则有 $x\notin A$ 或者 $y\notin B$. 在证明有关积运算的集合恒等式中经常会用到这些结论.

笛卡儿积运算具有以下性质.

(1) 若 A、B 中有一个空集，则它们的笛卡儿积是空集，即

$$\varnothing\times B=A\times\varnothing=\varnothing.$$

(2) 当 $A\neq B$ 且 A、B 都不是空集时，有

$$A\times B\neq B\times A.$$

上面的例子已经说明了这条性质，笛卡儿积运算不适合交换律.

(3) 当 A、B、C 都不是空集时，有

$$(A\times B)\times C\neq A\times(B\times C).$$

设 $x\in A$，$y\in B$，$z\in C$，那么$<<x,y>,z>\in(A\times B)\times C$，而$<x,<y,z>>\in A\times(B\times C)$. 根据有序对相等的充分必要条件，显然$<<x,y>,z>$一般不会等于$<x,<y,z>>$. 如果 A、B、C 中有一个是空集，那么上面式子的左右两边都是空集. 这条性质说明笛卡儿积运算不适合结合律.

(4) 笛卡儿积运算对$\cup$或$\cap$运算满足分配律，即

$$A\times(B\cup C)=(A\times B)\cup(A\times C);$$

$$(B\cup C)\times A=(B\times A)\cup(C\times A);$$

$$A\times(B\cap C)=(A\times B)\cap(A\times C);$$

$$(B\cap C)\times A=(B\times A)\cap(C\times A).$$

我们只证明其中的第一个等式，其余的留给读者完成. 等式的两边都是集合，我们仍然使用第 3 章的命题演算的方法来证明它们相等，只不过集合中的元素都用有序对来标记就是了.

证明 对于任意的$<x,y>$，

$$\begin{aligned}&< x,y >\in A\times(B\cup C)\\ \Leftrightarrow\ &x\in A\wedge y\in B\cup C\\ \Leftrightarrow\ &x\in A\wedge(y\in B\vee y\in C)\\ \Leftrightarrow\ &(x\in A\wedge y\in B)\vee(x\in A\wedge y\in C)\\ \Leftrightarrow\ &< x,y >\in A\times B\vee< x,y >\in A\times C\\ \Leftrightarrow\ &< x,y >\in(A\times B)\cup(A\times C).\end{aligned}$$

所以
$$A\times(B\cup C)=(A\times B)\cup(A\times C).$$

例 4.1 设 $A=\{1,2\}$，求 $P(A)\times A$.

解 $P(A)\times A$

$=\{\varnothing,\{1\},\{2\},\{1,2\}\}\times\{1,2\}$

$=\{<\varnothing,1>,<\varnothing,2>,<\{1\},1>,<\{1\},2>,<\{2\},1>,<\{2\},2>,<\{1,2\},1>,<\{1,2\},2>\}$.

例 4.2 设 A、B、C、D 为任意集合，判断以下等式是否成立，说明为什么.

(1) $(A\cap B)\times(C\cap D)=(A\times C)\cap(B\times D)$;

(2) $(A\cup B)\times(C\cup D)=(A\times C)\cup(B\times D)$；

(3) $(A-B)\times(C-D)=(A\times C)-(B\times D)$；

(4) $(A\oplus B)\times(C\oplus D)=(A\times C)\oplus(B\times D)$.

解 (1) 成立. 因为对任意的 $<x,y>$，

$$
\begin{aligned}
&<x,y>\in(A\cap B)\times(C\cap D)\\
\Leftrightarrow & x\in A\cap B\land y\in C\cap D\\
\Leftrightarrow & x\in A\land x\in B\land y\in C\land y\in D\\
\Leftrightarrow & <x,y>\in A\times C\land<x,y>\in B\times D\\
\Leftrightarrow & <x,y>\in(A\times C)\cap(B\times D).
\end{aligned}
$$

(2) 不成立. 举一反例如下：若 $A=D=\varnothing, B=C=\{1\}$，

则有

$$
\begin{aligned}
&(A\cup B)\times(C\cup D)=B\times C=\{<1,1>\},\\
&(A\times C)\cup(B\times D)=\varnothing\cup\varnothing=\varnothing.
\end{aligned}
$$

(3)和(4)都不成立. 请读者给出反例.

例 4.3 设 A、B、C、D 为任意集合，判断以下命题的真假.

(1) 若 $A\subseteq C$ 且 $B\subseteq D$，则有 $A\times B\subseteq C\times D$.

(2) 若 $A\times B\subseteq C\times D$，则有 $A\subseteq C$ 且 $B\subseteq D$.

解 (1) 命题为真. 请读者给出证明.

(2) 命题为假. 当 $A=B=\varnothing$ 时，或者 $A\neq\varnothing$ 且 $B\neq\varnothing$ 时，该命题的结论是成立的. 但是当 A 和 B 之中仅有一个为 $\varnothing$ 时，结论不一定成立. 例如，令 $A=C=D=\varnothing, B=\{1\}$，这时 $A\times B\subseteq C\times D$，但 $B\not\subseteq D$.

可以将两个集合的笛卡儿积推广成 n 个 $(n\geqslant 2)$ 集合的笛卡儿积.

定义 4.4 设 $A_1, A_2, \cdots, A_n$ 是集合 $(n\geqslant 2)$，它们的 ***n* 阶笛卡儿积**记作 $A_1\times A_2\times\cdots\times A_n$，其中

$$A_1\times A_2\times\cdots\times A_n=\{<x_1,x_2,\cdots,x_n>\mid x_1\in A_1\land x_2\in A_2\land\cdots\land x_n\in A_n\}.$$

当 $A_1=A_2=\cdots A_n=A$ 时，可将它们的 n 阶笛卡儿积简记为 A^n.

例如，$A=\{a,b\}$，则

$$
\begin{aligned}
A^3=\{&<a,a,a>,<a,a,b>,<a,b,a>,<a,b,b>,<b,a,a>,\\
&<b,a,b>,<b,b,a>,<b,b,b>\}.
\end{aligned}
$$

在以后的各章中，如果不加特别说明，所涉及的笛卡儿积都指 2 阶笛卡儿积. 下面研究与笛卡儿积密切相关的一个重要概念——二元关系.

二元关系就是在集合中两个元素之间的某种相关性. 例如，甲、乙、丙 3 个人进行乒乓球比赛，如果任何两个人之间都要赛一场，那么共要赛三场. 假设三场比赛的结果是乙胜甲、甲胜丙、乙胜丙，这个结果可以记作{<乙，甲>，<甲，丙>，<乙，丙>}，其中 $<x,y>$ 表示 x 胜 y. 它表示了集合{甲，乙，丙}中元素之间的一种胜负关系. 再看一个例子. 有 A、B、C 3 个人和 4 项工作 α、β、γ、δ. 已知 A 可以从事工作 α 和 δ，B 可以从事工作 γ，C 可以从事工作 α 和 β. 那么人和工作之间的对应关系可以记作

$$R=\{<A,\alpha>,<A,\delta>,<B,\gamma>,<C,\alpha>,<C,\beta>\}.$$

这是人的集合$\{A,B,C\}$到工作的集合$\{\alpha,\beta,\gamma,\delta\}$之间的关系.

除了二元关系以外,还有多元关系. 限于篇幅,本书只讨论二元关系. 以后凡是出现关系的地方均指二元关系. 下面给出二元关系的一般定义.

定义 4.5 如果一个集合为空集或者它的元素都是有序对,则称这个集合是一个**二元关系**,一般记作 R. 对于二元关系 R,如果$<x,y>\in R$,则记作 xRy;如果$<x,y>\notin R$,则记作 $x\not R y$.

定义 4.6 设 A、B 为集合,$A\times B$ 的任何子集所定义的二元关系称作**从 A 到 B 的二元关系**,特别当 $A=B$ 时,则称作 **A 上的二元关系**.

通常集合 A 上不同关系的数目依赖于 A 的基数. 如果 $|A|=n$,那么 $|A\times A|=n^2$. $A\times A$ 的子集有 2^{n^2} 个,每一个子集代表一个 A 上的关系,所以 A 上有 2^{n^2} 个不同的二元关系. 例如,$A=\{0,1,2\}$,则 A 上可以定义 $2^{3^2}=512$ 个不同的关系. 当然,大部分的关系没有什么实际意义. 但是,对于任何集合 A 都有 3 种特殊的关系. 其中之一就是空集$\varnothing$,它是 $A\times A$ 的子集,也是 A 上的关系,称作**空关系**. 另外两种就是**全域关系** E_A 和**恒等关系** I_A.

定义 4.7 对任何集合 A,

$$E_A=\{<x,y>\mid x\in A\land y\in A\}=A\times A.$$

$$I_A=\{<x,x>\mid x\in A\}.$$

例如,$A=\{0,1,2\}$,则

$$E_A=\{<0,0>,<0,1>,<0,2>,<1,0>,<1,1>,<1,2>,<2,0>,<2,1>,<2,2>\}.$$

$$I_A=\{<0,0>,<1,1>,<2,2>\}.$$

除了以上 3 种特殊的关系之外,某些实数集上的小于等于关系和正整数集上的整除关系也都是常用的关系. 设 A 为实数集 $\mathbf{R}$ 的某个子集,则 A 上的**小于等于关系**定义为

$$L_A=\{<x,y>\mid x,y\in A\land x\leqslant y\}.$$

设 B 为正整数集 $\mathbf{Z}^+$ 的某个子集,则 B 上的**整除关系**定义为

$$D_B=\{<x,y>\mid x,y\in B\land x\mid y\}.$$

例如,$A=\{4,0.5,-1\}$,$B=\{1,2,3,6\}$,则

$$L_A=\{<-1,-1>,<-1,0.5>,<-1,4>,<0.5,0.5>,<0.5,4>,<4,4>\}.$$

$$D_B=\{<1,1>,<1,2>,<1,3>,<1,6>,<2,2>,<2,6>,<3,3>,<3,6>,<6,6>\}.$$

例 4.4 设 $A=\{a,b\}$,R 是 $P(A)$上的包含关系,

$$R=\{<x,y>\mid x,\ y\in P(A)\land x\subseteq y\},$$

则有

$$P(A)=\{\varnothing,\{a\},\{b\},A\}.$$

$$R=\{<\varnothing,\varnothing>,<\varnothing,\{a\}>,<\varnothing,\{b\}>,<\varnothing,A>,<\{a\},\{a\}>,<\{a\},A>,<\{b\},\{b\}>,<\{b\},A>,<A,A>\}.$$

以上给出的关系都是用集合表达式来定义的. 对于有穷集 A 上的关系 R,还可以用关系矩阵和关系图来给出. 先看一个简单的例子.

设 $A=\{1,2,3,4\}$，$R=\{<1,1>, <1,2>, <2,3>, <2,4>, <4,2>\}$是 A 上的关系. R 的关系矩阵和关系图如图 4-1 所示.

$$\begin{bmatrix} 1 & 1 & 0 & 0 \\ 0 & 0 & 1 & 1 \\ 0 & 0 & 0 & 0 \\ 0 & 1 & 0 & 0 \end{bmatrix}$$

(a)　　(b)

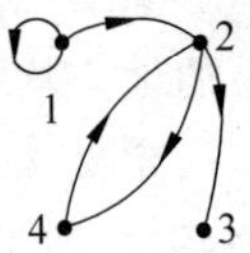

图　4-1

下面给出关系矩阵和关系图的一般定义.

设 $A=\{x_1,x_2,\cdots,x_n\}$，R 是 A 上的关系，令

$$r_{ij}=\begin{cases}1 & 若\ x_iRx_j \\ 0 & 若\ x_i \not R x_j\end{cases} \quad (i,j=1,2,\cdots,n)$$

则

$$(\boldsymbol{r}_{ij})=\begin{bmatrix} r_{11} & r_{12} & \cdots & r_{1n} \\ r_{21} & r_{22} & \cdots & r_{2n} \\ \vdots & \vdots & \vdots & \\ r_{n1} & r_{n2} & \cdots & r_{nn} \end{bmatrix}$$

是 R 的**关系矩阵**.

设 V 是顶点的集合，E 是有向边的集合，令 $V=A=\{x_1,x_2,\cdots,x_n\}$. 如果 x_iRx_j，则 x_i 到 x_j 的有向边$<x_i,x_j>\in E$，那么 $G=<V,E>$就是 R 的**关系图**.

在上面的例子中，图的顶点集是$\{1,2,3,4\}$，由$<1,1>$、$<1,2>\in R$ 可知在图中有一条从 1 到 1 的边(过 1 的环)，还有一条从 1 到 2 的边. 类似地可以作出对应于其余 3 个有序对的边，请参看图 4-1.

关系矩阵也可以用来表示从 A 到 B 的关系 R，这里的 A 和 B 是有穷集合. 若 $A=\{a_1,a_2,\cdots,a_m\}$，$B=\{b_1,b_2,\cdots,b_n\}$. R 的关系矩阵(r_{ij})定义如下：

$$r_{ij}=\begin{cases}1 & 若\ a_iRb_j \\ 0 & 否则\end{cases} \quad i=1,2,\cdots,m;\ j=1,2,\cdots,n$$

4.2　关系的运算

设 S 是从 A 到 B 的关系，通常并非是 A 和 B 中所有的元素都出现在 S 的有序对中. 例如，A 和 B 是实数集 $\mathbf{R}$，$S=\{<x,y>|x,y\in\mathbf{R}\wedge x^2+y^2=1\}$，$S$ 中的所有元素构成了坐标平面上的单位圆. 当然 S 是 R 上的关系. 但是，对于任何$<x,y>\in S$，一定有$|x|\leqslant 1$ 且$|y|\leqslant 1$. 在研究关系的时候，一般只需关心那些参与这个关系的 A 或 B 中的元素，而它们分别构成了 A 或 B 的子集. 这就是关系的定义域和值域.

定义 4.8　关系 R 的**定义域** $\mathrm{dom}R$，**值域** $\mathrm{ran}R$ 和**域** $\mathrm{fld}R$ 分别是

$$\mathrm{dom}R=\{x\mid \exists y(<x,y>\in R)\}.$$
$$\mathrm{ran}R=\{y\mid \exists x(<x,y>\in R)\}.$$
$$\mathrm{fld}R=\mathrm{dom}R\cup \mathrm{ran}R.$$

不难看出，$\mathrm{dom}R$ 就是 R 的所有有序对的第一个元素构成的集合，$\mathrm{ran}R$ 就是 R 的所有有序对的第二个元素构成的集合. 在以上关于单位圆的例子中，$\mathrm{dom}S$ 和 $\mathrm{ran}S$ 都是实数集 $\mathbf{R}$ 上的一个闭区间$[-1,1]$.

例 4.5　下列关系都是整数集 $\mathbf{Z}$ 上的关系，分别求出它们的定义域和值域.

(1) $R_1=\{<x,y>|x,y\in\mathbf{Z}\wedge x\leqslant y\}$；

(2) $R_2=\{<x,y>|x,y\in\mathbf{Z}\wedge x^2+y^2=1\}$；

(3) $R_3=\{<x,y>|x,y\in\mathbf{Z}\wedge y=2x\}$；

(4) $R_4=\{<x,y>|x,y\in\mathbf{Z}\wedge|x|=|y|=3\}$.

解 (1) $\mathrm{dom}R_1=\mathrm{ran}R_1=\mathbf{Z}$.

(2) $R_2=\{<0,1>, <0,-1>, <1,0>, <-1,0>\}$,

$\mathrm{dom}R_2=\mathrm{ran}R_2=\{0,1,-1\}$.

(3) $\mathrm{dom}R_3=\mathbf{Z}$,

$\mathrm{ran}R_3=\{2z|z\in\mathbf{Z}\}$,即偶数集.

(4) $\mathrm{dom}R_4=\mathrm{ran}R_4=\{-3, 3\}$.

对于从 A 到 B 的某些关系 R,有时使用图解的方法(不是 R 的关系图)来表示是很方便的. 首先用两个封闭的曲线表示 R 的定义域(或集合 A)和值域(或集合 B). 如果 $<x,y>\in R$,则从 x 到 y 画一个箭头. 图 4-2 分别给出了例 4.5 中关系 R_2 和 R_3 的图示.

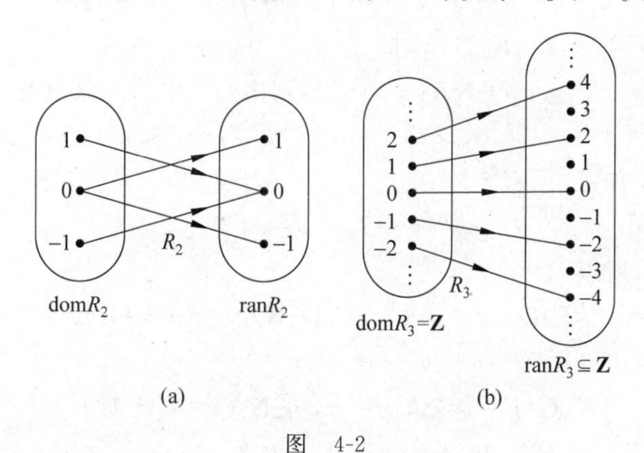

图 4-2

求关系的定义域、值域和域,也可以看成是对关系的运算. 除此之外,和关系有密切联系的运算还有逆、合成、限制和像.

定义 4.9 设 F、G 为任意的关系,A 为集合,则

(1) F 的逆记作 F^{-1},

$$F^{-1}=\{<x,y>|\ yFx\}.$$

(2) F 与 G 的**合成**记作 $F\circ G$,

$$F\circ G=\{<x,y>|\ \exists z(xGz\wedge zFy)\}.$$

(3) F 在 A 上的**限制**记作 $F\upharpoonright A$,

$$F\upharpoonright A=\{<x,y>|\ xFy\wedge x\in A\}.$$

(4) A 在 F 下的**像**记作 $F[A]$,

$$F[A]=\mathrm{ran}(F\upharpoonright A).$$

关系 R 是有序对的集合. 也可以把关系看成一种作用. $<x,y>\in R$ 表示 x 通过 R 的作用变到 y. 比如,例 4.5 中的 R_3 就是一种把任何整数变到它的 2 倍数的加倍作用. 在这个意义下,F 的逆就是 F 的逆作用. 而 $<x,y>\in F\circ G$ 则意味着存在某个"中间变量"z,x 通过 G 变到 z,z 再通过 F 变到 y,也就是 x 通过 $F\circ G$ 的作用最终变到 y. 类似地,$F\upharpoonright A$ 仅描

述了 F 对 A 中元素的作用，它是 F 的一个子关系. 而 $F[A]$则反映了集合 A 在 F 作用下的结果. 换句话说，$F[A]$表示了 A 在 F 作用下所变成的那个新的集合. 对任何关系 F、G 和集合 A，通过逆、合成、限制等运算得到的是一个新的关系(可以是空关系)，只有像运算的结果不一定是关系，只是一个集合.

需要说明的是，这里的合成 $F\circ G$ 是左复合，即 G 先作用，然后将 F 复合到 G 上，与后面函数的复合运算次序是一致的. 有的《离散数学》书中定义的合成运算是右复合，即

$$F\circ G=\{<x,y> \mid \exists z(<x,z>\in F\wedge <z,y>\in G)\}.$$

这两种定义所计算的合成结果是不相等的，但是两个定义都是合理的，只要在体系内部采用同样的定义就可以了.

例 4.6 设 F、G 是 $\mathbf{N}$ 上的关系，其定义为

$$F=\{<x,y> \mid x,y\in\mathbf{N}\wedge y=x^2\};$$
$$G=\{<x,y> \mid x,y\in\mathbf{N}\wedge y=x+1\}.$$

求 G^{-1}、$F\circ G$、$G\circ F$、$F\restriction\{1,2\}$、$F[\{1,2\}]$.

解 $G^{-1}=\{<y,x> \mid y,\ x\in\mathbf{N}\wedge y=x+1\}$，列出 G^{-1} 中的元素就是

$$G^{-1}=\{<1,0>,<2,1>,<3,2>,\cdots,<x+1,x>,\cdots\}.$$

对任何的 $x\in\mathbf{N}$ 有

$$x\overset{G}{\mapsto}x+1=z\overset{F}{\mapsto}z^2=y,$$

则 $y=z^2=(x+1)^2$，所以

$$F\circ G=\{<x,y> \mid x,y\in\mathbf{N}\wedge y=(x+1)^2\}.$$

同理有

$$G\circ F=\{<x,y> \mid x,y\in\mathbf{N}\wedge y=x^2+1\};$$
$$F\restriction\{1,2\}=\{<1,1>,<2,4>\};$$
$$F[\{1,2\}]=\mathrm{ran}(F\restriction\{1,2\})=\{1,4\}.$$

由这个例子不难看出，合成运算不是可交换的，即对任何关系 F、G，一般说来 $F\circ G\neq G\circ F$.

求关系的逆是比较简单的，只需把其中的有序对颠倒顺序就行了. 对于有些关系，在求合成、限制和像的时候使用图示的方法也是很方便的.

例 4.7 设 $F=\{<a,\{a\}>,<\{a\},\{a,\{a\}\}>\}$，求 $F\circ F$、$F\restriction\{a\}$、$F[\{a\}]$.

解 先画出 F 的图示，为简洁起见可略去表示集合的闭曲线. 为求 $F\circ F$，可将两个 F 的图示连接起来. 在相接的部分，同一个元素只能用一个圆点表示. 请看图 4-3(a).

显然只有 a 通过中间元素$\{a\}$变到$\{a,\{a\}\}$，所以 $F\circ F=\{<a,\{a,\{a\}\}>\}$. 再看 $F\restriction\{a\}$，先在图中标记出集合 $A=\{a\}$，只有起点落入 A 的箭头所标记的有序对才属于 $F\restriction A$，所以，$F\restriction\{a\}=\{<a,\{a\}>\}$. 根据定义，$F[A]=\mathrm{ran}(F\restriction A)=\mathrm{ran}\{<a,\{a\}>\}=\{\{a\}\}$. 请看图 4-3(b).

使用图示法求 $F\circ G$ 时，如果在 G 的右边连接 F 以后，发现 G 中所有箭头的终点与 F 中所有箭头的起点都没有公共点，那么 $F\circ G=\varnothing$.

以上定义的运算是关系的基本运算，下面简单列出这些运算的主要性质.

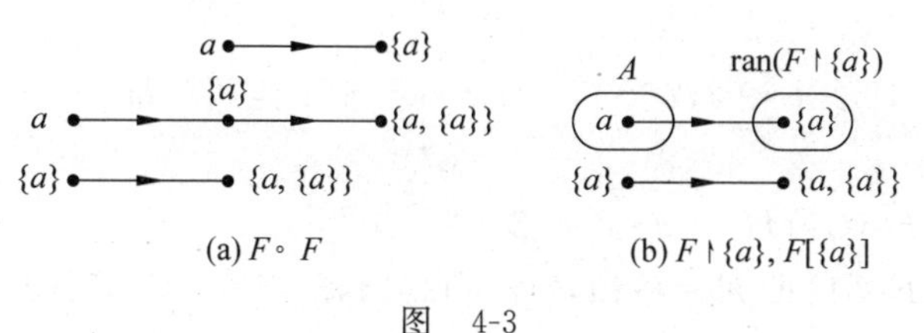

图 4-3

定理 4.1 设 F、G、H 是任意的关系，则有

(1) $(F^{-1})^{-1}=F$；

(2) $\mathrm{dom}F^{-1}=\mathrm{ran}F$，$\mathrm{ran}F^{-1}=\mathrm{dom}F$；

(3) $(F\circ G)\circ H=F\circ(G\circ H)$；

(4) $(F\circ G)^{-1}=G^{-1}\circ F^{-1}$.

证明这些等式主要用到关系和有关运算的定义，我们仅给出(4)的证明，其他的留给读者思考.

证明 (4) 任取$<x,y>$，

$$
\begin{aligned}
&<x,y>\in(F\circ G)^{-1}\\
\Leftrightarrow&<y,x>\in F\circ G\\
\Leftrightarrow&\exists z(<y,z>\in G\wedge<z,x>\in F)\\
\Leftrightarrow&\exists z(<z,y>\in G^{-1}\wedge<x,z>\in F^{-1})\\
\Leftrightarrow&\exists z(<x,z>\in F^{-1}\wedge<z,y>\in G^{-1})\\
\Leftrightarrow&<x,y>\in G^{-1}\circ F^{-1}
\end{aligned}
$$

所以，
$$(F\circ G)^{-1}=G^{-1}\circ F^{-1}.$$
■

定理 4.2 设 F、G、H 为任意的关系，则有

(1) $F\circ(G\cup H)=F\circ G\cup F\circ H$；

(2) $F\circ(G\cap H)\subseteq F\circ G\cap F\circ H$；

(3) $(G\cup H)\circ F=G\circ F\cup H\circ F$；

(4) $(G\cap H)\circ F\subseteq G\circ F\cap H\circ F$.

我们只证(1)，其他的类似可证.

证明 (1) 任取$<x,y>$，

$$
\begin{aligned}
&<x,y>\in F\circ(G\cup H)\\
\Leftrightarrow&\exists z(<x,z>\in G\cup H\wedge<z,y>\in F)\\
\Leftrightarrow&\exists z((<x,z>\in G\vee<x,z>\in H)\wedge<z,y>\in F)\\
\Leftrightarrow&\exists z(<x,z>\in G\wedge<z,y>\in F)\vee\exists z(<x,z>\in H\wedge<z,y>\in F)\\
\Leftrightarrow&<x,y>\in F\circ G\vee<x,y>\in F\circ H\\
\Leftrightarrow&<x,y>\in F\circ G\cup F\circ H
\end{aligned}
$$

所以，$F\circ(G\cup H)=F\circ G\cup F\circ H$. ■

定理 4.2 说明合成运算对于并运算是可分配的，但对交运算分配以后得到的不是等式，而是一个包含关系. 关于交运算包含式的证明与并运算的证明类似，但是不能成立等式，下面给出一个反例.

考虑以下关系：

$$F=\{\langle 1,2\rangle,\langle 2,2\rangle\},\quad G=\{\langle 4,1\rangle\},\quad H=\{\langle 4,2\rangle\}$$

那么

$$F\circ(G\cap H)=F\circ\varnothing=\varnothing$$

$$F\circ G\cap F\circ H=\{\langle 4,2\rangle\}\cap\{\langle 4,2\rangle\}=\{\langle 4,2\rangle\}$$

这时有 $F\circ(G\cap H)\subset F\circ G\cap F\circ H$.

这个定理可以推广到有穷多个集合的并和交的情况.

正如前边所说明的，这里定义的复合运算是左复合. 而有些书上的合成 $F\circ G$ 指的是右复合. 这两种定义方法的性质一样，但在性质的证明和具体计算合成运算结果时不同. 本书的所有合成运算均指左复合.

最后讨论关系的幂运算.

设 R 为 A 上的关系. $R\circ R$ 可以简记为 R^2，称为 R 的 2 次幂. 一般地可以定义 R 的 n 次幂 R^n.

定义 4.10 设 R 为 A 上的关系，n 为自然数，则 R 的 ***n* 次幂**规定如下：

(1) $R^0=\{\langle x,x\rangle \mid x\in A\}$；

(2) $R^n=R^{n-1}\circ R, n\geqslant 1$.

由定义可以知道 R^0 就是 A 上的恒等关系 I_A，不难证明下面的等式

$$R\circ R^0=R=R^0\circ R,$$

由这个等式立即可以得到

$$R^1=R^0\circ R=R.$$

例 4.8 设 $A=\{a,b,c,d\}$，$R=\{\langle a,b\rangle,\langle b,a\rangle,\langle b,c\rangle,\langle c,d\rangle\}$，求 R^0、R^1、R^2、R^3、R^4 和 R^5.

解 图 4-4 给出了 R 的各次幂.

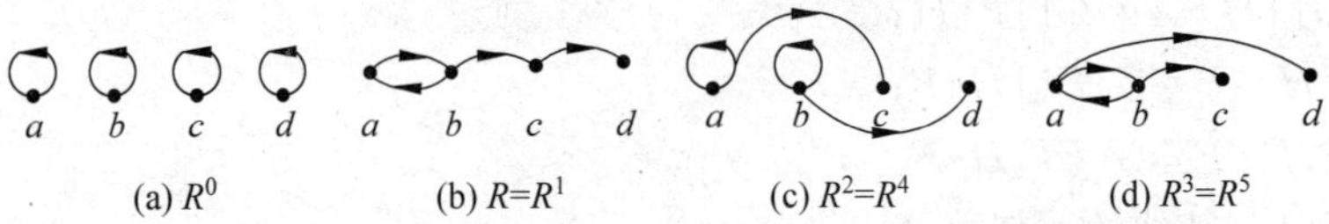

(a) R^0　(b) $R=R^1$　(c) $R^2=R^4$　(d) $R^3=R^5$

图 4-4

在有穷集 A 上给定了关系 R 和自然数 n，如何求 R^n？可以用 3 种方法，即集合运算、关系矩阵和关系图法. 在例 4.8 中求 R^3，用集合运算法就是先计算 $R\circ R=R^2$，然后再求 $R^2\circ R$. 如果使用关系矩阵的方法，首先要找到 R 的关系矩阵 M，然后计算 $M\cdot M\cdot M$. 在两个矩阵相乘时，第 i 行 j 列的元素 $r_{ij}(i,j=1,2,3,4)$ 满足下式

$$r_{ij}=r_{i1}r_{1j}+r_{i2}r_{2j}+r_{i3}r_{3j}+r_{i4}r_{4j}.$$

这里的加法＋是逻辑加，即

$$0+0=0,\quad 0+1=1,\quad 1+0=1,\quad 1+1=1.$$

从而保证 r_{ij} 是 0 或 1，结果矩阵仍为 0－1 矩阵. 根据这个规则，例 4.8 的 R^3 用矩阵法运算就是

$$\begin{bmatrix}0&1&0&0\\1&0&1&0\\0&0&0&1\\0&0&0&0\end{bmatrix}\begin{bmatrix}0&1&0&0\\1&0&1&0\\0&0&0&1\\0&0&0&0\end{bmatrix}\begin{bmatrix}0&1&0&0\\1&0&1&0\\0&0&0&1\\0&0&0&0\end{bmatrix}$$

$$=\begin{bmatrix}1&0&1&0\\0&1&0&1\\0&0&0&0\\0&0&0&0\end{bmatrix}\begin{bmatrix}0&1&0&0\\1&0&1&0\\0&0&0&1\\0&0&0&0\end{bmatrix}=\begin{bmatrix}0&1&0&1\\1&0&1&0\\0&0&0&0\\0&0&0&0\end{bmatrix}$$

所以，有 $R^3=\{<a,b>,<a,d>,<b,a>,<b,c>\}$. 如果用关系图的方法，则需要对 R 的关系图 G 中的任何一个结点 x，考虑从 x 出发的长为 3 的路径. 如果路径的终点是 y，则在 R^3 的关系图中有一条从 x 到 y 的有向边. 例如，在图 4-4 关系 R 的图中，从 a 出发的长为 3 的路径有 $a\to b\to a\to b$ 和 $a\to b\to c\to d$；从 b 出发的长为 3 的路径有 $b\to a\to b\to a$ 和 $b\to a\to b\to c$. 而从 c 和 d 出发的路径长度都小于 3. 所以，在 R^3 的关系图中只有 4 条边，即 $a\to b$、$a\to d$、$b\to a$、$b\to c$. 正如图 4-4 所示.

在例 4.8 中，如果对 $n>3$ 继续求 R^n，就会发现有

$$R^2=R^4=R^6=\cdots,$$

$$R^3=R^5=R^7=\cdots,$$

可以证明对于有穷集 A 和 A 上的关系 R，R 的不同的幂只有有限个.

关于幂运算有以下定理.

定理 4.3 设 R 为 A 上的关系，m、n 是自然数，则下面的等式成立.

(1) $R^m\circ R^n=R^{m+n}$.

(2) $(R^m)^n=R^{mn}$.

证明 任意给定 m，对 n 进行归纳.

(1) $n=0$，$R^m\circ R^0=R^m=R^{m+0}$.

假设 $R^m\circ R^n=R^{m+n}$，则

$$R^m\circ R^{n+1}=R^m\circ(R^n\circ R)=(R^m\circ R^n)\circ R=R^{m+n}\circ R=R^{m+n+1}.$$

(2) $n=0$，$(R^m)^0=R^0=R^{m\cdot 0}$.

假设 $(R^m)^n=R^{mn}$，则

$$(R^m)^{n+1}=(R^m)^n\circ R^m=R^{mn}\circ R^m=R^{m(n+1)}.$$

由归纳法知(1)和(2)都成立. ■

4.3 关系的性质

前面已经看到，在一个很小的集合上就可以定义很多个不同的关系. 但是真正有实际意义的只是其中很少的一部分，它们一般都是有着某些性质的关系.

设 R 是 A 上的关系，R 的性质主要有以下 5 种：**自反性**、**反自反性**、**对称性**、**反对称性**和**传递性**. 它们的定义及其在关系矩阵、关系图中的特征如表 4-1 所示.

表 4-1

	自反性	反自反性	对称性	反对称性	传递性
定义	$\forall x \in A$,有 $<x,x> \in R$	$\forall x \in A$,有 $<x,x> \notin R$	若 $<x,y> \in R$,则 $<y,x> \in R$	若 $<x,y> \in R$,且 $x \neq y$,则 $<y,x> \notin R$	若 $<x,y> \in R$ 且 $<y,z> \in R$,则 $<x,z> \in R$
关系矩阵的特点	主对角线元素全是1	主对角线元素全是0	矩阵为对称矩阵	如果 $r_{ij}=1$,且 $i \neq j$,则 $r_{ji}=0$	
关系图的特点	图中每个顶点都有环	图中每个顶点都没环	如果两个顶点之间有边,一定是一对方向相反的边	如果两个顶点之间有边,一定是一条有向边	如果顶点 x_i 到 x_j 有边,x_j 到 x_k 有边,则从 x_i 到 x_k 有边

根据表 4-1 所列的特点不难判断关系的性质. 例如,集合 A 上的全域关系和恒等关系是自反的、对称的和传递的. 整除关系、小于等于关系和幂集上的包含关系是自反的、反对称的和传递的.

设 A 为非空的集合,A 上的关系可以是自反的、反自反的,或者既不是自反的,也不是反自反的. 例如,$A=\{1,2,3\}$,令

$$R_1=\{<1,1>,<2,2>,<3,3>,<1,2>\};$$
$$R_2=\{<2,3>,<3,2>\};$$
$$R_3=\{<1,1>,<2,2>\}.$$

那么 R_1 是自反的,R_2 是反自反的,R_3 既不是自反的,也不是反自反的. 类似地,A 上的关系可以是对称的,反对称的,既是对称的又是反对称的,既不是对称的又不是反对称的. 例如,$A=\{1,2,3\}$,令

$$R_4=\{<1,2>,<2,1>,<3,3>\};$$
$$R_5=\{<1,2>,<1,3>\};$$
$$R_6=\{<1,1>\};$$
$$R_7=\{<1,2>,<2,1>,<1,3>\}.$$

则 R_4 是对称的,R_5 是反对称的,R_6 既是对称的又是反对称的,R_7 既不是对称的又不是反对称的.

一般说来,任何 A 上的自反关系 R 一定包含了 A 上的恒等关系,即 $I_A \subseteq R$. 而 A 上的反自反关系 R 一定与 I_A 不交,即 $I_A \cap R=\varnothing$. 如果 $I_A \cap R \neq \varnothing$ 且 $I_A \not\subseteq R$,那么 R 既不是自反的,也不是反自反的. 同样地,A 上的对称关系 R 一定满足等式 $R^{-1}=R$,而反对称关系 R 则满足等式 $R \cap R^{-1} \subseteq I_A$. 由此可以知道,如果 R 既是对称的,又是反对称的,则 $R \subseteq I_A$. 关于传递关系 R,它满足的条件是 $R \circ R \subseteq R$.

例 4.9 试判断图 4-5 中关系的性质.

解 图 4-5(a)的关系在 $\{1,2,3\}$ 上是对称的,因为顶点 1 与 2、1 与 3 之间的边都是一对方向相反的边. 它既不是自反的,也不是反自反的,因为有的顶点有环,有的顶点没环. 它也不是传递的,因为 $<2,1> \in R$ 且 $<1,2> \in R$,如果是传递的就应有 $<2,2> \in R$,但

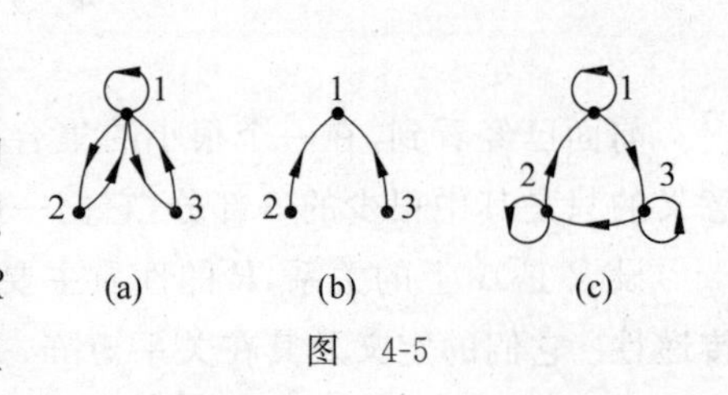

图 4-5

顶点 2 没有环. 图 4-5(b)的关系是反自反的,因为每个顶点都没有环. 它也是反对称的,因为两条边都是单向边. 它又是传递的,因为不存在顶点 $x,y,z\in\{1,2,3\}$,使得 x 到 y 有边,y 到 z 有边,但 x 到 z 没有边. 图 4-5(c)的关系是自反的,反对称的,但不是传递的. 因为 2 到 1 有边,1 到 3 有边,但 2 到 3 没有边.

设 R_1、R_2 是 A 上的关系,它们具有某些性质. 在经过并、交、相对补、求逆、合成等运算后所得到的新的关系是否还具有原来的性质呢? 这与原来的性质与运算的种类有关. 可以证明以下的结论.

(1) R_1、R_2 为 A 上的自反关系,则经过并、交、逆、合成运算以后,仍能保持自反性.

(2) R_1、R_2 为 A 上的反自反关系,则经过并、交、相对补、逆运算后,仍能保持反自反性.

(3) R_1、R_2 为 A 上的对称关系,则经过并、交、相对补、逆运算后,仍能保持其对称性.

(4) R_1、R_2 为 A 上的反对称关系,则经过交、相对补、逆运算后,仍能保持其反对称性.

(5) R_1、R_2 为 A 上的传递关系,则经过交和逆运算后仍能保持其传递性.

将以上的结果总结成表 4-2. 设 R_1、R_2 是 A 上的关系,如果经过某种运算后仍保持原来的性质,则在相对应的格内划√,如果不一定则划×.

表 4-2

原有性质 / 运算	自反性	反自反性	对称性	反对称性	传递性
R^{-1}	√	√	√	√	√
$R_1\cap R_2$	√	√	√	√	√
$R_1\cup R_2$	√	√	√	×	×
R_1-R_2	×	√	√	√	×
$R_1\circ R_2$	√	×	×	×	×

对于保持性质的运算都可以经过命题演算的方法给出一般的证明,对于不一定保持性质的运算都可以举出反例. 下面仅给出两个证明的实例,其余留给读者思考.

设 R_1、R_2 为 A 上的对称关系,证明 $R_1\cap R_2$ 也是 A 上的对称关系.

证明 对任意的 $<x,y>$,

$$
\begin{aligned}
& <x,y>\in R_1\cap R_2 \\
\Leftrightarrow & <x,y>\in R_1 \wedge <x,y>\in R_2 \\
\Leftrightarrow & <y,x>\in R_1 \wedge <y,x>\in R_2 \\
\Leftrightarrow & <y,x>\in R_1\cap R_2
\end{aligned}
$$

所以,$R_1\cap R_2$ 在 A 上是对称的.

设 R_1、R_2 是 A 上的反对称关系,则 $R_1\cup R_2$ 不一定是 A 上的反对称关系. 例如,$A=\{x_1,x_2\}$,$R_1=\{<x_1,x_2>\}$、$R_2=\{<x_2,x_1>\}$都是 A 上的反对称关系,但 $R_1\cup R_2=\{<x_1,x_2>,<x_2,x_1>\}$不是 A 上反对称关系.

4.4 关系的闭包

本节只研究关系的自反、对称和传递的闭包. 设 R 是非空集合 A 上的关系,有时候人们希望 R 具有一些有用的性质,例如,自反性(对称性或传递性). 为此,需要在 R 中添加一些有序对而构成新的关系R',使得R'具有所需要的性质,但又不希望R'变得"太大". 换句话说,希望添加的有序对尽可能少. 满足这些要求的R'就是R的自反(对称或传递)闭包.

定义 4.11 设R是非空集合A上的关系,R的**自反闭包**(**对称闭包或传递闭包**)是A上的关系R',且R'满足以下条件:

(1) R'是自反的(对称的或传递的);

(2) $R\subseteq R'$;

(3) 对A上的任何包含R的自反关系(对称或传递关系)R''都有$R'\subseteq R''$.

一般将R的自反闭包记作$r(R)$,对称闭包记作$s(R)$,传递闭包记作$t(R)$.

例 4.10 设$A=\{a,b,c,d\}$,$R=\{\langle a,b\rangle, \langle b,a\rangle, \langle b,c\rangle, \langle c,d\rangle\}$,则$R$和$r(R)$、$s(R)$、$t(R)$的关系图如图 4-6 所示.

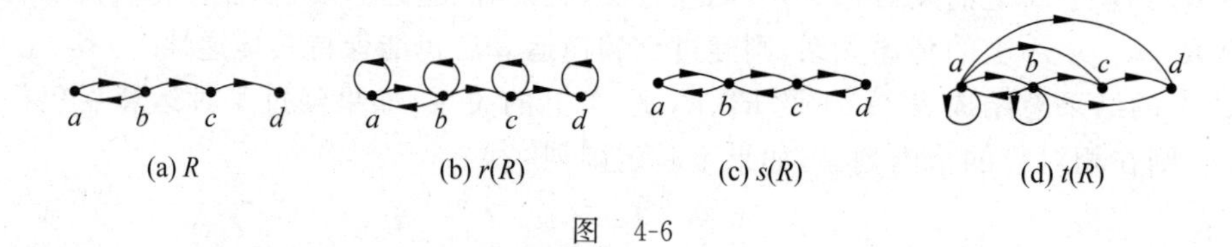

(a) R　(b) $r(R)$　(c) $s(R)$　(d) $t(R)$

图 4-6

如何求A上关系R的闭包?下面的定理给出了构造的方法.

定理 4.4 设R为非空集合A上的关系,则有

(1) $r(R)=R\cup R^0$;

(2) $s(R)=R\cup R^{-1}$;

(3) $t(R)=R\cup R^2\cup R^3\cup\cdots$.

限于篇幅,不再证明这个定理,仅就它的应用做一点说明.

可以直接使用这 3 个公式来计算R的闭包,对有穷集A来说,R的不同的幂只有有限种,所以(3)式的右边一定是有限项. 但对无穷集A就不一定是有限项了. 根据这些公式,在例 4.10 中有

$$
\begin{aligned}
r(R) &= R\cup R^0=\{\langle a,b\rangle, \langle b,a\rangle, \langle b,c\rangle, \langle c,d\rangle\}\\
&\quad \cup\{\langle a,a\rangle, \langle b,b\rangle, \langle c,c\rangle, \langle d,d\rangle\}\\
&=\{\langle a,b\rangle, \langle b,a\rangle, \langle b,c\rangle, \langle c,d\rangle, \langle a,a\rangle,\\
&\quad \langle b,b\rangle, \langle c,c\rangle, \langle d,d\rangle\}.\\
s(R) &= R\cup R^{-1}=\{\langle a,b\rangle, \langle b,a\rangle, \langle b,c\rangle, \langle c,d\rangle\}\\
&\quad \cup\{\langle b,a\rangle, \langle a,b\rangle, \langle c,b\rangle, \langle d,c\rangle\}\\
&=\{\langle a,b\rangle, \langle b,a\rangle, \langle b,c\rangle, \langle c,d\rangle, \langle c,b\rangle, \langle d,c\rangle\}.\\
t(R) &= R\cup R^2\cup R^3\\
&=\{\langle a,b\rangle, \langle b,a\rangle, \langle b,c\rangle, \langle c,d\rangle\}\\
&\quad \cup\{\langle a,a\rangle, \langle a,c\rangle, \langle b,b\rangle, \langle b,d\rangle\}\\
&\quad \cup\{\langle a,b\rangle, \langle a,d\rangle, \langle b,a\rangle, \langle b,c\rangle\}\\
&=\{\langle a,a\rangle, \langle a,b\rangle, \langle a,c\rangle, \langle a,d\rangle, \langle b,a\rangle,\\
&\quad \langle b,b\rangle, \langle b,c\rangle, \langle b,d\rangle, \langle c,d\rangle\}.
\end{aligned}
$$

将定理 4.4 中的公式转换成矩阵表示就得到求闭包的矩阵方法. R 的关系矩阵为 $\boldsymbol{M}$,相应的自反、对称、传递闭包的矩阵为 $\boldsymbol{M}_r$、$\boldsymbol{M}_s$、$\boldsymbol{M}_t$,则有

$$\boldsymbol{M}_r = \boldsymbol{M} + \boldsymbol{E}$$

$$\boldsymbol{M}_s = \boldsymbol{M} + \boldsymbol{M}'$$

$$\boldsymbol{M}_t = \boldsymbol{M} + \boldsymbol{M}^2 + \boldsymbol{M}^3 + \cdots$$

其中 $\boldsymbol{E}$ 表示同阶的单位矩阵(主对角线元素为 1,其他元素都是 0),$\boldsymbol{M}'$ 表示 $\boldsymbol{M}$ 的转置,而$+$均表示矩阵中对应元素的逻辑加. 在例 4.10 中 3 个结果矩阵如下.

$$\boldsymbol{M}_r = \begin{bmatrix} 0 & 1 & 0 & 0 \\ 1 & 0 & 1 & 0 \\ 0 & 0 & 0 & 1 \\ 0 & 0 & 0 & 0 \end{bmatrix} + \begin{bmatrix} 1 & 0 & 0 & 0 \\ 0 & 1 & 0 & 0 \\ 0 & 0 & 1 & 0 \\ 0 & 0 & 0 & 1 \end{bmatrix} = \begin{bmatrix} 1 & 1 & 0 & 0 \\ 1 & 1 & 1 & 0 \\ 0 & 0 & 1 & 1 \\ 0 & 0 & 0 & 1 \end{bmatrix}$$

$$\boldsymbol{M}_s = \begin{bmatrix} 0 & 1 & 0 & 0 \\ 1 & 0 & 1 & 0 \\ 0 & 0 & 0 & 1 \\ 0 & 0 & 0 & 0 \end{bmatrix} + \begin{bmatrix} 0 & 1 & 0 & 0 \\ 1 & 0 & 0 & 0 \\ 0 & 1 & 0 & 0 \\ 0 & 0 & 1 & 0 \end{bmatrix} = \begin{bmatrix} 0 & 1 & 0 & 0 \\ 1 & 0 & 1 & 0 \\ 0 & 1 & 0 & 1 \\ 0 & 0 & 1 & 0 \end{bmatrix}$$

$$\boldsymbol{M}_t = \begin{bmatrix} 0 & 1 & 0 & 0 \\ 1 & 0 & 1 & 0 \\ 0 & 0 & 0 & 1 \\ 0 & 0 & 0 & 0 \end{bmatrix} + \begin{bmatrix} 1 & 0 & 1 & 0 \\ 0 & 1 & 0 & 1 \\ 0 & 0 & 0 & 0 \\ 0 & 0 & 0 & 0 \end{bmatrix} + \begin{bmatrix} 0 & 1 & 0 & 1 \\ 1 & 0 & 1 & 0 \\ 0 & 0 & 0 & 0 \\ 0 & 0 & 0 & 0 \end{bmatrix} = \begin{bmatrix} 1 & 1 & 1 & 1 \\ 1 & 1 & 1 & 1 \\ 0 & 0 & 0 & 1 \\ 0 & 0 & 0 & 0 \end{bmatrix}.$$

利用这个定理的结果,对例 4.10 来说,直接从关系图求闭包是最方便的. 检查 R 的关系图,哪一个结点没有环就加上一个环,从而得到 $r(R)$的关系图. 如果将 R 的关系图中的单向边全部改成双向边,其他都不变,就得到 $s(R)$的关系图. 至于传递闭包,只要依次检查 R 的关系图的每个结点 x,把从 x 出发的长度不超过 n(n 是图中结点的个数)的所有路径的终点找到. 如果 x 到这样的终点没有边,就加上一条边. 比如,从 a 出发的路径可以达到 a、b、c、d. 而原图中没有 $a \to a$、$a \to c$ 和 $a \to d$ 的边,在 $t(R)$的关系图中要加上 $a \to a$、$a \to c$ 和 $a \to d$ 边. 对其他 3 个结点 b、c 和 d 也同样做,就可以得到 $t(R)$的关系图了.

4.5 等价关系和偏序关系

本节将讨论两种最重要的关系,它们都具有良好的性质和广泛的应用.

定义 4.12 设 R 为非空集合 A 上的关系,如果 R 是自反的、对称的和传递的,则称 R 为 A 上的**等价关系**. 对任何 $x,y \in A$,如果$\langle x,y \rangle \in$等价关系 R,则记作 $x \sim y$.

例 4.11 $A=\{1,2,\cdots,8\}$,$R=\{\langle x,y \rangle \mid x,y \in A \wedge x \equiv y \pmod 3\}$,其中 $x \equiv y \pmod 3$ 的含义就是 $x-y$ 可以被 3 整除. 不难验证 R 为 A 上的等价关系,它的关系图如图 4-7 所示,其中 $1 \sim 4 \sim 7$,$2 \sim 5 \sim 8$,$3 \sim 6$.

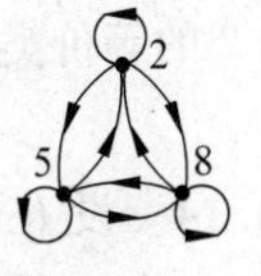

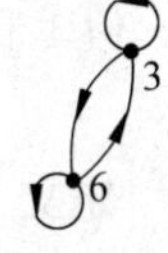

图 4-7

把模 3 的等价关系推广,对任何正整数 n 可以定义整数集合 $\mathbf{Z}$ 上模 n 的等价关系.

$$R=\{<x,y>\mid x,y\in\mathbf{Z}\wedge x\equiv y(\bmod n)\}.$$

例如,当 $n=5$ 时,可以证明整数之间的等价性满足:

$$\cdots\sim-10\sim-5\sim0\sim5\sim10\sim\cdots$$
$$\cdots\sim-9\sim-4\sim1\sim6\sim11\sim\cdots$$
$$\cdots\sim-8\sim-3\sim2\sim7\sim12\sim\cdots$$
$$\cdots\sim-7\sim-2\sim3\sim8\sim13\sim\cdots$$
$$\cdots\sim-6\sim-1\sim4\sim9\sim14\sim\cdots$$

再看一些等价关系的例子.

例 4.12 (1) 在一群人的集合上年龄相等的关系是等价关系,而朋友关系不一定是等价关系,因为它可能不是传递的. 一般称这种自反的对称的关系为相容关系. 显然等价关系都是相容关系,但相容关系不一定是等价关系.

(2) 动物是按种属分类的,"具有相同种属"的关系是动物集合上的等价关系.

(3) 集合上的恒等关系和全域关系都是等价关系.

(4) 在同一平面上三角形之间的相似关系是等价关系,但直线间的平行关系不是等价关系,因为它不是自反的.

设 R 是非空集合 A 上的等价关系,则 A 上互相等价的元素构成了 A 的若干个子集,称作等价类. 下面给出等价类的一般定义.

定义 4.13 设 R 是非空集合 A 上的等价关系,对任意的 $x\in A$,令

$$[x]_R=\{y\mid y\in A\wedge xRy\},$$

则称 $[x]_R$ 为 ***x* 关于 *R* 的等价类**,简称为 ***x* 的等价类**,简记为 $[x]$.

在例 4.11 中有

$$[1]=[4]=[7]=\{1,4,7\},$$
$$[2]=[5]=[8]=\{2,5,8\},$$
$$[3]=[6]=\{3,6\}.$$

等价类具有下面的性质.

定理 4.5 设 R 是非空集合 A 上的等价关系,对任意的 $x,y\in A$,下面的结论成立.

(1) $[x]\neq\varnothing$,且 $[x]\subseteq A$;

(2) 若 xRy,则 $[x]=[y]$;

(3) 若 $x\not R y$,则 $[x]\cap[y]=\varnothing$;

(4) $\bigcup\limits_{x\in A}[x]=A$.

我们不准备证明这个定理,只解释一下它的含义. (1)表明任何等价类都是集合 A 的非空子集. 比如,在例 4.11 中 3 个等价类都是 A 的子集. (2)和(3)说的是在 A 中任取两个元素,它们的等价类或是相等,或是不交. 比如,在例 4.11 中,1、4 和 7 的等价类彼此相等,都是 $\{1,4,7\}$. 但 1 和 2 的等价类彼此不交. (4)表示所有等价类的并集就是 A. 在例 4.11 中就是

$$\{1,4,7\}\cup\{2,5,8\}\cup\{3,6\}=\{1,2,\cdots,8\}.$$

定义 4.14 设 R 为非空集合 A 上的等价关系,以 R 的不交的等价类为元素的集合称作 ***A* 在 *R* 下的商集**,记作 A/R,即

$$A/R = \{[x]_R \mid x \in A\}.$$

在例 4.11 中，A 在 R 下的商集是

$$A/R = \{\{1,4,7\},\{2,5,8\},\{3,6\}\}.$$

例 4.13 (1) 非空集合 A 上的全域关系 E_A 是 A 上的等价关系，对任意 $x \in A$ 有 $[x]=A$，商集 $A/E_A=\{A\}$.

(2) 非空集合 A 上的恒等关系 I_A 是 A 上的等价关系，对任意 $x \in A$ 有 $[x]=\{x\}$，商集 $A/I_A=\{\{x\} \mid x \in A\}$.

(3) 在整数集合 $\mathbf{Z}$ 上模 n 的等价关系，其等价类是

$$\begin{aligned}
[0] &= \{\cdots, -2n, -n, 0, n, 2n, \cdots\} = \{nz \mid z \in \mathbf{Z}\} = n\mathbf{Z}, \\
[1] &= \{\cdots, -2n+1, -n+1, 1, n+1, 2n+1, \cdots\} \\
&= \{nz+1 \mid z \in \mathbf{Z}\} = n\mathbf{Z}+1, \\
[2] &= \{\cdots, -2n+2, -n+2, 2, n+2, 2n+2, \cdots\} \\
&= \{nz+2 \mid z \in \mathbf{Z}\} = n\mathbf{Z}+2, \\
&\vdots \\
[n-1] &= \{\cdots, -2n+n-1, -n+n-1, n-1, n+n-1, \cdots\} \\
&= \{nz+n-1 \mid z \in \mathbf{Z}\} = n\mathbf{Z}+n-1.
\end{aligned}$$

商集为

$$\{[0], [1], \cdots, [n-1]\}.$$

定义 4.15 设 A 是非空集合，如果存在一个 A 的子集族 $\pi(\pi \subseteq P(A))$ 满足以下条件：

(1) $\varnothing \notin \pi$；

(2) π 中任意两个元素不交；

(3) π 中所有元素的并集等于 A，则称 π 为 A 的一个**划分**，且称 π 中的元素为**划分块**.

例 4.14 考虑集合 $A=\{a,b,c,d\}$ 的下列子集族：

(1) $\{\{a\},\{b,c\},\{d\}\}$；

(2) $\{\{a,b,c,d\}\}$；

(3) $\{\{a,b\},\{c\},\{a,d\}\}$；

(4) $\{\varnothing,\{a,b\},\{c,d\}\}$；

(5) $\{\{a\},\{b,c\}\}$.

则(1)、(2)都是 A 的划分. 但(3)不是 A 的划分，因为其中的子集 $\{a,b\}$ 与 $\{a,d\}$ 有交. (4)不是 A 的划分，因为 $\varnothing$ 在其中. (5)也不是 A 的划分，因为所有子集的并集不等于 A.

由商集和划分的定义不难看出，非空集合 A 上定义等价关系 R，由它产生的等价类都是 A 的非空子集，不同的等价类之间不交，并且所有等价类的并集就是 A. 因此，所有等价类的集合，即商集 A/R，就是 A 的一个划分，称为由 R 所诱导的划分. 反之，在非空集合 A 上给定一个划分 π，则 A 被分割成若干个划分块. 如下定义 A 上的二元关系 R，对任何元素 $x,y \in A$，如果 x 和 y 在同一划分块中，则 xRy. 那么，可以证明 R 是 A 上的等价关系，称为由划分 π 所诱导的等价关系，且该等价关系的商集就等于 π. 所以集合 A 上的等价关系与集合 A 的划分是一一对应的.

例 4.15 设 $A=\{1,2,3\}$，求出 A 上所有的等价关系.

解 先求 A 的各种划分：只有 1 个划分块的划分 π_1，具有两个划分块的划分 π_2、π_3 和 π_4，具有 3 个划分块的划分 π_5，请看图 4-8.

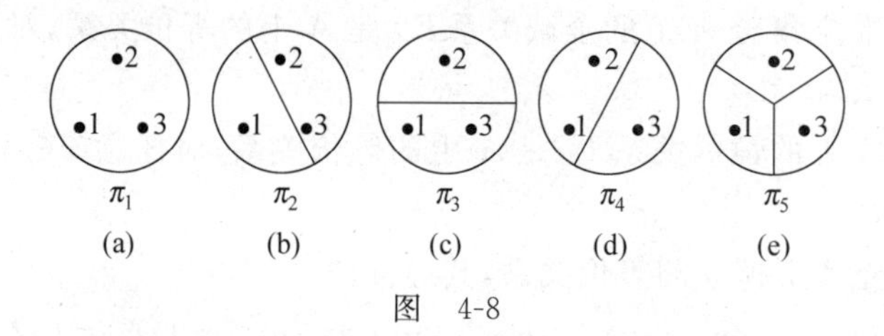

图 4-8

设对应于划分 π_i 的等价关系为 R_i，$i=1, 2, \cdots, 5$，则有

$$R_5=\{<1,1>, <2,2>, <3,3>\}=I_A;$$

$$R_1=\{<1,2>, <1,3>, <2,1>, <2,3>, <3,1>, <3,2>\}\cup I_A=E_A;$$

$$R_2=\{<2,3>, <3,2>\}\cup I_A;$$

$$R_3=\{<1,3>, <3,1>\}\cup I_A;$$

$$R_4=\{<1,2>, <2,1>\}\cup I_A.$$

除了等价关系之外，另一种重要的关系就是偏序关系.

定义 4.16 设 R 为非空集合 A 上的关系，如果 R 是自反的、反对称的和传递的，则称 R 为 A 上的**偏序关系**. 简称**偏序**，记作 $\leqslant$.

任何集合 A 上的恒等关系，集合的幂集 $P(A)$ 上的包含关系，实数集上的小于等于关系，正整数集上的整除关系都是偏序关系.

设 $\leqslant$ 为 A 上的偏序关系，如果有序对 $<x,y>$ 属于偏序 $\leqslant$，可记作 $x\leqslant y$，读作"x 小于等于 y". 这里的小于等于不是指数的大小，而是指它们在偏序中位置的先后. 例如，集合 $\{1,2,3\}$，偏序 $\leqslant$ 是 A 上的大于等于关系，则

$$\leqslant=\{<3,3>, <3,2>, <3,1>, <2,2>, <2,1>, <1,1>\},$$

那么有 $3\leqslant 2$、$2\leqslant 2$、$3\leqslant 1$ 等. 它们分别表示 $<3,2>$、$<2,2>$ 和 $<3,1>$ 属于偏序 $\leqslant$. 因为 $\leqslant$ 是 $\{1,2,3\}$ 上的大于等于关系，在 $\leqslant$ 前边的数恰好是比较大的数.

定义 4.17 一个集合 A 与 A 上的偏序关系 R 一起称作**偏序集**，记作 $<A,R>$.

例如，$<\mathbf{Z},R_{\leqslant}>$、$<P(A),R_{\subseteq}>$ 都是偏序集，其中 $R_{\leqslant}$ 表示通常的数的小于等于关系，而 $R_{\subseteq}$ 表示集合的包含关系.

定义 4.18 设 $<A,\leqslant>$ 为偏序集，对于任意的 $x, y\in A$，如果 $x\leqslant y$ 或者 $y\leqslant x$ 成立，则称 x 与 y 是可比的，如果 $x\prec y$（即 $x\leqslant y\wedge x\neq y$），且不存在 $z\in A$ 使得 $x\prec z\prec y$，则称 y 盖住 x.

例如，$<A,\leqslant>$ 是偏序集，其中 $A=\{1,2,3,4,5\}$，$\leqslant$ 是整除关系. 那么，对任意 $x\in A$ 都有 $1\leqslant x$，所以，1 和 1,2,3,4,5 都是可比的，但是 2 不能整除 3，3 也不能整除 2，所以，2 和 3 是不可比的. 对于 1 和 2 来说，$1\prec 2$，并且不存在 $z\in A$ 使得 1 整除 z 并且 z 整除 2，所以，2 盖住 1. 同样，有 4 盖住 2，但 4 不盖住 1，因为有 $1\prec 2\prec 4$ 成立. 显然，如果 x 与 y 不可比，则一定不会有 x 盖住 y 或 y 盖住 x.

定义 4.19 设$\langle A,\leqslant\rangle$为偏序集，若对任意的 $x,y\in A$，x 和 y 都可比，则称$\leqslant$为 A 上的全序关系，且称$\langle A,\leqslant\rangle$ 为**全序集**.

例如，$\{1,2,3,4,5\}$上的小于等于关系是全序关系，而整除关系就不是全序关系.

对于有穷的偏序集$\langle A,\leqslant\rangle$可以用**哈斯图**来描述，实际上哈斯图就是简化的关系图. 在哈斯图中每个结点表示 A 中的一个元素，结点位置按它们在偏序中的次序从底向上排列. 如果 y 盖住 x，则在 x 和 y 之间连一条线. 下边给出两个哈斯图的例子.

例 4.16 画出$\langle\{1,2,\cdots,12\},\ R_{整除}\rangle$ 和$\langle P(\{a,b,c\}),\ R_{\subseteq}\rangle$ 的哈斯图.

解 哈斯图如图 4-9 所示.

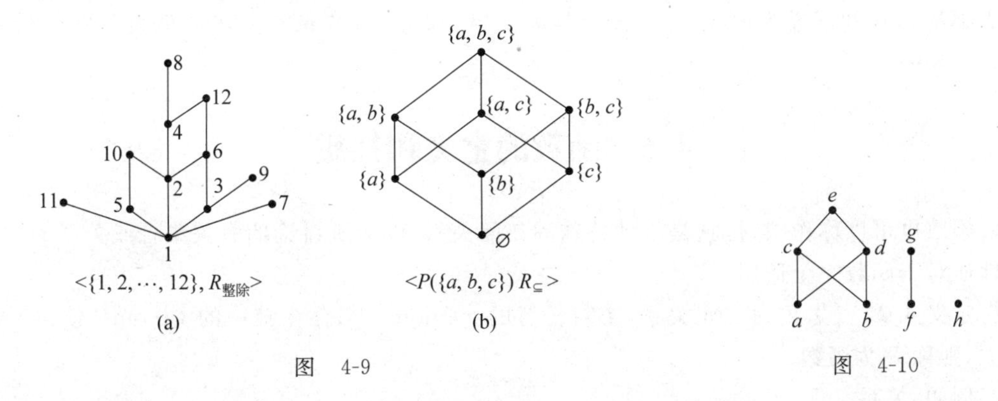

图 4-9

图 4-10

例 4.17 设偏序集$\langle A,\leqslant\rangle$的哈斯图如图 4-10 所示，求出集合 A 的偏序$\leqslant$.

解 $A=\{a,b,c,d,e,f,g,h\}$.

$$\leqslant=\{\langle a,c\rangle,\ \langle a,d\rangle,\ \langle a,e\rangle,\ \langle b,c\rangle,\ \langle b,d\rangle,\ \langle b,e\rangle,\ \langle c,e\rangle,\ \langle d,e\rangle,\ \langle f,g\rangle\}\cup I_A.$$

由哈斯图的定义不难看出全序集的哈斯图是一条直线，所以，全序集也可称为**线序集**.

定义 4.20 设$\langle A,\leqslant\rangle$为偏序集，$B\subseteq A$.

(1) 若 $\exists y\in B$，使得 $\forall x(x\in B\rightarrow y\leqslant x)$成立，则称 y 是 B 的**最小元**.

(2) 若 $\exists y\in B$，使得 $\forall x(x\in B\rightarrow x\leqslant y)$成立，则称 y 是 B 的**最大元**.

(3) 若 $\exists y\in B$，使得 $\neg\exists x(x\in B\wedge x\prec y)$，则称 y 是 B 的**极小元**.

(4) 若 $\exists y\in B$，使得 $\neg\exists x(x\in B\wedge y\prec x)$，则称 y 是 B 的**极大元**.

由定义可知，如果 y 是 B 的最小元，则它“小于”B 中所有其他的元；如果 y 是 B 的最大元，则它“大于”B 中所有其他的元. 最大元或最小元可能存在，也可能不存在. 如果存在，则是唯一的. 图 4-9 的两个偏序集都有最小元，分别是 1 和$\varnothing$. 整除关系的偏序集没有最大元，包含关系的偏序集有最大元$\{a,b,c\}$. 图 4-10 的偏序集没有最小元，也没有最大元.

极大元与最大元不同，如果在 B 中没有比 y 大的其他元存在，y 就是 B 的一个极大元. 对于非空有穷偏序集来说，一定存在着极大元，有时甚至于存在多个极大元. 凡是在哈斯图中向上路径的每一个终点都是一个极大元. 图 4-9 中整除关系的偏序集有极大元 7、8、9、10、11 和 12，包含关系的偏序集有唯一的极大元$\{a,b,c\}$. 对于极小元也有类似的特征. 图 4-9 中两个偏序集都有极小元，分别是 1 和$\varnothing$. 图 4-10 的偏序集中极大元是 e、g 和 h，极小元是 a、b、f 和 h. h 为孤立结点，它与任何别的元都不可比，所以，它既是极大元，也是极小元.

定义 4.21 设$<A,\leqslant>$为偏序集,$B\subseteq A$.

(1) 若$\exists y\in A$,使得$\forall x(x\in B\rightarrow x\leqslant y)$成立,则称$y$为$B$的**上界**.

(2) 若$\exists y\in A$,使得$\forall x(x\in B\rightarrow y\leqslant x)$成立,则称$y$为$B$的**下界**.

(3) 令$C=\{y|y$为B的上界$\}$,则称C的最小元为B的**最小上界或上确界**.

(4) 令$D=\{y|y$为B的下界$\}$,则称D的最大元为B的**最大下界或下确界**.

在图4-9中整除关系的偏序集里,如果$B=\{2,3,6\}$,那么B的上界是6和12,最小上界是6. B的下界是1,最大下界也是1. 而在图4-10中,令$B=\{c,d,e\}$,则B的上界和最小上界都是e,B的下界为a、b,但B没有最大下界. 易证,如果最小上界或最大下界存在,一定是唯一的.

4.6 函数的定义和性质

函数也可以称作映射,它是一种特殊的二元关系,以前所讨论的有关集合或关系的运算和性质对于函数完全适用.

定义 4.22 设F为二元关系,若对任意的$x\in \mathrm{dom}F$都存在唯一的$y\in \mathrm{ran}F$使得xFy成立,则称F为**函数**.

例如,关系

$$F_1=\{<x_1,y_1>, <x_2,y_1>, <x_3,y_2>\}$$

是函数,而关系

$$F_2=\{<x_1,y_1>, <x_1,y_2>, <x_2,y_1>, <x_3,y_2>\}$$

不是函数,因为对于$x_1\in \mathrm{dom}F$有$x_1F_2y_1$和$x_1F_2y_2$同时成立.

函数一般用大写或小写英文字母来表示,如果$<x,y>\in$函数F,则记作$F(x)=y$,称y是F在x的**函数值**.

因为函数是集合,所以,两个函数f和g相等就是它们的集合表达式相等,即

$$f=g\Leftrightarrow f\subseteq g\wedge g\subseteq f.$$

换句话说就是$\mathrm{dom}f=\mathrm{dom}g$,且对任意的$x\in \mathrm{dom}f=\mathrm{dom}g$有$f(x)=g(x)$.

定义 4.23 设A、B是集合,如果函数f满足以下条件:

(1) $\mathrm{dom}f=A$;

(2) $\mathrm{ran}f\subseteq B$.

则称f是**从A到B的函数**,记作$f: A\rightarrow B$.

定义 4.24 设A、B为集合,所有从A到B的函数构成集合B^A,读作"B上A". 即

$$B^A=\{f\mid f: A\rightarrow B\}.$$

例如,$A=\{0,1,2\}$,$B=\{a,b\}$,则

$$B^A=\{f_1, f_2, \cdots, f_8\},$$

其中

$$f_1=\{<0,a>, <1,a>, <2,a>\};$$

$$f_2=\{<0,a>, <1,a>, <2,b>\};$$

$$f_3 = \{<0,a>, <1,b>, <2,a>\};$$
$$f_4 = \{<0,a>, <1,b>, <2,b>\};$$
$$f_5 = \{<0,b>, <1,a>, <2,a>\};$$
$$f_6 = \{<0,b>, <1,a>, <2,b>\};$$
$$f_7 = \{<0,b>, <1,b>, <2,a>\};$$
$$f_8 = \{<0,b>, <1,b>, <2,b>\}.$$

一般来说，如果$|A|=m$，$|B|=n$，m、n不全是0，则$|B^A|=n^m$.

定义 4.25 设$f: A\to B$，$A'\subseteq A$，则**A'在f下的像**是

$$f(A') = \{f(x) \mid x \in A'\} = f[A'],$$

当$A'=A$时，称$f(A')=f(A)=\text{ran}f$是**函数的像**.

对任何$x\in A$，$f(x)$与$f(A)$是不一样的，$f(x)$是函数在x的值，也可以看成x在f下的像，它是像集$f(A)$中的一个元素，即$f(x)\in f(A)$.

例如，$f: \mathbf{R}\to\mathbf{R}$，$f(x)=\text{e}^x$，那么有

$$f(0) = \text{e}^0 = 1,$$
$$f(\{-1,0,1\}) = \{\text{e}^{-1},\text{e}^0,\text{e}^1\} = \{\text{e}^{-1},1,\text{e}\},$$

$f(\mathbf{R})=\mathbf{R}^+$，$\mathbf{R}^+$为正实数集.

下面分析函数的性质.

定义 4.26 设函数$f: A\to B$.

(1) 若$\mathbf{ran}f=B$，则称f是**满射**的（或**到上**的）.

(2) 若对于任何的$x_1,x_2\in A$，$x_1\neq x_2$，都有$f(x_1)\neq f(x_2)$，则称f是**单射**的（或一对一的）.

(3) 若f既是满射的，又是单射的，则称f是**双射**的（或**一一到上**的）.

例如，函数$f: \{1,2\}\to\{0\}$，$f(1)=f(2)=0$，那么f是满射的，但不是单射的. 函数$f: \mathbf{N}\to\mathbf{N}$，$f(x)=2x$是单射的，但不是满射的，因为$\text{ran}f$不含有奇数，即$\text{ran}f\subset\mathbf{N}$. 而函数$f: \mathbf{Z}\to\mathbf{Z}$，$f(x)=x+1$是双射的.

例 4.18 分别确定以下各题中的f是否为从A到B的函数，并对其中的$f: A\to B$指出它是否为单射、满射或双射. 如果不是，请说明理由.

(1) $A=\{1,2,3,4,5\}$，$B=\{6,7,8,9,10\}$，

$$f=\{<1,8>,<3,9>,<4,10>,<2,6>,<5,9>\}.$$

(2) A、B同(1)，

$$f = \{<1,8>, <3,10>, <2,6>, <4,9>\}.$$

(3) A、B同(1)，

$$f = \{<1,7>, <2,6>, <4,5>, <1,9>, <5,10>\}.$$

(4) A、B为实数集，

$$f(x) = x^2 - x.$$

(5) A、B同(4)，

$$f(x) = x^3.$$

(6) A、B 同(4)，

$$f(x)=\sqrt{x}.$$

(7) A、B 同(4)，

$$f(x)=\frac{1}{x}.$$

(8) A、B 为正整数集，

$$f(x)=x+1.$$

(9) A、B 同(8)，

$$f(x)=\begin{cases}1 & x=1\\ x-1 & x>1.\end{cases}$$

(10) A、B 为正实数集，

$$f(x)=\frac{x}{x^2+1}.$$

解 (1) f 是从 A 到 B 的函数，但不是单射的，因为 $f(3)=f(5)=9$. 也不是满射的，因为 $7\notin \operatorname{ran} f$.

(2) f 不是从 A 到 B 的函数，因为 $\operatorname{dom} f=\{1,2,3,4\}\neq A$.

(3) f 不是从 A 到 B 的函数，因为对于 $1\in \operatorname{dom} f$ 有 7 和 9 两个值与它对应.

(4) f 是从 A 到 B 的函数. 但它不是单射的，因为 $f(0)=f(1)=0$. 也不是满射的，因为该函数的最小值是 $-1/4$，所以 $\operatorname{ran} f$ 是区间 $[-1/4,+\infty]$，不是整个实数集.

(5) f 是从 A 到 B 的双射函数.

(6) f 不是从 A 到 B 的函数，因为 $\operatorname{dom} f$ 是 $[0,+\infty]$，不是实数集.

(7) f 不是从 A 到 B 的函数，因为 $0\notin \operatorname{dom} f$.

(8) f 是从 A 到 B 的函数，且 f 是单射的，但它不是满射的，因为 $1\notin \operatorname{ran} f$.

(9) f 是从 A 到 B 的函数，且 f 是满射的，但它不是单射的，因为 $f(1)=f(2)=1$.

(10) f 是从 A 到 B 的函数，但它不是单射的，因为当 $x\to 0$ 时 $f(x)\to 0$，而当 $x\to +\infty$ 时，也有 $f(x)\to 0$，只有当 $x=1$ 时，$f(1)=1/2$ 是极大值. 所以，必存在 $x_1\neq x_2$，$0<x_1<1<x_2$，且 $f(x_1)=f(x_2)$. 这里取 $x_1\in(0,1)$，$x_2=1/x_1$ 即可，比如 $f(1/2)=f(2)=2/5$. f 也不是满射的，$\operatorname{ran} f$ 是 $(0,1/2]$，不是整个正实数集.

例 4.19 判断以下函数的单射、满射和双射性.

(1) $f:\mathbf{R}\times\mathbf{R}\to\mathbf{R}\times\mathbf{R}$，$\mathbf{R}$ 为实数集，

$$f(<x,y>)=<x+y,x-y>$$

(2) $f:\mathbf{N}\times\mathbf{N}\to\mathbf{N}$，$\mathbf{N}$ 为自然数集($0\in\mathbf{N}$)，

$$f(<x,y>)=|\,x^2-y^2\,|.$$

解 (1) 任取 $<x,y>,<u,v>\in\mathbf{R}\times\mathbf{R}$，$<x,y>\neq<u,v>$，只要证明了 $<x+y,x-y>\neq<u+v,u-v>$，就可以说 f 是单射的. 用反证法.

假设 $<x+y,x-y>=<u+v,u-v>$，则有

$$x+y=u+v \text{ 且 } x-y=u-v,$$

由这两个式子解得

$$x=u \text{ 且 } y=v,$$

所以，有

$$< x,y > = < u,v >.$$

与已知矛盾.

为证明 f 是满射的，只要对任意的 $< u,v > \in \mathbf{R} \times \mathbf{R}$ 找到 $< x,y > \in \mathbf{R} \times \mathbf{R}$，使得 $f(< x,y >) = < u,v >$ 就可以了.

由 f 的定义有

$$x + y = u \text{ 和 } x - y = v,$$

从而解得

$$x = \frac{u+v}{2}, \quad y = \frac{u-v}{2}$$

显然 $< \frac{u+b}{2}, \frac{u-v}{2} > \in \mathbf{R} \times \mathbf{R}$ 且满足

$$f\left(< \frac{u+b}{2}, \frac{u-v}{2} >\right) = < u,v >$$

综上所述，f 是双射的.

(2) f 不是单射的，因为

$$f(< 2,2 >) = | 2^2 - 2^2 | = 0,$$
$$f(< 1,1 >) = | 1^2 - 1^2 | = 0,$$

但 $< 2,2 > \neq < 1,1 >$.

f 也不是满射的，因为找不到自然数 x 和 y 满足

$$f(< x,y >) = | x^2 - y^2 | = 2.$$

所以，$2 \notin \mathrm{ran} f$.

由以上分析可知 f 不是双射的.

下面的例子给出几个常用的函数.

例 4.20 (1) 设 $f: A \to B$，如果存在 $c \in B$ 使得对所有的 $x \in A$ 都有 $f(x) = c$，则称 $f: A \to B$ 是**常函数**.

(2) A 上的恒等关系 I_A 就是 A 上的**恒等函数**，对于所有的 $x \in A$ 都有 $I_A(x) = x$.

(3) 设 $f: \mathbf{R} \to \mathbf{R}$，对于任意的 $x_1, x_2 \in \mathbf{R}$，如果 $x_1 < x_2$ 则有 $f(x_1) \leqslant f(x_2)$，就称 f 为**单调递增**的. 如果 $x_1 < x_2$ 则有 $f(x_1) < f(x_2)$，就称 f 为**严格单调递增**的. 类似地也可以定义**单调递减**和**严格单调递减**的函数. 它们统称为**单调函数**.

(4) 设 A 为集合，对于任意的 $A' \subseteq A$，A' 的**特征函数** $\chi_{A'}: A \to \{0,1\}$ 定义为

$$\chi_{A'}(a) = \begin{cases} 1 & a \in A' \\ 0 & a \in A - A' \end{cases}$$

例如，$A = \{a,b,c\}$，$A' = \{a\}$，则有

$$\chi_{A'}(a) = 1, \quad \chi_{A'}(b) = 0, \quad \chi_{A'}(c) = 0.$$

(5) 设 R 是 A 上的等价关系，定义一个从 A 到 A/R 的函数 $g: A \to A/R$ 且 $g(a) = [a]$，它把 A 中的元素 a 映到 a 的等价类 $[a]$. 人们称 g 是从 A 到商集 A/R 的**自然映射**.

例如，

$$A = \{1,2,3\}, \quad R = \{< 1,2 >, < 2,1 >\} \cup I_A,$$

则有

$$g(1) = g(2) = \{1,2\}, \quad g(3) = \{3\}.$$

4.7 函数的复合和反函数

函数是特殊的二元关系，两个函数的复合本质上就是两个关系的合成，以前给出的有关关系合成的所有定理都适合于函数的复合.

定理 4.6 设 F、G 为函数，则 $F \circ G$ 也是函数，且满足以下条件：

(1) $\mathrm{dom}(F \circ G) = \{x \mid x \in \mathrm{dom}G \wedge G(x) \in \mathrm{dom}F\}$；

(2) 对于任意的 $x \in \mathrm{dom}(F \circ G)$ 有 $F \circ G(x) = F(G(x))$.

限于篇幅，不再给出定理的证明，下面讨论它的应用.

该定理首先说明两个函数 F 和 G 复合以后仍旧是一个函数，其定义域可能比 G 的定义域要小，而函数值 $F \circ G(x)$ 等于 $F(G(x))$. 例如，

$$G: \mathbf{R} \to \mathbf{R}, G(x) = x + 1,$$
$$F: \mathbf{R}^+ \to \mathbf{R}, F(x) = \ln x,$$

则有

$$\mathrm{dom}G = \mathrm{ran}G = \mathbf{R}, \quad \mathrm{dom}F = \mathbf{R}^+, \quad \mathrm{ran}F = \mathbf{R}.$$

$F \circ G$ 是函数，但它的定义域不是整个实数集，只能是实数区间$(-1, +\infty)$，且有

$$F \circ G(x) = F(G(x)) = \ln(x+1).$$

为什么复合函数 $F \circ G$ 的定义域会小于 G 的定义域呢？这是由于 $\mathrm{ran}G \not\subseteq \mathrm{dom}F$. 如果 $\mathrm{ran}G \subseteq \mathrm{dom}F$，那么对任意的 $x \in \mathrm{dom}G$ 都有 $G(x) \in \mathrm{dom}F$，即 $x \in \mathrm{dom}(F \circ G)$. 这就是说 G 的定义域与 $F \circ G$ 的定义域是相等的. 根据这个分析不难得出下面的推论.

推论 设 $f: B \to C$，$g: A \to B$，则 $f \circ g: A \to C$，且对任意的 $x \in A$ 有 $f \circ g(x) = f(g(x))$.

在 4.6 节讨论了函数的单射、满射和双射的性质. 这些性质经过复合运算后还能保持吗？答案是肯定的. 请看定理 4.7.

定理 4.7 设 $f: B \to C$，$g: A \to B$.

(1) 如果 f、g 是满射的，则 $f \circ g: A \to C$ 也是满射的.

(2) 如果 f、g 是单射的，则 $f \circ g: A \to C$ 也是单射的.

(3) 如果 f、g 是双射的，则 $f \circ g: A \to C$ 也是双射的.

证明 (3)是(1)和(2)的直接结果，只需证明(1)和(2).

(1) 对任意的 $z \in C$，因为 f 是满射的，必存在 $y \in B$ 使 $f(y) = z$. 对于这个 y，又由于 g 是满射的，必存在 $x \in A$ 使得 $g(x) = y$. 因此，有 $x \in A$ 使得

$$z = f(y) = f(g(x)) = f \circ g(x)$$

成立. $f \circ g: A \to C$ 是满射的.

(2) 对任意的 $x_1, x_2 \in A$，$x_1 \neq x_2$，由 g 的单射性可知 $g(x_1) \neq g(x_2)$，且 $g(x_1), g(x_2) \in B = \mathrm{dom}f$. 再由 f 的单射性有 $f(g(x_1)) \neq f(g(x_2))$，即

$$f \circ g(x_1) \neq f \circ g(x_2).$$

所以，$f \circ g: A \to C$ 是单射的. ■

下面讨论函数的逆.

任意给定一个函数,它的逆不一定是函数,例如,函数

$$f=\{<x_1,y_1>,<x_2,y_1>,<x_3,y_2>\},$$

其逆

$$f^{-1}=\{<y_1,x_1>,<y_1,x_2>,<y_2,x_3>\},$$

易见 f^{-1}是关系但不是函数,因为对于 $y_1\in\mathrm{dom}f^{-1}$有两个值 x_1 和 x_2 与之对应,破坏了函数的单值性. 在什么情况下函数的逆也是一个函数呢? 我们仅对函数 $f: A\to B$ 加以讨论.

定理 4.8 设 $f:A\to B$ 是双射的,则 f^{-1}是函数,并且是从 B 到 A 的双射函数.

证明 因为 f 是函数,所以 f^{-1}是关系,且由定理 4.1 有

$$\mathrm{dom}f^{-1}=\mathrm{ran}f=B,\quad \mathrm{ran}f^{-1}=\mathrm{dom}f=A.$$

对任意的 $y\in B$,假设有 x_1 和 $x_2\in A$ 使得

$$yf^{-1}x_1 \land yf^{-1}x_2$$

成立,则由逆的定义有

$$x_1fy \land x_2fy$$

成立,由 f 的单射性可得 $x_1=x_2$. 这说明对任意的 $y\in B$ 只有唯一的值与之对应. 即 f^{-1}是函数,且是从 B 到 A 的函数. 又 $\mathrm{ran}f^{-1}=A$,所以 $f^{-1}: B\to A$ 是满射的.

对任意的 $y_1,y_2\in B,y_1\neq y_2$,假设存在 $x\in A$ 使得

$$f^{-1}(y_1)=f^{-1}(y_2)=x$$

成立,那么必有

$$f(x)=y_1 \land f(x)=y_2,\quad y_1\neq y_2,$$

与 f 是函数矛盾. 所以 $f^{-1}(y_1)\neq f^{-1}(y_2)$. 即 $f^{-1}: B\to A$ 是单射的. ■

对于双射函数 $f: A\to B$,我们称 $f^{-1}: B\to A$ 是 f 的**反函数**. 例如,函数 $f: \mathbf{R}\to\mathbf{R}$, $f(x)=\sin x$,取 $f\upharpoonright A, A=[-\pi/2, \pi/2]$,则 $f: A\to B$ 是双射的,其中 $B=[-1,1]$. 可以定义它的反函数 $\arcsin y, y\in[-1,1]$.

可以证明对任何双射函数 $f: A\to B$ 和它的反函数 $f^{-1}: B\to A$,它们的复合函数都是恒等函数,且满足

$$f^{-1}\circ f=I_A, f\circ f^{-1}=I_B.$$

例 4.21 设 $f, g, h\in\mathbf{R}^{\mathbf{R}}$,且有

$$f(x)=x+3,\quad g(x)=2x+1,\quad h(x)=\frac{x}{2}.$$

求 $f\circ g$、$g\circ f$、$f\circ f$、$g\circ g$、$h\circ f$、$g\circ h$、$f\circ h$、$f\circ h\circ g$.

解 所求的复合函数都是 $\mathbf{R}$ 到 $\mathbf{R}$ 的函数,且满足

$$f\circ g(x)=f(g(x))=(2x+1)+3=2x+4;$$
$$g\circ f(x)=g(f(x))=2(x+3)+1=2x+7;$$
$$f\circ f(x)=f(f(x))=(x+3)+3=x+6;$$
$$g\circ g(x)=g(g(x))=2(2x+1)+1=4x+3;$$
$$h\circ f(x)=h(f(x))=\frac{1}{2}(x+3);$$

$$g\circ h(x)=g(h(x))=2\cdot\frac{x}{2}+1=x+1;$$

$$f\circ h(x)=f(h(x))=\frac{x}{2}+3;$$

$$f\circ h\circ g(x)=f(h(g(x)))=\frac{2x+1}{2}+3=x+\frac{7}{2}.$$

例 4.22 图 4-11 中定义了函数 f、g 和 h.

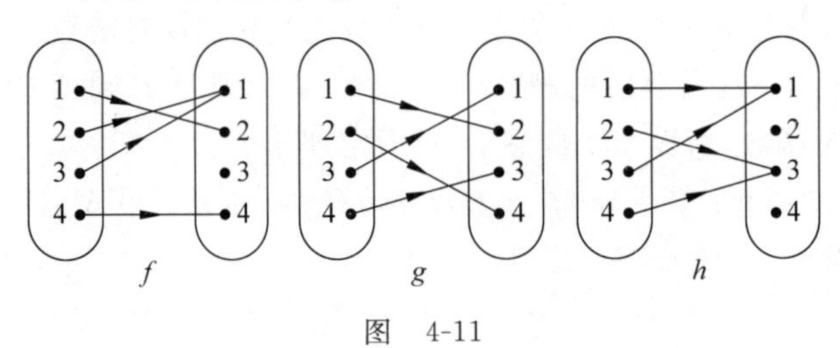

图 4-11

(1) 求 f、g 和 h 的像.

(2) 求 $g\circ f$、$f\circ h$ 和 $g\circ g$.

(3) 指出 f、g、h 中哪些函数是单射的,哪些函数是满射的.

(4) f、g、h 中哪些函数存在反函数? 给出其反函数的表达式.

解 (1) 令 $A=\{1,2,3,4\}$,则 $f, g, h\in A^A$.

$$f(A)=\{1,2,4\},\quad g(A)=A,\quad h(A)=\{1,3\}.$$

(2) $g\circ f$, $f\circ h$, $g\circ g\in A^A$,且其对应关系满足:

$$g\circ f: 1\mapsto 4, 2\mapsto 2, 3\mapsto 2, 4\mapsto 3,$$

$$f\circ h: 1\mapsto 2, 2\mapsto 1, 3\mapsto 2, 4\mapsto 1,$$

$$g\circ g: 1\mapsto 4, 2\mapsto 3, 3\mapsto 2, 4\mapsto 1.$$

(3) 只有 g 是单射的、满射的.

(4) g 有反函数 $g^{-1}: A\to A$,且满足

$$g^{-1}: 1\mapsto 3, 2\mapsto 1, 3\mapsto 4, 4\mapsto 2.$$

为求解一个实际问题,首先需要对这个问题进行建模,集合、关系、函数等在描述实际的离散系统中是非常有用的概念. 请看下面一些例子.

例 4.23 多机调度.

有 n 项任务需要分配到 m 台相同的机器上加工,对于每项任务 i 有一个加工时间 $l(i)$,$i=1, 2, \cdots, n$. 已知在某些任务之间有着加工顺序的约束,比如规定任务 j 必须在任务 i 加工完成之后才能进行加工. 我们的假定是:所有机器都可以从 0 时刻开始工作;在同一时刻,每台机器只能加工一项任务;在任何一台机器上,一项任务一旦加工完毕,只要有待加工的任务,就可以立即把它安排到这台机器上. 换句话说,在同一台机器上两个连续安排的任务之间没有等待时间. 整个任务的截止时间就是最后一台机器的停机时间. 问如何安排这些任务的加工次序,使得截止时间 D 达到最小? 称这样的调度方案是最优调度.

请看下面的实例. 有 2 台机器 c_1、c_2;6 项任务 t_1, t_2, $\cdots$, t_6. 每项任务的加工时间分别为

$$l(t_1)=l(t_3)=l(t_5)=l(t_6)=1,\quad l(t_2)=l(t_4)=2$$

任务之间的顺序约束是：任务 t_3 只有在 t_6 和 t_5 完成之后才能开始加工；任务 t_2 只有在 t_6、t_5 和 t_4 都完成后才能开始加工；任务 t_1 只有在 t_3 和 t_2 完成之后才能开始加工，这些限制恰好构成集合$\{t_1,t_2,t_3,t_4,t_5,t_6\}$上的序关系. 上述实例的序关系可以用有向图表示，如图 4-12 所示. 图中位置较低的结点是需要先加工的任务结点，如果 t_i 在 t_j 之前加工，则从 t_i 到 t_j 有一条有向边.

图 4-13 给出了两种不同的调度方案，其中第一种方案的截止时间 $D=6$，第二种方案的截止时间 $D=5$. 显然第二种方案是比较好的方案. 可以证明第二种方案是最优的调度，因为按照任务之间的顺序约束：t_4 完成后才能加工 t_2，t_2 完成后才能加工 t_1. 任何调度的截止时间至少等于这三项任务的加工时间之和，即 $D\geqslant l(t_4)+l(t_2)+l(t_1)=2+2+1=5$. 而第二种调度的截止时间 $D=5$，达到了这个最小值.

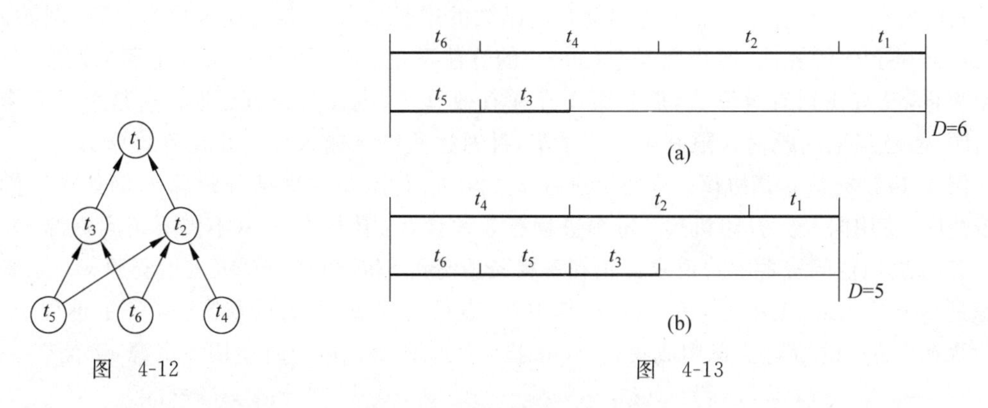

图 4-12　　　　图 4-13

下面尝试使用集合、关系、函数的概念来描述这个问题.

设有下述集合：任务集 $T=\{t_1,t_2,\cdots,t_n\}$，$n\in\mathbf{Z}^+$；机器集 $M=\{c_1,c_2,\cdots,c_m\}$，$m\in\mathbf{Z}^+$；时间集$=\mathbf{N}$；加工时间 l：$T\rightarrow\mathbf{Z}^+$. 顺序约束 R 是 T 上的偏序关系，定义为

$$R=\{<t_i,t_j>\mid t_i,t_j\in T, i=j \text{ 或者 } t_i \text{ 完成后 } t_j \text{ 才可以开始加工}\}$$

不难验证这个关系具有自反性、反对称性和传递性. 一个可行调度是 T 的划分$\{T_1,T_2,\cdots,T_m\}$，划分块 T_j 是 T 的非空子集，由安排在机器 c_j 上加工的所有任务组成. 对于任务集 T_j，$j=1,2,\cdots,m$，存在调度函数 σ_j：$T_j\rightarrow\mathbf{N}$，且满足下述条件：

(1) $\forall i, 0\leqslant i<D, |\{t_k\mid t_k\in T_j, \sigma_j(t_k)\leqslant i<\sigma_j(t_k)+l(t_k)\}|\leqslant 1, j=1,2,\cdots,m$

(2) $\forall t_k\in T_i, t_l\in T_j, <t_k,t_l>\in R\Leftrightarrow\sigma_i(t_k)+l(t_k)\leqslant\sigma_j(t_l), i,j=1,2,\cdots,m, i\neq j$

条件(1)表示在截止时间 D 之前的每个时刻 i，每台机器 c_j 上至多只有 1 个任务正在加工；条件(2)表示如果任务 t_k 与 t_l 有偏序约束，那么 t_k 完成以后 t_l 才能开始加工. 机器 j 的停止时间

$$D_j=\max\{\sigma_j(t_k)\mid t_k\in T_j\}+l(t_k)$$

所有任务的截止时间

$$D=\max\{D_j\mid j=1,2,\cdots,m\}$$

我们的问题就是确定使得 D 达到最小的可行调度.

给出问题的清晰描述只是求解问题的第一步，寻找高效的算法才是解决问题的关键. 为了表示算法的效率，通常选择某些基本运算. 输入规模越大，算法所做的基本运算次数越多，一般把算法对于规模为 n 的输入所做的基本运算的次数称作该算法的时间复杂度函数. 例如用插入排序算法对 n 个不同数的数组进行排序，数组的元素数是输入规模，插入排序的基本运算是比较运算. 如果输入的数组恰好是从小到大排好序的，那么该算法只需要进行 $n-1$ 次比较就结束了；如果输入的数组恰好是从大到小按照逆序排列，那么该算法需要进行

$$1+2+3+\cdots+(n-1)=n(n-1)/2$$

次比较运算. 这个例子说明对于同样规模的不同输入，算法做的基本运算次数差别很大. 对于规模为 n 的输入，算法做的最多的运算次数称为算法最坏情况下的时间复杂度. 而针对所有规模为 n 的输入，算法所做的平均运算次数称为算法的平均时间复杂度. 一般认为，多项式时间的算法（最坏情况下时间复杂度函数的增长以某个多项式函数为上界，例如 n^2、$n\log n$ 等）是有效的算法，而指数时间（如 2^n）的算法不是有效的算法. 对于上面的调度问题，迄今为止，没有找到有效算法，但是否不存在有效算法，也没有得到证明. 这是个悬而未决的问题. 但是当把问题输入限制到某些子集，针对这些特殊输入可以存在有效算法.

例 4.24 资源共享协议. 有两个进程 p_1、p_2，它们需要共享某种资源 s，例如访问同一个缓冲区，使用同一台打印机等. 每个进程有 3 种状态：闲置状态 i（不需要访问资源 s）、请求状态 r（提出访问资源 s 的请求并正在等待资源分配）和访问状态 w（占用资源 s）. 系统的状态是一个二元组，表示为 $<x_1,y_2>$，其中 x_1 表示进程 p_1 所处的状态，y_2 表示进程 p_2 所处的状态. 系统的所有状态构成集合 S，由于不允许 p_1 和 p_2 同时使用该资源，于是有

$$S=\{i_1,r_1,w_1\}\times\{i_2,r_2,w_2\}-\{<w_1,w_2>\}=\{s_0,s_1,\cdots,s_7\}$$

其中

$$s_0=<i_1,i_2>,\quad s_1=<r_1,i_2>,\quad s_2=<w_1,i_2>,\quad s_3=<r_1,r_2>,$$
$$s_4=<w_1,r_2>,\quad s_5=<i_1,r_2>,\quad s_6=<i_1,w_2>,\quad s_7=<r_1,w_2>,$$

系统从初始状态 $s_0=<i_1,i_2>$ 开始，随时间在 S 中状态之间进行转换.

为了保证协议的正确性，需要对系统的状态进行某些限制. 例如：

(1) 任何时刻至多一个进程访问资源；

(2) 任何进程对资源的需求总会被满足. 换句话说，不会有进程永远处于“请求”状态；

(3) 进程会不断地提出需求，即没有进程永远处于“闲置”状态；

(4) 进程的需求没有严格的次序.

系统之间的状态转换可以看成 S 上的二元关系 R，即

$$<x_i,y_j>R<x_k,y_l>$$
$$\Leftrightarrow<x_i,y_j>\text{一步转换到}<x_k,y_l>$$

可以把关系 R 用关系图来表示. 图中有 8 个顶点，如果系统能够从状态 s_i 变到 s_j，那么就在图中画一条从 s_i 到 s_j 的有向边. 例如从初始状态 $s_0=<i_1,i_2>$ 开始，如果进程 p_1 对资源提出请求，那么系统就变到状态 $s_1=<r_1,i_2>$. 这个图就构成了系统的状态空间，见图 4-14.

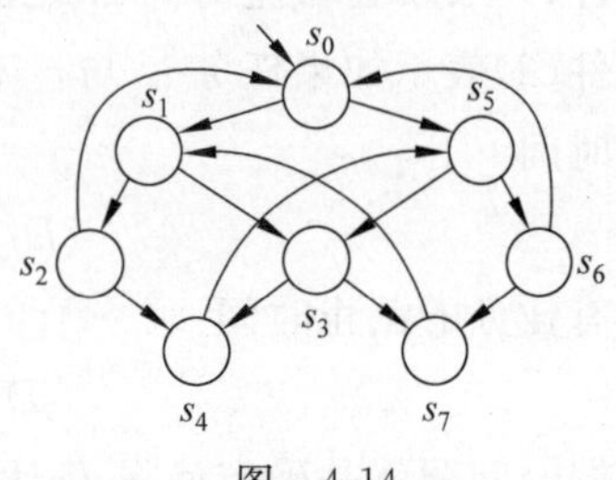

图 4-14

为了验证协议的性质,可以在每个状态旁边用逻辑公式表示这个状态所满足的性质.例如,所有的状态都应该满足 $\neg(w_1 \wedge w_2)$,这就保证了任何时刻至多一个进程访问资源.为了表示其他与时间相关的性质,如"任何进程对资源的需求总会满足",这需要刻画如果 r_1 为真,那么在将来的某个时刻一定有 w_1 为真.可以简单表示为 $r_1 \to \Diamond w_1$,这里的$\Diamond$就是时态算子,$\Diamond w_1$ 表示将来总有一个时刻使得 w_1 为真.还有其他时态算子,限于篇幅,此处不再赘述.这就构成了一个时态逻辑系统,使用时态逻辑推理可以验证协议是否正确.

例 4.25 工作流系统的网模型.

工作流是为业务流程建模而引入的技术,目前已经广泛应用于办公自动化、工业流程控制等众多领域.Aalst 用工作流网 WF_net 对工作流进行建模,它的基础就是 Petri 网.下面给出 WF_net 的定义.

WF_net 是三元组(P,T,F),其中 P 是库所(place)集合,T 是变迁(transition)集合,F 称为流关系.它们之间满足以下条件:

(1) $P \cap T = \varnothing$;

(2) $P \cup T \neq \varnothing$;

(3) $F \subseteq P \times T \cup T \times P$;

(4) $\mathrm{dom}F \cup \mathrm{ran}F = P \cup T$,其中

$\mathrm{dom}F = \{x \mid \exists y(<x,y> \in F)\}$, $\mathrm{ran}F = \{y \mid \exists x(<x,y> \in F)\}$;

(5) 存在起始库所 $i \in P$,使得 $^{\cdot}i = \varnothing$,这里 $^{\cdot}i = \{j \mid <j,i> \in F\}$,称为 i 的前集;

(6) 存在终止库所 $o \in P$,使得 $o^{\cdot} = \varnothing$,这里 $o^{\cdot} = \{j \mid <o,j> \in F\}$,称为 o 的后集;

(7) 每个结点 $x \in P \cup T$,都处在从 i 到 o 的一条路径上.

前面 4 个条件是一般 Petri 网所满足的条件.条件(1)表明库所和变迁是两类不同的元素.条件(2)说明网中至少含有 1 个元素.条件(3)是关于流关系的基本性质,流关系反映的是资源的流动.资源可以从库所到变迁,也可以从变迁到库所,同一类元素之间没有流动.不属于 $\mathrm{dom}F \cup \mathrm{ran}F$ 的库所或变迁是孤立结点,不参与资源流动.条件(4)表示网中没有孤立结点.最后 3 个条件是工作流网所特有的.对于任意库所 p,p 的前集 $^{\cdot}p$ 指的是有边通向 p 的全体变迁的集合,p 的后集 $p^{\cdot}$ 指的是从 p 出发的边所指向的全体变迁的集合.图 4-15① 给出了一个投诉处理的工作流网模型.这个网里有 9 个库所,分别记作 i, p_1, p_2, …, p_7, o;还有 8 个变迁 T_1, T_2, …, T_8.这些变迁的具体含义如下:

T_1:登记; T_2 寄出调查表; T_3:调查表处理; T_4:过期处理;

T_5:投诉评估; T_6 处理投诉; T_7 检查处理结果; T_8:归档保存.

其中 p_5 的前集和后集分别是:

$$^{\cdot}p_5 = \{过期处理,调查表处理,处理投诉\}$$

$$p_5^{\cdot} = \{处理投诉,归档保存\}$$

条件(5)～条件(7)说明起始库所 i 没有进入边,终止库所 o 没有出发边,并且网中没有冗余的结点.与实际业务流程对应,变迁代表流程中的活动.活动之间通过库所连接,库所起到流程控制的作用.活动之间的逻辑关系可以是顺序、分支等多种结构.起始库所 i 中的托肯

① 此图选自范玉顺编著的《工作流管理技术基础》,清华大学出版社,2001.

(token,也称作“令牌”,用小黑点表示)代表一个投诉案例.

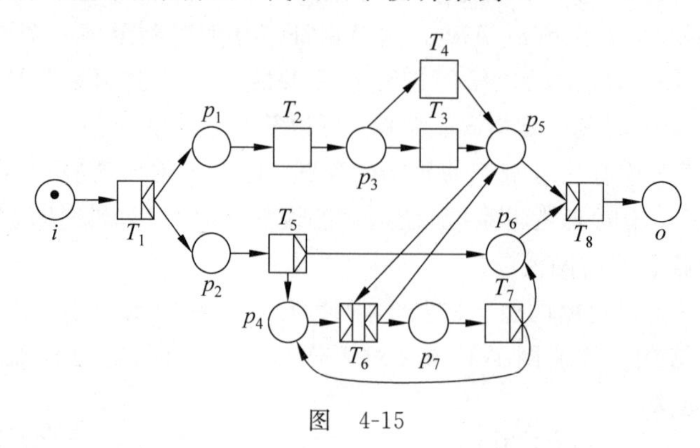

图 4-15

在 WF_net 中变迁分成 4 类:“与分支(and-split)”、“或分支(or-split)”、“与连接(and-join)”和“或连接(or-join)”,分别用图 4-16 中的 4 种符号表示.

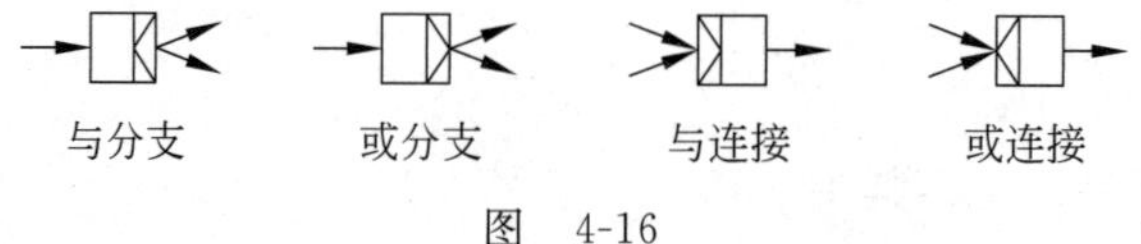

图 4-16

“与分支”变迁发生后,其后集中的所有库所都有托肯;“或分支”变迁发生后,根据发生的结果,其后集中只有一个库所有托肯;“与连接”变迁发生的前提条件是:其前集的所有库所都有托肯;“或连接”变迁发生的前提条件是:其前集中的某一个库所有托肯.

依照流程,首先发生变迁 T_1(登记).这是一个“与分支”变迁,其后集中的库所 p_1 和 p_2 都有托肯.它们分别触发变迁 T_2(寄出调查表)和 T_5(投诉评估).先看 T_2 的分支.这个活动结束后,库所 p_3 就会产生 1 个托肯.托肯代表资源的数量,1 个托肯只能触发 1 个变迁.这意味着变迁 T_3(调查表处理)和 T_4(过期处理)只能发生其一,这也符合常理.活动结束后在 p_5 产生 1 个托肯.再看下面的 T_5(投诉评估)分支.变迁 T_5 是“或分支”,该活动结束时只能产生 1 个托肯,根据评估结果来决定把这个托肯送入 p_4 还是 p_6.下面分两种情况考虑.第一种情况:若 p_4 有托肯而 p_6 没有托肯,由于变迁 T_6(处理投诉)是“与连接”,那么 p_4 与 p_5 的托肯将使 T_6 发生的前提成真,从而处理投诉.此外,变迁 T_6 也是“与分支”,T_6 发生后,在 p_5 与 p_7 都产生托肯,这时触发变迁 T_7(检查处理结果)发生.注意变迁 T_7 是“或分支”.如果处理结果合理,在 p_6 产生托肯,这个托肯与 p_5 中的托肯将触发变迁 T_8(归档保存).T_8 发生后,终止库所 o 有 1 个托肯,流程结束.如果处理结果不合理,那么在 p_4 产生托肯,与 p_5 的托肯一起触发变迁 T_6,重新进行投诉处理,这就形成了循环,直到处理结果合理为止.第二种情况,如果 p_6 有托肯而 p_4 没有托肯,这时 T_6 不会发生,流程不进行投诉处理,而 p_6 与 p_5 的托肯将触发变迁 T_8,进入归档保存.与前面一样,这将导致流程结束.

建立了基于 Petri 网的工作流模型,就可以对流程进行化简,并利用 Petri 网的描述能力和分析方法对流程的某些性质进行分析,还可以进行计算机模拟.

例 4.26 网络带宽分配问题.随着互联网上语音视频业务的飞速增长,带宽成了影响服务质量的主要因素.一般来说,用户使用的带宽分成两部分:静态带宽和动态带宽.静态带宽是运营商承诺的最小带宽，已经预留给每个用户；动态带宽被所有的用户共享，根据需求进行分配. 语音视频业务服务过程一般分成三步：建立连接、进行语音视频传输、结束服务. 对于已经建立连接且正在进行传输的服务，运营商应该保证其所需要的带宽. 而在连接阶段，如果所有客户申请的带宽总量超过运营商能提供的带宽时，则进行带宽分配，即挑选一部分用户来建立连接，而其他用户需要等待. 为了保证公平性，对用户计算优先级，优先级高的先分配. 用户的优先级＝他可使用的最大带宽与已占有带宽之比，需求量越大，被满足的带宽越小，则优先级越高. 假设已知每一项业务所申请的带宽大小，在保证分配的带宽之和不超过网络总带宽的条件下，如何选择一部分业务，以使得这些业务的优先级收益(即所有业务的优先级之和)达到最大？

可以用集合与函数对这个问题进行建模. 设用户集合是$\{1,2,\cdots,n\}$，用户 i 提出了 t_i 个带宽申请，其第 j 个申请的带宽是 $r(i,j)$，这里 $i=1,2,\cdots,n$, $j=1,2,\cdots,t_i$. 假设此刻运营商能提供的动态带宽总量是 B，用户 i 已使用的带宽为 C_{ij}，可使用的最大带宽是 M_{ij}，那么 $C_{ij}\leqslant M_{ij}$. 用户 i 的优先级函数记作 $P(i,j)$，其中

$$P(i,j)=M_{ij}/C_{ij}$$

用函数 $X(i,j)$表示对用户 i 的第 j 个申请的分配结果：$X(i,j)=1$ 表示分配，$X(i,j)=0$ 表示不分配，那么问题的优化目标是使得下述函数，即优先级收益

$$\sum_{i=1}^{n}\sum_{j=1}^{t_i}X(i,j)\cdot P(i,j)$$

达到最大，同时满足不超过总带宽的约束条件，即

$$\sum_{i=1}^{n}\sum_{j=1}^{t_i}X(i,j)\cdot r(i,j)\leqslant B$$

这是一个典型的组合优化问题，n 个用户总计有 $t_1+t_2+\cdots+t_n=m$ 个带宽请求，分别标号为 $1,2,\cdots,m$. 在考虑前 k 项带宽请求($k=1,2,\cdots,m$)、总带宽限制为 $l(l=1,2,\cdots,B)$ 的情况下，设最佳分配的优先级收益为 $v(k,l)$. 如果此时把带宽分配给第 k 项业务(可能是第 i 个用户的第 j 项申请)，该业务所需带宽是 $r(k)$(在 $r(k)=r(i,j)\leqslant l$ 的情况下)，优先级收益是 $P(k)=P(i,j)$. 那么，剩下的带宽是 $l-r(k)$. 这些带宽将在 $1,2,\cdots,k-1$ 项业务中分配，所得到的优先级收益将是 $v(k-1,l-r(k))$，因此总的优先级收益是 $v(k-1,l-r(k))+P(k)$. 相反，如果不把带宽分配给第 k 项业务，那么全部带宽 l 将在 $1,2,\cdots,k-1$ 项业务中分配，总收益为 $v(k-1,l)$. 为了使得优先级的总收益最大，只要在上述两个收益中选择较大的即可. 上述分析可以总结成下面的递推公式，即 $\forall k(0\leqslant k\leqslant m)$, $\forall l(0\leqslant l\leqslant B)$，有

$$v(k,l)=\begin{cases}0, & k=0 \text{ 或者 } l=0\\ v(k-1,l), & r(k)>l,k>0,l>0\\ \max\{v(k-1,l),v(k-1,l-r(k))+P(k)\}, & r(k)\leqslant l,k>0\end{cases}$$

根据这个公式，第一步先计算 $k=1$, $l=1,2,\cdots,B$ 的 $v(1,l)$值，并把它们存到一个表中. 第二步计算 $k=2$, $l=1,2,\cdots,B$ 的 $v(2,l)$值，再把得到的值存到这个表中. 每步计算若用到较小的 $v(k,l)$值，就到表中去取. 照此做下去，直到计算出 $k=m$, $l=1,2,\cdots,B$ 的 $v(m,l)$值为止，其中的 $v(m,B)$就是最佳分配的优化函数值，即最大的优先级收益. 上述计

算完成后，再根据 $v(m,B)$ 的值逐步向前追溯，就可以找出最佳的分配方案是什么．先看 $v(m,B)$ 是等于 $v(m-1,B)$，还是等于 $v(m-1,B-r(m))+P(m)$？如果等于前者，那么没有选择第 m 项业务；如果等于后者，则意味着选择了第 m 项业务．然后根据剩下的部分是 $v(m-1,B)$ 还是 $v(m-1,B-r(m))$ 来追溯第 $m-1$ 项业务是否被选到．照此下去，直到 m 项业务都考察到，就得到问题的解．如果在计算每一项 $v(k,l)$ 的时刻就把是否选择第 k 项业务记录下来，那么追溯过程就可以省掉了．只要查一下全部记录，就得到了问题的解．

4.8 题例分析

例 4.27～例 4.34 为选择题．

例 4.27 R 是 X 上的二元关系，对于 $x \in X$ 定义集合

$$R(x) = \{y \mid xRy\},$$

显然 $R(x) \subseteq X$．如果 $X=\{-4,-3,-2,-1,0,1,2,3,4\}$，且令

$$R_1 = \{<x,y> \mid x,y \in X \land x < y\},$$
$$R_2 = \{<x,y> \mid x,y \in X \land y-1 < x < y+2\},$$
$$R_3 = \{<x,y> \mid x,y \in X \land x^2 \leqslant y\},$$

则下列集合满足：

(1) $R_1(0)=\boxed{A}$；

(2) $R_2(0)=\boxed{B}$；

(3) $R_3(3)=\boxed{C}$；

(4) $R_1(1)=\boxed{D}$；

(5) $R_2(-1)=\boxed{E}$．

供选择的答案

A、B、C、D、E：①$\varnothing$；②$\{-4,-3,-2,-1\}$；③$\{-2,-1\}$；④$\{-1,0,1\}$；⑤$\{-1,0\}$；⑥$\{1,2,3\}$；⑦$\{2,3,4\}$；⑧$\{0,1,2,3\}$；⑨$\{1,2,3,4\}$；⑩以上结果都不对．

答案 A：⑨；B：⑤；C：①；D：⑦；E：③．

分析 根据 R_1、R_2 和 R_3 的定义可得

(1) $R_1(0)$ 中是 X 里边比 0 大的数，即

$$R_1(0) = \{1,2,3,4\}.$$

(2) $R_2(0)$ 中的元素 y 满足

$$y-1 < 0 < y+2, \quad 且\ y \in X.$$

解上述不等式可得

$$-2 < y < 1,$$

所以，y 只能是 -1 或 0．

(3) $R_3(3)$中的数必须大于等于 9，X 中没有这样的数，所以，$R_3(3)=\varnothing$.

(4) $R_1(1)=\{y|1<y \land y\in X\}=\{2,3,4\}$.

(5) $R_2(-1)=\{y|y\in X \land y-1<-1<y+2\}$.

由上式解得

$$-3<y<0 \land y\in X$$

即

$$y=-1 \text{ 或 } -2.$$

例 4.28 设 R 和 S 定义在 P 上，P 是所有人的集合.

$$R=\{<x,y>|\ x,y\in P \land x \text{ 是 } y \text{ 的父亲}\},$$
$$S=\{<x,y>|\ x,y\in P \land x \text{ 是 } y \text{ 的母亲}\}.$$

(1) $R\circ R$ 表示的是关系$\boxed{\text{A}}$.

(2) $S^{-1}\circ R$ 表示的是关系$\boxed{\text{B}}$.

(3) $S\circ R^{-1}$表示的是关系$\boxed{\text{C}}$.

(4) 关系

$$\{<x,y>|\ x,y\in P \land y \text{ 是 } x \text{ 的外祖母}\}$$

的表达式是$\boxed{\text{D}}$.

(5) 关系

$$\{<x,y>|\ x,\ y\in P \land x \text{ 是 } y \text{ 的祖母}\}$$

的表达式是$\boxed{\text{E}}$.

供选择的答案

A、B、C：①$\{<x,y>|x,y\in P \land x$ 是 y 的丈夫$\}$；②$\{<x,y>|x,y\in P \land x$ 是 y 的孙子或孙女$\}$；③$\varnothing$；④$\{<x,y>|x,y\in P \land x$ 是 y 的祖父$\}$；⑤$\{<x,y>|x,y\in P \land x$ 是 y 的祖母$\}$.

D、E：⑥$S^{-1}\circ S$；⑦$R\circ S$；⑧$S^{-1}\circ S^{-1}$；⑨$S\circ R$.

答案 A：④；B：①；C：③；D：⑧；E：⑦.

分析 (1) $R\circ R$ 中的$<x,y>$满足：x 是 y 的父亲的父亲，即 x 是 y 的祖父.

(2) $S^{-1}\circ R$ 中的$<x,y>$满足：存在 $z\in P$，使 x 是 z 的父亲且 y 是 z 的母亲，即 x 是 y 的丈夫.

(3) $S\circ R^{-1}$中的$<x,y>$满足：存在 $z\in P$，使 z 是 x 的父亲，且 z 是 y 的母亲. 这是不可能的，所以 $S\circ R^{-1}=\varnothing$.

(4) 由 y 是 x 的外祖母知 y 是 x 的母亲的母亲，即$<y,x>\in S\circ S$，所以，$<x,y>\in S^{-1}\circ S^{-1}$.

(5) 由 x 是 y 的祖母知 x 是 y 的父亲的母亲，即$<x,y>\in R\circ S$.

例 4.29 用一台微机完成 6 项任务，每项任务可以用 FORTRAN 或 PASCAL 语言编制程序，且有 4 个子程序 S_1、S_2、S_3 和 S_4 供它们选择调用. 表 4-3 列出了它们所使用的语言、调用的子程序、运行时间和上机安排的情况. 在集合$\{T_1,\cdots,T_6\}$中定义二元关系 R_1、

R_2、R_3 和 R_4 如下：

$$<T_i, T_j> \in R_1 \Leftrightarrow T_i \text{ 和 } T_j \text{ 使用同一种语言,}$$

$$<T_i, T_j> \in R_2 \Leftrightarrow T_i \text{ 和 } T_j \text{ 调用过同一个子程序,}$$

$$<T_i, T_j> \in R_3 \Leftrightarrow T_i \text{ 的运行时间不多于 } T_j \text{ 的运行时间,}$$

$$<T_i, T_j> \in R_4 \Leftrightarrow T_i \text{ 安排在 } T_j \text{ 前上机.}$$

表 4-3

任务名称	使用的语言	调用子程序	运行时间/分钟	上机安排
T_1	PASCAL	S_1、S_2	20	9:00
T_2	PASCAL	S_1	20	10:00
T_3	PASCAL	S_2、S_3	25	9:35
T_4	PASCAL	S_3	15	9:20
T_5	FORTRAN	S_4	30	10:45
T_6	FORTRAN	S_4	25	10:20

那么 R_1、R_2、R_3 和 R_4 中有 A 个是自反的，B 个是反自反的，C 个是对称的，D 个是反对称的，E 个是传递的.

供选择的答案

A、B、C、D、E：①0；②1；③2；④3；⑤4.

答案 A：④；B：②；C：③；D：②；E：④.

分析 由 R_1、R_2、R_3 和 R_4 的定义可知：

R_1 是自反的、对称的、传递的.

R_2 是自反的、对称的，但不是传递的.

R_3 是自反的、传递的.

R_4 是反自反的、反对称的、传递的.

所以，有 3 个自反关系、1 个反自反关系、2 个对称关系、1 个反对称关系、3 个传递关系.

例 4.30 设 $S=\{1,2,3\}$，定义 $S\times S$ 上的等价关系 R，$\forall <a,b>, <c,d> \in S\times S$ 有

$$<a,b> \sim <c,d> \Leftrightarrow a+d=b+c,$$

则由 R 产生了 $S\times S$ 的一个划分. 在该划分中共有 A 个划分块，其中最大的块有 B 个元素，并且含有元素 C . 最小的划分块有 D 块，每块含有 E 个元素.

供选择的答案

A、B、D、E：①1；②2；③3；④4；⑤5；⑥6；⑦9.

C：⑧1；⑨$<1,2>$；⑩$<2,2>$.

答案 A：⑤；B：③；C：⑩；D：②；E：①.

分析 $S\times S=\{<1,1>, <1,2>, <1,3>, <2,1>, <2,2>, <2,3>, <3,1>, <3,2>, <3,3>\}$.

根据题意有

$$<a,b> \sim <c,d> \Leftrightarrow a+d=b+c$$

$$\Leftrightarrow a-b=c-d.$$

这就是说，只有那些第一元素与第二元素之差相等的有序对互相等价．将 $S\times S$ 中的元素按差分类．

差为 0：$<1,1>\sim<2,2>\sim<3,3>$.

差为−1：$<1,2>\sim<2,3>$.

差为 1：$<2,1>\sim<3,2>$.

差为−2：$<1,3>$.

差为 2：$<3,1>$.

共有 5 个划分块，其中最大的块是$\{<1,1>,\ <2,2>,\ <3,3>\}$，含 3 个元素；最小的块有 2 块，即$\{<1,3>\}$和$\{<3,1>\}$，每块只含 1 个元素．

例 4.31　设 $S=\{0,1\}$，F 是 S 中的字符构成的长度不超过 4 的串的集合．即

$$F=\{\lambda,0,1,00,01,\cdots,1111\},$$

其中 λ 表示空串．在 F 上定义偏序关系 R：$\forall x,y\in F$，

$$<x,y>\in R\Leftrightarrow x \text{ 是 } y \text{ 的前缀}.$$

例如，00 是 001 的前缀，但 01 不是 001 的前缀．

（1）偏序集$<F,R>$的哈斯图是$\boxed{\text{A}}$.

（2）$<F,R>$的极小元是$\boxed{\text{B}}$.

（3）$<F,R>$的最大元是$\boxed{\text{C}}$.

（4）$G\subseteq F$，$G=\{101,1001\}$，则 G 的最小上界是$\boxed{\text{D}}$，最大下界是$\boxed{\text{E}}$.

供选择的答案

A：①链；②树；③既不是链，也不是树．

B、C、D、E：④λ；⑤0；⑥0、1 和 λ；⑦不存在；⑧10；⑨1；⑩1111.

答案　A：②；B：④；C：⑦；D：⑦；E：⑧．

分析　画出$<F,R>$的哈斯图，如图 4-17 所示．

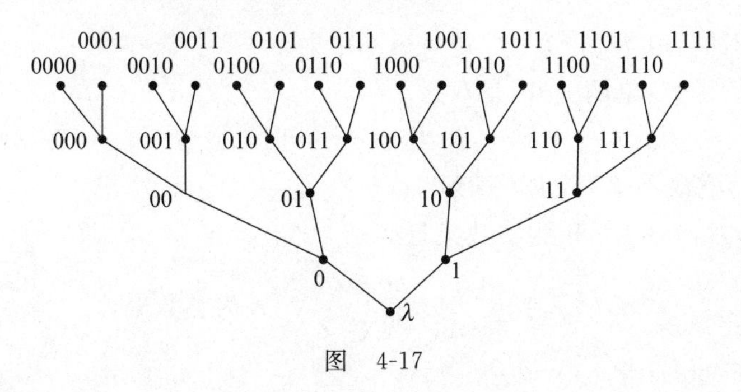

图　4-17

不难看出这是一棵树，极小元为 λ，没有最大元．101 和 1001 的最长的公共前缀是 10，所以，10 为 G 的最大下界．但在 F 中没有一个串使得 101 和 1001 都是它的前缀，所以，G 没有上界，也没有最小上界．

例 4.32 设 $S=\{1,2\}$,则 S 上可以定义[A]个不同的二元关系,其中有[B]个等价关系,[C]个偏序关系,I_s 是[D],$\varnothing$是[E].

供选择的答案

A、B、C：①1；②2；③3；④4；⑤8；⑥16.

D、E：⑦等价关系但不是偏序关系；⑧偏序关系但不是等价关系；⑨等价关系和偏序关系；⑩既不是等价关系也不是偏序关系.

答案 A：⑥；B：②；C：③；D：⑨；E：⑩.

分析 设 $|S|=n$,则 S 上可定义 2^{n^2} 个二元关系. 所以,$\{1,2\}$上可定义 $2^4=16$ 个二元关系. S 上的等价关系数等于 S 的划分个数,而 2 元集只有两种划分方案(划成一块或两块),所以,有 2 种等价关系. 2 元集的哈斯图只有 2 个结点,边至多有 1 条. 不同的哈斯图只有 3 种(没有边的 1 种,有 1 条边的 2 种),所以,$\{1,2\}$上有 3 种不同的偏序关系.

I_s 是 S 上的恒等关系,它是自反的、对称的、反对称的和传递的,既是等价关系,也是偏序关系. 空关系$\varnothing$在 S 上不自反,既不是等价的,也不是偏序.

例 4.33 下面给定 5 个函数,其中单射而非满射的有[A],满射而非单射的有[B],双射的有[C],既不单射,又不满射的有[D]、[E].

设 $\mathbf{R}$ 为实数集,$\mathbf{Z}$ 为整数集,$\mathbf{R}^+$、$\mathbf{Z}^+$ 分别表示正实数与正整数集.

供选择的答案

① f: $\mathbf{R}\to\mathbf{R}$, $f(x)=-x^2+2x-1$；② f: $\mathbf{Z}^+\to\mathbf{R}$, $f(x)=\ln x$；③ f: $\mathbf{R}\to\mathbf{Z}$, $f(x)=\lfloor x\rfloor$, $\lfloor x\rfloor$表示不大于 x 的最大整数；④ f: $\mathbf{R}\to\mathbf{R}$, $f(x)=2x+1$；⑤ f: $\mathbf{R}^+\to\mathbf{R}^+$, $f(x)=\dfrac{x^2+1}{x}$.

答案 A：②；B：③；C：④；D、E：①、⑤.

分析 函数①是开口向下的抛物线,不是单调函数,有极大值,所以,不是单射,也不是满射.

函数②是单调上升的,其函数值依次为 ln1, ln2, ln3, …. 是单射的,但 $\operatorname{ran}f\subset\mathbf{R}$,不满射.

函数③是满射的,但 $f(1.5)=f(1)=1$,不单射.

函数④是线性函数,单调上升,是双射.

函数⑤,当 $x\to 0$ 时,$f(x)\to+\infty$,而当 $x\to+\infty$时,$f(x)\to+\infty$,在 $x=1$ 函数取得极小值 $f(1)=2$,所以,它既不单射,也不满射.

例 4.34 设 $f_1, f_2\in\mathbf{R}^{\mathbf{R}}$,$\mathbf{R}$ 为实数集且

$$f_1(x)=\begin{cases}1, & x\in\mathbf{Z},\\ -1, & x\notin\mathbf{Z}.\end{cases}\quad \mathbf{Z}\text{ 为整数集},$$

$$f_2(x)=x.$$

定义 $\mathbf{R}$ 上的等价关系 T_1 和 T_2,使得

$$T_i=\{<x,y>\mid x,y\in\mathbf{R}\wedge f_i(x)=f_i(y)\},\quad i=1,2.$$

则(1) T_1 和 T_2 对应的划分分别是[A]和[B].

(2) 设 g_1、g_2 为自然映射，g_i：$\mathbf{R}\to\mathbf{R}/T_i$，$g_i(x)=[x]$，$i=1,2$. 则 g_1 是 $\boxed{C}$，g_2 是 $\boxed{D}$，且 $g_1(0)=\boxed{E}$.

供选择的答案

A、B：①$\{\mathbf{R}^+,\mathbf{R}-\mathbf{R}^+\}$；②$\{\mathbf{R}\}$；③$\{\mathbf{Z},\mathbf{R}-\mathbf{Z}\}$；④$\{\{x\}\mid x\in\mathbf{R}\}$.

C、D：⑤单射不满射；⑥满射不单射；⑦双射；⑧不单射也不满射.

E：⑨1；⑩$\mathbf{Z}$.

答案　A：③；B：④；C：⑥；D：⑦；E：⑩.

分析　(1) 由 f_1 和 T_1 的定义可知，$\forall x_1,x_2\in\mathbf{Z}$ 有 $f_1(x_1)=f_1(x_2)$，则 $x_1\sim x_2$. 同理 $\forall x_1,x_2\in\mathbf{R}-\mathbf{Z}$，有 $x_1\sim x_2$，即 T_1 将 $\mathbf{R}$ 中的元素分成两个等价类 $\mathbf{Z}$ 和 $\mathbf{R}-\mathbf{Z}$，所对应的划分即是 $\{\mathbf{Z},\mathbf{R}-\mathbf{Z}\}$. 由 f_2 和 T_2 的定义可知，f_2 是 $\mathbf{R}$ 上的恒等函数，$\forall x\in\mathbf{R}$ 有 $x\sim x$. 所以，T_2 中的等价类都具有形式 $\{x\}$，$x\in\mathbf{R}$，而对应的划分为 $\{\{x\}\mid x\in\mathbf{R}\}$.

(2) 由定义可知有

$$g_1:\mathbf{R}\to\mathbf{R}/T_1,\ g_1(x)=[x]=\begin{cases}\mathbf{Z}, & x\in\mathbf{Z},\\ \mathbf{R}-\mathbf{Z}, & x\in\mathbf{R}-\mathbf{Z}.\end{cases}$$

$$g_2:\mathbf{R}\to\mathbf{R}/T_2,\ g_2(x)=[x]=\{x\},\quad x\in\mathbf{R}.$$

易见 g_1 和 g_2 都是满射的，对于 g_1，因 $g_1(1)=g_1(2)=\mathbf{Z}$，所以 g_1 不是单射的. 而当 $x_1\neq x_2$ 时，有 $\{x_1\}\neq\{x_2\}$，所以 g_2 是单射的.

由于 $0\in\mathbf{Z}$，$g_1(0)=\mathbf{Z}$.

例 4.35　设 $\mathbf{N}$ 是自然数集，确定下列函数中哪一个是满射？哪一个是单射？哪一个是双射？并说明理由.

(1) f：$\mathbf{N}\to\mathbf{N}$，$f(n)=n^2+2$.

(2) f：$\mathbf{N}\to\mathbf{N}$，$f(n)=n \bmod 3$.

(3) f：$\mathbf{N}\to\mathbf{N}$，$f(n)=\begin{cases}1, & n\text{ 为奇数},\\ 0, & n\text{ 为偶数}.\end{cases}$

(4) f：$\mathbf{N}\to\{0,1\}$，$f(n)=\begin{cases}1, & n\text{ 为奇数},\\ 0, & n\text{ 为偶数}.\end{cases}$

答案　(1) 因为对于不等的自然数 x，y 有 $x^2+1\neq y^2+1$，因而 f 是单射的. $0\notin \mathrm{ran}\, f$，因此不是满射的.

(2) $f(1)=f(4)$，因此 f 不是单射的. $4\notin \mathrm{ran}\, f$，因此 f 不是满射的.

(3) $f(1)=f(3)$，因此 f 不是单射的. $2\notin \mathrm{ran}\, f$，因此 f 不是满射的.

(4) $f(1)=f(3)$，因此 f 不是单射的. $\mathrm{ran}\, f=\{0,1\}$，f 是满射的.

分析　本题涉及了函数性质——单射和满射的判断问题. 判断函数 f：$A\to B$ 是否具有单射和满射的性质，主要依据下述方法：

$\mathrm{ran}\, f=B\Leftrightarrow f$ 是满射的.

对于任意 x、y，都有 $f(x)=f(y)\Rightarrow x=y$ 成立；换句话说，如果 $x\neq y$，就有 $f(x)\neq f(y)$ 成立，f 就是单射的.

例 4.36 对于给定集合 A 和 B 构造从 A 到 B 的双射函数.

(1) $A=\mathbf{Z}$,$B=\mathbf{N}$,其中 $\mathbf{Z}$、$\mathbf{N}$ 分别表示整数集和自然数集.

(2) $A=[\pi,2\pi]$,$B=[-1,1]$是实数区间.

答案 (1) $f:\mathbf{Z}\to\mathbf{N}, f(x)=\begin{cases}2x, & x\geqslant 0,\\ -2x-1, & x<0.\end{cases}$

(2) $f:[\pi,2\pi]\to[-1,1]$,$f(x)=\cos x$ 或者 $\sin(x+\pi/2)$.

分析 关于双射函数的构造,根据给定集合的不同,构造双射函数的方法也不同. 即使是同样的集合,也可以构造出不同的双射函数. 如果给定的集合有自然数集合 $\mathbf{N}$,那么通常采用对另一个集合"数元素"的方法来构造双射函数,也就是说,按照某种规则依次指定该集合中的第 0 个元素,第 1 个元素,第 2 个元素,……. 如果给定的集合是实数区间,通常采用适当的初等函数,如一次函数、三角函数、对数函数、指数函数等. 不管采用哪种函数,必须保证所构造的函数在给定的实数区间是严格单调的(上升或下降).

下面讨论本题的两个双射函数的构造方法.

(1) 首先将所有的整数按照"数元素"的次序排列,比如 $0,-1,1,-2,2,-3,3,\cdots$ 规则是绝对值较小的整数排在绝对值较大的整数之前,绝对值相等的整数中负数排在正数之前. 根据这个排列,整数集合到自然数集合的对应就是

$$\begin{array}{ccccccccc}\mathbf{Z} & 0 & -1 & 1 & -2 & 2 & -3 & 3 & \cdots\\ \mathbf{N} & 0 & 1 & 2 & 3 & 4 & 5 & 6 & \cdots\end{array}$$

针对这个对应不难写出相应的函数表达式为

$$f:\mathbf{Z}\to\mathbf{N}, f(x)=\begin{cases}2x, & x\geqslant 0,\\ -2x-1, & x<0.\end{cases}$$

当然这个构造不是唯一的,也可以采用其他的排列方法. 不管采用哪种方法,都要保证函数的单射性.

(2) 从实数区间$[\pi,2\pi]$到$[-1,1]$的双射函数,可以采用一次函数,即经过平面直角坐标系上的点$(\pi,-1)$到点$(2\pi,1)$的直线方程

$$f:[\pi,2\pi]\to[-1,1],\quad f(x)=\frac{2}{\pi}x-3.$$

也可以采用三角函数

$$f:[\pi,2\pi]\to[-1,1],\quad f(x)=\cos x \text{ 或者 } \sin(x+\pi/2).$$

习 题

题 4.1～题 4.10 为选择题. 题目要求是从供选择的答案中选出应填入叙述中的□内的正确答案.

4.1 (1) 设 $S=\{1,2\}$,R 是 S 上的二元关系,且 xRy. 如果 $R=I_s$,则$\boxed{\text{A}}$;如果 R 是数的小于等于关系,则$\boxed{\text{B}}$,如果 $R=E_s$,则$\boxed{\text{C}}$.

(2) 设有序对$\langle x+2,4\rangle$与有序对$\langle 5,2x+y\rangle$相等,则 $x=\boxed{\text{D}}$,$y=\boxed{\text{E}}$.

供选择的答案

A、B、C：①x、y 可任意选择 1 或 2；②$x=1,y=1$；③$x=1,y=1$ 或 2；$x=y=2$；④$x=2,y=2$；⑤$x=y=1$ 或 $x=y=2$；⑥$x=1,y=2$；⑦$x=2,y=1$.

D、E：⑧3；⑨2；⑩-2.

4.2 设 $S=\{1,2,3,4\}$，R 为 S 上的关系，其关系矩阵是

$$\begin{bmatrix} 1 & 0 & 0 & 1 \\ 1 & 0 & 0 & 0 \\ 0 & 0 & 0 & 1 \\ 1 & 0 & 0 & 0 \end{bmatrix},$$

则 (1) R 的关系表达式是$\boxed{A}$.

(2) $\mathrm{dom}R=\boxed{B}$，$\mathrm{ran}R=\boxed{C}$.

(3) $R\circ R$ 中有$\boxed{D}$个有序对.

(4) R^{-1}的关系图中有$\boxed{E}$个环.

供选择的答案

A：①{＜1,1＞，＜1,2＞，＜1,4＞，＜4,1＞，＜4,3＞}；②{＜1,1＞，＜1,4＞，＜2,1＞，＜4,1＞，＜3,4＞}.

B、C：③{1,2,3,4}；④{1,2,4}；⑤{1,4}；⑥{1,3,4}.

D、E：⑦1；⑧3；⑨6；⑩7.

4.3 设 R 是由方程 $x+3y=12$ 定义的正整数集 $\mathbf{Z}^+$ 上的关系，即

$$\{\langle x,y\rangle \mid x,y\in\mathbf{Z}^+ \wedge x+3y=12\},$$

则 (1) R 中有$\boxed{A}$个有序对.

(2) $\mathrm{dom}R=\boxed{B}$.

(3) $R\upharpoonright\{2,3,4,6\}=\boxed{C}$.

(4) $\{3\}$在 R 下的像是$\boxed{D}$.

(5) $R\circ R$ 的集合表达式是$\boxed{E}$.

供选择的答案

A：①2；②3；③4.

B、C、D、E：④{＜3,3＞}；⑤{＜3,3＞，＜6,2＞}；⑥{0,3,6,9,12}；⑦{3,6,9}；⑧{3}；⑨$\varnothing$；⑩3.

4.4 设 $S=\{1,2,3\}$，图 4-18 给出了 S 上的 5 个关系，则它们只具有以下性质：R_1 是$\boxed{A}$，R_2 是$\boxed{B}$，R_3 是$\boxed{C}$，R_4 是$\boxed{D}$，R_5 是$\boxed{E}$.

供选择的答案

A、B、C、D、E：①自反的，对称的，传递的；②反自反的，反对称的；③反自反的，反对称的，传递的；④自反的；⑤反对称的，传递的；⑥什么性质也没有；⑦对称的；⑧反对称的；⑨反自反的，对称的；⑩自反的，对称的，反对称的，传递的.

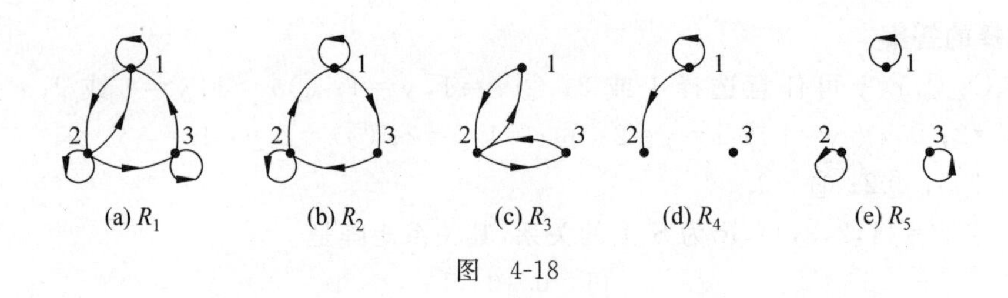

图 4-18

4.5 设 $\mathbf{Z}^+=\{x\mid x\in\mathbf{Z}\wedge x>0\}$，$\pi_1$、$\pi_2$、$\pi_3$ 是 $\mathbf{Z}^+$ 的 3 个划分.

$$\pi_1=\{\{x\}\mid x\in\mathbf{Z}^+\},$$

$$\pi_2=\{S_1,S_2\}, S_1 \text{ 为素数集}, S_2=\mathbf{Z}^+-S_1,$$

$$\pi_3=\{\mathbf{Z}^+\},$$

则 (1) 3 个划分中划分块最多的是 $\boxed{\text{A}}$，最少的是 $\boxed{\text{B}}$.

(2) 划分 π_1 对应的是 $\mathbf{Z}^+$ 上的 $\boxed{\text{C}}$，π_2 对应的是 $\mathbf{Z}^+$ 上的 $\boxed{\text{D}}$，π_3 对应的是 $\mathbf{Z}^+$ 上的 $\boxed{\text{E}}$.

供选择的答案

A、B：①π_1；②π_2；③π_3.

C、D、E：④整除关系；⑤全域关系；⑥包含关系；⑦小于等于关系；⑧恒等关系；⑨含有两个等价类的等价关系；⑩以上关系都不是.

4.6 设 $S=\{1,2,\cdots,10\}$，$\leqslant$ 是 S 上的整除关系，则 $<S,\leqslant>$ 的哈斯图是 $\boxed{\text{A}}$，其中最大元是 $\boxed{\text{B}}$，最小元是 $\boxed{\text{C}}$，最小上界是 $\boxed{\text{D}}$，最大下界是 $\boxed{\text{E}}$.

供选择的答案

A：①一棵树；②一条链；③以上都不对.

B、C、D、E：④$\varnothing$；⑤1；⑥10；⑦6,7,8,9,10；⑧6；⑨0；⑩不存在.

4.7 设 $f:\mathbf{N}\to\mathbf{N}$，$\mathbf{N}$ 为自然数集，且

$$f(x)=\begin{cases}1, & \text{若 } x \text{ 为奇数；}\\ \dfrac{x}{2}, & \text{若 } x \text{ 为偶数.}\end{cases}$$

则 $f(0)=\boxed{\text{A}}$，$f(\{0\})=\boxed{\text{B}}$，$f(\{1,2\})=\boxed{\text{C}}$，$f(1,2)=\boxed{\text{D}}$，$f(\{0,2,4,6,\cdots\})=\boxed{\text{E}}$.

供选择的答案

A、B、C、D、E：①无意义；②1；③$\{1\}$；④0；⑤$\{0\}$；⑥$\dfrac{1}{2}$；⑦$\mathbf{N}$；⑧$\{1,3,5,\cdots\}$；⑨$\left\{\dfrac{1}{2},1\right\}$；⑩$\{2,4,6,\cdots\}$.

4.8 设 $\mathbf{R}$、$\mathbf{Z}$、$\mathbf{N}$ 分别表示实数、整数和自然数集，下面定义函数 f_1、f_2、f_3、f_4. 试确定它们的性质.

$f_1:\mathbf{R}\to\mathbf{R}, f(x)=2^x$，

$f_2:\mathbf{Z}\to\mathbf{N}, f(x)=|x|$，

$f_3:\mathbf{N}\to\mathbf{N}, f(x)=(x)\bmod 3$，$x$ 除以 3 的余数，

$f_4:\mathbf{N}\to\mathbf{N}\times\mathbf{N}, f(n)=<n,n+1>$.

则 f_1 是 $\boxed{A}$，f_2 是 $\boxed{B}$，f_3 是 $\boxed{C}$，f_4 是 $\boxed{D}$，$f_4(\{5\})=\boxed{E}$.

供选择的答案

A、B、C、D：①满射不单射；②单射不满射；③双射；④不单射也不满射；⑤以上性质都不对.

E：⑥6；⑦5；⑧$<5,6>$；⑨$\{<5,6>\}$；⑩以上答案都不对.

4.9 设 $f: \mathbf{R}\to\mathbf{R}, f(x)=\begin{cases}x^2, & x\geqslant 3;\\ -2, & x<3.\end{cases}$

$g: \mathbf{R}\to\mathbf{R}, g(x)=x+2,$

则 $f\circ g(x)=\boxed{A}$，$g\circ f(x)=\boxed{B}$，$g\circ f: \mathbf{R}\to\mathbf{R}$ 是 $\boxed{C}$，f^{-1} $\boxed{D}$，g^{-1} $\boxed{E}$.

供选择的答案

A、B：① $\begin{cases}(x+2)^2, & x\geqslant 3;\\ -2, & x<3.\end{cases}$ ② $\begin{cases}x^2+2, & x\geqslant 3;\\ -2, & x<3.\end{cases}$ ③ $\begin{cases}(x+2)^2, & x\geqslant 1;\\ -2, & x<1.\end{cases}$

④ $\begin{cases}x^2+2, & x\geqslant 3;\\ 0, & x<3.\end{cases}$

C：⑤单射不满射；⑥满射不单射；⑦不单射也不满射；⑧双射.

D、E：⑨不是反函数；⑩是反函数.

4.10 (1) 设 $S=\{a,b,c\}$，则集合 $T=\{a,b\}$ 的特征函数是 $\boxed{A}$，属于 S^S 的函数是 $\boxed{B}$.

(2) 在 S 上定义等价关系 $R=I_S\cup\{<a,b>,<b,a>\}$，那么该等价关系对应的划分中有 $\boxed{C}$ 个划分块. 作自然映射 $g: S\to S/R, g(x)=[x]_R$，那么 g 的表达式是 $\boxed{D}$，$g(b)=\boxed{E}$.

供选择的答案

A、B、D：①$\{<a,a>, <b,b>, <c,c>\}$；②$\{<a,b>\}$；③$\{<a,1>, <b,1>, <c,0>\}$；④$\{<a,\{a\}>, <b,\{b\}>, <c,\{c\}>\}$；⑤$\{<a,\{a,b\}>, <b,\{a,b\}>, <c,\{c\}>\}$.

C：⑥1；⑦2；⑧3.

E：⑨$\{a,b\}$；⑩$\{b\}$.

4.11 设 $S=\{1,2,\cdots,6\}$，下面各式定义的 R 都是 S 上的关系，分别列出 R 的元素.

(1) $R=\{<x,y>\mid x,y\in S\wedge x\mid y\}$.

(2) $R=\{<x,y>\mid x,y\in S\wedge x$ 是 y 的倍数$\}$.

(3) $R=\{<x,y>\mid x,y\in S\wedge (x-y)^2\in S\}$.

(4) $R=\{<x,y>\mid x,y\in S\wedge x/y$ 是素数$\}$.

4.12 设 $S=\{1,2,\cdots,10\}$，定义 S 上的关系

$$R=\{<x,y>\mid x,y\in S\wedge x+y=10\},$$

R 具有哪些性质？

4.13 $S=\{a,b,c,d\}$，R_1、R_2 为 S 上的关系，

$$R_1=\{<a,a>, <a,b>, <b,d>\}$$
$$R_2=\{<a,d>, <b,c>, <b,d>, <c,b>\}$$

求 $R_1\circ R_2$、$R_2\circ R_1$、R_1^2 和 R_2^3.

4.14 设 R 的关系图如图 4-19 所示，试给出 $r(R)$、$s(R)$、$t(R)$的关系图.

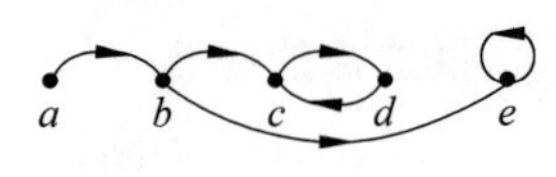

图 4-19

4.15 对任意非空集合 S，$P(S)-\{\varnothing\}$是 S 的非空子集族，那么 $P(S)-\{\varnothing\}$能否构成 S 的划分？

4.16 画出下列集合关于整除关系的哈斯图.

(1) $\{1,2,3,4,6,8,12,24\}$.

(2) $\{1,2,\cdots,9\}$.

并指出它的极小元、最小元、极大元、最大元.

4.17 在下列的关系中哪些能构成函数？

(1) $\{<x_1,x_2>|x_1,x_2\in\mathbf{N},x_1+x_2<10\}$.

(2) $\{<y_1,y_2>|y_1,y_2\in\mathbf{R},y_2=y_1^2\}$.

(3) $\{<y_1,y_2>|y_1,y_2\in\mathbf{R},y_2^2=y_1\}$.

4.18 设 R 是 S 上的等价关系，在什么条件下自然映射 $g: S\to S/R$ 是双射的？

4.19 设 $f,g,h\in\mathbf{N}^{\mathbf{N}}$，且有

$$f(n)=n+1,\quad g(n)=2n,\quad h(n)=\begin{cases}0, & n\text{ 为偶数；}\\ 1, & n\text{ 为奇数.}\end{cases}$$

求 $f\circ f$、$g\circ f$、$f\circ g$、$h\circ g$、$g\circ h$ 和 $f\circ g\circ h$.

4.20 设 $f: \mathbf{R}\times\mathbf{R}\to\mathbf{R}\times\mathbf{R}$，$f(<x,y>)=<x+y,x-y>$，求 f 的反函数.

4.21 设 $f,g\in\mathbf{N}^{\mathbf{N}}$，$\mathbf{N}$ 为自然数集，且

$$f(x)=\begin{cases}x+1, & x=0,1,2,3;\\ 0, & x=4;\\ x, & x\geqslant 5.\end{cases}\qquad g(x)=\begin{cases}\dfrac{x}{2}, & x\text{ 为偶数；}\\ 3, & x\text{ 为奇数.}\end{cases}$$

(1) 求 $g\circ f$ 并讨论它的性质(是否为单射或满射).

(2) 设 $A=\{0,1,2\}$，求 $g\circ f(A)$.

4.22 设 $A=\{a,b\}$，$B=\{0,1\}$，

(1) 求 $P(A)$和 B^A.

(2) 构造一个从 $P(A)$到 B^A 的双射函数.

4.23 对下面给定的集合 A 和 B，构造从 A 到 B 的双射函数.

(1) $A=\mathbf{N}$，$B=\{x|x=2^y\wedge y\in\mathbf{N}\}$.

(2) $A=\left[\dfrac{\pi}{2},\dfrac{3\pi}{2}\right]$，$B=[-1,1]$都是实数区间.

4.24 设 $f: A\to A$，由 f 导出的 A 上的等价关系定义如下：

$$R=\{<x,y>|\ x,y\in A\wedge f(x)=f(y)\}.$$

已知 $f_1,f_2,f_3\in\mathbf{N}^{\mathbf{N}}$，且

$$f_1(n)=n,\quad f_2(n)=\begin{cases}0, & n\text{ 为偶数,}\\ 1, & n\text{ 为奇数.}\end{cases}\quad f_3(n)=(n)\bmod 3.$$

令 R_i 为 f_i 导出的等价关系，求商集 $\mathbf{N}/R_i$，其中 $i=1,2,3$.

4.25 对下述函数 f、g 及集合 A、B，计算 $f\circ g$、$f\circ g(A)$ 和 $f\circ g(B)$，并说明 $f\circ g$ 是否为单射或满射.

(1) f：$\mathbf{R}\to\mathbf{R}$，$f(x)=x^4-x^2$

g：$\mathbf{N}\to\mathbf{R}$，$g(x)=\sqrt{x}$

$A=\{2,4,6,8,10\}$，$B=\{0,1\}$.

(2) f：$\mathbf{Z}\to\mathbf{R}$，$f(x)=\mathrm{e}^x$

g：$\mathbf{Z}\to\mathbf{Z}$，$g(x)=x^2$

$A=\mathbf{N}$，$B=\{2k\mid k\in\mathbf{N}\}$.

第 5 章　图的基本概念

图论的内容十分丰富,应用相当广泛.许多学科,诸如运筹学、信息论、控制论、网络理论、博弈论、化学、生物学、物理学、社会科学、语言学、计算机科学等,都以图作为工具来解决实际问题和理论问题.随着计算机科学的发展,图论在以上各学科中的作用越来越大,同时图论本身也得到了充分的发展. 本书在第 5、6、7 章中介绍与计算机科学关系密切的图论内容.

5.1　无向图及有向图

在集合论中已给出了集合与卡氏积的概念,这里还需要给出多重集与无序积的概念.集合中的元素不重复出现,当允许元素重复出现时称作**多重集**. 如,$\{a, a, b, c, c, c\}$与$\{a, b, c\}$作为集合是相同的,而作为多重集是不相同的.

设 A、B 为两集合,称

$$\{\{a,b\} \mid a \in A \wedge b \in B\}$$

为 A 与 B 的**无序积**,记作 $A\&B$. 为方便起见,将无序对$\{a,b\}$记作(a,b). 无论 a、b 是否相同,显然有$(a,b)=(b,a)$. 例如,设 $A=\{a_1,a_2\}$,$B=\{b_1,b_2\}$,则

$$A\&B = \{(a_1,b_1),(a_1,b_2),(a_2,b_1),(a_2,b_2)\},$$

$$A\&A = \{(a_1,a_1),(a_1,a_2),(a_2,a_2)\}.$$

定义 5.1　一个**无向图** G 是一个二元组$\langle V,E\rangle$,其中

(1) V 是一个非空的有穷集合,称为 G 的**顶点集**,V 中元素称为**顶点**或**结点**;

(2) E 是无序积 $V\&V$ 的一个多重子集,称为 G 的**边集**,E 中元素称为**无向边**或简称**边**.

图 G 的顶点集记作 $V(G)$,边集记作 $E(G)$. 在图的运算中,有时会产生顶点集为$\varnothing$的结果,因而规定顶点集为$\varnothing$的图为**空图**.

以上给出的是一个无向图的数学定义,还可以用图形表示无向图,这样更直观. 用小圆圈或实心点表示顶点,用连接两个顶点的线段表示边,其中顶点的位置、线段的曲直及是否相交都无关紧要. 例如,$G=\langle V,E\rangle$,$V=\{v_1,v_2,v_3,v_4,v_5\}$,$E=\{(v_1,v_2),(v_2,v_2),(v_2,v_3),(v_1,v_3),(v_1,v_3),(v_1,v_4)\}$,$G$ 的图形如图 5-1(a)所示.

定义 5.2　一个**有向图** D 是一个二元组$\langle V,E\rangle$,其中

(1) V 是一个非空的有穷集合,称为 D 的**顶点集**,V 中元素称为**顶点**或**结点**;

(2) E 是卡氏积 $V\times V$ 的多重子图,称为 D 的**边集**,其元素称为**有向边**,也简称**边**.

也用 $V(D)$、$E(D)$分别表示有向图 D 的顶点集和边集. 有向图 D 也可以用图形表示,与无向图不同的是,用带箭头的连线表示有向边. 例如,$D=\langle V,E\rangle$,其中 $V=\{v_1,v_2,v_3,v_4,v_5\}$,$E=\{\langle v_1,v_1\rangle,\langle v_3,v_2\rangle,\langle v_3,v_2\rangle,\langle v_3,v_4\rangle,\langle v_2,v_4\rangle,\langle v_4,v_5\rangle,\langle v_5,v_4\rangle,\langle v_1,v_2\rangle\}$,$D$ 的

图形为图 5-1(b)所示. 为方便起见,也可以给边起个名字. 例如,在图 5-1(a)中,用 e_1 表示边(v_2,v_2),e_2 表示边(v_1,v_2)等. 在图 5-1(b)中,用 e_1 表示边$\langle v_1,v_1\rangle$,e_2 表示边$\langle v_1,v_2\rangle$等.

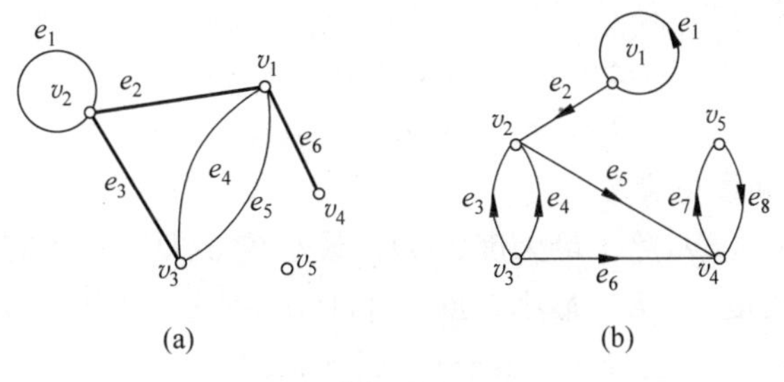

图 5-1

无向图和有向图通称为图,但有时也把无向图简称为图. 常用 G 表示无向图,用 D 表示有向图. 有时又用 G 泛指无向图或有向图.

有 n 个顶点的图(无向图或有向图)称为 **n 阶图**. 没有一条边的图称为**零图**. 一阶零图,即只有一个顶点、没有边的图,称为**平凡图**.

定义 5.3 在无向图 $G=\langle V,E\rangle$ 中,设 $e=(u,v)$是 G 的一条边,则称 u、v 为 e 的**端点**,e 与 u(和 v)**关联**. 无边关联的顶点称为**孤立点**. 若一条边所关联的两个顶点重合,则称此边为**环**. 若 $u\neq v$,则称 e 与 u(和 v)的**关联次数**为 1;若 $u=v$,称 e 与 u 的关联次数为 2;若 w 不是 e 的端点,则称 e 与 w 的关联次数为 0.

若存在一条边 e 以顶点 u、v 为端点,则称 u、v 是**相邻**的. 若两条边 e、e'至少有一个公共端点,则称 e、e'是**相邻**的.

在图 5-1(a)中,$e_2=(v_1,v_2)$,v_1、v_2 为 e_2 的端点,e_2 与 v_1、v_2 的关联次数均为 1. v_5 是孤立点. e_1 是环,e_1 与 v_2 的关联次数为 2. v_1 与 v_2 是相邻的,而 v_2 与 v_4 不相邻. e_1 与 e_2 是相邻的,e_2 与 e_3 也是相邻的,而 e_1 与 e_4 不相邻.

定义 5.4 在有向图 $D=\langle V,E\rangle$ 中,设 $e=\langle u,v\rangle$是 D 的一条有向边,则称 u 为 e 的**始点**,v 为 e 的**终点**,也称 u、v 为 e 的**端点**,e 与 u(和 v)**关联**. 无边关联的顶点称为**孤立点**. 若一条有向边的始点与终点重合,则称此边为**环**.

若存在一条边 e 以顶点 u 为始点、以 v 为终点,则称 u **邻接到** v. 若边 e 的终点与边 e' 的始点重合,则称 e、e'是**相邻**的.

在图 5-1(b)中,边 $e_2=\langle v_1,v_2\rangle$,$v_1$ 是 e_2 的始点,v_2 是 e_2 的终点,v_1 邻接到 v_2. e_1 是环,无孤立点. 边 e_1 与 e_2 是相邻的,e_2 与 e_5 也是相邻的,而 e_2 与 e_3 不是相邻的.

定义 5.5 在无向图中,顶点 v 作为边的端点的次数之和为 v 的**度数**,简称**度**,记作 $d(v)$.

在有向图中,称顶点 v 作为边的始点的次数之和为 v 的**出度**,记作 $d^+(v)$;称 v 作为边的终点的次数之和为 v 的**入度**,记作 $d^-(v)$;称 v 作为边的端点的次数之和为 v 的**度数**,简称**度**,记作 $d(v)$. 显然,$d(v)=d^+(v)+d^-(v)$.

在图 5-1(a)中,$d(v_1)=4$,$d(v_2)=4$,$d(v_5)=0$. 在图 5-1(b)中,$d^+(v_1)=2$,$d^-(v_1)=1$,$d(v_1)=3$,$d^+(v_2)=1$,$d^-(v_2)=3$,$d(v_2)=4$. 注意,在图 5-1(a)中,v_2 作为环 e_1 的端点是 2 次. 在图 5-1(b)中,v_1 作为环 e_1 的一次始点、一次终点和 2 次端点.

称度数为 1 的顶点为**悬挂顶点**，它所关联的边为**悬挂边**. 在图 5-1(a)中，v_4 为悬挂顶点，e_6 为悬挂边.

对于无向图 $G=\langle V,E\rangle$，记

$$\Delta(G) = \max\{d(v) \mid v \in V\},$$
$$\delta(G) = \min\{d(v) \mid v \in V\},$$

分别称为 G 的**最大度**和**最小度**.

对于有向图 $D=\langle V,E\rangle$，除了**最大度** $\Delta(D)$、**最小度** $\delta(D)$ 外，还有**最大出度** $\Delta^+(D)$、**最大入度** $\Delta^-(D)$、**最小出度** $\delta^+(D)$、**最小入度** $\delta^-(D)$，分别定义如下：

$$\Delta(D) = \max\{d(v) \mid v \in V\};$$
$$\delta(D) = \min\{d(v) \mid v \in V\};$$
$$\Delta^+(D) = \max\{d^+(v) \mid v \in V\};$$
$$\Delta^-(D) = \max\{d^-(v) \mid v \in V\};$$
$$\delta^+(D) = \min\{d^+(v) \mid v \in V\};$$
$$\delta^-(D) = \min\{d^-(v) \mid v \in V\}.$$

在图 5-1(a)中，$\Delta=4$，$\delta=0$. 图 5-1(b)中，$\Delta=4$，$\delta=2$，$\Delta^+=3$，$\Delta^-=3$，$\delta^+=1$，$\delta^-=0$.

下面定理给出图中顶点度数与边数之间的关系.

定理 5.1（握手定理） 设图 $G=\langle V,E\rangle$ 为无向图或有向图，$V=\{v_1,v_2,\cdots,v_n\}$，边数 $|E|=m$，则

$$\sum_{i=1}^{n} d(v_i) = 2m.$$

证明 每一条边有 2 个端点，所有顶点的度数之和等于它们作为端点的次数之和，因此恰好等于边数的 2 倍.

握手定理是图论中的基本定理，它有一个重要推论.

推论 任何图（无向的或有向的）中，度数为奇数的顶点个数是偶数.

对有向图来说，还有下面的定理.

定理 5.2 设有向图 $D=\langle V,E\rangle$，$V=\{v_1,v_2,\cdots,v_n\}$，$|E|=m$，则

$$\sum_{i=1}^{n} d^+(v_i) = \sum_{i=1}^{n} d^-(v_i) = m.$$

可类似定理 5.1 证明.

以上两定理及其推论都是非常重要的，希望记住它们并能灵活运用.

设 $V=\{v_1,v_2,\cdots,v_n\}$ 为图 G 的顶点集，称 $(d(v_1),d(v_2),\cdots,d(v_n))$ 为 G 的**度数序列**. 有向图还有入度序列和出度序列. 图 5-1(a)的度数序列为(4,4,3,1,0)，(b)的度数序列为(3,4,3,4,2)，入度序列为(1, 3, 0, 3, 1)，出度序列为(2, 1, 3, 1, 1).

例 5.1 (1) (3,3,2,3)、(5,2,3,1,4)能成为图的度数序列吗？为什么？

(2) 已知图 G 中有 10 条边，4 个度数为 3 的顶点，其余顶点的度数均小于等于 2，问 G 中至少有多少个顶点？为什么？

解 (1) 由于这两个序列中，奇数个数均为奇数，由握手定理的推论可知，它们都不能成为图的度数序列.

(2) 图中边数 $m=10$，由握手定理可知，G 中各顶点度数之和为 20，4 个 3 度顶点占去 12 度，还剩 8 度. 若其余全是 2 度顶点，还需要 4 个顶点来占用这 8 度，所以 G 至少有 8 个顶点.

定义 5.6 在无向图中，关联一对顶点的无向边如果多于 1 条，称这些边为**平行边**. 平行边的条数称为**重数**.

在有向图中，如果有多于 1 条的边的始点与终点相同，则称这些边为**有向平行边**，简称**平行边**.

含平行边的图称为**多重图**. 既不含平行边也不含环的图称为**简单图**.

在图 5-1(a)中，e_4 与 e_5 是平行边. 图 5-1(b)中，e_3 与 e_4 是平行边，而 e_7 与 e_8 不是平行边. 这 2 个图都不是简单图. 图 5-2 中所示的 3 个图都是简单图.

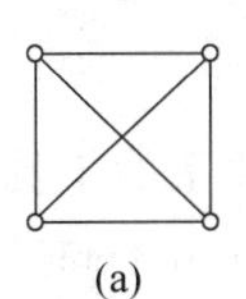
(a)

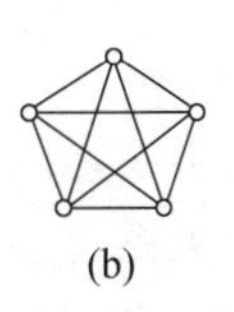
(b)

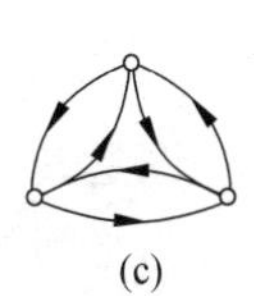
(c)

图 5-2

定义 5.7 设 $G=\langle V,E\rangle$ 是 n 阶无向简单图，若 G 中任何顶点都与其余的 $n-1$ 个顶点相邻，则称 G 为 ***n* 阶无向完全图**，记作 K_n.

设 $D=\langle V,E\rangle$ 为 n 阶有向简单图，若对于任意的顶点 $u,v\in V(u\neq v)$，既有有向边 $\langle u,v\rangle$，又有 $\langle v,u\rangle$，则称 D 是 ***n* 阶有向完全图**.

在图 5-2 中(a)为 K_4，(b)为 K_5，(c)为 3 阶有向完全图.

定义 5.8 设 $G=\langle V,E\rangle$，$G'=\langle V',E'\rangle$ 是两个图. 若 $V'\subseteq V$ 且 $E'\subseteq E$，则称 G' 是 G 的**子图**，G 是 G' 的**母图**，记作 $G'\subseteq G$.

若 $G'\subseteq G$ 且 $G'\neq G$(即 $V'\subset V$ 或 $E'\subset E$)，则称 G' 是 G 的**真子图**.

若 $G'\subseteq G$ 且 $V'=V$，则称 G' 是 G 的**生成子图**.

设 $V_1\subseteq V$，且 $V_1\neq\varnothing$，以 V_1 为顶点集，以所有两端点均在 V_1 中的边为边集的 G 的子图，称为 V_1 导出的**导出子图**，记作 $G[V_1]$.

设 $E_1\subseteq E$，且 $E_1\neq\varnothing$，以 E_1 为边集，以 E_1 中边关联的所有顶点为顶点集的 G 的子图，称为 E_1 导出的**导出子图**，记作 $G[E_1]$.

在图 5-3 中，图 5-3(b)、图 5-3(c)均为图 5-3(a)的子图，图 5-3(c)是生成子图. 图 5-3(b)是顶点子集$\{v_1,v_2\}$的导出子图，也是边子集$\{e_4,e_5\}$的导出子图. 图 5-3(c)又是边子集$\{e_1,e_3,e_4\}$的导出子图. 图 5-3(e)、图 5-3(f)是图 5-3(d)的子图，图 5-3(e)是生成子图，也是边子集$\{e_1,e_3\}$的导出子图. 图 5-3(f)是边子集$\{e_1\}$的导出子图.

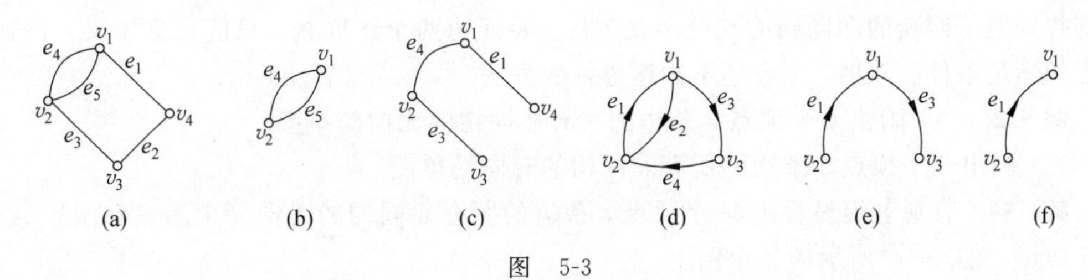

图 5-3

注意，每个图都是本身的子图.

定义 5.9 设 $G=\langle V,E\rangle$ 是 n 阶无向简单图. G 的**补图** $\overline{G}$ 定义如下：$\overline{G}=\langle V,\overline{E}\rangle$，其中

$\bar{E}=\{(u,v)\mid u,v\in V$ 且 $(u,v)\notin E\}$.

有向简单图的补图可类似定义.

在图 5-4 中,图 5-4(a)是图 5-4(b)的补图,当然图 5-4(b)也是图 5-4(a)的补图,就是说,图 5-4(a)和图 5-4(b)互为补图. 图 5-4(c)和图 5-4(d)互为补图.

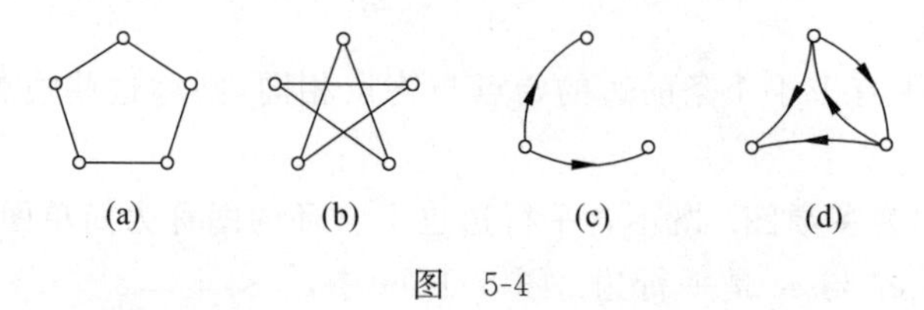

图 5-4

图是表达事物之间关系的工具. 在画图时,由于顶点位置的不同,边的直、曲不同,同一个事物之间的关系可能画出不同形状的图来,因而引出了图同构的概念.

定义 5.10 设两个无向图 $G_1=\langle V_1,E_1\rangle$,$G_2=\langle V_2,E_2\rangle$,如果存在双射函数 $f: V_1\to V_2$,使得对于任意的 $e=(u,v)\in E_1$ 当且仅当 $e'=(f(u), f(v))\in E_2$,并且 e 与 e' 的重数相同,则称 G_1 与 G_2 是**同构**的,记作 $G_1\cong G_2$.

可类似定义两个有向图同构,只是还要考虑有向边的方向.

在图 5-5 中,图 5-5(a)与图 5-5(b)同构,顶点之间的对应关系为 $a\leftrightarrow v_1$,$b\leftrightarrow v_2$,$c\leftrightarrow v_3$,$d\leftrightarrow v_4$,$e\leftrightarrow v_5$. 不难验证,图 5-5(c)与图 5-5(d)同构. 图 5-5(c)称为**彼德森图**.

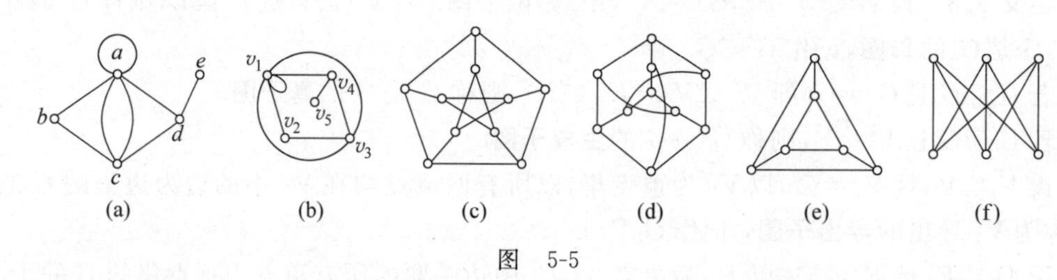

图 5-5

显然,顶点数相同,边数相同,度数序列相同(不计顺序)等都是两个图同构的必要条件,还可以找到更多的必要条件. 只要不满足某个必要条件,就说明这两个图不同构. 例如,在图 5-5 中,在图 5-5(f)中存在 3 个彼此不相邻的顶点,而在图 5-5(e)中却找不到 3 个彼此不相邻的顶点,因此图 5-5(e)与图 5-5(f)不同构. 注意这两个图的顶点个数相同,边的条数相同,每个顶点都是 3 度顶点,但这些都是图同构的必要条件,不是充分条件. 至今还没有找到便于判断的图同构的充分必要条件. 要证明两个图同构,只能根据定义,找到顶点之间满足条件的双射,至今还不知道更好的方法.

例 5.2 (1) 画出 4 个顶点 3 条边的所有非同构的无向简单图.

(2) 画出 3 个顶点 2 条边的所有非同构的有向简单图.

解 (1) 直观上容易看出,4 个顶点 3 条边的所有非同构的无向简单图只有图 5-6(a)、图 5-6(b)、图 5-6(c)所示的 3 个图.

(2) 3 个顶点 2 条边的所有非同构的有向简单图只有图 5-6(d)、图 5-6(e)、图 5-6(f)、图 5-6(g)所示的 4 个图. 3 个顶点 2 条边的非同构的无向简单图只有 1 个,由它可派生出 3 个非同构的有向简单图为图 5-6(d)、图 5-6(e)、图 5-6(f).

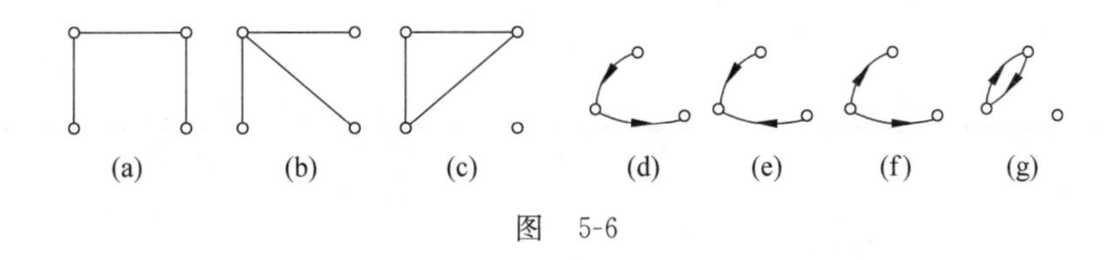

图　5-6

5.2　通路、回路和图的连通性

通路与回路是图论中两个重要而又基本的概念. 本节所述定义一般来说既适合无向图，也适合有向图；否则，将加以说明或分开定义.

定义 5.11　设图 G 中顶点和边的交替序列 $\Gamma=v_0e_1v_1e_2\cdots e_lv_l$，若 v_{i-1} 和 v_i 是 e_i 的端点（当 G 是有向图时，要求 v_{i-1} 是 e_i 的始点，v_i 是 e_i 的终点），$i=1,2,\cdots,l$，则称 Γ 为顶点 v_0 到 v_l 的**通路**. v_0 和 v_l 分别称为此通路的**起点**和**终点**，Γ 中边的数目 l 称为 Γ 的**长度**. 当 $v_0=v_l$ 时，此通路称为**回路**.

若 Γ 中的所有边互不相同，则称 Γ 为**简单通路**. 当 $v_0=v_l$ 时，称此简单通路为**简单回路**.

若 Γ 中除 v_0,v_l 外所有顶点互不相同，所有边也互不相同，则称此通路为**初级通路**或**路径**. 当 $v_0=v_l$ 时，称此初级通路为**初级回路**或**圈**.

有边重复出现的通路称为**复杂通路**，有边重复出现的回路称为**复杂回路**.

在上述定义中，回路是通路的特殊情况. 但通常都是当起点与终点不同时才说是通路. 在一般情况下，如果顶点互不相同，必有边也互不相同. 在初级通路（回路）的定义中既要求顶点互不相同，又要求边互不相同，这只是为了排除一种特殊情况：沿着边 (u,v) 从 u 到 v，再沿着这条边回到 v. 它不是初级回路. 根据定义，初级通路（回路）都是简单通路（回路），但反之不真.

通路和回路是图的子图. 图 5-7 给出了通路、回路的示意图. 图 5-7(a)为 v_0 到 v_4 的长为 4 的初级通路（路径）. 图 5-7(c)为 v_0 到 v_7 的长为 8 的简单通路. 图 5-7(e)是 v_0 到 v_0 的长为 5 的初级回路. 图 5-7(g)为 v_0 到 v_0 长为 8 的简单回路. 图 5-7(b)、图 5-7(d)、图 5-7(f)、图 5-7(h)分别为有向图中的初级通路、简单通路、初级回路、简单回路的示意图. 在有向图的通路或回路中，注意箭头方向的一致性.

在无向图中，环和两条平行边构成的回路分别为长度为 1 和 2 的初级回路（圈）. 在有向图中，环和两条方向相反边构成的回路分别为长度为 1 和 2 的初级回路（圈）.

图中的通路和回路有下述性质.

定理 5.3　在一个 n 阶图中，若从顶点 u 到 $v(u\neq v)$ 存在通路，则从 u 到 v 存在长度小于等于 $n-1$ 的通路.

证明　设 $v_0e_1v_1e_2v_2\cdots e_lv_l$ 是从 $u=v_0$ 到 $v=v_l$ 的一个通路，如果 $l>n-1$，由于图中只有 n 个顶点，在 v_0，v_1，…，v_l 中一定有 2 个是相同的. 设 $v_i=v_j$，$i<j$，那么 $v_ie_{i+1}v_{i+1}\cdots e_jv_j$ 是一条回路，删去这条回路，得到 $v_0e_1v_1\cdots v_ie_{j+1}\cdots e_lv_l$ 仍是从 $u=v_0$ 到 $v=v_l$ 的一个通路，其长度减少 $j-i$. 如果它的长度仍大于 $n-1$，则可以重复上述做法，直到得到长

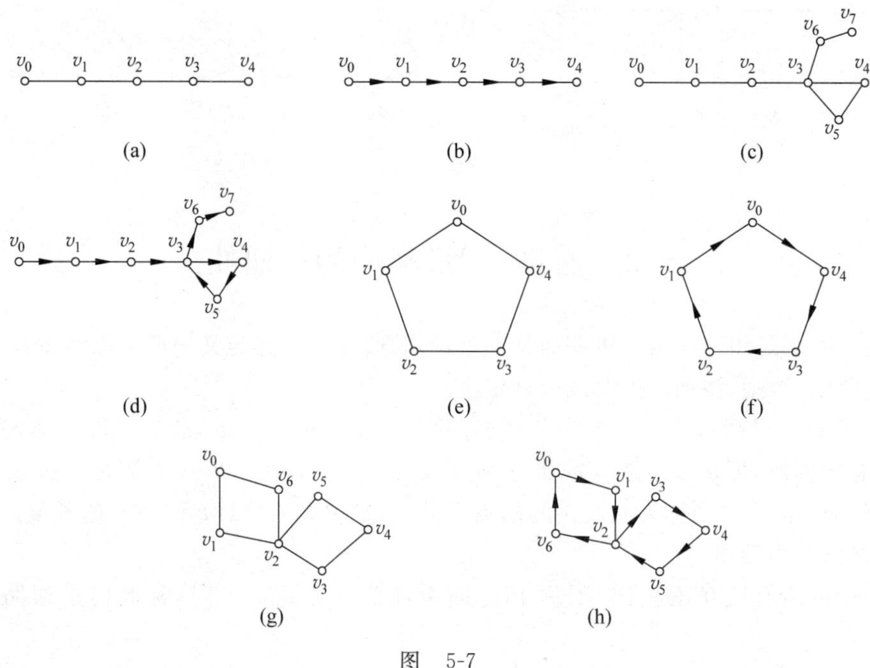

图 5-7

度不超过 $n-1$ 的通路为止.

推论 在一个 n 阶图中,若从顶点 u 到 $v(u \neq v)$存在通路,则从 u 到 v 存在长度小于等于 $n-1$ 的初级通路.

下述定理和推论可类似证明.

定理 5.4 在一个 n 阶图中,如果存在 v 到自身的回路,则存在 v 到自身长度小于等于 n 的回路.

推论 在一个 n 阶图中,如果存在 v 到自身的简单回路,则存在 v 到自身长度小于等于 n 的初级回路.

定义 5.12 在一个无向图 G 中,若从顶点 u 到 v 存在通路(当然从 v 到 u 也存在通路),则称 u 与 v 是**连通**的. 规定任何顶点与自身总是**连通**的.

在一个有向图 D 中,若从顶点 u 到 v 存在通路,则称 u **可达** v. 规定任何顶点到自身总是可达的.

定义 5.13 若无向图 G 是平凡图或 G 中任意两顶点都是连通的,则称 G 是**连通图**;否则,称 G 是**非连通图**.

易知,在无向图中,顶点之间的连通关系是等价关系. 设 G 为一个无向图,R 是 G 中顶点之间的连通关系. 按照 R 可将 $V(G)$划分成若干个等价类,设为 $V_1, V_2, \cdots, V_k$. 由它们导出的导出子图 $G[V_1], G[V_2], \cdots, G[V_k]$称为 G 的**连通分支**,G 的连通分支个数记为 $p(G)$.

例如,图 5-8 中的图有 3 个连通分支.

定义 5.14 设 D 是一个有向图,如果略去 D 中各有向边的方向后所得无向图是连通图,则称 D 是**弱连通图**,简称**连通图**. 若 D 中任意两顶点至少一个可达另一个,则称 D 是**单向连通图**. 若 D 中任何一对顶点都是相互可达的,则称 D 是**强连通图**.

在图 5-9 中,图 5-9(a)为强连通图,图 5-9(b)为单向连通图,图 5-9(c)是(弱)连通图.

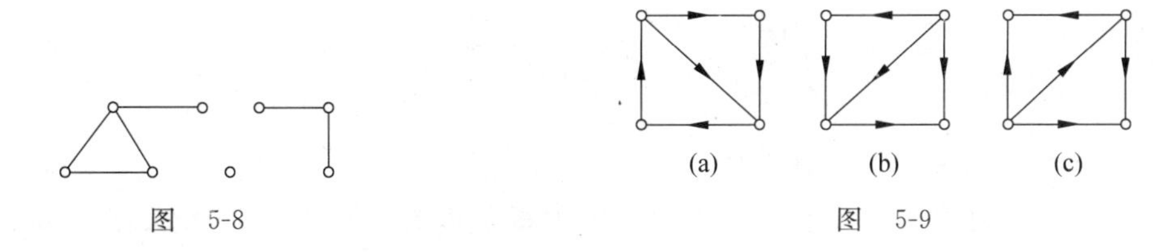

图 5-8　　　　图 5-9

显然,强连通图一定是单向连通图,单向连通图一定是弱连通图,但反之不真.

设无向图 $G=\langle V,E\rangle$,$V'\subset V$,从 G 中删除 V' 中的所有顶点及其关联的边,称作**删除** V',把删除 V' 后的图记作 $G-V'$. 又设 $E'\subseteq E$,从 G 中删除 E' 中的所有边,称作**删除** E',把删除 E' 后的图记作 $G-E'$.

定义 5.15　设无向图 $G=\langle V,E\rangle$,$V'\subset V$,若 $p(G-V')>p(G)$,且对 V' 的任何真子集 V'',$p(G-V'')=p(G)$,则称 V' 为 G 的**点割集**. 若点割集中只有一个顶点 v,则称 v 为**割点**.

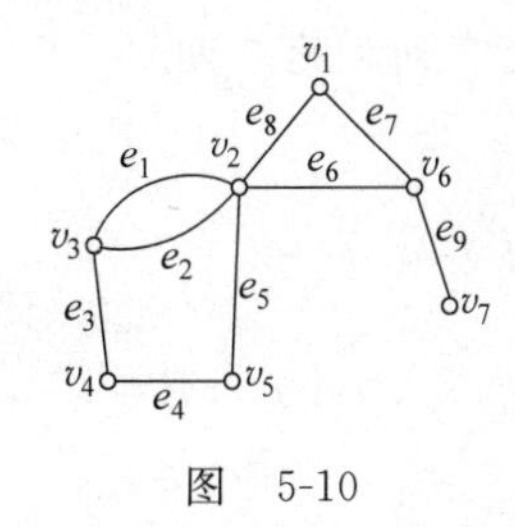

图 5-10

又 $E'\subseteq E$,若 $p(G-E')>p(G)$,且对 E' 的任何真子集 E'',$p(G-E'')=p(G)$,则称 E' 是 G 的**边割集**,简称**割集**. 若边割集中只有一条边 e,则称 e 为**割边或桥**.

在图 5-10 中,$\{v_3,v_5\}$、$\{v_2\}$、$\{v_6\}$ 为点割集,v_2、v_6 都是割点. $\{v_4,v_2\}$不是点割集,因为它的真子集$\{v_2\}$已经是点割集了. 类似地,$\{v_1,v_6\}$也不是点割集.

$\{e_3,e_4\}$、$\{e_4,e_5\}$、$\{e_1,e_2,e_3\}$、$\{e_1,e_2,e_5\}$、$\{e_6,e_7\}$、$\{e_6,e_8\}$、$\{e_9\}$等都是边割集,其中 e_9 是桥. $\{e_6,e_7,e_8\}$、$\{e_6,e_8,e_1,e_2,e_5\}$都不是边割集.

5.3　图的矩阵表示

前面介绍了图的集合描述和图形表示,本节介绍图的矩阵表示. 用矩阵表示图便于用代数方法研究图,同时也便于计算机的存储和处理. 由于矩阵的行列有固定的顺序,因此在用矩阵表示图之前,必须规定图的顶点和边的顺序. 本节讨论图的关联矩阵、邻接矩阵和可达矩阵.

1. 无向图的关联矩阵

设无向图 $G=\langle V,E\rangle$,$V=\{v_1,v_2,\cdots,v_n\}$,$E=\{e_1,e_2,\cdots,e_m\}$,令 m_{ij} 为顶点 v_i 与边 e_j 的关联次数,称$(m_{ij})_{n\times m}$为 G 的**关联矩阵**,记为 $\boldsymbol{M}(G)$.

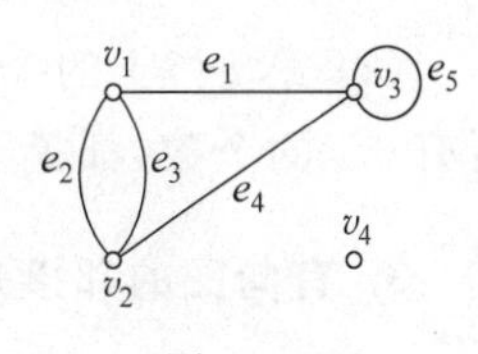

图 5-11

显然 m_{ij} 的可能取值为 0(v_i 与 e_j 不关联)、1(v_i 与 e_j 关联 1 次)、2(v_i 与 e_j 关联 2 次,即 e_j 是以 v_i 为端点的环). 例如,图 5-11 的关联矩阵为

$$\boldsymbol{M}(G)=\begin{bmatrix}1&1&1&0&0\\0&1&1&1&0\\1&0&0&1&2\\0&0&0&0&0\end{bmatrix}$$

无向图的关联矩阵具有下述性质.

(1) 每一列恰好有两个 1 或一个 2,这是因为每条边关联两个顶点(环关联的两个顶点重合).

(2) 第 i 行元素之和为 v_i 的度数,$\sum_{j=1}^{m} m_{ij} = d(v_i)$.

(3) 所有元素之和等于 $2m$,

$$\sum_{j=1}^{m}\sum_{i=1}^{n} m_{ij} = \sum_{i=1}^{n}\sum_{j=1}^{m} m_{ij} = \sum_{i=1}^{n} d(v_i) = 2m,$$

这正是握手定理的内容.

(4) v_i 为孤立点当且仅当第 i 行全为 0. 如上面的第 4 行.

(5) e_j 与 e_k 为平行边当且仅当第 j 列与第 k 列相同. 如上面的第 2 列和第 3 列.

给定图 G 的关联矩阵,不难画出 G 的图形(在同构的意义下).

2. 有向图的关联矩阵

这里要求有向图 D 中没有环. 设无环有向图 $D=\langle V,E\rangle$,$V=\{v_1,v_2,\cdots,v_n\}$,$E=\{e_1,e_2,\cdots,e_m\}$,令

$$m_{ij}=\begin{cases}1, & v_i \text{ 为 } e_j \text{ 的始点},\\0, & v_i \text{ 与 } e_j \text{ 不关联},\\-1, & v_i \text{ 为 } e_j \text{ 的终点},\end{cases}$$

则称$(m_{ij})_{n\times m}$为 D 的**关联矩阵**,记作 $\boldsymbol{M}(D)$.

例如,图 5-12 的关联矩阵为

$$\boldsymbol{M}(D)=\begin{bmatrix}1&-1&0&0&0\\-1&0&1&-1&1\\0&0&0&0&-1\\0&1&-1&1&0\end{bmatrix}$$

有向图的关联矩阵具有下述性质:

(1) 每一列恰好有一个 1 和一个 -1.

(2) 第 i 行 1 的个数等于 $d^+(v_i)$,-1 的个数等于 $d^-(v_i)$. $\boldsymbol{M}(D)$中所有 1 的个数等于所有 -1 的个数,都等于 m.

3. 有向图的邻接矩阵

设有向图 $D=\langle V,E\rangle$,$V=\{v_1,v_2,\cdots,v_n\}$,$|E|=m$. 令 $a_{ij}^{(1)}$ 为 v_i 邻接到 v_j 的边的条数,称$(a_{ij}^{(1)})_{n\times n}$为 D 的**邻接矩阵**,记作 $\boldsymbol{A}(D)$.

例如,图 5-13 的邻接矩阵为

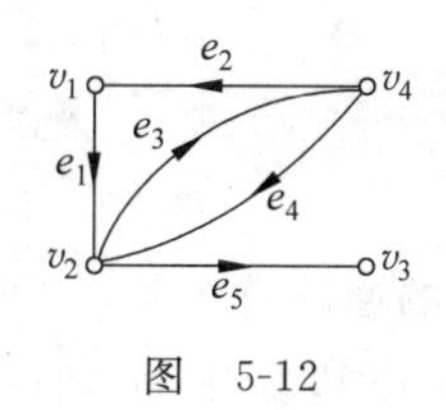

图 5-12

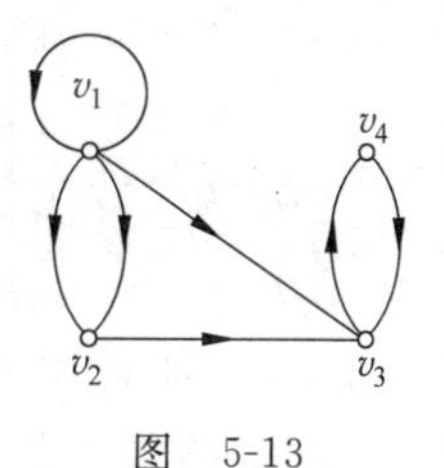

图 5-13

$$\boldsymbol{A}(D)=\begin{bmatrix}1 & 2 & 1 & 0\\0 & 0 & 1 & 0\\0 & 0 & 0 & 1\\0 & 0 & 1 & 0\end{bmatrix}$$

有向图的邻接矩阵具有下述性质.

(1) 第 i 行元素之和等于 $d^+(v_i)$，$\sum_{j=1}^{n} a_{ij}^{(1)} = d^+(v_i)$.

(2) 第 j 列元素之和等于 $d^-(v_j)$，$\sum_{i=1}^{n} a_{ij}^{(1)} = d^-(v_j)$.

(3) 所有元素之和等于边数，$\sum_{i=1}^{n}\sum_{j=1}^{n} a_{ij}^{(1)} = m$.

每一条边是一条长度为 1 的通路，而环是长度为 1 的回路，因而 $\sum_{i=1}^{n}\sum_{j=1}^{n} a_{ij}^{(1)}$ 是 D 中长度为 1 的通路(含回路)数，而 $\sum_{i=1}^{n} a_{ii}^{(1)}$ 为 D 中长度为 1 的回路总数. 一般地，记 $A = A(D)$，$A^l = (a_{ij}^{(l)})_{n\times n}$. 可以证明下述定理和推论.

定理 5.5 设 $\boldsymbol{A}$ 为有向图 D 的邻接矩阵，$V=\{v_1, v_2, \cdots, v_n\}$，则 $A^l(l\geqslant 1)$中元素 $a_{ij}^{(l)}$ 为 v_i 到 v_j 长度为 l 的通路数，$\sum_{i=1}^{n}\sum_{j=1}^{n} a_{ij}^{(l)}$ 为 D 中长度为 l 的通路(含回路)总数，其中 $\sum_{i=1}^{n} a_{ii}^{(l)}$ 为 D 中长度为 l 的回路数.

推论 设 $B_r = A + A^2 + \cdots + A^r (r\geqslant 1)$，则 B_r 中元素 $b_{ij}^{(r)}$ 为 D 中 v_i 到 v_j 长度小于等于 r 的通路数，$\sum_{i=1}^{n}\sum_{j=1}^{n} b_{ij}^{(r)}$ 为 D 中长度小于等于 r 的通路(含回路)总数，其中 $\sum_{i=1}^{n} b_{ii}^{(r)}$ 为 D 中长度小于等于 r 的回路总数.

注意：在这里通路和回路可以是初级的、简单的，也可以是复杂的，并且把回路看成通路的特殊情况，即在计算通路数时把回路包括在内. 在计算通路数和回路数时是在定义的意义下，而不是在同构的意义下. 也就是说，当表示通路或回路的顶点边序列不同时认为它们是不同的通路或回路. 例如，在图 5-12 中，$v_1e_1v_2e_3v_4e_2v_1$，$v_2e_3v_4e_2v_1e_1v_2$ 和 $v_4e_2v_1e_1v_2e_3v_4$ 实际上是同一条回路，而在定义意义下它们是 3 条回路.

在图 5-13 中，计算得到

$$\boldsymbol{A}^2 = \begin{bmatrix} 1 & 2 & 3 & 1 \\ 0 & 0 & 0 & 1 \\ 0 & 0 & 1 & 0 \\ 0 & 0 & 0 & 1 \end{bmatrix}, \quad \boldsymbol{A}^3 = \begin{bmatrix} 1 & 2 & 4 & 3 \\ 0 & 0 & 1 & 0 \\ 0 & 0 & 0 & 1 \\ 0 & 0 & 1 & 0 \end{bmatrix}, \quad \boldsymbol{A}^4 = \begin{bmatrix} 1 & 2 & 6 & 4 \\ 0 & 0 & 0 & 1 \\ 0 & 0 & 1 & 0 \\ 0 & 0 & 0 & 1 \end{bmatrix}$$

由于 $a_{13}^{(2)}=3, a_{13}^{(3)}=4, a_{13}^{(4)}=6$，故 D 中 v_1 到 v_3 长度为 2 的通路有 3 条，长度为 3 的通路有 4 条，长度为 4 的通路有 6 条. 由 $a_{11}^{(2)}=1, a_{11}^{(3)}=1, a_{11}^{(4)}=1$，可知 D 中 v_1 到自身长度为 2、3、4 的回路各有 1 条. 而 $\sum_{i=1}^{4}\sum_{j=1}^{4} a_{ij}^{(2)} = 10, \sum_{i=1}^{4} a_{ii}^{(2)} = 3$，故 D 中长度为 2 的通路总数为 10，其中有 3 条回路.

4. 有向图的可达矩阵

设 $D=\langle V,E\rangle$ 为一有向图，$V=\{v_1,v_2,\cdots,v_n\}$，令

$$p_{ij} = \begin{cases} 1, & 若\ v_i\ 可达\ v_j, \\ 0, & 否则, \end{cases} \quad i,\ j = 1,2,\cdots,n.$$

称 $(p_{ij})_{n\times n}$ 为 D 的**可达矩阵**，记作 $\boldsymbol{P}(D)$.

图 5-13 所示有向图 D 的可达矩阵为

$$\boldsymbol{P}(D) = \begin{bmatrix} 1 & 1 & 1 & 1 \\ 0 & 1 & 1 & 1 \\ 0 & 0 & 1 & 1 \\ 0 & 0 & 1 & 1 \end{bmatrix}.$$

由于任何顶点到自身都是可达的，故可达矩阵对角线上的元素恒为 1，即 $p_{ii}=1, i=1,2,\cdots,n$. 由定理 5.3，v_i 可达 v_j，即 v_i 到 v_j 有通路，当且仅当 $b_{ij}^{(n-1)}\neq 0 (i\neq j)$. 于是 $\boldsymbol{P}(D)$ 中非对角线元素可如下确定：当 $b_{ij}^{(n-1)}\neq 0$ 时，$p_{ij}=1$；否则 $p_{ij}=0$，$i\neq j$，$i, j=1,2,\cdots,n$. 也就是说，可以由 D 的邻接矩阵求可达矩阵.

可以类似地定义无向图的邻接矩阵和可达矩阵. 实际上，可以把无向图看作有向图的特殊情况，即把每一条无向边看作一对方向相反的有向边. 显然，无向图的邻接矩阵和可达矩阵都是对称的.

5.4 最短路径、关键路径和着色

给有向图或无向图 G 的每条边附加一个实数，G 连同附加在边上的实数称为**带权图**，记作 $G=\langle V,E,W\rangle$，其中 $W=\{w(e)\mid e\in E\}$，$w(e)$ 是附加在边 e 上的实数，称作边 e 的**权**. 设 G_1 是带权图 G 的子图，称 $\sum_{e\in E(G_1)} w(e)$ 为 G_1 的**权**，记作 $W(G_1)$. 当无向边 $e=(v_i,v_j)$ 或有向边 $e=\langle v_i,v_j\rangle$ 时，$w(e)$ 常记为 w_{ij}.

1. 最短路径问题

设带权图 $G=\langle V,E,W\rangle$，直观上把一条边的权看成这条边的长度，通路的长度等于它上面所有边的长度之和，即这条通路的权. 设 u、v 为 G 中的两个顶点，从 u 到 v 的所有通

路中权最小的通路称为 u 到 v 的**最短路径**，u 到 v 的最短路径的权称作 u 到 v 的**距离**，记作 $d(u,v)$.

最短路径问题：任给一个简单带权图 $G=\langle V,E,W\rangle$ 及 $u,v\in V$，求 u,v 之间的最短路径及距离.

下面介绍最短路径问题的一个有效算法，它是 E. W. Dijkstra 于 1959 年给出的. Dijkstra 算法适用于所有边的权大于等于 0 的情况，它可以求从给定的一个顶点到其余所有顶点的最短路径及距离. 设 $G=\langle V,E,W\rangle$，$V=\{v_1, v_2, \cdots, v_n\}$，求从 v_1 到其余各顶点的最短路径和距离. Dijkstra 算法是一种标号法，每一个顶点有一个标号，标号分永久标号和临时标号两种，在顶点 v_i 的标号记作(l_i, p_i). 若 v_i 在第 t 步获得永久标号，则此后它的标号不再改变，其中 l_i 是 v_1 到 v_i 的距离，p_i 是 v_1 到 v_i 的最短路径上 v_i 的前一个顶点. 若是临时标号，则 l_i 是 v_1 经过具有永久标号的顶点到 v_i 的最短长度，p_i 是这条路径上 v_i 的前一个顶点. 记 P 为已获得永久标号的顶点集，$T=V-P$ 为仍为临时标号的顶点集.

Dijkstra 算法

(1) 令 $l_1\leftarrow 0$，$p_1\leftarrow\lambda$，$l_j\leftarrow+\infty$，$p_j\leftarrow\lambda$，$j=2,3,\cdots,n$，
$P=\{v_1\}$，$T=V-\{v_1\}$，$k\leftarrow 1$，$t\leftarrow 1$. /λ 表示空

(2) 对所有的 $v_j\in T$ 且$(v_k,v_j)\in E$
令 $l\leftarrow\min\{l_j, l_k+w_{kj}\}$，
若 $l=l_k+w_{kj}$，则令 $l_j\leftarrow l$，$p_j\leftarrow v_k$.

(3) 求 $l_i=\min\{l_j \mid v_j\in T\}$.
令 $P\leftarrow P\cup\{v_i\}$，$T\leftarrow T-\{v_i\}$，$k\leftarrow i$.

(4) 令 $t\leftarrow t+1$，
若 $t<n$，则转(2).

对于有向图，只需在算法中把无向边改成有向边.

算法在第 1 步，令 v_1 的标号为永久标号$(0, \lambda)$，其余顶点的标号均为临时标号$(+\infty, \lambda)$. 设在第 t 步 v_k 获得永久标号. 步骤(2)，第 $t+1$ 步对每一个临时标号的顶点 v_j，若$(v_k, v_j)\in E$，则比较 l_j 与从 v_1 经 v_1 到 v_k 的最短路径、再经边(v_k, v_j)到 v_j 的长度 l_k+w_{kj}. 如果 $l_k+w_{kj}<l_j$，则修改 v_j 的标号. 步骤(3)，设 v_i 是所有临时标号中 l_j 最小的顶点，则把 v_i 的标号改为永久标号. 每一步有一个顶点获得永久标号，n 个顶点共要进行 n 步. 计算结束后，l_i 就是 v_1 到 v_i 的距离，而利用 p_j 通过回溯可以得到 v_1 到 v_i 的最短路径.

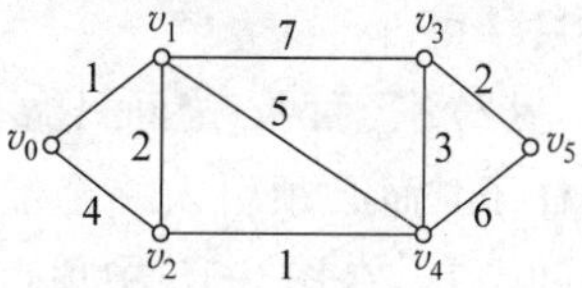

图 5-14

例 5.3 求图 5-14 所示图中顶点 v_0 与 v_5 的最短路径.

解 用 Dijkstra 算法，计算过程如表 5-1 所示.

表 5-1

t	v_0	v_1	v_2	v_3	v_4	v_5
1	$(0,\lambda)^*$	$(+\infty,\lambda)$	$(+\infty,\lambda)$	$(+\infty,\lambda)$	$(+\infty,\lambda)$	$(+\infty,\lambda)$
2		$(1,v_0)^*$	$(4,v_0)$	$(+\infty,\lambda)$	$(+\infty,\lambda)$	$(+\infty,\lambda)$
3			$(3,v_1)^*$	$(8,v_1)$	$(6,v_1)$	$(+\infty,\lambda)$
4				$(8,v_1)$	$(4,v_2)^*$	$(+\infty,\lambda)$
5				$(7,v_4)^*$		$(10,v_4)$
6						$(9,v_3)^*$

表中 * 表示该顶点在这一步取得永久标号. 由 v_5 的永久标号(9, v_3), 得到 v_0 到 v_5 的距离 $d(v_0,v_5)=9$, 在 v_0 到 v_5 的最短路径上 v_5 的前一个顶点是 v_3. 再查 v_3 的永久标号是(7, v_4), 知道 v_3 的前面是 v_4. v_4 的永久标号是(4, v_2), 知道 v_4 的前面是 v_2. v_2 的永久标号是(3, v_1), 知道 v_2 的前面是 v_1. v_1 的永久标号是(1, v_0), 知道 v_1 的前面是 v_0. 至此, 得到 v_0 到 v_5 的最短路径 $v_0v_1v_2v_4v_3v_5$. 实际上, 根据表 5-1 可以得到 v_0 到其余每一个顶点的距离和最短路径.

2. 关键路径问题

实施一个项目(工程项目、科研项目、社会活动项目等), 特别是大型项目, 需要把它划分成若干个活动(子项目或工序). 有些活动可以同时进行, 有些活动之间有先后顺序, 一个活动必须在另外一些活动完成之后才能开始. 每项活动都需要一定的完成时间, 问整个项目的完成时间(即工期)是多少?

例 5.4 某项目由 12 个活动组成, 活动之间的先后关系和完成时间如表 5-2 所示.

表 5-2

活动	A	B	C	D	E	F	G	H	I	J	K	L
紧前活动	—	—	—	A	A	A,B	A,B	A,B	C,H	D,F	E,I	G,K
时间(天)	1	2	3	4	3	4	4	2	4	6	1	1

一个项目可以用带权的有向图描述, 称作**项目网络图**. 在项目网络图中, 边表示活动, 边的权是该活动的完成时间, 边之间的邻接关系与活动之间的前后顺序一致. 项目的开始和结束、活动的开始和结束称作事项. 用顶点表示事项.

例 5.4 中项目的项目网络图如图 5-15 所示. 顶点 1 是始点, 表示这个项目的开始. 顶点 8 是终点, 表示整个项目结束. 边旁标的字母是这条边代表的活动, 数字是它的完成时间. 顶点 2 既表示活动 A 完成, 又表示活动 D 和 E 的开始……

项目网络图应满足下述条件.

(1) 有一个始点和一个终点. 始点的入度为 0, 表示项目开始; 终点的出度为 0, 表示项目结束.

(2) 任意两点之间只能有一条边. 例如, 活动 C 的紧前活动是 A 和 B, 不能画成图 5-16(a) 的样子, 而必须引入一个虚活动(图中的虚线箭头)画成图 5-16(b)的样子, 虚活动的完成时间是 0. 在图 5-15 中顶点 2 到 3 的箭头是虚活动.

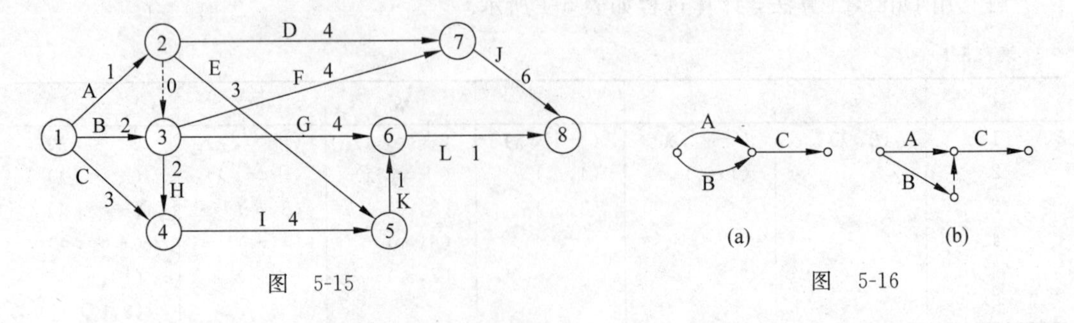

图 5-15　　图 5-16

(3) 没有回路.

(4) 每一条边的始点的编号小于终点的编号.

显然，整个项目的完成时间是项目网络图中从始点到终点的最长路径的长度. 项目网络图中从始点到终点的最长路径称作**关键路径**. 关键路径上的活动称作**关键活动**. 现在的问题是如何求关键路径?

设项目网络图 $D=<V,E,W>$，其中 $V=\{1,2,\cdots,n\}$，1 是始点，n 是终点. 对每个事项(顶点)和活动(边)定义下述时间.

(1) 事项 i 的最早开始时间 $ES(i)$：事项 i 最早可能开始的时间，即从始点到 i 的最长路径的长度.

显然，$ES(1)=0$，

$$ES(i)=\max\{ES(j)+w_{ji} \mid <j,i>\in E\},\quad i=2,3,\cdots,n.$$

整个项目的完成时间等于终点的最早开始时间 $ES(n)$.

(2) 事项 i 的最晚完成时间 $LF(i)$：在不影响项目工期的条件下，事项 i 最晚必须完成的时间.

显然，$LF(n)=ES(n)$，

$$LF(i)=\min\{LF(j)-w_{ij} \mid <i,j>\in E\},\quad i=n-1,n-2,\cdots,1.$$

(3) 活动 $<i,j>$ 的最早开始时间 $ES(i,j)$：活动 $<i,j>$ 最早可能开始的时间.

(4) 活动 $<i,j>$ 的最早完成时间 $EF(i,j)$：活动 $<i,j>$ 最早可能完成的时间.

(5) 活动 $<i,j>$ 的最晚开始时间 $LS(i,j)$：在不影响项目工期的条件下，活动 $<i,j>$ 最晚必须开始的时间.

(6) 活动 $<i,j>$ 的最晚完成时间 $LF(i,j)$：在不影响项目工期的条件下，活动 $<i,j>$ 最晚必须完成的时间.

(7) 活动 $<i,j>$ 的缓冲时间 $SL(i,j)$：活动 $<i,j>$ 的最晚开始时间与最早开始时间的差，也等于活动 $<i,j>$ 的最晚完成时间与最早完成时间的差.

显然，$ES(i,j)=ES(i)$，　$EF(i,j)=ES(i)+w_{ij}$，

$$LF(i,j)=LF(j),\quad LS(i,j)=LF(j)-w_{ij},$$

$$SL(i,j)=LS(i,j)-ES(i,j)=LF(i,j)-EF(i,j).$$

根据上述公式，只要求得事项的最早开始时间和最晚完成时间，就可以得到活动的最早开始时间、最早完成时间、最晚开始时间和最晚完成时间以及缓冲时间. 事项的最早开始时间可以从始点开始按照编号的顺序逐个求得，而最晚完成时间要从终点开始按照相反的顺序进行计算. 对例 5.4 中的项目，计算如下：

事项的最早开始时间

$$ES(1)=0;$$

$$ES(2)=\max\{0+1\}=1;$$

$$ES(3)=\max\{0+2,1+0\}=2;$$

$$ES(4)=\max\{0+3,2+2\}=4;$$

$$ES(5)=\max\{1+3,4+4\}=8;$$

$$ES(6)=\max\{2+4,8+1\}=9;$$

$$ES(7) = \max\{1+4, 2+4\} = 6;$$
$$ES(8) = \max\{9+1, 6+6\} = 12.$$

事项的最晚完成时间

$$LF(v_8) = 12;$$
$$LF(v_7) = \min\{12-6\} = 6;$$
$$LF(v_6) = \min\{12-1\} = 11;$$
$$LF(v_5) = \min\{11-1\} = 10;$$
$$LF(v_4) = \min\{10-4\} = 6;$$
$$LF(v_3) = \min\{6-2, 11-4, 6-4\} = 2;$$
$$LF(v_2) = \min\{2-0, 10-3, 6-4\} = 2;$$
$$LF(v_1) = \min\{2-1, 2-2, 6-3\} = 0.$$

项目的总工期为 12 天，活动的相关时间列于表 5-3 中. 关键活动是 B、F 和 J，关键路径是 1—3—7—8.

表 5-3

活动	A	B	C	D	E	F	G	H	I	J	K	L
ES	0	0	0	1	1	2	2	2	4	6	8	9
EF	1	2	3	5	4	6	6	4	8	12	9	10
LS	1	0	3	2	7	2	7	4	6	6	10	11
LF	2	2	6	6	10	6	11	6	10	12	11	12
SL	1	0	3	1	6	0	5	2	2	0	2	2

3. 着色问题

定义 5.16 设无向图 G 无环，对 G 的每个顶点涂一种颜色，使相邻的顶点涂不同的颜色，称为图 G 的一种**点着色**，简称**着色**. 若能用 k 种颜色给 G 的顶点着色，则称 G 是 ***k*-可着色的**.

图的**着色问题**就是要用尽可能少的颜色给图着色. 图 5-17 中给出各图的着色，不难验证所用的颜色数是最少的. 图 5-17(a)和图 5-17(b)是圈，长度为偶数的圈要用 2 种颜色，长度为奇数的圈要用 3 种颜色. 图 5-17(c)和图 5-17(d)是轮图，奇阶轮图要用 3 种颜色，偶阶轮图要用 4 种颜色.

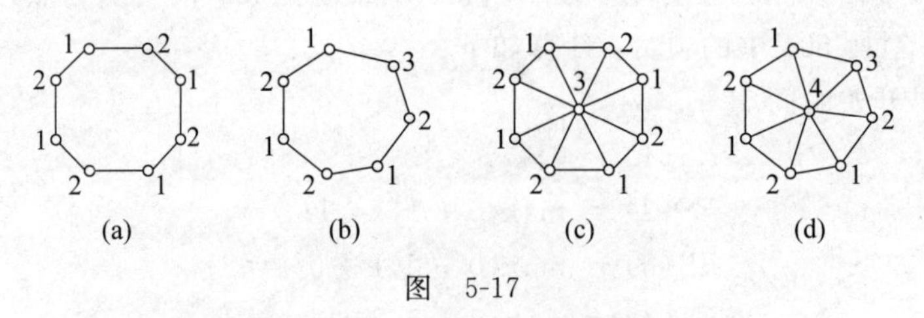

图 5-17

例 5.5 给出图 5-18 所示各图颜色尽可能少的着色.

解 图 5-18(a)可以用两种颜色着色，显然它也至少要用两种颜色，如图 5-19(a)所示. 图 5-18(b)是彼德森图，里面的 5 个顶点是一个圈，要用 3 种颜色给它们着色后，不难仍用这 3 种颜色给外面的 5 个顶点着色，如图 5-19(b)所示. 对于图 5-18(c)，先用 3 种颜色给最外面的 3 个顶点着色，然后仍用这 3 种颜色给中层的 3 个顶点着色. 由于每个顶点都与最外面的 2 个顶点相邻，故着色的方法是唯一的. 最后，最里面的顶点由于与中层的 3 个顶点相邻，必须用第 4 种颜色着色，如图 5-19(c)所示.

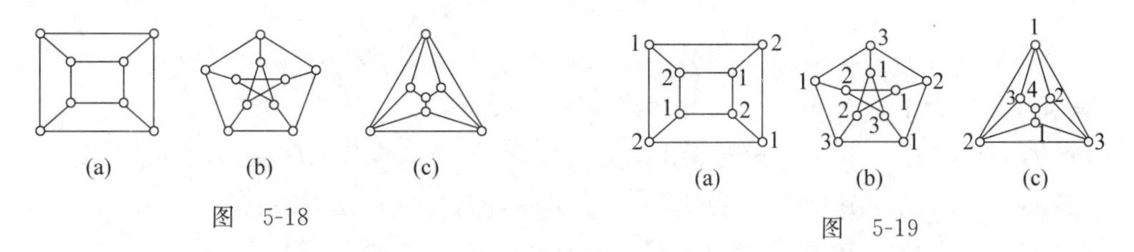

图 5-18　　图 5-19

图着色问题有着广泛的应用. 当人们试图在有冲突的情况下分配资源时，就会自然地产生这个问题. 例如，有 n 项工作，每项工作需要一天的时间完成. 有些工作由于需要相同的人员或设备不能同时进行，问至少需要几天才能完成所有的工作？用图描述如下：用顶点表示工作，如果两项工作不能同时进行就用一条边连接对应的顶点. 工作的时间安排对应于这个图的点着色：着同一种颜色的顶点对应的工作可以安排在同一天，所需的最少天数正好是这个图着色所需要的最少颜色数.

又如，计算机有 k 个寄存器，现正在编译一个程序，要给每一个变量分配一个寄存器. 如果两个变量要在同一时刻使用，则不能把它们分配给同一个寄存器. 我们构造一个图，每一个变量是一个顶点，如果两个变量要在同一时刻使用，则用一条边连接这两个变量. 于是，这个图的 k-着色对应给变量分配寄存器的一种安全方式：给着同一种颜色的变量分配同一个寄存器.

还有一个应用是无线交换设备的波长分配. 有 n 台设备和 k 个发射波长，要给每一台设备分配一个波长. 如果两台设备靠得太近，则不能给它们分配相同的波长，以防止干扰. 以设备为顶点构造一个图，如果两台设备靠得太近，则用一条边连接它们. 于是，这个图的 k-着色给出一个波长分配方案：给着同一种颜色的设备分配同一个波长.

例 5.6　学校的学生会下设 6 个委员会，委员会的成员如下：第一委员会＝{张，李，王}，第二委员会＝{李，赵，刘}，第三委员会＝{张，刘，王}，第四委员会＝{赵，刘，孙}，第五委员会＝{张，王}，第六委员会＝{李，刘，王}. 每个月每个委员会都要开一次会，为了确保每个人都能参加他所在的委员会会议，这 6 个会议至少需要安排在几个不同的时间段？

解　用顶点 $v_1,v_2,\cdots,v_6$ 分别代表第一委员会，第二委员会，…，第六委员会，2 个顶点之间有一条边当且仅当它们代表的委员会成员中有共同的人，如图 5-20 所示. 该图可以用 4 种颜色着色，如图所示，顶点圆圈内的数字代表颜色. 也不难看出至少要用 4 种颜色，v_1,v_2,v_3 构成一个三角形，必须用 3 种颜色，v_6 与这 3 个顶点都关联，必须再用一种新的颜色. 着同一种颜色的顶点代表的委员会会议可以安排在同一时间段，而不同颜色的顶点

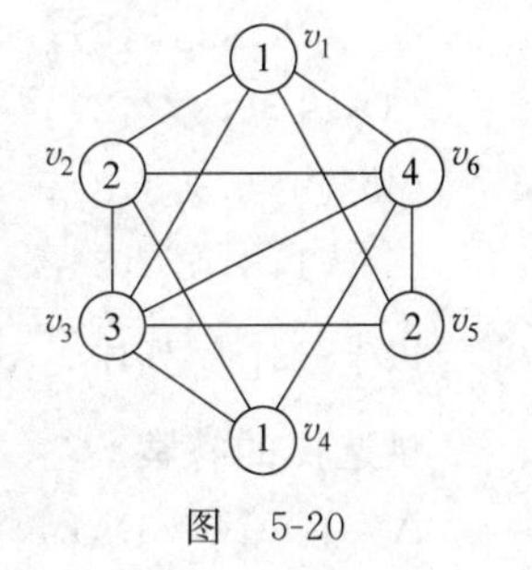

图 5-20

代表的委员会会议必须安排在不同的时间段. 故这 6 个会议至少要安排在 4 个不同的时间段，其中第一委员会和第四委员会，第二委员会和第五委员会的会议可以安排在同一时间段.

5.5 题例分析

例 5.7～例 5.9 为选择题.

例 5.7 给定下列各图：

(1) $G_1=\langle V,E_1\rangle$,其中 $V=\{a,b,c,d,e\}$,$E_1=\{(a,b),(b,c),(c,d),(a,e)\}$;

(2) $G_2=\langle V,E_2\rangle$,其中 $E_2=\{(a,b),(b,e),(e,b),(a,e),(d,e)\}$;

(3) $G_3=\langle V,E_3\rangle$,其中 $E_3=\{(a,b),(b,e),(e,d),(c,c)\}$;

(4) $D_4=\langle V,E_4\rangle$,其中 $E_4=\{\langle a,b\rangle,\langle b,c\rangle,\langle c,a\rangle,\langle a,d\rangle,\langle d,a\rangle,\langle d,e\rangle\}$;

(5) $D_5=\langle V,E_5\rangle$,其中 $E_5=\{\langle a,b\rangle,\langle a,b\rangle,\langle b,c\rangle,\langle c,d\rangle,\langle d,e\rangle\}$;

(6) $D_6=\langle V,E_6\rangle$,其中 $E_6=\{\langle a,a\rangle,\langle a,b\rangle,\langle b,c\rangle,\langle e,c\rangle,\langle e,d\rangle\}$.

在以上 6 个图中,$\boxed{\text{A}}$为简单图,$\boxed{\text{B}}$为多重图.

供选择的答案

A：① (1),(3),(6)；② (3),(4),(5)；③ (1),(2),(4)；④ (1),(4).

B：① (2),(4),(5)；② (2),(5)；③ (4),(5).

答案 A：④；B：②.

分析 先画出 6 个图的图形，如图 5-21 所示，再根据简单图与多重图的定义即可解答.

注意,图 5-21 中,G_2(图 5-21(b))中(b,e)和(e,b)是平行边，D_5(图 5-21(e))中的$\langle a,b\rangle$和$\langle a,b\rangle$是平行边,而 D_4(图 5-21(d))中的$\langle a,d\rangle$和$\langle d,a\rangle$不是平行边.

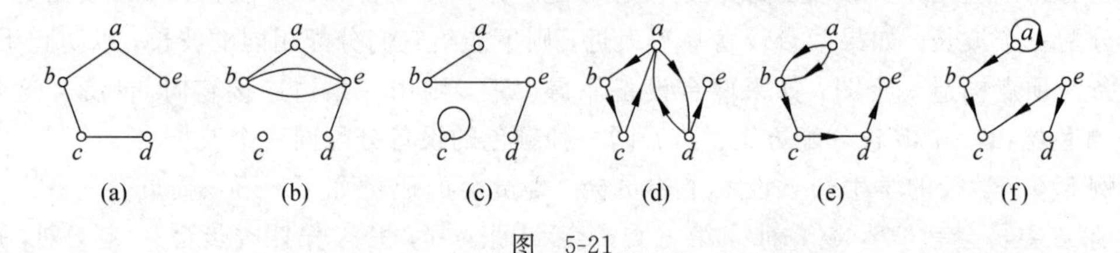

图 5-21

例 5.8 给定下列各序列：

(1) (2,2,2,2,2);

(2) (1,1,2,2,3);

(3) (1,1,2,2,2);

(4) (0,1,3,3,3);

(5) (1,3,4,4,5).

以上 5 个序列中,$\boxed{\text{A}}$可以构成无向简单图的度数序列.

供选择的答案

A：① (1),(3),(4)；② (1),(2)；③ (1),(3)；④ (3),(4),(5).

答案 A：③.

分析 (2)、(5)中各有 3 个奇数，根据握手定理的推论，(2)、(5)不能构成图的度数序列，更构不成简单图的度数序列. 其余的序列中都有偶数个奇数，都可以构成图的度数序列. 但(4)不能构成简单图的度数序列. 假设不然，存在简单图 G 的 5 个顶点 $v_1, v_2, \cdots, v_5$ 的度数分别为 0、1、3、3、3. 由于 $d(v_1)=0$，所以 v_2、v_3、v_4、v_5 都不与 v_1 相邻. 又由于 $d(v_2)=1$，所以 v_3、v_4、v_5 中只能有 1 个顶点与 v_2 相邻，不妨设 v_3 是与 v_2 相邻. 于是 v_4、v_5 都不与 v_1、v_2 相邻，也就是说，v_4 只能与 v_3 及 v_5 相邻，v_5 只能与 v_3 及 v_4 相邻. 由于 G 为简单图，无平行边与环，故 v_4、v_5 的度数至多为 2，这与它们的度均为 3 矛盾. 所以，(4)不能构成简单图的度数序列. (1)、(3)可以成为简单图的度数序列，不难给出以(1)、(3)为度数序列的简单图.

例 5.9 完全图 K_4 的所有非同构的生成子图中，0 条边的有[A]个，1 条边的有[B]个，2 条边的有[C]个，3 条边的有[D]个，4 条边的有[E]个，5 条边的有[F]个，6 条边的有[G]个.

供选择的答案

A, B, C, D, E, F, G：① 0；② 1；③ 2；④ 3；⑤ 4；⑥ 5.

答案 A：②；B：②；C：③；D：④；E：③；F：②；G：②.

分析 画出 K_4 的所有非同构的生成子图，如图 5-22 所示.

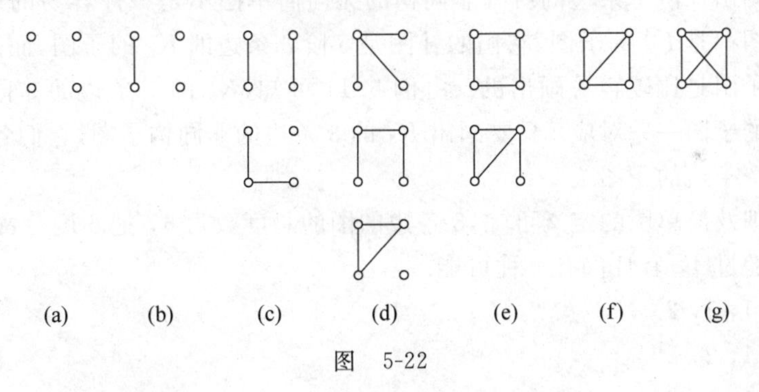

图 5-22

图 5-22(a)～图 5-22(g)分别有 0,1,…,6 条边.

例 5.10 设 G 为 9 阶无向图，每个顶点的度数不是 5 就是 6，证明 G 中至少有 5 个 6 度顶点或至少有 6 个 5 度顶点.

证 方法 1：穷举法.

由握手定理的推论可知，5 度顶点的个数必为偶数. 设$(i, 9-i)$表示 i 个 5 度顶点，$9-i$ 个 6 度顶点，i 只能取值 0、2、4、6、8 这 5 种情况，$(i, 9-i)$的 5 种取值情况为① (0,9)；② (2,7)；③ (4,5)；④ (6,3)；⑤ (8,1). ①、②、③中至少有 5 个 6 度，而④、⑤中至少有 6 个 5 度顶点.

方法 2：反证法.

假设 G 至多有 4 个 6 度顶点，并且至多有 5 个 5 度顶点，由握手定理推论可知，不可能有 5 个 5 度顶点，于是又至多有 4 个 5 度顶点，这样一来 G 至多有 8 个顶点，这与 G 为 9 阶图矛盾.

无论是方法 1，还是方法 2，证明的关键是握手定理的推论.

例 5.11 设 G_1 与 G_2 均为无向简单图，证明：$G_1 \cong G_2$ 当且仅当 $\overline{G}_1 \cong \overline{G}_2$，其中 $\overline{G}_1$、$\overline{G}_2$ 分别为 G_1 与 G_2 的补图.

证 证明本题主要使用图同构的定义和补图的定义. 设 $G_i = \langle V_i, E_i \rangle$，则 $\overline{G}_i = \langle V_i, \overline{E}_i \rangle$，其中 $\overline{E}_i = \{(u,v) \mid u,v \in V_i \text{ 且 } (u,v) \notin E_i\}$，$i=1,2$.

先证必要性(由 $G_1 \cong G_2$，证明 $\overline{G}_1 \cong \overline{G}_2$).

因为 $G_1 \cong G_2$，所以存在双射函数 $f: V_1 \to V_2$，使得 $\forall u,v \in V_1$，

$$(u,v) \in E_1 \Leftrightarrow (f(u), f(v)) \in E_2$$

于是，$\forall u,v \in V_1$，

$$(u,v) \notin E_1 \Leftrightarrow (f(u), f(v)) \notin E_2.$$

从而，

$$(u,v) \in \overline{E}_1 \Leftrightarrow (f(u), f(v)) \in \overline{E}_2.$$

所以，$\overline{G}_1 \cong \overline{G}_2$.

由于 G 与 $\overline{G}$ 互为补图，即 $\overline{\overline{G}} = G$. 根据上面的证明，由 $\overline{G}_1 \cong \overline{G}_2$，可推出 $G_1 \cong G_2$，得证充分性.

例 5.12 画出 5 阶 7 条边的所有非同构的无向简单图.

解 直接画出 5 阶 7 条边的所有非同构的无向简单图不是一件容易的事情. 5 阶 7 条边的无向简单图都是 K_5 的子图，它们的补图是 5 阶 3 条边的 K_5 的子图，而 K_5 的 3 条边的所有非同构的子图是比较容易画出的. 由例 5.11 可知，K_5 的 7 条边的非同构的子图与 3 条边的非同构的子图一一对应. 只要画出 K_5 的 3 条边的非同构子图，它们各自的补图就是所有非同构的 7 条边的子图.

由握手定理及简单图的定义可知，3 条边的图的总度数为 6，把 6 度分配给 5 个顶点且顶点度数都不超过 4，有且仅有 8 种可能.

(1) 1, 1, 1, 1, 2.

(2) 0, 1, 1, 2, 2.

(3) 0, 1, 1, 1, 3.

(4) 0, 0, 2, 2, 2.

(5) 0, 0, 1, 2, 3.

(6) 0, 0, 0, 3, 3.

(7) 0, 0, 1, 1, 4.

(8) 0, 0, 0, 2, 4.

可以证明后 4 个不是简单图的度数序列，前 4 个中每一个对应一个非同构的图. 于是，K_5 的 3 条边非同构子图共有 4 个，如图 5-23 所示. 它们的补图就是 K_5 的 7 条边的所有非同构的子图，如图 5-24 所示.

例 5.13 设 $e=(u,v)$ 为无向简单连通图 G 中的一条边，证明：e 为 G 中的桥(割边)当且仅当 e 不在 G 的任何圈中.

证 证明本题主要使用桥的定义及圈的下述性质：删除圈上的任意一条边，都不破坏图的连通性.

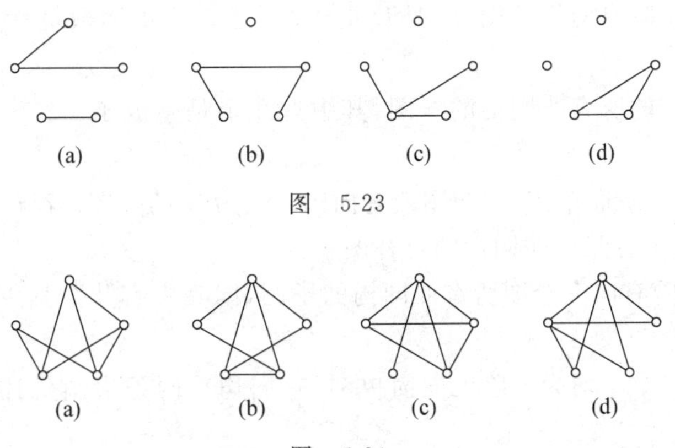

图 5-23

图 5-24

先证必要性. 采用反证法. 假设桥 $e=(u,v)$ 在某个圈上，删除 e 后，u 到 v 仍有通路，因而 G-e 仍连通，这与 e 为 G 中的桥矛盾.

再证充分性. 仍使用反证法. 假设 e 不是桥，则 G-e 仍连通，因而 e 的端点 u 到 v 在 G-e 中有通路. 此通路与 e 构成 G 中的一个圈，这与 e 不在任何圈中相矛盾.

其实，将简单与连通的条件去掉，命题仍然成立.

习　题

5.1 下列各组数中，哪些能构成无向图的度数列？哪些能构成无向简单图的度数列？

(1) 1,1,1,2,3；

(2) 2,2,2,2,2；

(3) 3,3,3,3；

(4) 1,2,3,4,5；

(5) 1,3,3,3.

5.2 设有向简单图 D 的度数列为 2,2,3,3，入度列为 0,0,2,3，试求 D 的出度列.

5.3 设 D 是 4 阶有向简单图，度数列为 3,3,3,3. 它的入度列（或出度列）能为 1,1,1,1 吗？

5.4 设 $(d_1,d_2,\cdots,d_n)$ 为一正整数序列，$d_1,d_2,\cdots,d_n$ 互不相同，问此序列能构成 n 阶无向简单图的度数序列吗？为什么？

5.5 下面各无向图中有几个顶点？

(1) 16 条边，每个顶点都是 2 度顶点.

(2) 21 条边，3 个 4 度顶点，其余的都是 3 度顶点.

(3) 24 条边，各顶点的度数是相同的.

5.6 35 条边，每个顶点的度数至少为 3 的图最多有几个顶点？

5.7 设 n 阶无向简单图 G 中，$\delta(G)=n-1$，问 $\Delta(G)$ 应为多少？

5.8 一个 $n(n\geqslant 2)$ 阶无向简单图 G 中，n 为奇数，已知 G 中有 r 个奇度数顶点，问 G 的补图 $\overline{G}$ 中有几个奇度顶点？

5.9 设 D 是 n 阶有向简单图，D'是 D 的子图，已知 D'的边数 $m'=n(n-1)$，问 D 的边数 m 为多少？

5.10 画出 K_4 的所有非同构的子图，其中有几个是生成子图？生成子图中有几个是连通图？

5.11 设 G 为 n 阶简单图（无向图或有向图），$\overline{G}$ 为 G 的补图. 若 $G\cong\overline{G}$，则称 G 为**自补图**. K_4 的生成子图中有几个非同构的自补图？

5.12 画出 3 阶有向完全图所有非同构的子图，问其中有几个是生成子图？生成子图中有几个是自补图？

5.13 设 G_1、G_2、G_3 均为 4 阶无向简单图，它们均有两条边，它们能彼此均非同构吗？为什么？

5.14 已知 n 阶无向图 G 中有 m 条边，各顶点的度数均为 3. 又已知 $2n-3=m$，问在同构的意义下，G 是唯一的吗？若 G 为简单图，是否唯一？

5.15 在 K_6 的边上涂上红色或蓝色. 证明对于任意一种随意的涂法，总存在红色 K_3 或蓝色 K_3.

5.16 试寻找 3 个 4 阶有向简单图 D_1、D_2、D_3，使得 D_1 为强连通图；D_2 为单向连通图，但不是强连通图；而 D_3 是弱连通图，但不是单向连通图，更不是强连通图.

5.17 设 V'和 E'分别为无向连通图 G 的点割集和边割集. G-E' 的连通分支个数一定为几？G-V' 的连通分支数也是定数吗？

5.18 有向图 D 如图 5-25 所示. 求 D 中在定义意义下长度为 4 的通路总数，并指出其中有多少条是回路？又有几条是 v_3 到 v_4 的通路？

5.19 求图 5-26 中从 b 到其余各顶点的最短路径和距离.

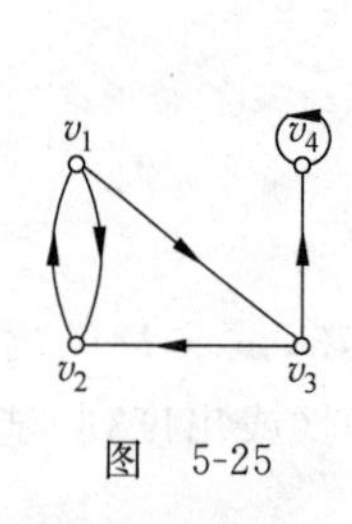

图 5-25

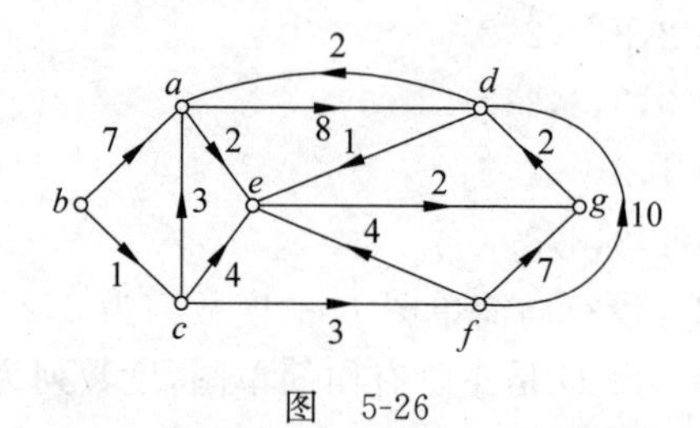

图 5-26

5.20 某工程项目有 13 个工序，工序之间的关系和完成时间如表 5-4 所示.

表 5-4

工序	A	B	C	D	E	F	G	H	I	J	K	L	M
紧前工序	—	—	—	A	A,B	A,B	A,B	C,G	D,E,F	D,E	D,E	H,J	I,L
时间(天)	3	2	4	4	4	4	2	5	3	3	6	1	1

(1) 画出项目网络图.

(2) 求各工序的最早开始时间、最早完成时间、最晚开始时间、最晚完成时间及缓冲时间.

(3) 求关键路径、关键工序及项目的工期.

5.21 计算机系期末要安排 7 门公共课的考试，课程编号为 1 到 7. 下列每一对课程有学生同时选修：1 和 2，1 和 3，1 和 4，1 和 7，2 和 3，2 和 4，2 和 5，2 和 7，3 和 4，3 和 6，3 和 7，4 和 5，4 和 6，5 和 6，5 和 7，6 和 7. 这 7 门课的考试至少要安排在几个不同的时间段？给出一个安排方案.

5.22 假设两家电视台相距不超过 150 千米就不能使用相同的频率，表 5-5 列出 6 家电视台之间的距离，它们至少需要使用多少不同的频率？如何分配？

表 5-5

	2	3	4	5	6
1	85	175	200	50	100
2		125	175	100	160
3			100	200	250
4				210	220
5					100

题 5.23～题 5.25 的要求是从供选择的答案中选出应填入叙述中的方框□内的正确答案.

5.23 设 n 阶图 G 中有 m 条边，每个顶点的度不是 k 就是 $k+1$，若 G 中有 N_k 个 k 度顶点，N_{k+1} 个 $(k+1)$ 度顶点，则 N_k 为 $\boxed{A}$.

供选择的答案

A：① $n/2$；② nk；③ $n(k+1)$；④ $n(k+1)-2m$；⑤ $n(k+1)-m$.

5.24 在图 5-27 的 5 个图中 $\boxed{A}$ 是自补图. 关于自补图的定义见 5.11 题.

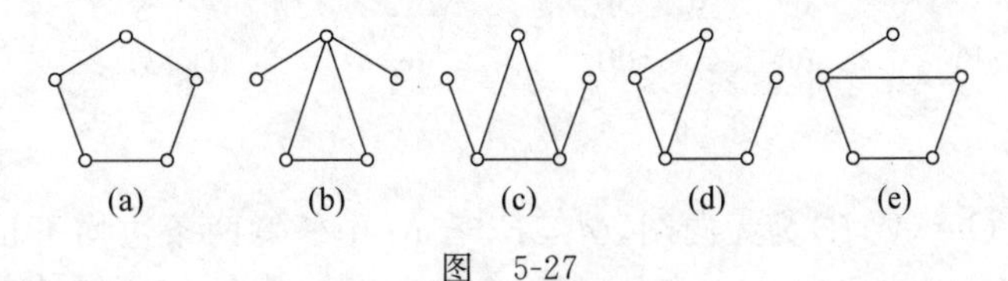

图 5-27

供选择的答案

A：① (a)，(b)；② (c)，(d)；③ (a)，(c)；④ (b)，(e).

5.25 在图 5-28 所示的 6 个图中，强连通图为 $\boxed{A}$，单向连通图为 $\boxed{B}$.

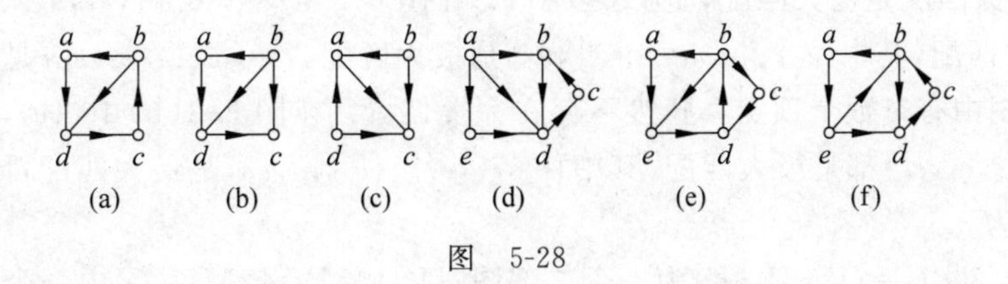

图 5-28

供选择的答案

A，B：① (a)，(b)，(c)；② (d)，(e)，(f)；③ (a)，(b)，(d)，(e)，(f)；④ (a)，(e)，(f).

第6章 特殊的图

6.1 二 部 图

本节讨论的图均为无向图.

定义 6.1 若能将无向图 $G=\langle V,E\rangle$ 的顶点集 V 划分成两个不相交的非空子集 V_1 和 V_2，使得 G 中任何一条边的两个端点一个属于 V_1，另一个属于 V_2，则称 G 为**二部图**(也称为**偶图**). V_1、V_2 称为**互补顶点子集**，此时可将 G 记成 $G=\langle V_1,V_2,E\rangle$.

若 V_1 中每一个顶点与 V_2 中每一个顶点均有且仅有一条边相关联，则称二部图 G 为**完全二部图**(**或完全偶图**). 当 $|V_1|=n,|V_2|=m$ 时，完全二部图 G 记为 $K_{n,m}$.

在图 6-1 中，图 6-1(a)是二部图，可以把它画成图 6-1(b)的样子. 图 6-1(a)和图 6-1(b)同构. 通常都把二部图画成图 6-1(b)的样子，把互补顶点子集分列两行. 图 6-1(c)和图 6-1(d)是 $K_{2,3}$，图 6-1(e)和图 6-1(f)是 $K_{3,3}$.

给定一个图，判断它是否为二部图，有下面的定理.

定理 6.1 一个无向图 $G=\langle V,E\rangle$ 是二部图当且仅当 G 中没有长度为奇数的回路.

例如，图 6-2 不是二部图，因为它含有三角形，即长度为 3 的回路.

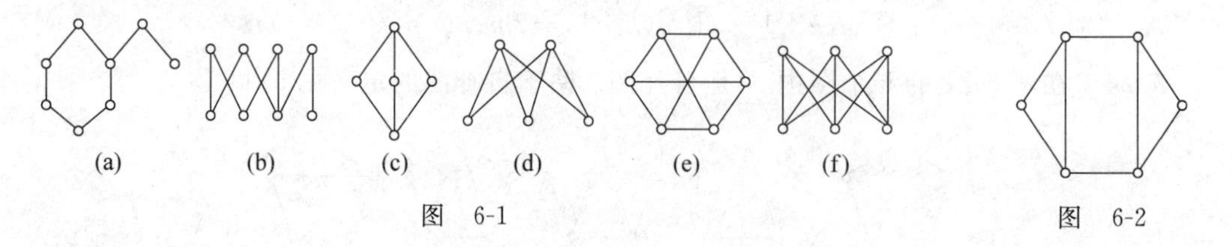

图 6-1　　图 6-2

定义 6.2 设 $G=\langle V,E\rangle$ 为无向图，$M\subseteq E$，若 M 中任意两条边均不相邻，则称 M 为 G 中的**匹配**. 若在 M 中再加入任何 1 条边就都不是匹配了，则称 M 为**极大匹配**. 边数最多的匹配称为**最大匹配**，最大匹配中边的条数称为 G 的**匹配数**，记为 $\beta_1(G)$，简记为 β_1.

设 M 为 G 中一个匹配，$v\in V(G)$，若存在 M 中的边与 v 关联，则称 v 为 M **饱和点**，否则称 v 为 M **非饱和点**. 若 G 中每个顶点都是 M 饱和点，则称 M 为**完美匹配**.

显然，最大匹配是极大匹配，但反之不真. 在图 6-3(a)中，$\{e_1\}$、$\{e_1,e_7\}$、$\{e_5\}$、$\{e_4,e_6\}$ 等都是图中的匹配，其中 $\{e_5\}$、$\{e_1,e_7\}$、$\{e_4,e_6\}$ 是极大匹配，$\{e_1, e_7\}$、$\{e_4,e_6\}$ 是最大匹配，匹配数 $\beta_1=2$. 图中有奇数个顶点，显然不存在完美匹配. 在图 6-3(b)中，$\{e_2,e_5\}$、$\{e_3,e_6\}$、$\{e_1,e_7,e_4\}$、$\{e_2,e_4,e_6\}$ 都是极大匹配，其中 $\{e_1,e_7,e_4\}$、$\{e_2,e_4,e_6\}$ 是最大匹配，同时也是完美匹配，匹配数为 3.

定义 6.3 设 $G=\langle V_1,V_2,E\rangle$ 为一个二部图，$|V_1|\leqslant|V_2|$，M 为 G 中一个最大匹配，若 $|M|=|V_1|$，则称 M 为 G 中 V_1 到 V_2 的**完备匹配**.

当 $|V_1|=|V_2|$ 时，完备匹配是完美匹配.

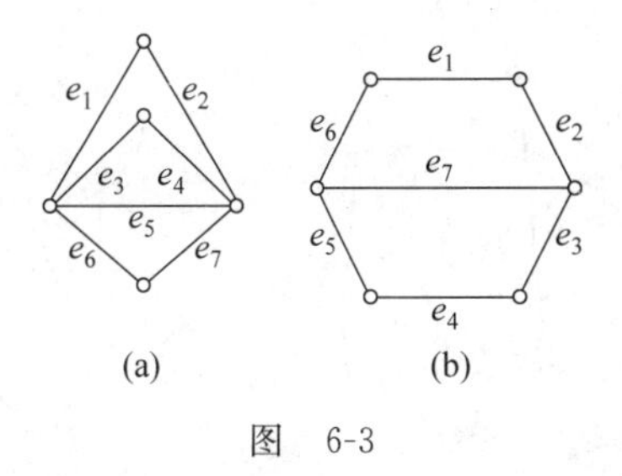

图 6-3

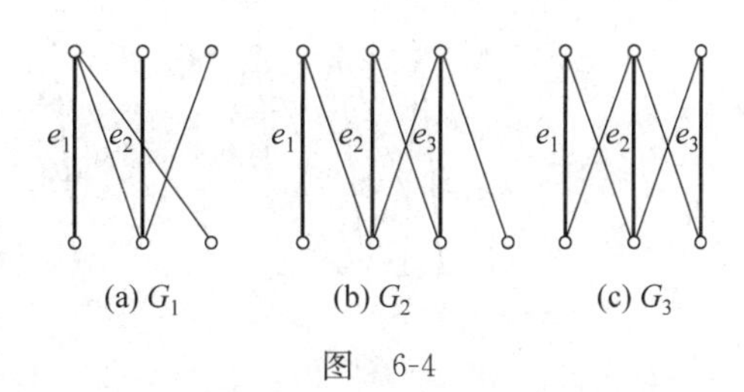

图 6-4

在图 6-4 中，$\{e_1,e_2\}$为 G_1 中的最大匹配，G_1 中不存在完备匹配，更无完美匹配. G_2 中，$\{e_1,e_2,e_3\}$为完备匹配，但 G_2 中无完美匹配. 在 G_3 中，$\{e_1,e_2,e_3\}$为完备匹配，同时是完美匹配.

下述定理给出存在完备匹配的充分必要条件.

定理 6.2(Hall 定理) 设二部图 $G=\langle V_1,V_2,E\rangle$，$|V_1|\leqslant|V_2|$，$G$ 中存在从 V_1 到 V_2 的完备匹配当且仅当 V_1 中任意 k 个顶点至少邻接 V_2 中的 k 个顶点.

由 Hall 定理容易证明下面的定理.

定理 6.3 设二部图 $G=\langle V_1,V_2,E\rangle$，如果存在 $t>0$ 使得：

(1) V_1 中每个顶点至少关联 t 条边；

(2) V_2 中每个顶点至多关联 t 条边.

则 G 中存在 V_1 到 V_2 的完备匹配.

证明 由条件(1)可知，V_1 中任意 k 个顶点至少关联 kt 条边. 由条件(2)，这 kt 条边至少关联 V_2 中的 k 个顶点，即 V_1 中任意 k 个顶点至少邻接 V_2 中的 k 个顶点. 由 Hall 定理，G 中存在 V_1 到 V_2 的完备匹配. ■

Hall 定理中的条件称为**相异性条件**，定理 6.3 中的条件称为 ***t* 条件**. 满足 t 条件的二部图一定满足相异性条件，但满足相异性条件不一定满足 t 条件. 相异性条件是二部图存在完备匹配的充分必要条件，而 t 条件只是充分条件，不是必要条件.

例 6.1 某中学有 3 个课外小组：物理组、化学组、生物组. 今有张、王、李、赵、陈 5 名同学. 若已知：

(1) 张、王为物理组成员，张、李、赵为化学组成员，李、赵、陈为生物组成员；

(2) 张为物理组成员，王、李、赵为化学组成员，王、李、赵、陈为生物组成员；

(3) 张为物理组和化学组成员，王、李、赵、陈为生物组成员.

问在以上 3 种情况下能否各选出 3 名不兼任的组长？

解 设 v_1、v_2、v_3、v_4、v_5 分别表示张、王、李、赵、陈. u_1、u_2、u_3 分别表示物理组、化学组、生物组. 在 3 种情况下作二部图分别记为 G_1、G_2、G_3，如图 6-5 所示.

G_1 满足 $t=2$ 的 t 条件，所以存在从 $V_1=\{u_1,u_2,u_3\}$到 $V_2=\{v_1,v_2,v_3,v_4,v_5\}$的完备匹配，图 6-5 中粗边所示的匹配就是其中的一个，即选张为物理组组长、李为化学组组长、赵为生物组组长.

G_2 满足相异性条件，也存在完备匹配，图 6-5 中粗边所示匹配就是其中的一个完备匹配. 注意，G_2 不满足 t 条件.

G_3 不满足相异性条件，因而不存在完备匹配，故选不出 3 名不兼任的组长.

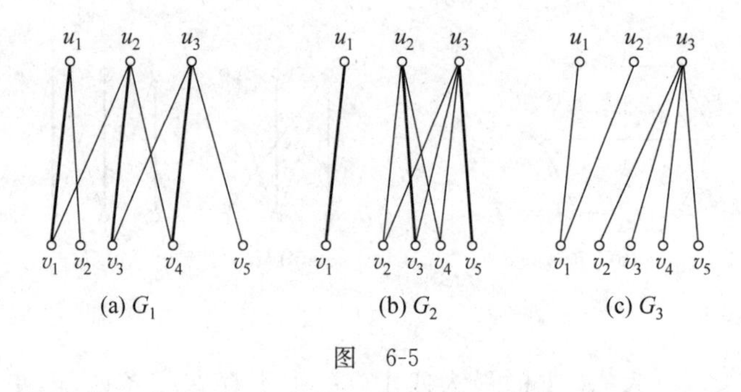

图 6-5

6.2 欧 拉 图

18 世纪中叶在欧洲普鲁士的哥尼斯堡城内有一条贯穿全市的普雷格尔河，河中有两个小岛，由七座桥相连接（如图 6-6(a)所示）. 当时该城市中的人们热衷于一个难题：一个人怎样不重复地走完七座桥，最后回到出发地点？这就是所谓的哥尼斯堡七桥问题. 很长时间没有人能解决这个难题. 1736 年，瑞士数学家欧拉(Euler)发表论文，用 4 个点分别表示两个小岛和两岸，用连接两点的线段表示桥，如图 6-6(b)所示. 于是，哥尼斯堡七桥问题就是问这个图是否有一条回路经过每一条边且每一条边只经过一次？这样的回路现在叫做欧拉回路. 欧拉在这篇论文中证明了下面的定理 6.4，从而解决了这个难题. 这篇论文现在被公认为是第一篇关于图论的论文.

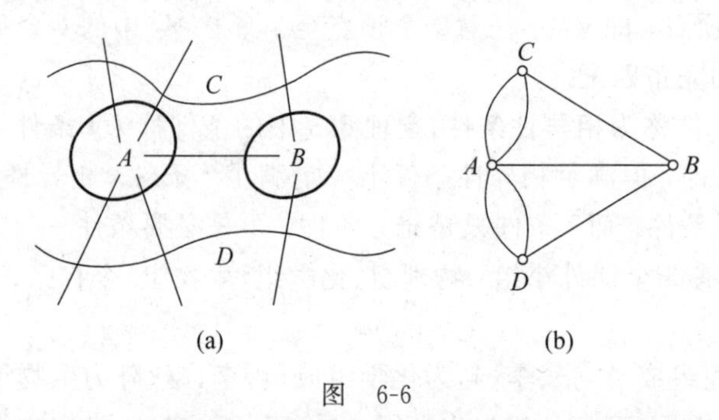

图 6-6

定义 6.4 经过图(无向图或有向图)中每条边一次且仅一次并且行遍图中每个顶点的回路(通路)，称为**欧拉回路**(**欧拉通路**). 存在欧拉回路的图，称为**欧拉图**.

下面给出是否存在欧拉通路和回路的判别法.

定理 6.4 无向图 G 有欧拉回路，当且仅当 G 是连通图且无奇度顶点. 无向图 G 有欧拉通路、但无欧拉回路，当且仅当 G 是连通图且恰好有两个奇度顶点. 这两个奇度顶点是欧拉通路的端点.

定理 6.5 有向图 D 有欧拉回路，当且仅当 D 是连通的且每个顶点的入度等于出度. 有向图 D 有欧拉通路、但无欧拉回路，当且仅当 D 是连通的，且除了两个顶点外，其余顶点的入度均等于出度. 这两个特殊的顶点中，一个顶点的入度比出度大 1，另一个顶点的入度比出度小 1. 任何欧拉通路以前一个顶点为终点，以后一个顶点为始点.

上述两个定理中的必要条件是显然的. 若无向图中有一条欧拉回路，对任意一个顶点，沿着这条欧拉回路每次经过这个顶点是都是一进一出，正好 2 度，故这个顶点的度数必为偶数. 其余与此类似. 充分性证明略去.

图 6-6(b)中的 4 个顶点的度数都是奇数，故不存在欧拉回路，哥尼斯堡七桥问题无解，任何人都不可能不重复地走完七座桥，最后回到出发地点.

例 6.2 判断图 6-7 中的各图是否有欧拉回路和欧拉通路.

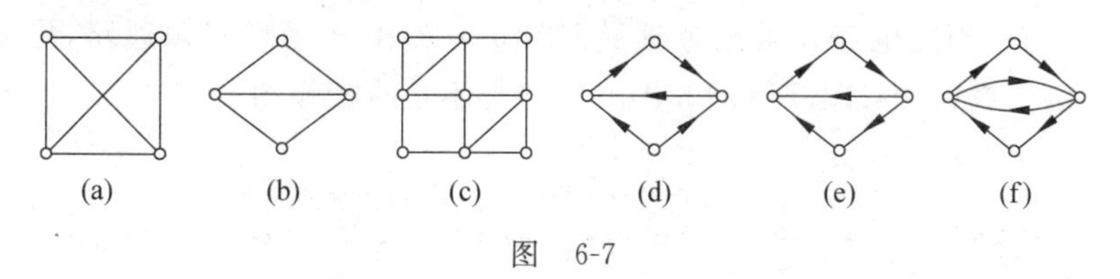

图 6-7

解 根据定理 6.4，图 6-7(a)的 4 个顶点都是奇度顶点，无欧拉通路，更无欧拉回路. 图 6-7(b)有2 个奇度顶点和 2 个偶度顶点，存在欧拉通路，但不存在欧拉回路. 图 6-7(c)中没有奇度顶点，存在欧拉回路，当然更有欧拉通路. 图 6-7(c)是欧拉图，图 6-7(a)和图 6-7(b)都不是欧拉图.

同样，由定理 6.5 不难看到，图 6-7(d)既无欧拉回路，也无欧拉通路. 图 6-7(e)中存在欧拉通路，但无欧拉回路. 图 6-7(f)中存在欧拉回路，当然也存在欧拉通路. 图 6-7(f)是欧拉图，图 6-7(d)和图 6-7(e)都不是欧拉图.

例 6.3 设旋转磁鼓分成 8 个扇区，每个扇区标记一个 0 或 1，有 3 个探测器能够读出连续的 3 个扇区的标记. 现在的问题是：如何赋给扇区的标记，使得能够根据探测器的读数确定磁鼓的位置. 例如，对图 6-8(a)中给出的标记，现在的读数是 110，旋转一次后读数为 101，再旋转度数为 011，再旋转读数又回到 110. 这样 2 个不同位置的读数相同，无法根据读数来区分. 为了能够根据读数确定磁鼓的位置，必须构造一个由 8 个 0 和 1 组成的圆环，使得圆环上连续 3 个数字的序列都不相同.

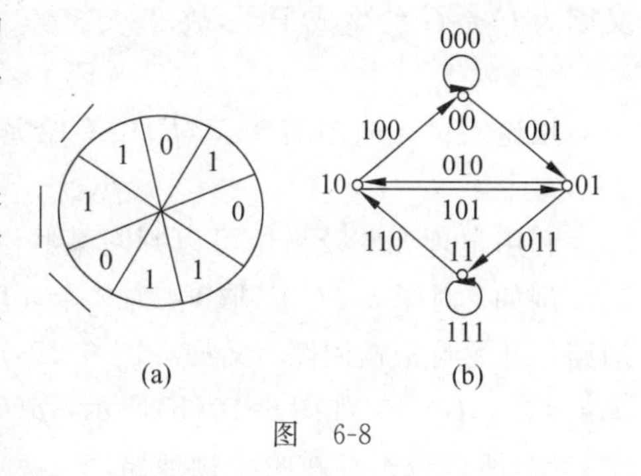

图 6-8

为此，构造一个 4 阶有向图，4 个顶点分别叫做 00，01，10 和 11. 从 ab 到 bc 有一条有向边，并在这条边上标记 abc. 即删去 ab 中第一个数字，剩下 b，再加上 0 或 1，得到 2 个顶点，从 ab 到这 2 个顶点各引一条边，分别标记 $ab0$ 和 $ab1$. 例如，从 01 到 10 和 11 各有一条边，分别标记 010 和 011. 如图 6-8(b)所示. 8 条边的标记是不同的. 图是连通的且每个顶点的入度等于出度，都等于 2. 由定理 6.5，图中存在一条欧拉回路. 从 00 开始，构造一条欧拉回路 000，001，011，111，110，101，010，100. 注意到两条相邻的边的标记中前一个的后 2 位与后一个的前 2 位相同，因此在这条回路上连续 3 条边的标记的第一位恰好与第一条边的标记相同. 于是，顺着这条回路取每一条边标记的第一位得到 00011101，按照这个顺序标记磁鼓的扇区，所有连续 3 个扇区的标记正好是 8 条边的标记，各不相同.

6.3 哈密顿图

定义 6.5 经过图中每个顶点一次且仅一次的回路(通路)称为**哈密顿回路(通路)**. 存在哈密顿回路的图称为**哈密顿图**.

在图 6-9 所示的各图中,图 6-9(a)中存在哈密顿通路,但不存在哈密顿回路. 图 6-9(b)中存在哈密顿回路,当然也存在哈密顿通路. 图 6-9(c)中既无哈密顿通路,更无哈密顿回路. 图 6-9(b)为哈密顿图,图 6-9(a)和图 6-9(c)都不是哈密顿图.

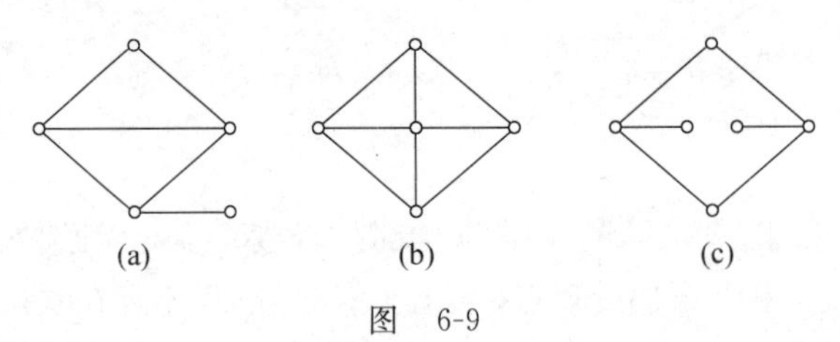

图 6-9

从定义不难看出,一个 n 阶简单图是哈密顿图,要求边数 $m \geqslant n$. 另外,哈密顿图还有一个必要条件,如下面的定理所述.

定理 6.6 设无向图 $G=\langle V,E\rangle$是哈密顿图,V_1 是 V 的任意的非空子集,则

$$p(G-V_1) \leqslant |V_1|.$$

证明 设 C 为 G 中的一条哈密顿回路. 设 V_1 中的顶点把 C 分成 r 段,则

$$p(C-V_1) = r \leqslant |V_1|.$$

又因为 C 是 G 的生成子图,故

$$p(G-V_1) \leqslant p(C-V_1) \leqslant |V_1|.$$

■

推论 设无向图 $G=\langle V,E\rangle$中有哈密顿通路,V_1 是 V 的任意的非空子集,则

$$p(G-V_1) \leqslant |V_1|+1.$$

利用定理 6.6 及推论可以判断某些图不是哈密顿图和不存在哈密顿通路.

例如,对图 6-9(c),取 V_1 为 2 个 3 度顶点,有 $p(G-V_1)=4>2+1$,故不存在哈密顿通路,更无哈密顿回路. 又如在图 6-10(a)中 $V_1=\{a,b,c,d,e,f,g\}$,$G-V_1$ 如图 6-10(b)所示,$p(G-V_1)=9>|V_1|+1=8$,所以也不存在哈密顿通路.

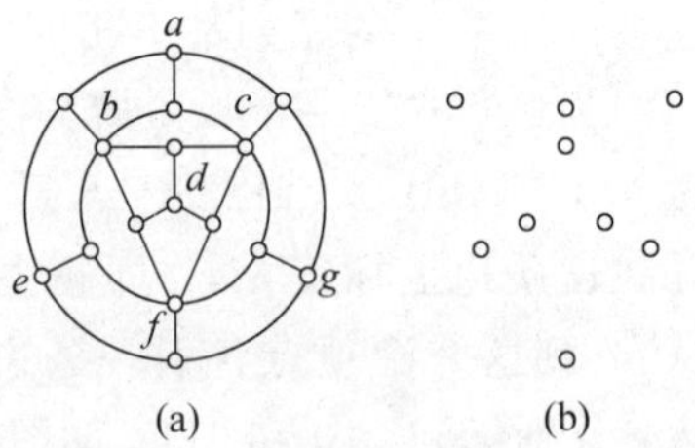

(a) (b)

图 6-10

下面是图中有哈密顿回路和有哈密顿通路的充分条件.

定理 6.7 设 G 是 $n(n\geqslant 3)$阶无向简单图,如果 G 中任何一对不相邻的顶点的度数之和都大于等于 $n-1$,则 G 中存在哈密顿通路. 如果 G 中任何一对不相邻的顶点的度数之和都大于等于 n,则 G 是哈密顿图.

需注意的是,定理 6.6 及其推论中的条件是存在哈密顿回路和存在哈密顿通路的必要条件,但不是充分条件. 例如,彼得森图(图 5-5(c))满足定理 6.6 中的条件,但它不是哈密顿图. 而定理 6.7 给出的是充分条件,但不是必要条件. 例如,在六边形图中,任何两顶点

度数之和均为 $4<6-1$,但六边形图是哈密顿图，当然也有哈密顿通路. 到目前为止,人们还没有找到比定义更好的便于判断一个图是否存在哈密顿回路或哈密顿通路的充分必要条件.

关于有向图中的哈密顿通路有下面的定理.

定理 6.8 在 $n(n\geqslant 2)$阶有向图 $D=\langle V,E\rangle$中,如果所有有向边均用无向边代替,所得无向图中含生成子图 K_n,则有向图 D 中存在哈密顿通路.

对一般的有向图中是否存在哈密顿回路或哈密顿通路,也还没有好的判别法.

例 6.4 在循环赛中，n 个参赛队中的任意两个队比赛一次，假设没有平局，可以用有向图描述比赛的结果：用顶点表示参赛队，A 到 B 有一条边当且仅当 A 队胜 B 队. 例如，有 4 个队参赛，A 队胜 B 队和 D 队，B 队胜 D 队，C 队全胜. 比赛结果如图 6-11 所示. 在这种图中，任意两个顶点之间恰好有一条有向边，这种有向图称作**竞赛图**. 根据定理 6.8，竞赛图中一定有哈密顿通路，当然也可能有哈密顿回路. 当没有哈密顿回路时，通常只有一条哈密顿通路，这条通路给出参赛队的唯一名次. 在图 6-11 中，CABD 是一条哈密顿通路，它没有哈密顿回路，比赛结果是 C 第一，A 第二，B 第三，D 第四.

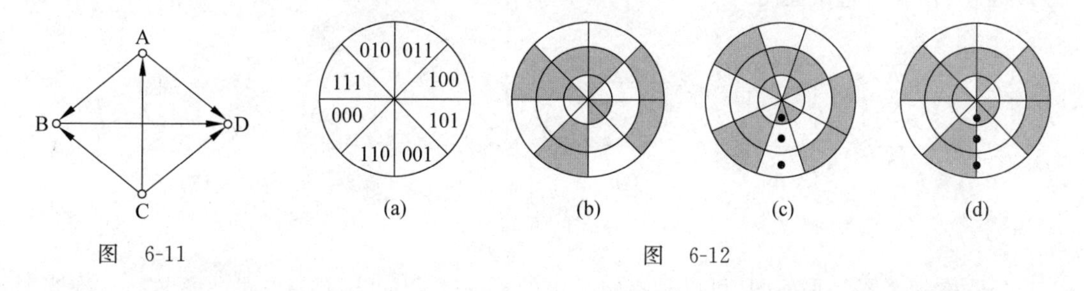

图 6-11

图 6-12

例 6.5 格雷码(Gray Code)。

为了确定圆盘停止旋转后的位置，把圆盘划分成 2^n 个扇区，每个扇区分配一个 n 位 0-1 串. 例如，图 6-12(a)中把圆盘划分成 8 个扇区，每个扇区分配一个 3 位 0-1 串. 要用某种电子装置读取扇区的赋值. 譬如，再把每个扇区分成 n 个块，每块的材料是透明或不透明的，可以用光电管检测出是什么材料. 规定不透明的表示 1，透明的表示 0. 图 6-12(b)对应图 6-12(a)中的赋值. 当圆盘停止旋转后，如果电子装置处于一个扇区的内部，它将能够正确地读出这个扇区的赋值，如图 6-12(c)所示. 如果电子装置恰好处于两个扇区的边界上，就可能出问题. 如图 6-12(d)所示，每一位都可能读成 0 或 1.

为了解决上面的问题，将误差减少到最小，就要使相邻扇区的两个 n 位 0-1 串不相同的位数尽可能少，最好是只有一位不同. 把所有 n 位 0-1 串排成一个序列，相邻的两个以及最后一个和第一个之间只有一位不同，这样的序列称作**格雷码**. 当 $n=3$ 时，000，100，101，111，110，010，011，001 是一个格雷码，而图 6-12(a)中的排列不是格雷码. 如果按照格雷码给扇区赋值，即使电子装置恰好处于两个扇区的边界上，读出的值也是这两个扇区中的一个.

为了寻找格雷码，构造一个 n 维立方体图，它有 2^n 个顶点，每个顶点表示一个 n 位串，两个顶点之间有一条边当且仅当它们的 n 位串仅相差一位. 当 $n=2$ 和 $n=3$ 时，分别如图 6-13(a)和图 6-13(b)所示. 可以证明，当 $n \geqslant 2$ 时图中一定存在哈密顿回路. 当 $n=2$ 时，图本身就是一条回路. 当 $n=3$ 时，在图 6-13(b)中哈密顿回路用粗黑线画出. 得到 $n=2$ 的格雷码是 00，01，11，10. $n=3$ 的格雷码是 000，001，011，010，110，111，101，100.

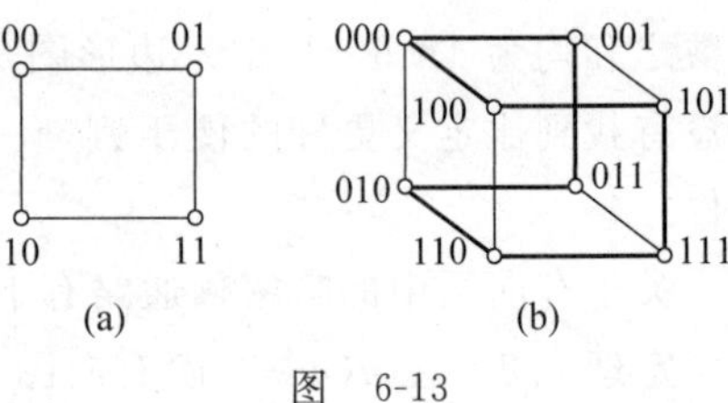

图 6-13

6.4 平 面 图

定义 6.6 如果图 G 能画在平面上使得除顶点处外没有边交叉出现，则称 G 为**平面图**. 画出的这种不出现边交叉的图称为 G 的一个**平面嵌入**.

在图 6-14 中，图 6-14(a)是 K_4，图 6-14(b)是它的一个平面嵌入. K_4 是平面图. 图 6-14(c)是 K_5，无论怎样画法，也不能将边的交叉全去掉. 图 6-14(d)是 K_5 边的交叉最少的一种画法. 图 6-14(e)是 $K_{3,3}$，图 6-14(f)是它的边交叉最少的一种画法. 后面将要证明 K_5 和 $K_{3,3}$ 都不是平面图.

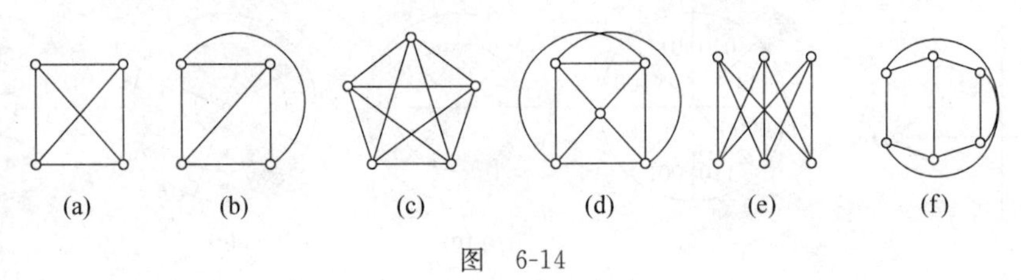

图 6-14

今后称一个图是平面图，可以是指定义中的平面图，也可以是指它的平面嵌入. 在当时的讨论与图的画法有关时，通常是指平面嵌入，这不难从上下文中看出.

定义 6.7 设 G 是一个平面嵌入，G 的边将整个平面划分成若干个区域，每个区域称为 G 的一个**面**，其中面积无限的区域称为**无限面**或**外部面**，常记成 R_0，面积有限的区域称为**有限面**或**内部面**. 包围面 R 的所有边构成的回路①称为该面的**边界**，边界的长度称为面 R 的**次数**，记为 $\deg(R)$.

在图 6-15 中，图 6-15(a)为连通的平面图，共有 3 个面 R_0、R_1、R_2. R_1 的边界为初级回路 $v_1v_3v_4v_1$，$\deg(R_1)=3$. R_2 的边界为初级回路 $v_1v_2v_3v_1$，$\deg(R_2)=3$. R_0 的边界为复杂回路 $v_1v_4v_5v_6v_5v_4v_3v_2v_1$，$\deg(R_0)=8$. 图 6-15(b)为非连通的平面图，有两个连通分支. $\deg(R_1)=3$，$\deg(R_2)=4$，R_0 的边界由两个初级回路 $v_1v_2v_3v_1$ 和 $v_4v_5v_6v_7v_4$ 围成，$\deg(R_0)=7$.

定理 6.9 平面图的所有面的次数之和等于边数的 2 倍.

证明 每条边可能在两个面的公共边界上，也可能只在一个面的边界上. 当在两个面的公共边界上时，在每个面的边界上这条边只出现一次，在计算总的次数时计算两次. 而当只在一个面的边界上时，它出现 2 次，在计算总的次数时也计算两次. 所以所有面的次

① 这里所说的回路，可以是初级回路或简单回路，也可以是复杂回路，还可以是由几个不连通的回路组成的.

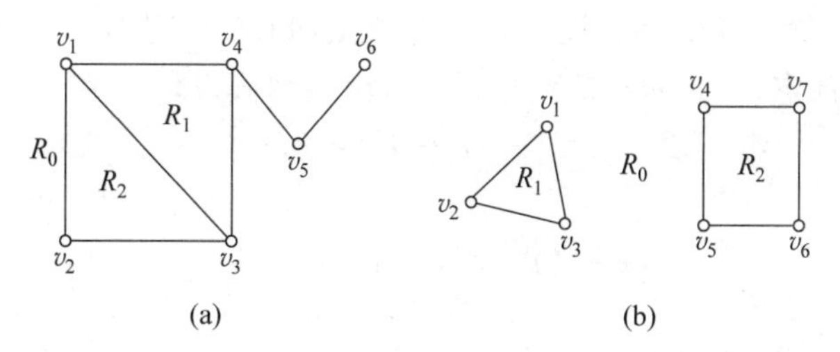

图 6-15

数之和等于边数的 2 倍. ■

同一个平面图可以有不同形状的平面嵌入,但它们都是同构的. 另外,还可以将一个平面嵌入中的某个有限面变换成无限面,无限面变换成有限面,得到不同形状的另一个平面嵌入. 在图 6-16 中,图 6-16(b)与图 6-16(c)都是图 6-16(a)的平面嵌入,但形状不同. 在图 6-16(b)中,$\deg(R_0)=3$;在图 6-16(c)中,$\deg(R_0)=4$.

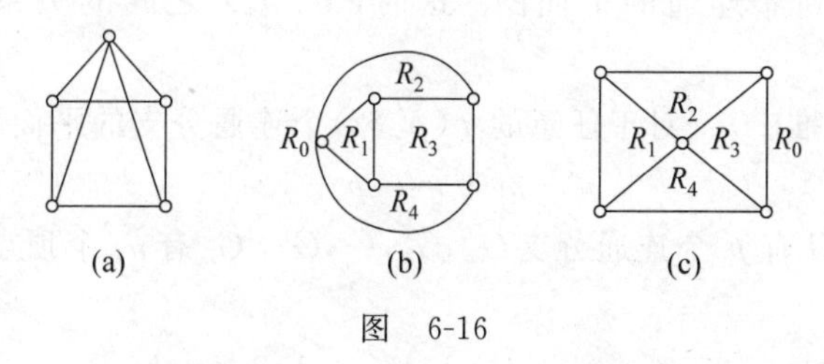

图 6-16

定义 6.8 设 G 为一个简单平面图,如果在 G 中任意不相邻的两个顶点之间再加一条边,所得图为非平面图,则称 G 为**极大平面图**.

若在非平面图 G 中任意删除一条边,所得图为平面图,则称 G 为**极小非平面图**.

K_3、K_4 都是极大平面图. 将 K_5 和 $K_{3,3}$ 任意删除一条边后所得图也是极大平面图. K_5 和 $K_{3,3}$ 都是极小非平面图.

1 阶和 2 阶极大平面图分别是平凡图和由 2 个顶点及其之间的一条边构成的图. 对于 3 阶和 3 阶以上的极大平面图有下述性质.

定理 6.10 $n(n\geqslant 3)$阶简单平面图是极大平面图当且仅当它是连通的且每个面的次数都为 3.

根据这个定理,图 6-14(b)是极大平面图,当然图 6-14(a)也是. 图 6-16(c)(图 6-16(a)、图 6-16(b))不是极大平面图. 要使它成为极大平面图只需在对角的两个顶点之间加一条边.

下面是平面图的一个重要性质.

定理 6.11(欧拉公式) 设 G 为任意的连通平面图,则有

$$n-m+r=2$$

其中 n 为 G 中顶点数,m 为边数,r 为面数.

证明 对边数 m 作归纳法.

(1) $m=0$ 时,G 为孤立点,此时 $n=1$,$r=1$,结论自然成立.

(2) 设 $m=k-1(k\geqslant 1)$时结论成立,要证明 $m=k$ 时结论成立.

若G中至少有一个1度顶点. 设v是1度顶点,删除v,得$G'=G-v$,则G'是连通的,G'中有$n'=n-1$个顶点,$m'=m-1$条边,$r'=r$,由归纳假设,

$$n'-m'+r'=2,$$

即

$$(n-1)-(m-1)+r=2,$$

整理后得

$$n-m+r=2.$$

若G中所有顶点的度数大于等于2,则必有初级回路. 设C为一初级回路,在C上任取一条边e. 令$G'=G-e$,由于e在C上,所以G'仍连通. 在G'中,$n'=n,m'=m-1,r'=r-1$. 由归纳假设得到

$$n-(m-1)+(r-1)=2,$$
$$n-m+r=2.$$

■

欧拉公式可推广到非连通的平面图. 这时,n、m、r之间的关系还与连通分支数p有关.

推论(欧拉公式的推广) 对于任意的$p(p\geqslant 2)$个连通分支的平面图,有

$$n-m+r=p+1.$$

证明 设平面图G有p个连通分支$G_1,G_2,\cdots,G_p$, G_i有n_i个顶点, m_i条边, r_i个面,由欧拉公式,

$$n_i-m_i+r_i=2,\quad i=1,2,\cdots,p.$$

显然, $n=\sum_{i=1}^{p}n_i$, $m=\sum_{i=1}^{p}m_i$. 注意到每个G_i有一个外部面, 而G也是一个外部面, 故$r=\sum_{i=1}^{p}r_i-p+1$. 从而

$$n-m+r=2p-p+1=p+1.$$

■

利用欧拉公式及其推广可以证明下述定理.

定理 6.12 设G是连通的平面图,且每个面的次数至少为$l(l\geqslant 3)$,则

$$m\leqslant\frac{l}{l-2}(n-2).$$

设G是$p(p\geqslant 2)$个连通分支的平面图,每个面的次数至少为$l(l\geqslant 3)$,则

$$m\leqslant\frac{l}{l-2}(n-p-1).$$

证明 设G是连通平面图, 且每个面的次数至少为l,由定理6.9

$$2m\geqslant lr.$$

把欧拉公式代入上式, 得

$$2m\geqslant l(2+m-n),$$

整理后得到

$$m\leqslant\frac{l}{l-2}(n-2).$$

对非连通的平面图, 可利用欧拉公式的推广类似证明. ■

推论 K_5 和 $K_{3,3}$ 都不是平面图.

证明 K_5 有 5 个顶点，10 条边，假若是平面图，则每个面的次数至少为 3，由定理 6.12 可得

$$10 \leqslant 3(5-2)=9,$$

矛盾，因而 K_5 不是平面图.

$K_{3,3}$ 有 6 个顶点，9 条边，假若是平面图，则每个面的次数至少为 4，因而有

$$9 \leqslant 2(6-2)=8,$$

矛盾，因而 $K_{3,3}$ 也不是平面图. ■

下面给出平面图的充分必要条件，为此先引入下述运算和概念.

在图 6-17(a)中，从左到右的变换称为**消去 2 度顶点** w. 图 6-17(b)中从左到右的变换称为**插入 2 度顶点** w.

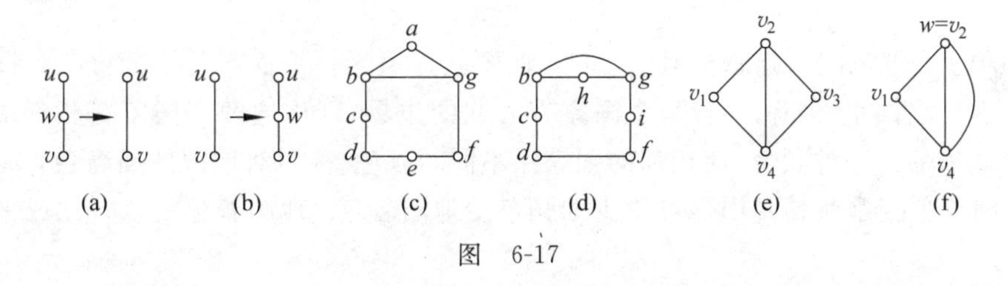

图 6-17

定义 6.9 如果两个图 G_1 和 G_2 同构，或经过反复插入或消去 2 度顶点后同构，则称 G_1 与 G_2 同胚.

图 6-17 中，图 6-17(d)是图 6-17(c)经过消去 2 度顶点 a、e，插入 2 度顶点 h、i 而得到的，因而图 6-17(c)和图 6-17(d)同胚.

删除边(u,v)，用新的顶点 w(可以用 u 或 v 充当 w)取代 u、v，并使 w 和除(u,v)外所有与 u、v 关联的边关联，称这个变换为**收缩边**(u,v).

定义 6.10 如果 G_1 可以通过若干次收缩边得到 G_2，则称 G_1 **可收缩到** G_2.

图 6-17 中，图 6-17(e)收缩边(v_2,v_3)的结果是图 6-17(f).

定理 6.13 一个图是平面图当且仅当它不含与 K_5 同胚的子图，也不含与 $K_{3,3}$ 同胚的子图.

定理 6.14 一个图是平面图当且仅当它没有可收缩到 K_5 的子图，也没有可收缩到 $K_{3,3}$ 的子图.

以上两个定理称为**库拉图斯基定理**.

例 6.6 证明图 6-18 中的 4 个图都不是平面图.

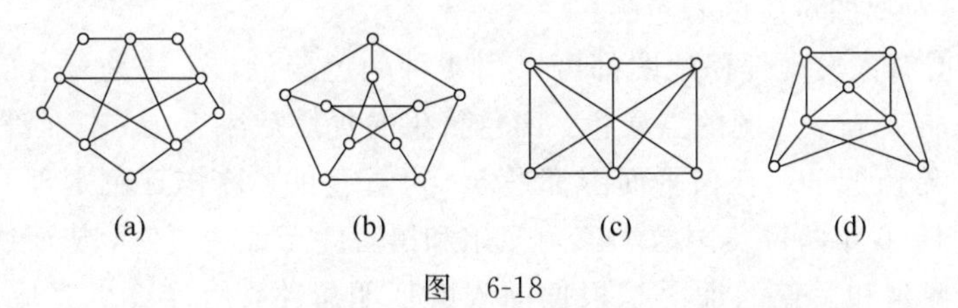

图 6-18

解 图 6-18(a)消去 5 个 2 度顶点后变成 K_5，故与 K_5 同胚. 或者对每一个 2 度顶点取一条关联的边，收缩这 5 条边也可得到 K_5，故它又可收缩到 K_5. 图 6-18(b)是彼德森图,收缩 5 条连接内外 5 对顶点的边，可收缩到 K_5. 还可以取子图如图 6-19(a)所示，消去 4 个 2 度顶点(小圆圈)得到 $K_{3,3}$. 图 6-18(c)含有子图 $K_{3,3}$,如图 6-19(b)所示. 图 6-18(d)删去 2 条边后的子图见图 6-19(c)，收缩两条虚线边得到 K_5. 还可以删去 4 条边，取子图如图 6-19(d)所示，收缩虚线边得到 $K_{3,3}$. 根据库拉图斯基定理，得证它们都不是平面图.

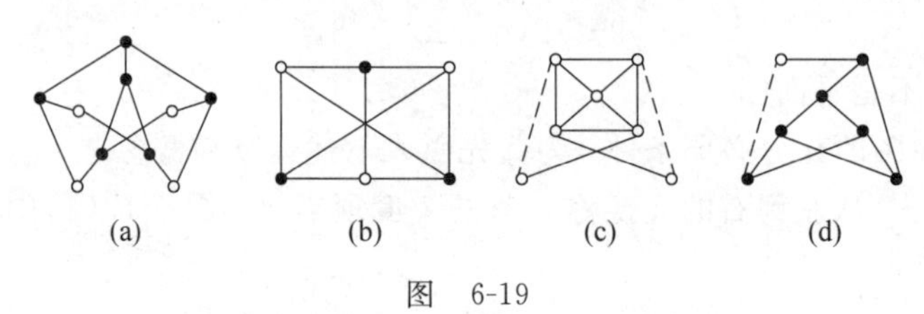

图 6-19

在历史上，着色问题起源于地图着色. 地图是连通无桥平面图的平面嵌入，每一个面是一个国家(或省、市、区等). 若两个国家有公共的边界,则称这两个国家是相邻的. 对地图的每个国家涂上一种颜色,使相邻的国家涂不同的颜色,称为对地图的**面着色**，简称**地图着色**. 地图着色问题就是要用尽可能少的颜色给地图着色. 地图着色可以转化成平面图的点着色.

定义 6.11 设 G 是一个平面图的平面嵌入,构造图 G^* 如下：在 G 的每一个面 R_i 中放置一个顶点 v_i^*. 对 G 的每一条边 e,若 e 在 G 的面 R_i 与 $R_j(i\neq j)$的公共边界上,则作边 $e^*=(v_i^*,v_j^*)$与 e 相交,且不与其他任何边相交. 若 e 为 G 中的桥且在面 R_i 的边界上，则作以 v_i^* 为端点的环 $e^*=(v_i^*,v_i^*)$与 e 相交,且不与其他任何边相交，称 G^* 为 G 的**对偶图**.

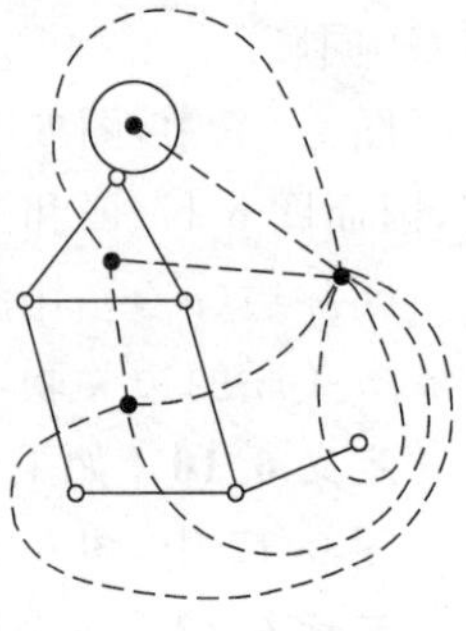

在图 6-20 中,实心点、虚线边图是空心点、实线边图的对偶图.

从定义不难看出,任何平面图的对偶图都是连通的. 但要注意,两个同构的平面图的对偶图不一定是同构的，G 的对偶图 G^* 的对偶图 G^{**}不一定与 G 同构.

图 6-20

根据定义，当 G 中无桥时，G^* 中无环. G 的面与 G^* 的顶点一一对应，且 G 的两个面相邻当且仅当G^* 对应的两个顶点相邻，从而 G 的面着色等同于G^*的点着色.

例如，图 6-21(a)给出一个平面图和它的对偶图，图 6-21(b)是这个平面图的一个 4 着色，图 6-21(c)是对偶图对应的着色.

100 多年前就有人发现任何地图都可以用 4 种颜色着色，这就是著名的**四色猜想**. 由于地图着色可以转变成平面图的点着色，四色猜想的提法后来变成：任何平面图都是 4-可着色的. 1890 年希伍德证明任何平面图都是 5－可着色的，称作五色定理. 此后一直没有什么进展，直到 1976 年两位美国数学家阿佩尔和黑肯终于证明了它，从而使得四色猜想成为四色定理. 阿佩尔和黑肯的证明是根据前人的证明思路，用计算机完成的. 他们证明，如果四色猜想不成立，则存在一个反例，这个反例大约有 2000 种可能(后来有人简化到

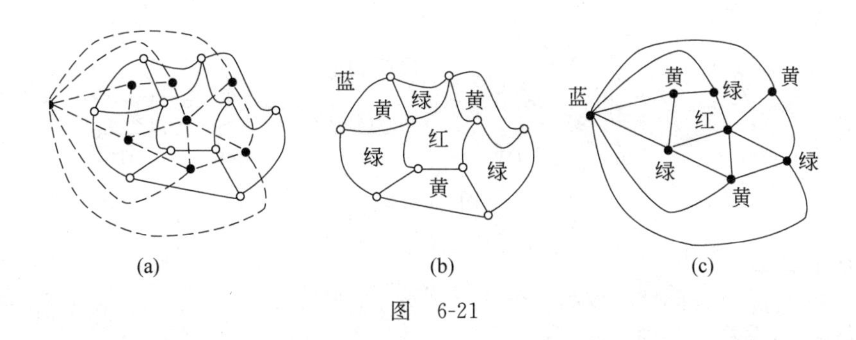

图 6-21

600 多种)，分析这么多种可能是人力不可能胜任的. 他们用计算机分析了所有这些可能，都没有导致反例，从而证明四色猜想成立. 但是，对四色定理的研究并没有到此结束，他们的证明毕竟是用计算机完成的. 寻找相对短的、能被人阅读和检查的证明仍是数学家追求的目标.

定理 6.15(四色定理) 任何平面图都是 4-可着色的.

6.5 题例分析

例 6.7～题 6.10 是选择题.

例 6.7 在图 6-22 所示的各图中，A为欧拉图，B为哈密顿图.

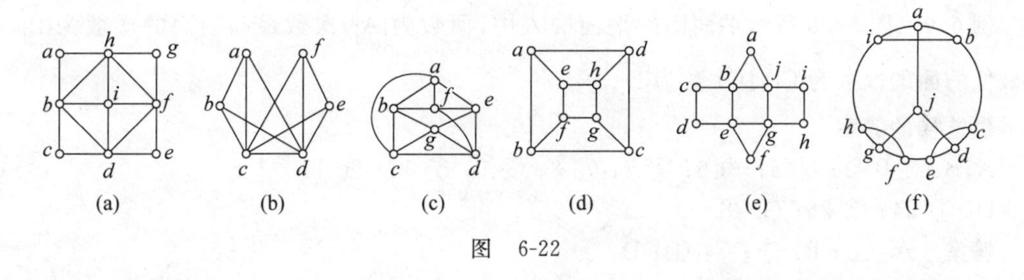

图 6-22

供选择的答案

A、B：① (a)，(b)，(c)；② (d)，(e)，(f)；③ (c)，(e)；④ (b)，(c)，(d)，(e)，(f)；⑤ (b)，(c)，(d)，(e).

答案 A：③；B：④.

分析 除(c)、(e)之外，其余各图均有奇度顶点，所以只有(c)、(e)为欧拉图.

在(a)中，删除$\{b,d,f,h\}$，得 5 个连通分支的图，由定理 6.6 可知图(a)不是哈密顿图. 其余各图都是哈密顿图. 事实上，在(b)中，$abdefca$ 为图中哈密顿回路. 在(c)中，$abcgedfa$ 为哈密顿回路. 在(f)中，$ibajdcefghi$ 为一哈密顿回路. (d)、(e)中的哈密顿回路很容易画出.

例 6.8 在图 6-23 所示的各图中，是二部图的为A. 在二部图中存在完美匹配的是B，它的匹配数是C.

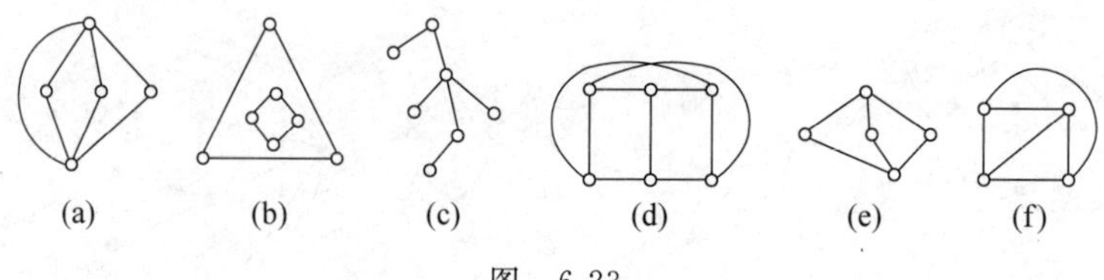

图 6-23

供选择的答案

A、B：① (a)；② (b)；③ (c)；④ (d)；⑤ (e)；⑥ (f)；⑦ (a),(b)；⑧ (b),(f)；⑨ (c),(d),(e)；⑩ (d),(e)；⑪ (d),(f).

C：① 1；② 2；③ 3；④ 4.

答案　A：⑨；B：④；C：③.

分析　(c)、(d)、(e)无奇数长回路，它们都是二部图，可以把它们画成图 6-24 中的样子，其余的都不是. 事实上，(d)是 $K_{3,3}$，(e)是 $K_{2,3}$. 一个图存在完美匹配的必要条件是具有偶数个顶点，在(c)、(d)、(e)中只有(d)具有偶数个顶点，不难给出它的完美匹配.

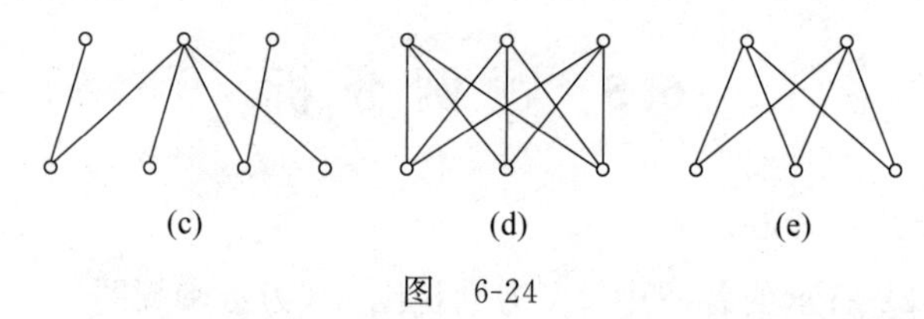

图 6-24

例 6.9　图 6-25 所示平面图的平面嵌入中，面数为[A]，次数最高的面的次数为[B]，次数最低的面的次数为[C]，总次数为[D].

供选择的答案

A、B、C：① 1；② 5；③ 6；④ 7；⑤ 8；⑥ 9；⑦ 10；⑧ 11.

D：① 24；② 26；③ 28.

答案　A：④；B：⑤；C：①；D：②.

分析　首先画出它的平面嵌入，如图 6-26 所示. 外部面 R_0 的边界是 $aefghhgfa$，长度为 8. 次数最小的面是 R_6，次数为 1. 平面图共有 13 条边，根据定理 6.9，总次数是 26.

图 6-25　　图 6-26

例 6.10　在彼德森图中至少添加[A]条边才能构成欧拉图. 至少加[B]条边才能构成哈密顿图.

供选择的答案

A、B：① 1；② 2；③ 3；④ 4；⑤ 5；⑥ 6；⑦ 7.

答案　A：⑤；B：①.

分析　彼德森图(见图 5-5(c))中，10 个顶点的度数均为 3. 至少加 5 条边，才能使所有顶点的度数都变成偶数成为欧拉图. 在彼德森图中存在哈密顿通路，因而再增加一条边就可得到哈密顿回路.

例 6.11　判断下面两个命题的真伪.

(1) 设 $G=\langle V,E\rangle$ 为无向图，若对 V 的任意非空子集 V_1 均有

$$p(G-V_1)\leqslant|V_1|,$$

则 G 为哈密顿图.

(2) 设 $G=<V,E>$ 为 $n(n\geqslant3)$ 阶无向简单哈密顿图，则对于任意的 $u,v\in V$，均有

$$d(u)+d(v)\geqslant n.$$

解　两个命题均为假.

分析　本题的目的是说明必须分清必要条件与充分条件.

(1)中的条件 $p(G-V_1)\leqslant|V_1|$ 是哈密顿图的必要条件(见定理 6.6)，破坏这个条件的图(例如有割点的图)一定不是哈密顿图. 但它不是充分条件，满足这个条件的图不一定是哈密顿图. 例如 2 阶无向完全图 K_2 满足这个必要条件，但它显然不是哈密顿图.

相反，(2)中的条件 $d(u)+d(v)\geqslant n$ 是简单哈密顿图的充分条件(见定理 6.7)，满足这个条件的图一定是哈密顿图. 但这个条件不是必要条件，不满足这个条件的图不一定不是哈密顿图. 例如 n 阶圈(长度为 n 的初级回路) 都是哈密顿图，但当 $n\geqslant5$ 时，不满足这个条件.

例 6.12　(1) 无向完全图 $K_n(n\neq2)$都是哈密顿图，给定顶点的标记，在定义意义下 K_n 中有多少条不同的哈密顿回路？

(2) 在无向完全带权图 $K_n(n\neq2)$中，按权计算最多有多少条不同的哈密顿回路？

(3) 某县城 4 个村庄 a、b、c、d 之间的距离(km)如图 6-27 所示. 一邮递员从城市 a 出发要到 b、c、d 送信，然后返回到 a，他如何走才能使走的路程最短？

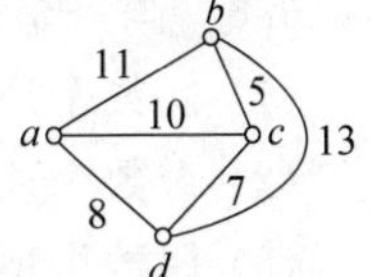

图　6-27

解　(1) n 个顶点的每一种排列都是一条哈密顿回路，在定义意义下它们都是不同的，故共有 $n!$ 条不同的哈密顿回路. 当然，同构意义下只有一种哈密顿回路.

(2) 任何一条哈密顿回路，把任何一个顶点作为起点，其权都是一样的. 又按正反两个方向走权也是一样的，故按权计算最多有$\dfrac{(n-1)!}{2}$条不同的哈密顿回路.

(3) 根据(2)，只需考虑下述 3 条哈密顿回路：

① $abcda$　权为 31

② $abdca$　权为 40

③ $acbda$　权为 36

可见，他走 $abcda$ 或反方向走 $adcba$，路程最短.

习 题

6.1 画出完全二部图 $K_{1,3}$、$K_{2,3}$ 和 $K_{2,2}$.

6.2 设 G 为 $n(n\geqslant 2)$ 阶无环图，证明：G 是二部图当且仅当它是 2-可着色的.

6.3 完全二部图 $K_{r,s}$ 中，边数 m 为多少？

6.4 完全二部图 $K_{r,s}$ 的匹配数 β_1 为多少？

6.5 今有工人甲、乙、丙去完成三项任务 a、b、c. 已知甲能胜任 a、b、c 三项任务；乙能胜任 a、b 两项任务；丙能胜任 b、c 两项任务. 你能给出一种安排方案，使每个工人各去完成一项他们能胜任的任务吗？

6.6 有 n 台计算机和 n 个磁盘驱动器，每台计算机可以与 $k(k>0)$ 个磁盘驱动器兼容，并且每个磁盘驱动器可以与 k 台计算机兼容. 能够给每一台计算机配置一个兼容的磁盘驱动器吗？

6.7 图 6-28 所示各图中哪些是欧拉图？

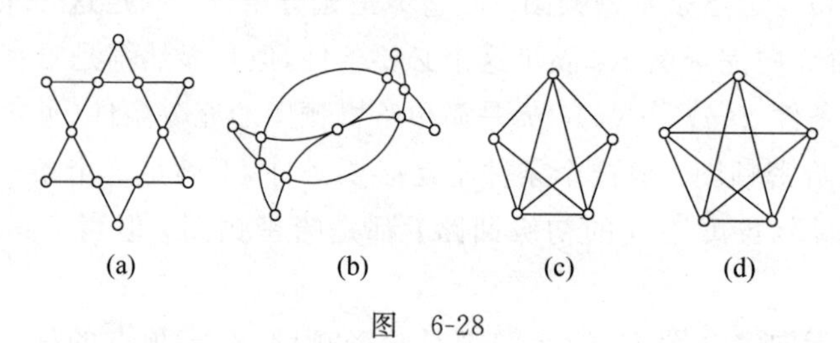

图 6-28

6.8 画一个无向欧拉图，使它具有：

(1) 偶数个顶点，偶数条边；

(2) 奇数个顶点，奇数条边；

(3) 偶数个顶点，奇数条边；

(4) 奇数个顶点，偶数条边.

6.9 画一个有向的欧拉图，要求同题 6.8.

6.10 画一个无向图，使它：

(1) 既是欧拉图，又是哈密顿图；

(2) 是欧拉图，而不是哈密顿图；

(3) 是哈密顿图，而不是欧拉图；

(4) 既不是欧拉图，也不是哈密顿图.

6.11 画一个有向图，要求同题 6.10.

6.12 若 D 为有向欧拉图，则 D 一定为强连通图. 其逆命题成立吗？

6.13 在什么条件下无向完全图 $K_n(n\geqslant 2)$ 为哈密顿图？又在什么条件下为欧拉图？

6.14 有割点的无向图 G 不可能为哈密顿图. G 也一定不是欧拉图吗？

6.15 今有 a、b、c、d、e、f、g 7 个人，已知下列事实：

a 会讲英语；

b 会讲英语和汉语；

c 会讲英语、意大利语和俄语；

d 会讲日语和汉语；

e 会讲德语和意大利语；

f 会讲法语、日语和俄语；

g 会讲法语和德语.

试问这 7 个人要围成一圈，应如何排座位，才能使每个人都能和他身边的人交谈？

6.16 某工厂生产由 6 种不同颜色的纱织成的双色布. 已知在品种中，每种颜色至少分别和其他 5 种颜色中的 3 种颜色搭配，证明可以挑出 3 种双色布，它们恰有 6 种不同的颜色.

6.17 一副骨牌有 49 张，每张骨牌上有一对数字$[a,b]$，a，$b=0$，1，…，6，证明可以把骨牌排成一个圆圈使得相邻两张骨牌连接处的数字相同.

6.18 一座楼房底层的建筑平面图如图 6-29 所示. 问：能否从南门进入，北门离开，走遍所有的房间且每个房门恰好经过一次？

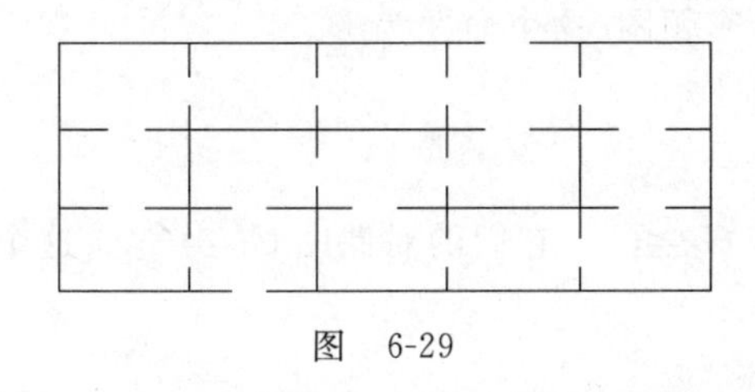

图 6-29

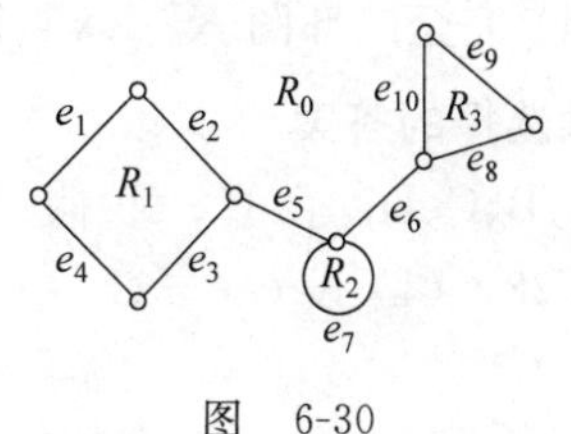

图 6-30

6.19 指出图 6-30 所示平面图各面的次数，并验证各面次数之和等于边数的两倍.

6.20 求图 6-30 所示平面图 G 的对偶图 G^*.

6.21 设 G 为连通平面图，它的顶点数、边数和面数分别为 n、m 和 r，G 的对偶图 G^* 的顶点数、边数和面数分别为 n^*、m^* 和 r^*. 证明 $n^*=r, m^*=m, r^*=n$.

6.22 求图 6-31 所示平面图 G 的对偶图 G^*，再求 G^* 的对偶图 G^{**}. G^{**} 与 G 同构吗？

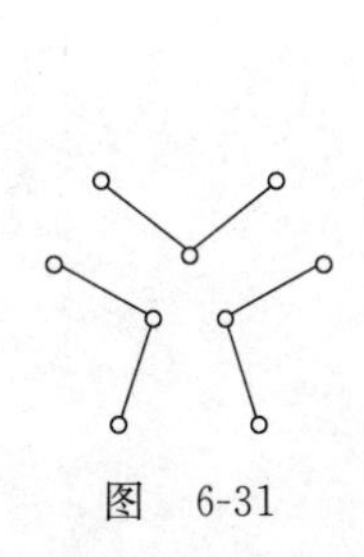

图 6-31

图 6-32

6.23 用 4 种颜色给图 6-32 中的地图着色.

6.24 证明彼德森图(见图 5-5(c))不是二部图，也不是欧拉图.

6.25 证明图 6-33 是哈密顿图,但不是平面图.

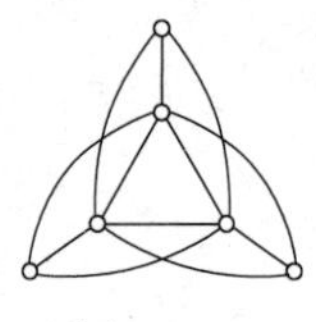
图 6-33

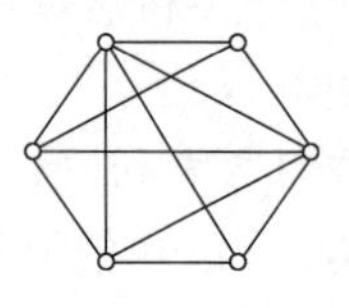
图 6-34

6.26 图 6-34 是一个平面图,试给出它的一个平面嵌入. 它是极大平面图吗?

题 6.27～题 6.29 的要求是从供选择的答案中选出应填入叙述中的方框□内的正确答案.

6.27 (1) 完全图 K_n($n \geqslant 1$)都是欧拉图. 这个命题为[A].

(2) 完全图 K_n($n \geqslant 1$)都是哈密顿图. 这个命题为[B].

(3) 完全二部图 $K_{n,m}$($n \geqslant 1, m \geqslant 1$)都是欧拉图. 这个命题为[C].

(4) 完全二部图 $K_{n,m}$($n \geqslant 1, m \geqslant 1$)都是哈密顿图. 这个命题为[D].

供选择的答案

A、B、C、D: ① 真; ② 假.

6.28 (1) 设 G_1 与 G_2 是两个平面图,若 $G_1 \cong G_2$,它们的对偶图 $G_1^* \cong G_2^*$. 这个命题为[A].

(2) 任何平面图 G 的对偶图 G^* 的对偶图 G^{**} 与 G 同构. 这个命题为[B].

(3) 任何平面图 G 的对偶图 G^* 的面数 r^* 都等于 G 的顶点数 n. 这个命题为[C].

供选择的答案

A、B、C: ① 真; ② 假.

6.29 6 个顶点 11 条边的所有非同构的连通的简单非平面图有[A]个,其中有[B]个含子图 $K_{3,3}$,有[C]个含与 K_5 同胚的子图.

供选择的答案

A、B、C: ① 1; ② 2; ③ 3; ④ 4; ⑤ 5; ⑥ 6; ⑦ 7; ⑧ 8.

第7章　树

7.1　无向树及生成树

定义 7.1　不含回路的连通无向图称为**无向树**，简称**树**. 每个连通分支均是树的非连通无向图称为**森林**. 平凡图称为**平凡树**. 树中度数为 1 的顶点称为**树叶**，度数大于等于 2 的顶点称为**分支点**.

定义中所说的回路是指简单回路和初级回路，本章今后均如此.

英国数学家凯莱(Arthur Cayley)于 19 世纪中叶研究饱和碳氢化合物的同分异构体时提出树的概念. 饱和碳氢化合物 C_nH_{2n+2} 由 n 个碳原子和 $2n+2$ 个氢原子组成，碳原子是 4 价键，氢原子是 1 价键，可以用 4 度顶点代表碳原子，1 度顶点代表氢原子，顶点的度数列由 n 个 4 和 $2n+2$ 个 1 组成. 当 $n=1,2,3$ 时，都只有一棵树；当 $n=4$ 时，有 2 棵不同构的树，如图 7-1 所示. 这说明含有 1 个、2 个和 3 个碳原子的饱和碳氢化合物都只有一个，而含有 4 个碳原子的饱和碳氢化合物有 2 个. 事实上，含有 1 个、2 个和 3 个碳原子的饱和碳氢化合物分别是甲烷、乙烷和丙烷，而含有 4 个碳原子的饱和碳氢化合物有 2 个同分异构体，分别叫做丁烷和异丁烷.

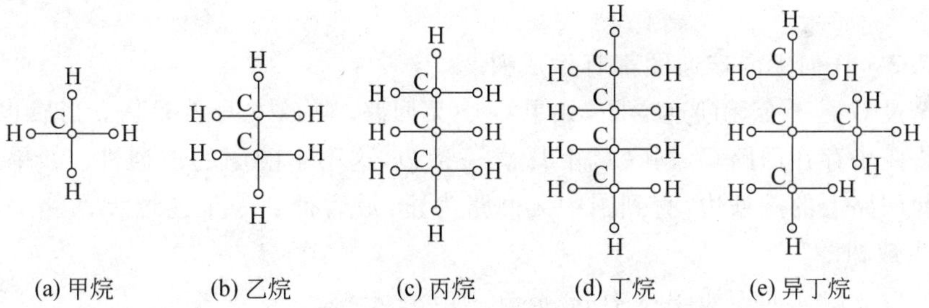

(a) 甲烷　(b) 乙烷　(c) 丙烷　(d) 丁烷　(e) 异丁烷

图　7-1

树有许多等价的定义(即充分必要条件)，下面用定理给出.

定理 7.1　设 $G=\langle V,E\rangle$，$|V|=n$，$|E|=m$，则下面各命题是等价的：

(1) G 连通且不含回路；

(2) G 的每对顶点之间有唯一的一条路径；

(3) G 是连通的且 $m=n-1$；

(4) G 中无回路且 $m=n-1$；

(5) G 中无回路，但在任两个不相邻的顶点之间增加一条边，就形成唯一的一条初级回路；

(6) G 是连通的且每条边都是桥.

定理的证明略.

定理 7.2 n 阶非平凡的树中至少有 2 片树叶.

证明 非平凡的树的每个顶点的度数都大于等于 1,设有 k 片树叶,则有 $n-k$ 个顶点度数大于等于 2. 由握手定理,

$$2m \geqslant k + 2(n-k).$$

由定理 7.1,$m=n-1$,代入上式得

$$2(n-1) \geqslant k + 2(n-k).$$

整理得

$$k \geqslant 2. \qquad ■$$

定义 7.2 设 $G=\langle V,E\rangle$ 是无向连通图,T 是 G 的生成子图并且是树,则称 T 是 G 的**生成树**. G 在 T 中的边称为 T 的**树枝**,不在 T 中的边称为 T 的**弦**. T 的所有弦的集合的导出子图称为 T 的**余树**.

设 n 阶连通无向图有 m 条边,则它的生成树有 $n-1$ 条边,余树有 $m-n+1$ 条边.

图 7-2 中,图 7-2(b)为图 7-2(a)的一棵生成树 T,图 7-2(c)为 T 的余树,注意余树不一定是树,也不一定连通.

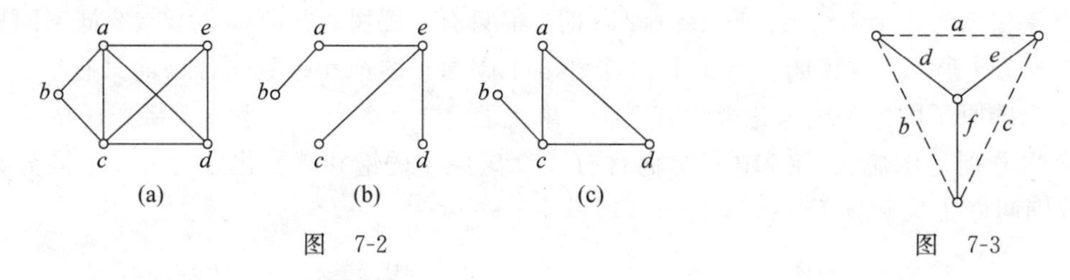

图 7-2

图 7-3

定理 7.3 任何无向连通图都有生成树.

证明 设 G 是一个无向连通图,如果 G 中无回路,则 G 本身就是树,当然也是 G 的生成树. 如果 G 中存在回路 C,删除 C 上任意一条边,这不影响图的连通性. 如果还有回路,就再删除此回路上的一条边,直到图中无回路为止,最后得到一个连通无回路的生成子图,它是 G 的生成树. ■

推论 设 n 阶无向连通图 G 有 m 条边,则 $m \geqslant n-1$.

证明 根据定理 7.3,G 有生成树,生成树中有 $n-1$ 条边,从而 $m \geqslant n-1$. ■

在图 7-3 中,实边所示的子图是图 G 的一棵生成树 T,d、e、f 为 T 的树枝,a、b、c 为 T 的弦. 在 T 上加弦 a,产生 G 的一个初级回路 aed. 在 T 上加弦 b,产生 G 的一个初级回路 bdf. 在 T 上加弦 c,产生 G 的一个初级回路 cef. 这 3 条回路中的每条回路都只含一条弦,其余的边都是树枝,这样的回路称为基本回路.

定义 7.3 设 T 是连通图 $G=\langle V,E\rangle$ 的一棵生成树,对每一条弦 e,存在唯一的由弦 e 和 T 的树枝构成的初级回路 C_e,称 C_e 为对应于弦 e 的**基本回路**. 称所有基本回路的集合为对应生成树 T 的**基本回路系统**.

在图 7-3 中,$C_a=aed$,$C_b=bdf$,$C_c=cef$ 为对应生成树 T 的基本回路,$\{C_a,C_b,C_c\}$ 为 T 的基本回路系统.

连通图的生成树不是唯一的,对应不同生成树的基本回路及基本回路系统可能不同,但基本回路的个数都等于 $m-n+1$,其中 n 是连通图的顶点数,m 是边数.

再来观察图 7-3 中 T 的树枝 d 对应 G 的一个割集$\{d,b,a\}$，树枝 e 对应一个割集$\{e,a,c\}$，树枝 f 对应一个割集$\{f,c,b\}$. 3 条树枝对应的 G 的割集的特点是，每个割集中只含一条树枝，其余的边都是弦. 这样的割集称为基本割集.

定义 7.4 设 T 是连通图 $G=\langle V,E\rangle$ 的一棵生成树，对 T 的每一条树枝 a，存在唯一的由树枝 a，其余的边都是弦的割集 S_a，称 S_a 为对应树枝 a 的**基本割集**，称所有基本割集的集合为对应生成树 T 的**基本割集系统**.

G 的对应不同生成树的基本割集也可能不一样，但基本割集的个数都是 $n-1$.

例 7.1 在图 7-4 所示的图 G 中，实线边所构成的子图是 G 的一棵生成树 T，虚线是弦. 求对应 T 的基本回路系统和基本割集系统.

解 T 有 4 条弦 f、g、h、i，对应每条弦的基本回路是

$$C_f = face;\quad C_g = gba;$$
$$C_h = hdcb;\quad C_i = ied.$$

基本回路系统为$\{C_f,C_g,C_h,C_i\}$.

T 有 5 条树枝 a、b、c、d、e，对应每条树枝的基本割集是

$$S_a = \{a,g,f\};\quad S_b = \{b,g,h\};$$
$$S_c = \{c,f,h\};\quad S_d = \{d,i,h\};$$
$$S_e = \{e,f,i\}.$$

基本割集系统为$\{S_a,S_b,S_c,S_d,S_e\}$.

设 C_1 和 C_2 是两条回路，如果 C_1 和 C_2 有一条或几条共同的边，那么删去共同的边，每一条回路变成若干条通路，这些通路可以连接成一条或几条回路，称作**合并** C_1 和 C_2. 把合并的结果，记作 $C_1\oplus C_2$. 这里用对称差$\oplus$作为回路合并的运算符，是因为合并 C_1 和 C_2 得到的回路中的边恰好是 C_1 和 C_2 中的边的对称差. 例如，图 7-5(a)中 $C_1=ab\cdots e\cdots cd\cdots f\cdots a$，$C_2=ab\cdots g\cdots cd\cdots h\cdots a$，合并后得到 2 条回路 $D_1=a\cdots f\cdots d\cdots h\cdots a$，$D_2=b\cdots e\cdots c\cdots g\cdots b$. 图 7-5(b)中 $C_1=ab\cdots e\cdots cd\cdots f\cdots a$，$C_2=ab\cdots g\cdots dc\cdots h\cdots a$，合并后得到一条回路 $D=a\cdots f\cdots d\cdots g\cdots b\cdots e\cdots c\cdots h\cdots a$. 如果 C_1 和 C_2 没有共同的边，那么合并后仍是原来的 C_1 和 C_2. 当 C_1 和 C_2 有共同的顶点时，合并后也可以把 C_1 和 C_2 看成在共同顶点处连接在一起的一条简单回路.

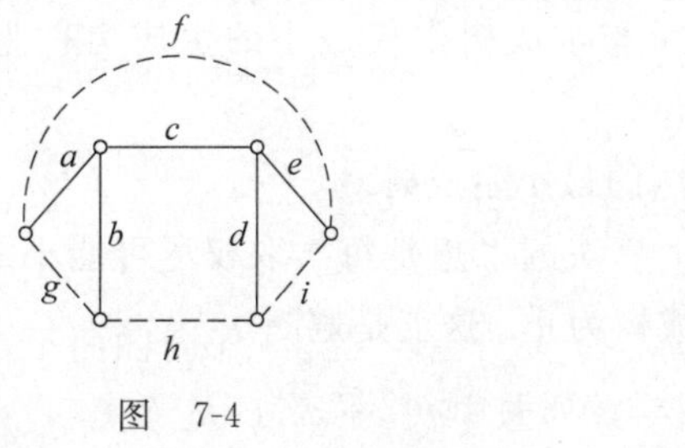

图 7-4

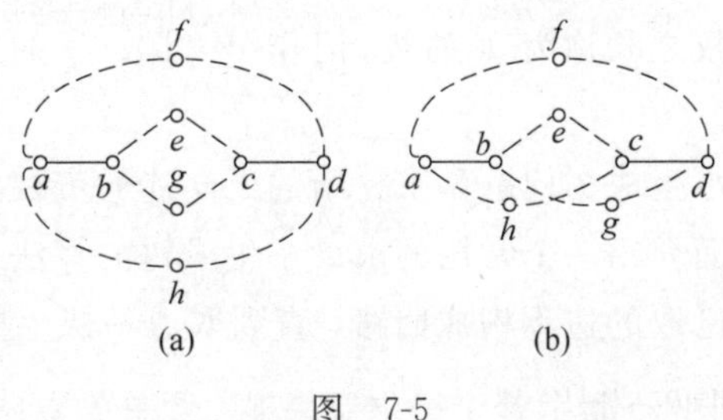

图 7-5

对例 7.1 中的基本回路，有

$$C_f \oplus C_g = fgbce,$$
$$C_f \oplus C_h = fabhde,$$

$$C_g \oplus C_i = gba, ied,$$
$$C_f \oplus C_g \oplus C_h = fghde,$$
$$\vdots$$

可以证明：连通图中的任一条回路都可以表示成基本回路的合并．实际上，任一条回路必含有弦，它等于对应所含弦的基本回路的合并．

例如，对例 7.1 中的图，

$$fghi = C_f \oplus C_g \oplus C_h \oplus C_i,$$
$$aceihg = C_g \oplus C_h \oplus C_i,$$
$$acdhg = C_g \oplus C_h,$$
$$\vdots$$

对于割集有类似结论．首先要推广割集的概念．设连通图 $G=\langle V,E\rangle$，把 V 划分成 2 个不相交的非空子集 V_1 和 V_2，称 $S=\{(u,v)\mid(u,v)\in E$ 且 $u\in V_1,\ v\in V_2\}$ 为 G 的广义割集．割集一定是广义割集，但广义割集不一定是割集．2 个割集广义 S_1 和 S_2 的**合并**等于它们的对称差 $S_1\oplus S_2$．它仍然是一个广义割集．例如，对于例 7.1 中的基本割集，有

$$S_a \oplus S_b = \{a, b, f, h\},$$
$$S_a \oplus S_c = \{a, c, g, h\},$$
$$S_a \oplus S_b \oplus S_c = \{a, b, c\},$$
$$\vdots$$

也可以证明：连通图中任一广义割集都可以表示成基本割集的合并．与回路类似，任一广义割集必含有树枝，它等于对应它所含树枝的基本割集的合并．

例如，对于例 7.1 中的图，

$$\{g, b, d, i\} = S_b \oplus S_d,$$
$$\{a, b, d, i, f\} = S_a \oplus S_b \oplus S_d,$$
$$\{a, b, d, e\} = S_a \oplus S_b \oplus S_d \oplus S_e,$$
$$\vdots$$

下面介绍最小生成树问题．设 T 是无向连通带权图 $G=\langle V,E,W\rangle$ 的生成树，T 中所有边的权之和称为 T 的**权**，记作 $W(T)$．G 的所有生成树中权最小的生成树称为**最小生成树**．

最小生成树问题是求任给的无向连通带权图的最小生成树．

下面介绍一个常用的求最小生成树的算法，算法的思想是每次取权尽可能小的边，只要它与已取的边不构成回路，直到取得一棵生成树为止．这就是避圈法．

避圈法(Kruskal 算法)

输入：n 阶无向连通带权图 $G=\langle V,E,W\rangle$，其中 $E=\{e_1,e_2,\cdots,e_m\}$．

输出：G 的最小生成树 T．

(1) 按权从小到大排列边，不妨设 $W(e_1)\leqslant W(e_2)\leqslant\cdots\leqslant W(e_m)$．

(2) 令 $T\leftarrow\varnothing$，$i\leftarrow 1$，$k\leftarrow 0$．

(3) 若 e_i 与 T 中的边不构成回路,则令 $T \leftarrow T \cup \{e_i\}$, $k \leftarrow k+1$.

/若条件成立, 则取 e_i, 否则弃去 e_i

(4) 若 $k < n-1$, 则令 $i \leftarrow i+1$, 转(3).

例 7.2 求图 7-6 中两个图的最小生成树.

解 用避圈法.

图 7-6(a)的计算过程如下. 首先按权从小到大排列边: (a,f), (d,e), (b,c), (d,f), (a,e), (e,f), (a,b), (b,f), (c,d), (c,f). 然后依次取(a,f), (d,e), (b,c), (d,f), 弃去(a,e), (e,f), 取(a,b), 计算结束. 所求得的最小生成树如图 7-7(a)中实边所示, $W(T)=15$.

注意: 最小生成树不是唯一的. 在排列边时, 权相同的边的顺序是任意的. 例如, 把(a,b)与(b,f)的次序颠倒, 则求得的最小生成树中不是含(a,b), 而是含(b,f). 当然, 树的权仍为 15.

图 7-6(b)的计算过程略去,求得的最小生成树如图 7-7(b)实边所示, $W(T)=23$.

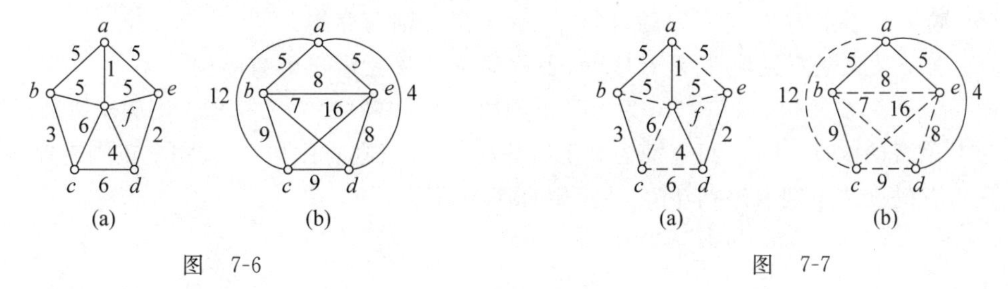

图 7-6　　　　图 7-7

7.2 根树及其应用

定义 7.5 一个有向图 D,如果略去有向边的方向所得无向图为一棵无向树,则称 D 为**有向树**.

一棵非平凡的有向树,如果有一个顶点的入度为 0,其余顶点的入度均为 1,则称此有向树为**根树**. 入度为 0 的顶点称为**树根**, 入度为 1、出度为 0 的顶点称为**树叶**, 入度为 1、出度大于 0 的顶点称为**内点**,内点和树根统称为**分支点**.

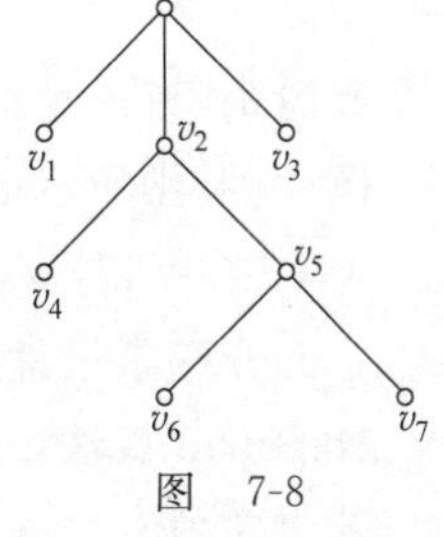

图 7-8

在画根树时, 通常把树根放在最上方, 边的方向都向下或斜下方,并省掉箭头, 如图 7-8 所示. 在图中, v_0 为树根,v_1、v_3、v_4、v_6、v_7 为树叶,v_2、v_5 为内点,v_0、v_2、v_5 为分支点.

在根树 T 中,从树根到顶点 v 的通路长度称为 v 的**层数**,记为 $l(v)$. 称层数相同的顶点在同一层上. 顶点的最大层数称为 T 的**树高**,记为 $h(T)$. 图 7-8 所示的根树中,v_0 在第 0 层上, v_1、v_2、v_3 在第 1 层上,v_4、v_5 在第 2 层上,v_6、v_7 在第 3 层上,树高为 3,在树叶 v_6、v_7 上达到这个高度(注: 有的书上规定 v_0 在第一层,它的儿子们在第二层, ……).

一棵根树可以看成一棵**家族树**:

(1) 若顶点 a 邻接到顶点 b,则称 b 为 a 的**儿子**,a 为 b 的**父亲**;

(2) 若 b、c 有同一个父亲，则称 b、c 为**兄弟**；

(3) 若 $a \neq d$，而 a 可达 d，则称 a 为 d 的**祖先**，d 为 a 的**后代**.

定义 7.6 设 T 为一棵根树，a 为 T 中一个顶点且不是树根，称 a 及其后代导出的子图 T' 为 T 的以 a 为根的子树，简称**根子树**.

定义 7.7 如果对根树每一层上的顶点规定次序，称这样的根树为**有序树**.

次序可标在顶点处，也可以标在边上，通常是从左向右由小到大地排列，但不一定是连续的.

根据每个分支点的儿子数以及是否有序，可对根树分类如下.

定义 7.8 设 T 为一棵根树，

(1) 若 T 的每个分支点至多有 r 个儿子，则称 T 为 **r 叉树**；

(2) 若 T 的每个分支点都恰好有 r 个儿子，则称 T 为 **r 叉正则树**；

(3) 若 T 是 r 叉正则树，且所有树叶的层数都等于树高，则称 T 为 **r 叉完全正则树**；

(4) 若 r 叉树 T 是有序的，则称 T 是 **r 叉有序树**；

(5) 若 r 叉正则树 T 是有序的，则称 T 是 **r 叉正则有序树**；

(6) 若 r 叉完全正则树 T 是有序的，则称 T 是 **r 叉完全正则有序树**.

图 7-9(a)为 2 叉树，图 7-9(b)为 2 叉正则树，图 7-9(c)为 2 叉完全正则树. 如果再规定每一层上顶点的次序，则它们分别为 2 叉有序树、2 叉正则有序树、2 叉完全正则有序树.

在所有的 r 叉正则有序树中，2 叉正则有序树最重要.

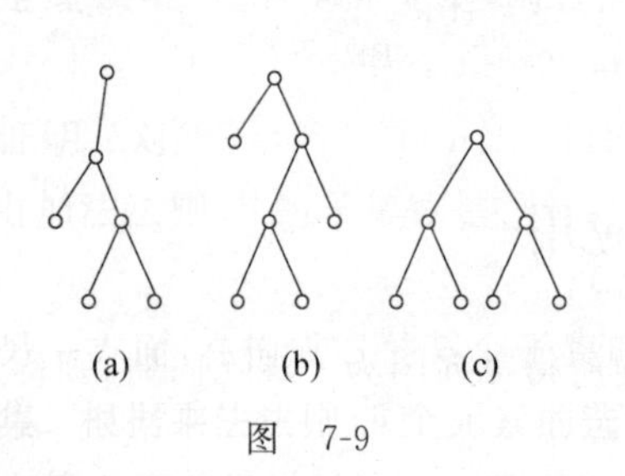

(a) (b) (c)

图 7-9

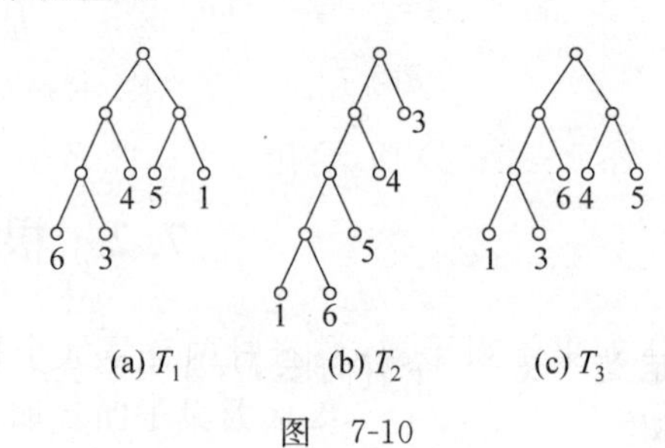

(a) T_1 (b) T_2 (c) T_3

图 7-10

定义 7.9 设 2 叉树 T 有 t 片树叶 $v_1, v_2, \cdots, v_t$，权分别为 $w_1, w_2, \cdots, w_t$，称 $W(T) = \sum_{i=1}^{t} w_i l(v_i)$ 为 T 的**权**，其中 $l(v_i)$ 是树叶 v_i 的层数. 在所有 t 片树叶，其权为 $w_1, w_2, \cdots, w_t$ 的 2 叉树中，权最小的 2 叉树称作权为 $w_1, w_2, \cdots, w_t$ 的**最优 2 叉树**.

图 7-10 中所示的 3 棵 2 叉树都有 5 片树叶，且树叶的权都是 1、3、4、5、6，而树的权分别为 $W(T_1)=47$，$W(T_2)=54$，$W(T_3)=42$.

下面介绍求最优 2 叉树的算法.

Huffman 算法：

给定实数 $w_1, w_2, \cdots, w_t$.

(1) 作 t 片树叶，分别以 w_1，w_2，$\cdots$，w_t 为权.

(2) 在所有入度为 0 的顶点(不一定是树叶)中选出两个权最小的顶点，添加一个新分支点，它以这 2 个顶点为儿子，其权等于这 2 个儿子的权之和.

(3) 重复(2)，直到只有 1 个入度为 0 的顶点为止.

$W(T)$等于所有分支点的权之和.

例 7.3 求权为 1、3、4、5、6 的最优 2 叉树.

解 图 7-11 给出用 Huffman 算法求最优 2 叉树的计算过程. 图 7-11(e)是最优 2 叉树 T,$W(T)=42$. 根据这个计算结果，图 7-10(c)所示的树 T_3 也是权为 1、3、4、5、6 的最优 2 叉树,因为 $W(T_3)$也为 42. 可见,最优 2 叉树不是唯一的.

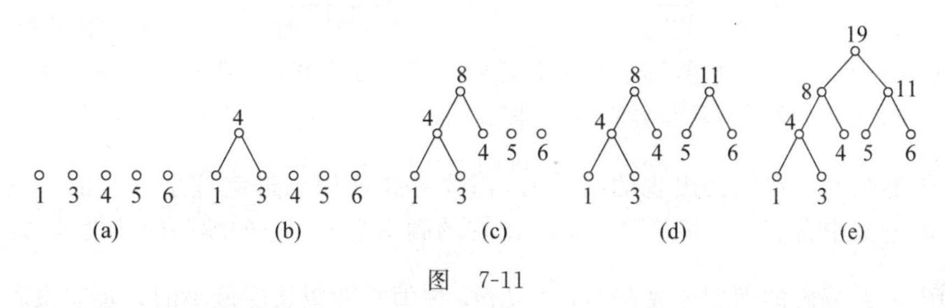

图 7-11

下面介绍树在计算机科学技术中的 2 个应用.

1. 最佳前缀码

在无线电通信和计算机存储中必须把数字、字母和符号编码成二进制串,通常编码使用等长的二进制串，如国际通用的字符编码 ASCII 码(美国信息交换标准码)使用 7 位二进制串表示一个字符. 在某些特殊情况下，为了提高效率需要使用不等长的编码. 这时编码必须满足一定的条件. 例如，假设用 0、1 和 10 作为 0、1 和 2 的编码，那么 102、210 和 22 的编码都是 1010. 这样一来，当你收到 1010 时就不知道译成这 3 个中的哪一个了. 这当然是不行的.

定义 7.10 设 $\beta=\alpha_1\alpha_2\cdots\alpha_n$ 是长度为 n 的符号串,称其子串 $\alpha_1\alpha_2\cdots\alpha_j\,(1\leqslant j\leqslant n)$为 β 的**前缀**.

设 $B=\{\beta_1,\beta_2,\cdots,\beta_m\}$是一个符号串集合,若对于任意的 $i\neq j$,β_i 与 β_j 互不为前缀,则称 B 为**前缀码**. 只有 2 个符号(如 0,1)的前缀码称为 **2 元前缀码**.

例如,{0,10,110,1111}、{1,01,001,000}等是前缀码，而{1,11,101,001,0011}不是前缀码.

前面用的{0, 1, 10}不是前缀码，它不能用做编码. 编码必须是前缀码，等长的编码自然是前缀码，只要不用同一个串表示 2 个不同的符号. 稍微修改一下，{0, 10,11}是 2 元前缀码，用 0、10 和 11 分别表示 0、1 和 2. 这次不会出现上面的多对一的情况. 如 102、210 和 22 的编码分别是 10011、11100 和 1111. 反过来，10100011101100 应译成 110021200.

可以用一棵 2 叉树产生 2 元前缀码，具体做法如下：设 T 为一棵 2 叉树,有 t 片树叶. 将 T 的每个分支点关联的 2 条边,左边标 0,右边标 1. 若分支点只有一个儿子,这一条边可以标 0、也可以标 1. 从树根到树叶的通路上标注的数字组成一个符号串,把它记在这片树叶处. 这样得到的 t 个二进制串构成一个 2 元前缀码(证明留做习题 7.13).

图 7-12(a)中的 2 元树产生的前缀码为{00, 11,011,0100,0101}. 由于这棵树不是正则的，树根的右儿子只引出一条边. 在这条边上也可以标 0，如图 7-12(b)所示. 这样产生的

2 元前缀码为{00，10,011,0100,0101}. 2 叉正则树只能产生唯一的 2 元前缀码.

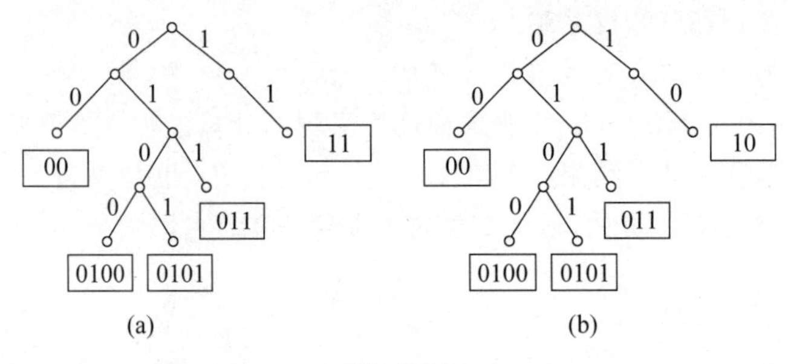

图 7-12

当要传输按着一定比例出现的符号时，需要寻找使用二进制数字尽可能少的前缀码. 设要传输的电文中含有 t 个字符，字符 a_i 出现的频率为 p_i，它的编码的长度为 l_i，那么 100 个字符的电文的编码的期望长度是 $100\sum_{i=1}^{t} l_i p_i$. 称编码期望长度最小的 2 元前缀码为**最佳 2 元前缀码**.

在用 2 叉树产生 2 元前缀码时，每个二进制串的长度等于它所在树叶的深度，因而权为 $100p_1$，$100p_2$，…，$100p_t$ 的最优 2 叉树产生的 2 元前缀码是最佳 2 元前缀码. 于是，给定字符出现的频率，可以用 Huffman 算法产生最佳 2 元前缀码.

例 7.4 设在通信中，八进制数字出现的频率如下：

0：30%， 1：20%，

2：15%， 3：10%，

4：10%， 5：5%，

6：5%， 7：5%.

求它们的最佳前缀码.

解 取 $w_1=5, w_2=5, w_3=5, w_4=10, w_5=10, w_6=15, w_7=20, w_8=30$，用 Huffman 算法求最优 2 叉树，计算结果如图 7-13 所示.

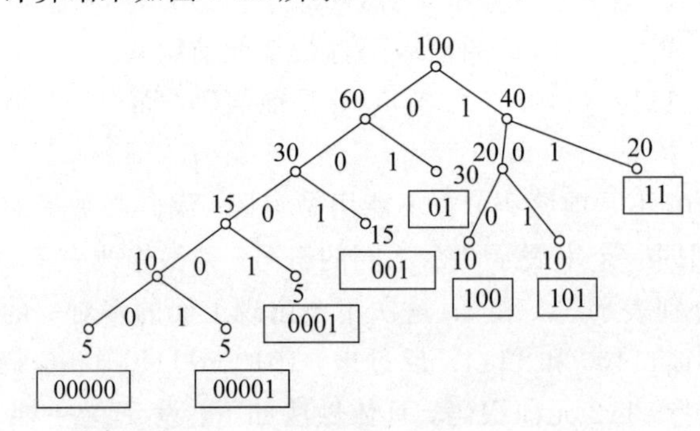

图 7-13

每片树叶的权等于它对应的数字的频率乘以 100. 八进制数字与它的编码对应如下：

01—0， 11—1，

001—2， 100—3，

101—4， 0001—5，

$$00001—6,\quad 00000—7.$$

当然，这种对应不是唯一的，等长的码子可以互换(如 0 和 1,2、3 和 4,6 和 7),频率相同的字符的码子也可以互换(如 5 和 7). 其余的就不能随便换了.

用上述最佳 2 元前缀码传输按上述频率出现的 10 000 个八进制数字,需要使用二进制数字的期望个数为

$$(3000+2000)\times 2+(1500+1000+1000)\times 3+500\times 4+1000\times 5=27\,500.$$

作为比较，如果用长为 3 的码子(如 000—0,001—1,…,111—7)传输 10 000 个八进制数字,要用 30 000 个二进制数字. 用最佳前缀码节省 2500 个二进制数字，约为 8.3%.

2. 前缀符号法与后缀符号法

访问根树的每个顶点一次且仅一次称为**行遍**或**周游**这棵树. 对于 2 叉有序树有以下 3 种行遍方法.

(1) **中序行遍法**. 其访问次序为左子树、树根、右子树.

(2) **前序行遍法**. 其访问次序为树根、左子树、右子树.

(3) **后序行遍法**. 其访问次序为左子树、右子树、树根.

当 2 叉有序树不是正则树时，可以缺省左子树或右子树.

例如，对于图 7-14 所示的根树,中序行遍法的访问次序是

$$((dce)bf)a(gih),$$

前序行遍法的访问次序是

$$a(b(cde)f)(igh),$$

后序行遍法的访问次序是

$$((dec)fb)(ghi)a.$$

可以用二叉有序树表示算式,根据不同的行遍方法产生算式的不同表达式. 用 2 叉有序树表示算式的方法如下：每一个分支点上放一个运算符. 对二元运算符，它所在的分支点有 2 个儿子，运算对象是以这 2 个儿子为根的根子树表示的子表达式，并规定被减数和被除数放在左子树上；对一元运算符，它所在的分支点只有一个儿子，运算对象是以这个儿子为根的根子树表示的子表达式. 数字和变量放在树叶上.

例如，表示算式$((a+(b*c))*d+e)\div(f*g)$的 2 叉有序树如图 7-15 所示.

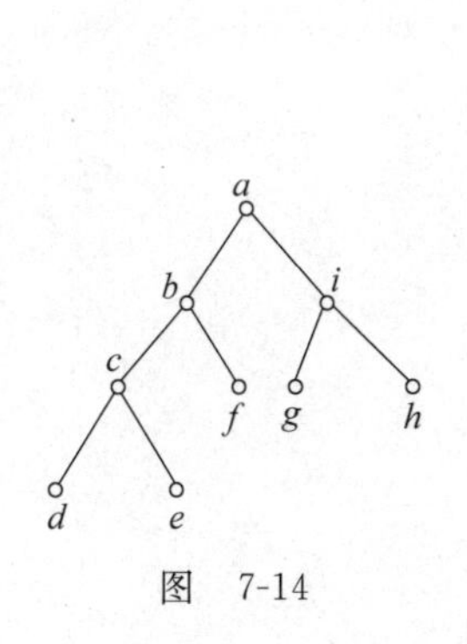

图 7-14

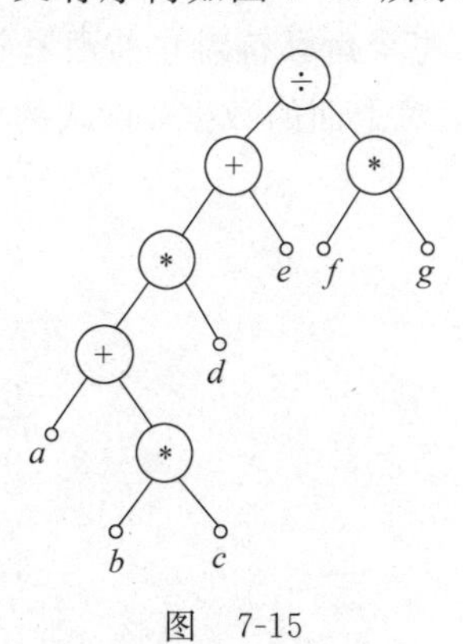

图 7-15

中序行遍法的访问结果是

$$((a+(b \ast c)) \ast d+e) \div (f \ast g),$$

前序行遍法的访问结果是

$$\div (+(\ast (+a(\ast bc)d)e))(\ast fg),$$

后序行遍法的访问结果是

$$(((a(bc \ast)+)d \ast)e+)(fg \ast)\div.$$

由此可见，中序行遍法的访问结果是还原算式. 需要说明的是，当算式中含有一元运算符时，为了使一元运算符与它的运算对象的位置和原式中的一致，若原式中运算对象位于一元运算符的后面(如 $\neg p$)，则应把一元运算符所在分支点的儿子画成右儿子；若原式中运算对象位于一元运算符的前面(如矩阵转置 $\boldsymbol{A}'$)，则应把一元运算符所在分支点的儿子画成左儿子.

舍去前序行遍法访问结果中的所有括号，得到

$$\div + \ast + a \ast bcde \ast fg.$$

算式的这种表达式称作**前缀符号法**或**波兰符号法**. 采用前缀符号法时，如下计算算式：从右到左，每个运算符对它后面紧邻的两数(可能是前面运算的结果)进行运算.

例如，设 $a=b=c=2$，$d=1$，$e=f=g=3$，上式的计算过程如下：

$$\div + \ast + 2 \ast 2213\ \underline{\ast 33}$$
$$\div + \ast + 2\ \underline{\ast 22}139$$
$$\div + \ast\ \underline{+24}139$$
$$\div +\ \underline{\ast 61}39$$
$$\div\ \underline{+63}9$$
$$\underline{\div 99}$$
$$1$$

舍去后序行遍法访问结果中的所有括号，得到

$$abc \ast + d \ast e + fg \ast \div.$$

算式的这种表达式称作**后缀符号法**或**逆波兰符号法**. 采用后缀符号法时，如下计算算式：从左到右，每个运算符对它前面紧邻的两数(可能是前面运算的结果)进行运算.

例如，对上面的数据，该式的计算过程如下：

$$2\ \underline{22\ast} + 1 \ast 3 + 33 \ast \div$$
$$\underline{24+} 1 \ast 3 + 33 \ast \div$$
$$\underline{61\ast} 3 + 33 \ast \div$$
$$\underline{63+} 33 \ast \div$$
$$9\ \underline{33\ast} \div$$
$$\underline{99\div}$$
$$1$$

7.3 题例分析

例 7.5～例 7.10 是选择题.

例 7.5 计算非同构无向树的个数.

(1) 2 个顶点非同构的无向树有 A 棵;

(2) 4 个顶点非同构的无向树有 B 棵;

(3) 6 个顶点非同构的无向树有 C 棵.

供选择的答案

A、B、C: ① 1; ② 2; ③ 3; ④ 4; ⑤ 5; ⑥ 6; ⑦ 7; ⑧ 8; ⑨ 9; ⑩ 10; ⑪ 11; ⑫ 12.

答案 A: ①; B: ②; C: ⑥.

分析 以(3)为例分析顶点个数较小的情况下画非同构树的方法. 顶点数 $n=6$, $m=6-1=5$, 总度数为 $2\times5=10$, 每个顶点的度数都大于等于 1 且小于等于 5, 因而顶点度数分配情况如下:

(a) 1 1 1 1 1 5;

(b) 1 1 1 1 2 4;

(c) 1 1 1 1 3 3;

(d) 1 1 1 2 2 3;

(e) 1 1 2 2 2 2.

根据每种度数分配情况, 将非同构的树都画出来: (a)、(b)、(c)、(e)各有 1 棵, 而(d)有 2 棵非同构的, 共 6 棵非同构的树, 如图 7-16 所示.

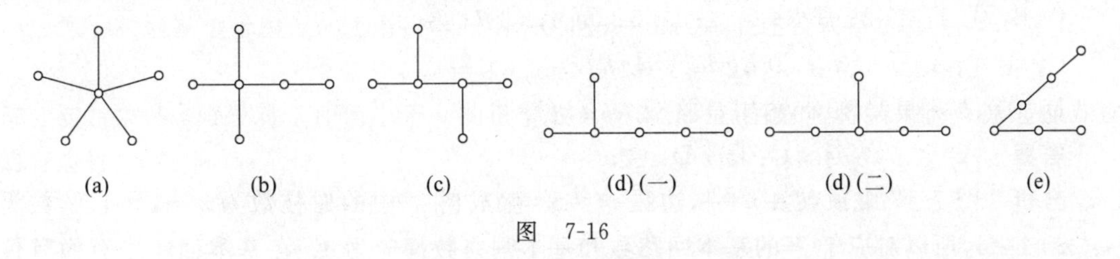

图 7-16

例 7.6 (1) 在一棵树中有 7 片树叶, 3 个 3 度顶点, 其余都是 4 度顶点, 则该树有 A 个 4 度顶点;

(2) 一棵树有 2 个 4 度顶点, 3 个 3 度顶点, 其余的都是树叶, 则该树有 B 片树叶;

(3) 一棵树中有 n_i 个顶点的度数为 i, $i=2,3,\cdots,k$, 而其余的顶点都是树叶, 则该树中有 C 片树叶.

本题中的树均指无向树.

供选择的答案

A、B: ① 1; ② 2; ③ 3; ④ 4; ⑤ 5; ⑥ 6; ⑦ 7; ⑧ 8; ⑨ 9; ⑩ 10; ⑪ 11.

C：① $\sum_{i=2}^{k} n_i$；② $\sum_{i=3}^{k} in_i$；③ $\sum_{i=3}^{k}(i-2)n_i$；④ $\sum_{i=3}^{k}(i-2)n_i+2$.

答案　A：①；B：⑨；C：④.

分析　(1) 设有 x 个 4 度顶点，则顶点数 n 为 $7+3+x=10+x$，边数 $m=n-1=9+x$. 由握手定理可知

$$4x+3\times3+7=2(9+x),$$

解得 $x=1$，有 1 个 4 度顶点.

(2) 类似(1).

(3) 该树的阶数 $n=\sum_{i=2}^{k} n_i+n_1$，n_1 为树叶数，则边数 $m=\sum_{i=2}^{k} n_i+n_1-1$. 由握手定理得，

$$2m=\sum_{i=2}^{k} 2n_i+2n_1-2=\sum_{i=2}^{k} in_i+n_1.$$

解得 $n_1=\sum_{i=3}^{k}(i-2)n_i+2$.

例 7.7　在图 7-17 所示的连通图中，实边是一棵生成树，记作 T.

(1) 对应于 T 的基本回路有[A]个；

(2) 对应于 T 的基本割集有[B]个；

(3) 对应于弦 h 的基本回路为[C]；

(4) 对应于树枝 b 的基本割集为[D].

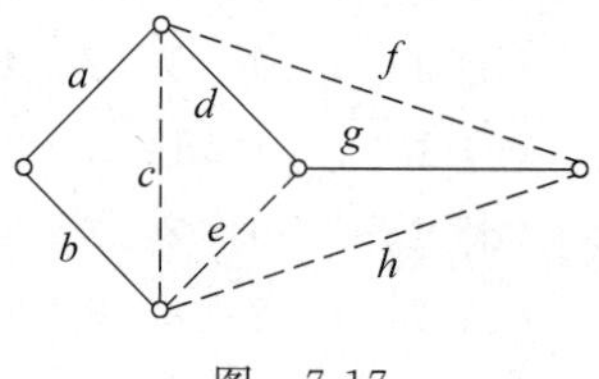

图　7-17

供选择的答案

A、B：① 1；② 2；③ 3；④ 4；⑤ 5；⑥ 6；⑦ 7；⑧ 8.

C：① hge；② $hgdc$；③ $hgdab$；④ hfc.

D：① $\{b,a\}$；② $\{b,c,e,h\}$；③ $\{b,c,d,f\}$.

答案　A：④；B：④；C：③；D：②.

分析　图 7-17 中顶点数 $n=5$，边数 $m=8$. 生成树 T 中的树枝数为 $n-1=4$，弦数为 $m-n+1=4$，所以对应于 T 的基本回路数和基本割集数都应为 4. 在基本回路中有而且仅有一条弦，其余的边均为树枝，因而 h 对应的基本回路应为 $hgdab$. 在基本割集中有且仅有一条树枝，其余的边均是弦，因而 b 对应的基本割集应为 $\{b,c,e,h\}$.

例 7.8　图 7-18 给出两个带权图.

(1) 图(a)中最小生成树的权为[A]；

(2) 图(b)中最小生成树的权为[B].

供选择的答案

A、B：① 10；② 14；③ 15；④ 20；⑤ 21；⑥ 22；⑦ 23；⑧ 24；⑨ 25；⑩ 26；⑪ 27；⑫ 28.

答案　A：⑧；B：③.

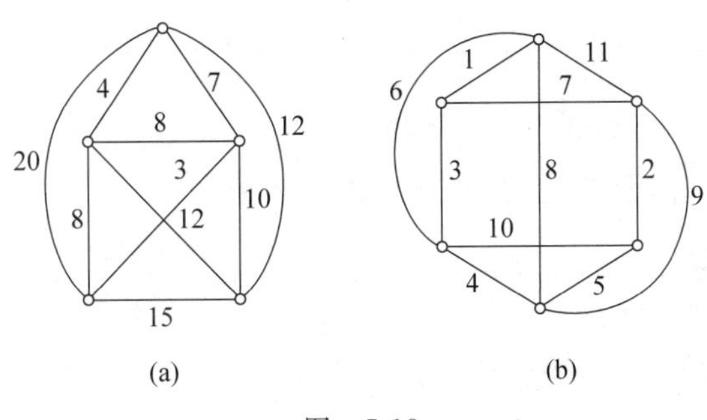

图 7-18

提示 用避圈法各求一棵最小生成树,然后计算它们的权.

例 7.9 用 Huffman 算法求权为 2、3、5、7、8 的最优 2 叉树 T.

(1) T 的权为$\boxed{A}$;

(2) T 中有$\boxed{B}$片树叶,$\boxed{C}$个 2 度顶点,$\boxed{D}$个 3 度顶点,$\boxed{E}$个 4 度顶点;

(3) T 的高度为$\boxed{F}$.

供选择的答案

A:① 40;② 45;③ 50;④ 55;⑤ 60.

B、C、D、E、F:① 0;② 1;③ 2;④ 3;⑤ 4;⑥ 5;⑦ 6;⑧ 7;⑨ 8.

答案 A:④;B:⑥;C:②;D:④;E:①;F:④.

分析 用 Huffman 算法画一棵最优 2 叉树,如图 7-19 所示,根据树回答以上各问题.

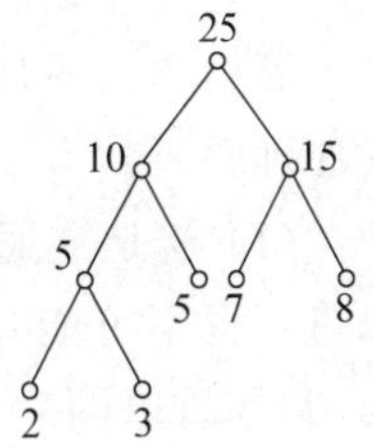

图 7-19

例 7.10 (1) 求一棵权为 1、2、3、4、5、5.5、7.5 的最优 3 叉树,其权为$\boxed{A}$;

(2) 求一棵权为 1.5、2.5、3、4、5、6 的最优 3 叉树,其权为$\boxed{B}$.

供选择的答案

A、B:① 30;② 35;③ 37;④ 45;⑤ 47;⑥ 48;⑦ 48.5;⑧ 50;⑨ 52;⑩ 55.

答案 A:⑦;B:③.

分析 解本题要用到 Huffman 算法的推广算法. r 元正则树的分支点数 s 与树叶数 t 之间满足

$$(r-1)s=t-1.$$

因而,求最优 r 叉树时应分两种情况讨论.

第一种情况:$\frac{t-1}{r-1}$为整数时,说明所求树 T 为 r 元正则树,可仿 Huffman 算法求最优 r 元树. 每次引入一个新顶点作为 r 个权最小入度为 0 的顶点的父亲,其权等于这 r 个顶点的权之和.

第二种情况:$\frac{t-1}{r-1}$余数为 i,$1\leqslant i\leqslant r-2$. 这说明所求树是非正则的. 此时首先将 $i+1$ 个权最小的树叶作为兄弟,引入一个新顶点作为它们的父亲,然后仿 Huffman 算法即可.

(1) $\frac{t-1}{r-1}=\frac{7-1}{3-1}=3$，说明所求最优树是 3 元正则树．求出的树如图 7-20(a)所示，权为 48.5.

(2) $\frac{t-1}{r-1}=\frac{6-1}{2}=\frac{5}{2}$，余数 $i=1$，说明所求树不是正则的，首先合并 2 个最小的权 1.5、2.5 对应的树叶，所求树如图 7-20(b)所示，权为 37.

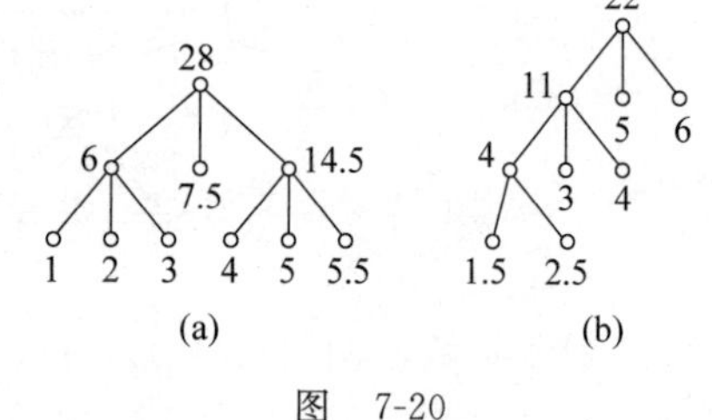

图　7-20

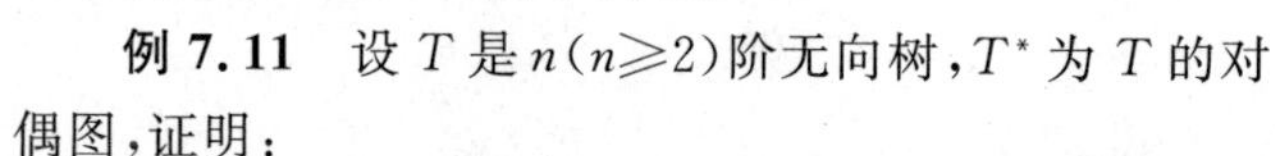

例 7.11　设 T 是 $n(n\geqslant 2)$ 阶无向树，T^* 为 T 的对偶图，证明：

(1) T 是简单图；

(2) T 是二部图；

(3) T 是平面图；

(4) T 不是欧拉图；

(5) T 不是哈密顿图.

(6) T^* 是平面图；

(7) T^* 是欧拉图；

(8) T^* 是哈密顿图；

(9) T^* 不是简单图；

(10) T^* 不是二部图.

证　通过本题加深对二部图、平面图、树、欧拉图、哈密顿图等基本概念及相互之间的关系的理解.

(1) 树是连通无回路(初级或简单回路)的无向图，因而 T 不可能有环(环是长度为 1 的回路)，也不可能有平行边(关联两个顶点的平行边构成长度为 2 的回路)，根据简单图的定义，T 是简单图.

(2) 由于 T 中无回路，当然也没有长度为奇数的回路，由定理 6.1 可知，T 是二部图.

(3) 注意到 K_5 和 $K_{3,3}$ 都有回路，而消去和插入 2 度顶点以及收缩边都不会删去图中的回路．由于 T 中无回路，因而 T 中没有可以收缩到 K_5 的子图，也没有可以收缩到 $K_{3,3}$ 的子图(没有与 K_5 同胚的子图，也没有与 $K_{3,3}$ 同胚的子图)．根据库拉图斯基定理，T 是平面图.

(4) T 中无回路，当然也没有欧拉回路，故不是欧拉图.

(5) 同样地，T 中无回路，当然也没有哈密顿回路，故不是哈密顿图.

(6) 平面图的对偶图都是平面图，树 T 是平面图，它的对偶图 T^* 是平面图.

(7) 树 T 作为平面图，只有一个外部面 R_0，没有内部面，因而 T 的对偶图 T^* 只有一个顶点 v_0^*．T 的所有边均为桥，所以 T^* 的所有边均为过 v_0^* 的环．也就是说，T^* 由一个顶点 v_0^* 及过 v_0^* 的若干个环组成．显然，T^* 连通且无奇度顶点．由定理 6.4 可知，T^* 是欧拉图.

(8) 因为 $n\geqslant 2$，T 中至少有一条边，从而 T^* 中至少有一个环．而 T^* 中任何一个环就是一条哈密顿回路，所以 T^* 是哈密顿图.

(9) 因为 T^* 有环,所以不是简单图.

(10) 环是奇数长度的回路,由定理 6.1 知,T^* 不是二部图.

习　题

7.1　设无向树 T 有 3 个 3 度、2 个 2 度顶点,其余顶点都是树叶,问 T 有几片树叶?

7.2　设无向树 T 有 7 片树叶,其余顶点的度数均为 3,求 T 中 3 度顶点数,能画出几棵具有此种度数的非同构的无向树?

7.3　对于具有 $k(k\geqslant 2)$ 个连通分支的森林,恰好加多少条新边能使所得图为无向树?

7.4　已知 $n(n\geqslant 2)$ 阶无向简单图 G 有 $n-1$ 条边,G 一定为树吗?

7.5　试画出度数列为 1,1,1,1,2,2,4 的所有非同构的 7 阶无向树.

7.6　画出图 7-21 所示无向图的所有非同构的生成树.

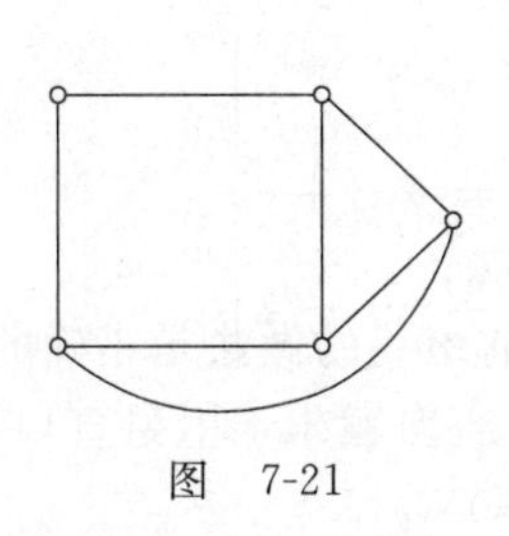

图　7-21

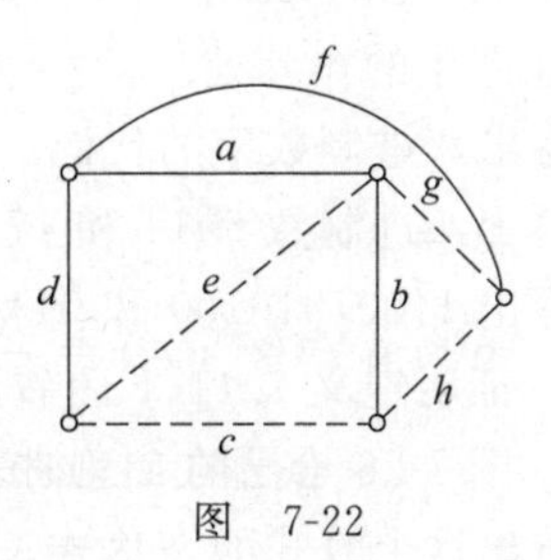

图　7-22

7.7　在图 7-22 所示的无向图 G 中,实线边所示的子图为 G 的一棵生成树 T,求 G 对应于 T 的基本回路系统和基本割集系统.

7.8　求图 7-23 所示两个带权图的最小生成树,并计算它们的权.

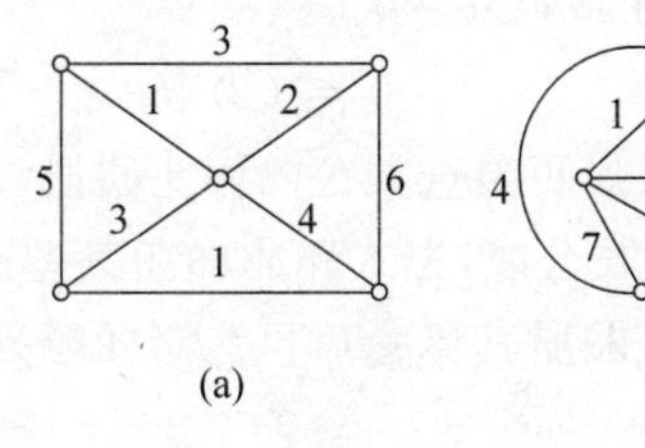

图　7-23

7.9　8421 码用 4 位二进制串的前 10 个作为十进制数字的代码, 即 0—0000, 1—0001, …, 9—1001.

(1) 写出 7201 和 1509 的编码.

(2) 写出 0101000110000111 和 0011010100100100 代表的十进制数.

7.10　下面给出的符号串集合中,哪些是前缀码?

$$B_1 = \{0,10,110,1111\};$$

$$B_2 = \{1,01,001,000\};$$

$$B_3 = \{1,11,101,001,0011\};$$

$$B_4 = \{b,c,aa,ac,aba,abb,abc\};$$

$$B_5 = \{b, c, a, aa, ac, aba, abb, abc\}.$$

7.11　利用图 7-24 中给出的 2 叉树和 3 叉树，分别产生一个 2 元前缀码和一个 3 元前缀码.

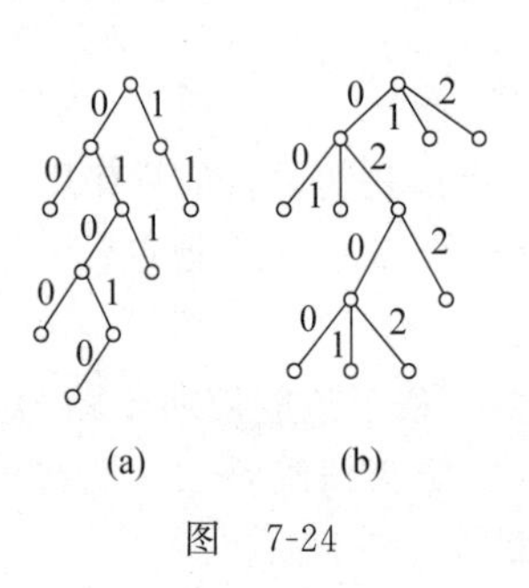

图　7-24

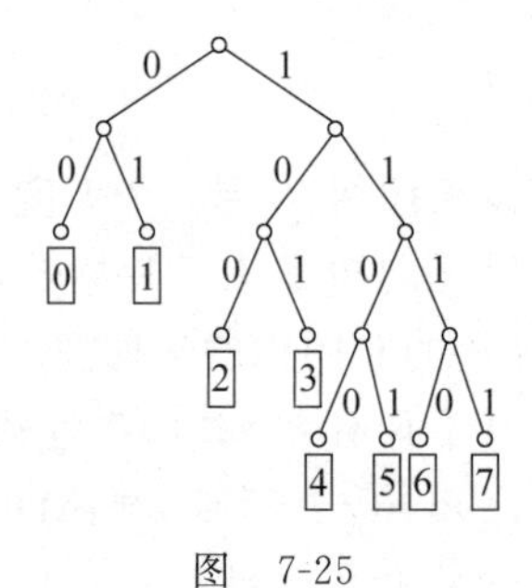

图　7-25

7.12　利用图 7-25 中的 2 叉树产生一个 2 元前缀码，用它作为八进制数字的代码，对应关系标在图中的树叶处.

(1) 写出八进制数字的代码.

(2) 写出八进制数 6014 和 1725 的编码.

(3) 写出 11001010100 和 01111100100 代表的八进制数.

7.13　证明定义 7.11 下面叙述的用 2 叉树产生 2 元前缀码的做法是正确的.

7.14　图 7-26 给出的 2 叉树表达一个算式.

(1) 给出这个算式的表达式；

(2) 给出算式的波兰符号法表达式；

(3) 给出算式的逆波兰符号法表达式.

(4) 设 $a=4$，$b=3$，$c=1$，$d=3$，$e=3$，$f=1$，$g=2$，$h=3$，$i=2$，$j=1$，分别用波兰符号法表达式和逆波兰符号法表达式计算这个算式.

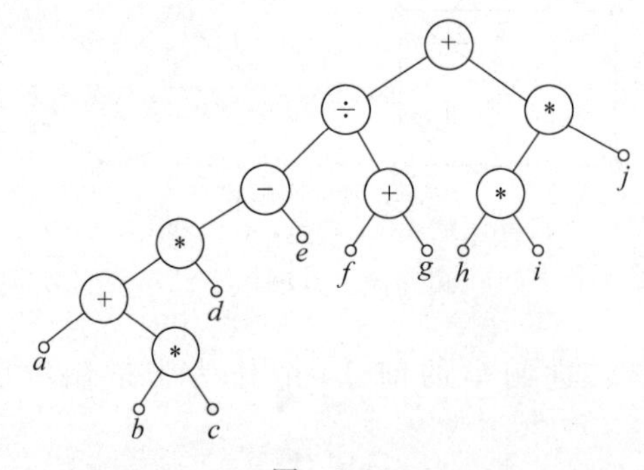

图　7-26

7.15　用一棵 2 叉树表示下述命题公式，并写出它的前缀符号法表达式和后缀符号法表达式，

$$((p \vee q) \wedge \neg r) \rightarrow ((\neg p \wedge q) \rightarrow (q \vee r)).$$

题 7.16～题 7.18 的要求是从供选择的答案中选出填入叙述中的方框□内的正确答案.

7.16 计算非同构的根树的个数.

(1) 2 个顶点非同构的根树有 A 个;

(2) 3 个顶点非同构的根树有 B 个;

(3) 4 个顶点非同构的根树有 C 个;

(4) 5 个顶点非同构的根树有 D 个.

供选择的答案

A、B、C、D:① 1;② 2;③ 3;④ 4;⑤ 5;⑥ 6;⑦ 7;⑧ 8;⑨ 9;⑩ 10.

7.17 设 7 个字母在通信中出现的频率如下:

$$a:35\%,\quad b:20\%,$$
$$c:15\%,\quad d:10\%,$$
$$e:10\%,\quad f:5\%,$$
$$g:5\%.$$

编一个最佳 2 元前缀码. 在这个前缀码中,a、b、c、d、e、f、g 的码长分别是 A、B、C、D、E、F、G.

传输 10^4 个按上述比例出现的字母需要 H 个二进制数字.

供选择的答案

A、B、C、D、E、F、G:① 1;② 2;③ 3;④ 4;⑤ 5;⑥ 6.

H:① 20000;② 25000;③ 25500.

7.18 给定算式

$$\{[(a+b)*c]*(d+e)\}-[f-(g*h)].$$

此算式的波兰符号法表达式为 A,逆波兰符号法表达式为 B.

供选择的答案

A、B:① $-**a+bc+def-g*h$;② $-**+abc+de-f*gh$;

③ $*-*+abc+de-f*gh$;④ $ab+c*de+*fgh*--$;

⑤ $ab+c*de+*gh*f--$.

第8章　组合分析初步

组合数学主要是研究事物在给定条件下的配置问题. 该配置是否存在？所有可能配置的计数和分类以及在某种限制下的最佳配置等. 组合分析的方法不仅应用于物理学、化学、生物科学等领域，而且对计算机科学的发展也起了重要的作用. 图论曾经是组合数学的一个组成部分，目前已独立出去. 但组合数学仍含有极其丰富的内容. 限于篇幅，本章只能就组合分析中有关排列组合以及递推的计数方法作一点介绍.

8.1　加法法则和乘法法则

加法法则和乘法法则是组合计数的两个基本原则.

加法法则　如果事件 A 有 p 种产生的方式，事件 B 有 q 种产生的方式，则事件"A 或 B"有 $p+q$ 种产生的方式.

例如，某学生从 2 门数学课程和 4 门计算机课程中任意选择一门课程的方法是 $2+4=6$ 种.

使用加法法则的时候要特别注意事件 A 和事件 B 产生的方式不能重叠，即一种产生的方式只能属于其中的一个事件，而不能同时属于两个事件.

例如，有 5 个学生选学英语或德语，其中有 4 人学英语，3 人学德语. 那么选出一名学英语或德语学生的方法数不是 $4+3=7$，而是 5，这是因为选英语和德语的学生可能是同一名学生.

加法法则的使用可以由两个事件推广到 n 个事件（n 是大于等于 2 的整数). 这就是说，事件 A_1 有 p_1 种产生的方式，事件 A_2 有 p_2 种产生的方式，…，事件 A_n 有 p_n 种产生的方式，且其中任何两个事件产生的方式都不重叠，那么事件"A_1 或 A_2 或…A_n"产生的方式为 $p_1+p_2+\cdots+p_n$ 种.

乘法法则　如果事件 A 有 p 种产生的方式，事件 B 有 q 种产生的方式，则事件"A 与 B"有 pq 种产生的方式.

例如，某学生从 2 门数学课程和 4 门计算机课程中选出 1 门数学课和 1 门计算机课的方法有 $2\times4=8$ 种.

使用乘法法则的时候也要注意一个条件，即事件 A 与事件 B 要互相独立. 就是说，对事件 A 产生方式的选择不影响对事件 B 产生方式的选择；反之，对事件 B 产生方式的选择也不影响对事件 A 产生方式的选择.

例如，从集合 $\{1,2,3\}$ 中选取数字构成不同数字的两位数. 这些两位数的十位和个位数字都可以从 1、2、3 中选取. 但当十位数字选定以后，由于数字不能重复，个位数字的选法就不是 3 种而是 2 种了. 这说明十位与个位数字的 3 种选法不互相独立. 所以，不同的两位数的个数不是 $3\times3=9$，而是 $3\times2=6$.

类似于加法法则，乘法法则的使用也可以推广到 n 个事件.

例 8.1 由数字 1、2、3、4、5 构成 3 位数.

(1) 如果 3 位数的各位数字都不相同,那么有多少种方法?

(2) 如果这些 3 位数必须是偶数,则有多少种方法?

(3) 这些 3 位数中可以被 5 整除的有多少个?

(4) 这些 3 位数中比 300 大的有多少个?

解 由乘法法则可得

(1)
$$5\times4\times3=60.$$

(2) 个位数字只能取 2 和 4. 十位和百位各有 5 种方法,总方法数是
$$2\times5\times5=50.$$

(3) 个位数字只能取 5,十位和百位数字的取法同(2). 总方法数是
$$1\times5\times5=25.$$

(4) 百位数字可取 3、4 或 5,十位和个位数字各有 5 种取法,总方法数是
$$3\times5\times5=75.$$

例 8.2 设甲、乙、丙是 3 个城市,从甲城到乙城往返可以乘飞机、火车,也可以乘船. 从乙城到丙城往返可以乘飞机和火车. 从甲城不经过乙城到丙城往返可以乘飞机和火车. 问

(1) 从甲城到丙城可以有多少种不同的方法?

(2) 从甲城到丙城,最后又回到甲城有多少种方法?其中经过乙城的有多少种?

解 (1) 从甲城经过乙城到丙城有 3×2 种方法. 从甲城直接到丙城有 2 种方法. 由加法法则,共有
$$3\times2+2=8$$
种方法.

(2) 走法有以下 4 种:

甲→乙→丙→乙→甲: $3\times2\times2\times3=36$.

甲→乙→丙→甲: $3\times2\times2=12$.

甲→丙→乙→甲: $2\times2\times3=12$.

甲→丙→甲: $2\times2=4$.

由加法法则,总方法数是
$$36+12+12+4=64.$$
其中经过乙城的有 $64-4=60$

8.2 基本排列组合的计数方法

先看下面的例子.

例 8.3 (1) 从$\{1,2,\cdots,9\}$中选取数字构成 4 位数. 如果要求每个数字都不相同,问有多少种方法?

(2) 从$\{1,2,\cdots,9\}$中选取数字构成 4 位数,问有多少种方法?

具体的做法是先选取千位的数字,然后依次选百位、十位和个位的数字. 对于同样的 4 个数字,如果选择的顺序不同就会得到不同的 4 位数. 比如说,4357 和 5734 是不同的 4 位

数. 这两个问题都是从某个集合中有序地选取若干个元素的问题,称之为**排列**问题. 它们的不同之处仅在于问题(1)中不允许出现相同的数字,即不允许重复选取,而在问题(2)中允许重复选取.

例 8.4 (1) 从 5 种不同的球中每次取 3 个不同的球,问有多少种方法?

(2) 从 5 种不同的球中(每种球至少有 3 个),每次取 3 个球,问有多少种方法?

这两个问题的取法数仅与选取的是哪几个球有关而与取球的次序无关. 它们都是从某个集合中无序地选取若干个元素的问题,称之为**组合**问题. 它们的区别仅在于问题(1)的选取不允许重复,而问题(2)的选取允许重复.

由这两个例题可以看出,这类选取问题可以根据是否有序、是否允许重复,而划分成 4 种:

不允许重复的有序选取——集合的排列;

允许重复的有序选取——多重集的排列;

不允许重复的无序选取——集合的组合;

允许重复的无序选取——多重集的组合.

下面分别讨论有关的计数方法.

定义 8.1 从 n 个元素的集合 S 中有序选取的 r 个元素叫做 S 的一个 **r 排列**,不同的排列总数记作 P_n^r(或 $P(n,r)$). 如果 $r=n$,则称这个排列为 S 的**全排列**,简称为 S 的**排列**.

显然当 $r>n$ 时,$P_n^r=0$.

定理 8.1 对满足 $r\leqslant n$ 的正整数 n 和 r 有

$$P_n^r=n(n-1)\cdots(n-r+1).$$

证明 从 n 个不同的元素中选取第 1 个元素的方法有 n 种. 当第 1 个元素选好后,只能从剩下的 $n-1$ 个元素中选取第 2 个元素,有 $n-1$ 种方法,…,最后 1 个元素只能从剩下的 $n-(r-1)$ 个元素中选取. 由乘法法则,不同的选法数是 $n(n-1)\cdots(n-r+1)$. ■

如果令 $n!=n(n-1)\cdots2\times1$,且规定 $0!=1$,则有

$$P_n^r=\frac{n!}{(n-r)!}.$$

当 $n\geqslant0$ 时,定义 $P_n^0=1$,这恰好与上式计算的结果相符. 当 $r=n$ 时,有 $P_n^n=n!$.

例 8.5 在 5 天内安排 3 门课程的考试,

(1) 若每天只允许考 1 门,有多少种方法?

(2) 若不限制每天考试的门数,有多少种方法?

解 (1) 从 5 天中有序选取 3 天,不允许重复,其选法数为

$$N=P_5^3=5\times4\times3=60.$$

(2) 每门考试都有 5 种独立的选法. 由乘法法则总选法数为

$$N=5\times5\times5=125.$$

例 8.6 排列 26 个字母,使得在 a 和 b 之间正好有 7 个字母,问有多少种排法?

解 以 a 排头、b 排尾、中间恰含 7 个字母的排列有 P_{24}^7 种. 同理以 b 排头、a 排尾、中间恰含 7 个字母的排列也有 P_{24}^7 种. 由加法法则,以 a 和 b 为两端的 9 个字母的排列有 $2P_{24}^7$ 种. 把一个这样的排列看成一个整体,再与剩下的 17 个字母进行全排列就得到所求的排

列. 全排列的方法有 18!种. 根据乘法法则,所求的排列数是

$$N=2P_{24}^{7}\times 18!=36\times 24!.$$

以上讨论的排列确切地说应该叫做线形排列. 如果把集合的元素排成一个环,那么排列数将会减少. 例如,排列 15267 与排列 52671 是不同的排列,但首尾相接成环时就是同一个环排列了.

定理 8.2 一个 n 元集 S 的环形 r 排列数是

$$\frac{P_n^r}{r}=\frac{n!}{r(n-r)!}.$$

如果 $r=n$,则 S 的环排列数是$(n-1)!$.

证明 把 S 的所有线形 r 排列分成组,使得同组的每个线形排列可以连接成同一个环排列. 因为每组中恰含有 r 个线形排列,所以,S 的环形 r 排列数 $N=P_n^r/r$. 当 $r=n$ 时,S 的环排列数为 $P_n^n/n=(n-1)!$.

例 8.7 (1) 10 个男孩与 5 个女孩站成一排,如果没有两个女孩相邻,问有多少种方法?

(2) 10 个男孩与 5 个女孩站成一个圆圈,如果没有两个女孩相邻,问有多少种方法?

解 把男孩看成格子分界,每两个男孩之间看成一个空格.

(1) 男孩组成格子的方法数是 P_{10}^{10}. 对于每一种组法有 11 个空格可以放女孩,有 P_{11}^{5} 种放法. 根据乘法法则所求的排列数是

$$N=P_{10}^{10}P_{11}^{5}=\frac{10!\times 11!}{6!}.$$

(2) 男孩组成格子的方法数是 10 个元素的环排列数 $P_{10}^{10}/10$,而女孩放入 10 个格子的方法数是 P_{10}^{5}. 由乘法法则总排列数是

$$N=P_{10}^{10}/10\times P_{10}^{5}=\frac{10!\times 9!}{5!}.$$

定义 8.2 从 n 元集 S 中无序选取的 r 个元素叫做 S 的一个 ***r* 组合**,不同组合的总数记作 C_n^r,($C(n,r)$或$\binom{n}{r}$). 当 $n\geqslant 0$ 时,规定 $C_n^0=1$.

显然,当 $r>n$ 时,有 $C_n^r=0$.

定理 8.3 对一切 $r\leqslant n$,有 $P_n^r=r!C_n^r$,即

$$C_n^r=\frac{n!}{r!(n-r)!}.$$

证明 先从 n 个元素中选出 r 个元素,有 C_n^r 种选法. 对于每一种选法,再把选出的 r 个元素排列起来,有 $r!$种排法. 每一种排法就对应于 n 元集的一个 r 排列. 由乘法法则,n 个元素的 r 排列数是

$$P_n^r=C_n^r r!,$$

即

$$C_n^r=\frac{P_n^r}{r!}=\frac{n!}{r!(n-r)!}.$$ ■

推论 对一切 $r\leqslant n$ 有 $C_n^r=C_n^{n-r}$.

证明 $C_n^r=\dfrac{n!}{r!(n-r)!}=\dfrac{n!}{(n-(n-r))!(n-r)!}=C_n^{n-r}$.

例 8.8 在平面上给定 25 个点，其中任意 3 点都不共线. 过 2 点可以作一条直线，以 3 个点为顶点可以作一个三角形. 问这样的直线和三角形有多少个?

解 直线数

$$N_1 = C_{25}^2 = \frac{25!}{2! \times 23!} = 300.$$

三角形数

$$N_2 = C_{25}^3 = \frac{25!}{3! \times 22!} = 2300$$

例 8.9 从 $1,2,\cdots,300$ 之中任取 3 个数，使得它们的和能被 3 整除，问有多少种方法?

解 把 $1,2,\cdots,300$ 分成 A、B、C 3 个组.

$$A = \{x \mid x \equiv 1 (\mathrm{mod}\ 3)\},$$
$$B = \{x \mid x \equiv 2 (\mathrm{mod}\ 3)\},$$
$$C = \{x \mid x \equiv 0 (\mathrm{mod}\ 3)\}.$$

设任取 3 个数为 i、j、k，那么选取是无序的且满足 $i+j+k \equiv 0 (\mathrm{mod}\ 3)$. 将选法分成两类：

i、j、k 都取自同一组，方法数 $N_1 = 3C_{100}^3$；

i、j、k 分别取自 A、B、C，方法数 $N_2 = (C_{100}^1)^3$. 由加法法则，总取法数

$$N = 3C_{100}^3 + (C_{100}^1)^3 = 1\,485\,100.$$

定理 8.4 设 S 为 n 元集，则 S 的子集总数是

$$2^n = C_n^0 + C_n^1 + \cdots + C_n^n.$$

证明 对于 $r=0,1,\cdots,n$，S 的每个 r 子集就是 S 的一个 r 组合，而 C_n^r 就是 S 的 r 子集数. 由加法法则，S 的子集数是

$$C_n^0 + C_n^1 + \cdots + C_n^n.$$

另一方面，在构成 S 的某个子集时可以对每个元素有两种选择，属于该子集或不属于该子集. 根据乘法法则，n 个元素的选法数是 2^n，即 S 的子集数为 2^n. ■

在第 3 章曾经说过这个定理可以由二项式定理得到，而这里使用的是组合分析的证明方法. 这种方法在证明组合恒等式中有着广泛的应用.

为了解决可重复选取的计数问题，我们先引入多重集的概念. 多重集是元素可以多次出现的集合. 通常把某个元素 a_i 出现的次数 n_i ($n_i = 0,1,\cdots,\infty$) 叫做该元素的重复度. 如果多重集 S 中含有 k 种不同的元素 $a_1, a_2, \cdots, a_k$，那么可以把 S 记为

$$\{n_1 \cdot a_1,\ n_2 \cdot a_2,\ \cdots,\ n_k \cdot a_k\}.$$

例如，多重集 $S=\{3 \cdot a, 2 \cdot b, 1 \cdot c\}$ 表示 S 中有 3 个 a、2 个 b 和 1 个 c. 所对应的选取问题就是：从 a、b、c 3 种元素中进行满足某些条件的选取(有序或无序)，其中 a 至多取 3 次，b 至多取 2 次，c 至多取 1 次. 而多重集 $S=\{\infty \cdot a, 2 \cdot b\}$ 则表示在进行某种选取时 a 可以选任意多次，而 b 至多可以选 2 次.

定义 8.3 设多重集 $S=\{n_1 \cdot a_1,\ n_2 \cdot a_2, \cdots, n_k \cdot a_k\}$，从 S 中有序选取的 r 个元素叫做 S 的一个 **r 排列**，当 $r=n$ ($n=n_1+n_2+\cdots+n_k$) 时，也叫做 S 的一个**排列**.

例如，$S=\{2 \cdot a, 1 \cdot b, 3 \cdot c\}$，那么 $acab$、$abcc$ 都是 S 的 4 排列，而 $abccca$ 和 $aaccbc$ 都是

S 的排列.

定理 8.5 设多重集 $S=\{\infty\cdot a_1,\infty\cdot a_2,\cdots,\infty\cdot a_k\}$,则 S 的 r 排列数是 k^r.

证明 在构造 S 的一个 r 排列时,第 1 位有 k 种选法,第 2 位也有 k 种选法,…,第 r 位仍然有 k 种选法. 这是因为 S 中的每种元素都可以无限重复选取,排列中每一位的选择都不依赖于以前各位的选择. 由乘法法则,不同的选法数是 k^r. ■

推论 设多重集 $S=\{n_1\cdot a_1, n_2\cdot a_2, \cdots, n_k\cdot a_k\}$,并且对一切 $i=1,2,\cdots,k$ 有 $n_i\geqslant r$,则 S 的 r 排列数是 k^r.

例 8.10 有 10 种画册,每种数量不限. 现在要取 3 本送给 3 位朋友,问有多少种方法?

解 将 10 种画册分别记为 $a_1,a_2,\cdots,a_{10}$. 所求的方法数就是多重集$\{\infty\cdot a_1,\infty\cdot a_2,\cdots,\infty\cdot a_{10}\}$的 3 排列数. 由定理 8.5 得 $N=10^3=1000$.

定理 8.6 设多重集 $S=\{n_1\cdot a_1, n_2\cdot a_2, \cdots, n_k\cdot a_k\}$且 $n=n_1+n_2+\cdots+n_k$,则 S 的排列数等于

$$\frac{n!}{n_1!n_2!\cdots n_k!}.$$

简记为$\binom{n}{n_1 n_2\cdots n_k}$.

证明 S 的一个排列就是 n 个元素的全排列,因为 S 中有 n_1 个 a_1,在排列中要占据 n_1 个位置,这些位置的选法是 $C_n^{n_1}$ 种. 接下去,在剩下的 $n-n_1$ 个位置中选择 n_2 个放 a_2,选法数是 $C_{n-n_1}^{n_2}$. 类似地,有 $C_{n-n_1-n_2}^{n_3}$ 种方法放 a_3,…,有 $C_{n-n_1-\cdots-n_{k-1}}^{n_k}$ 种方法放 a_k. 由乘法法则,S 的排列数

$$\begin{aligned}N&=C_n^{n_1}C_{n-n_1}^{n_2}\cdots C_{n-n_1-\cdots-n_{k-1}}^{n_k}\\&=\frac{n!}{n_1!(n-n_1)!}\frac{(n-n_1)!}{n_2!(n-n_1-n_2)!}\cdots\frac{(n-n_1-\cdots-n_{k-1})!}{n_k!\times 0!}\\&=\frac{n!}{n_1!n_2!\cdots n_k!}\end{aligned}$$

■

例 8.11 用 2 面红旗、3 面黄旗依次悬挂在一根旗杆上,问可以组成多少种不同的标志?

解 所求的计数相当于多重集{2·红旗, 3·黄旗}的排列数 N,由定理 8.6 有

$$N=\frac{5!}{2!\times 3!}=10$$

关于多重集的排列问题可以小结如下:

设 $S=\{n_1\cdot a_1, n_2\cdot a_2, \cdots, n_k\cdot a_k\}$,$n=n_1+n_2+\cdots+n_k$,则 S 的 r 排列数 N 满足

(1) 若 $r>n$,则 $N=0$.

(2) 若 $r=n$,则 $N=\dfrac{n!}{n_1!n_2!\cdots n_k!}$.

(3) 若 $r<n$ 且对一切 $i=1,2,\cdots,k$ 有 $n_i\geqslant r$,则 $N=k^r$.

(4) 若 $r<n$ 且存在着某个 $n_i<r$,则对 N 没有一般的求解公式,可以使用其他的组合数学方法解决. 这里不再介绍.

定义 8.4 设多重集 $S=\{n_1\cdot a_1, n_2\cdot a_2, \cdots, n_k\cdot a_k\}$,$S$ 的含有 r 个元素的子多重集

就叫做 S 的 $\boldsymbol{r}$ **组合**.

例如,$S=\{2\cdot a,1\cdot b,3\cdot c\}$,那么$\{a,a\}$、$\{a,b\}$、$\{a,c\}$、$\{b,c\}$和$\{c,c\}$都是 S 的 2 组合.

不难看出,如果多重集 $S=\{n_1\cdot a_1, n_2\cdot a_2, \cdots, n_k\cdot a_k\}$满足 $n=n_1+n_2+\cdots+n_k$,那么 S 的 n 组合只有一个,就是 S 自己. 而 S 的 1 组合恰好有 k 个.

定理 8.7 设多重集 $S=\{\infty\cdot a_1,\infty\cdot a_2,\cdots,\infty\cdot a_k\}$,则 S 的 r 组合数是 C_{k+r-1}^{r}.

证明 S 的任何一个 r 组合都具有如下形式:

$$\{x_1\cdot a_1,\ x_2\cdot a_2,\ \cdots,\ x_k\cdot a_k\},$$

其中 $x_1,x_2,\cdots,x_k$是非负整数且满足方程

$$x_1+x_2+\cdots+x_k=r.$$

反之,对于每一组满足上述方程的非负整数解 $x_1,x_2,\cdots,x_k$,$\{x_1\cdot a_1, x_2\cdot a_2, \cdots, x_k\cdot a_k\}$就是 S 的一个 r 组合. 所以,多重集 S 的 r 组合数就等于上述方程的非负整数解的个数. 下面将证明这种解的个数就等于多重集 $T=\{(k-1)\cdot 0,r\cdot 1\}$的排列数.

给定 T 的一个排列,在这个排列中 $k-1$ 个 0 把 r 个 1 分成 k 组. 从左边数,第 1 组 1 的个数记作 x_1,第 2 组 1 的个数记作 x_2,…,第 k 组 1 的个数记作 x_k,则所得到的 $x_1,x_2,\cdots,x_k$ 都是非负整数,并且其和等于 r. 反之,给定方程 $x_1+x_2+\cdots+x_k=r$ 的一组非负整数解 x_1,$x_2,\cdots,x_k$,可以如下构造排列:

$$\underbrace{1\cdots1}_{x_1\text{个}1}\ \underset{\text{第1个0}}{\overset{}{0}}\ \underbrace{1\cdots1}_{x_2\text{个}1}\ \underset{\text{第2个0}}{0}\ \cdots\ \underset{\text{第}k-1\text{个0}}{0}\ \underbrace{1\cdots1}_{x_k\text{个}1}$$

它就是多重集 T 的一个排列. 根据定理 8.6,T 的排列数

$$N=\frac{(k-1+r)!}{(k-1)!r!}=C_{k+r-1}^{r}.$$ ■

推论 1 设多重集 $S=\{n_1\cdot a_1, n_2\cdot a_2, \cdots, n_k\cdot a_k\}$,且对一切 $i=1,2,\cdots,k$ 有 $n_i\geqslant r$,则 S 的 r 组合数是 C_{k+r-1}^{r}.

推论 2 设多重集 $S=\{\infty\cdot a_1,\infty\cdot a_2,\cdots,\infty\cdot a_k\}$,$r\geqslant k$,则 S 中每个元素至少取一个的 r 组合数是 C_{r-1}^{k-1}.

证明 任取一个所求的 r 组合. 从中拿走元素 $a_1,a_2,\cdots,a_k$,就得到 S 的一个$(r-k)$组合. 反之,任取一个 S 的$(r-k)$组合,加入元素 $a_1,a_2,\cdots,a_k$,就得到所求的组合. 所以,S 中每个元素至少取一个的 r 组合数就是 S 的$(r-k)$组合数. 由定理 8.7 有

$$N=C_{k+(r-k)-1}^{r-k}=C_{r-1}^{r-k}=C_{r-1}^{k-1}.$$

例 8.12 一个学生要在相继的 5 天内安排 15 个小时的学习时间,问有多少种方法? 如果要求每天至少学习 1 小时,又有多少种方法?

解 将这相继的 5 天记为 a_1、a_2、a_3、a_4、a_5,则第一种安排相当于多重集 $S=\{\infty\cdot a_1,\infty\cdot a_2,\cdots,\infty\cdot a_5\}$的 15 组合问题. 由定理 8.7 得

$$N_1=C_{15+5-1}^{15}=C_{19}^{15}=C_{19}^{4}$$

而第二种安排相当于 S 的每种元素至少取 1 个的 15 组合问题,由定理 8.7 的推论 2 得.

$$N_2=C_{15-1}^{5-1}=C_{14}^{4}.$$

关于多重集的组合问题可以小结如下:

设多重集 $S=\{n_1\cdot a_1, n_2\cdot a_2, \cdots, n_k\cdot a_k\}$,$n=n_1+n_2+\cdots+n_k$,则 S 的 r 组合数 N

满足：

(1) 若 $r>n$，则 $N=0$.

(2) 若 $r=n$，则 $N=1$.

(3) 若 $r<n$，且对一切 $i=1,2,\cdots,k$ 有 $n_i\geqslant r$，则 $N=C_{k+r-1}^{r}$.

(4) 若 $r<n$，且存在某个 $n_i<r$，则对 N 没有一般的求解公式，可以用包含排斥原理或其他的组合数学方法求解.

8.3 递推方程的求解与应用

递推方程的求解与组合计数有着密切的关系，在计算机科学技术的领域有着重要的应用. 众所周知，递归算法是计算机中经常使用的算法，比如二分检索、二分归并排序、快速排序、Hanoi 塔的移动算法等. 分析递归算法的主要技术就是求解递推方程. 先看下面的例子.

例 8.13 Hanoi 塔.

图 8-1 中有 A、B、C 3 根柱子，在 A 柱上放着 n 个大小不同的圆盘(图中的 $n=3$)，其中小圆盘放在大圆盘的上边. 从 A 柱将这些圆盘移到 C 柱上去. 这里把一个圆盘从一个柱子移到另一个柱子称作 1 次移动，在移动和放置时允许使用 B 柱，但不允许大圆盘放到小圆盘的上面. 问把所有的圆盘从 A 移到 C 总计需要多少次移动?

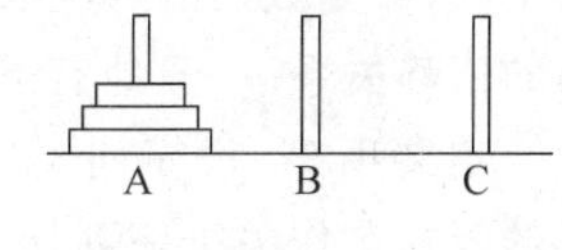

图 8-1

下面给出一种递归算法，这个算法可以分成 3 个步骤：

(1) 用同样的算法把上面的 $n-1$ 个盘子从 A 柱移到 B 柱；

(2) 用 1 次移动把下面最大的盘子直接移到 C 柱；

(3) 用同样的算法把 B 柱上的 $n-1$ 个盘子移到 C 柱.

设该算法移动 n 个盘子的总次数为 $T(n)$. 步(1)和步(3)是递归调用，将 $n-1$ 个盘子从一个柱子移到另一个柱子，移动次数为 2 倍的 $T(n-1)$；步(2)利用 1 次移动将最下面的大盘子从 A 柱移到 C 柱；因此得到方程

$$T(n) = 2T(n-1) + 1,$$

这个方程的初值是 $T(1)=1$.

这个算法的基本运算是移动，$T(n)$就是它的时间复杂度函数. 为了确定算法的效率，需要确定 $T(n)$的值. 下面尝试使用**迭代法**求出 $T(n)$. 因为这个方程对所有的 n 都成立，可以不断地用方程右部的部分替换 $T(n)$的表达式中形如 $T(n-1)$，$T(n-2)$，$\cdots$，$T(2)$的成分，直到出现初值 $T(1)$为止. 然后将初值代入，并计算这些项的和. 具体迭代过程如下：

$$\begin{aligned}
T(n) &= 2T(n-1)+1 \\
&= 2[2T(n-2)+1]+1 && (T(n-1)\text{被含 } T(n-2)\text{的项替换}) \\
&= 2^2T(n-2)+2+1 \\
&= 2^2[2T(n-3)+1]+2+1 && (T(n-2)\text{被含 } T(n-3)\text{的项替换}) \\
&= 2^3T(n-3)+2^2+2+1 \\
&\vdots
\end{aligned}$$

$$=2^{n-1}T(1)+2^{n-2}+2^{n-3}+\cdots+2+1$$
$$=2^{n-1}+2^{n-2}+\cdots+2+1 \qquad \text{(代入初值 } T(1)=1\text{)}$$
$$=2^n-1 \qquad \text{(等比级数求和)}$$

为了确认上述结果的正确性，可以代入原递推方程进行验证. 验证过程如下：

当 $n=1$ 时，$T(1)=2^1-1=2-1=1$，结果正确.

假设对于 n 结果正确，则

$$T(n+1)=2T(n)+1=2(2^n-1)+1=2^{n+1}-2+1=2^{n+1}-1$$

根据归纳法，$T(n)=2^n-1$ 是原方程的解.

不难看出，Hanoi 塔算法是指数时间的算法. 如果每秒钟移动 1 次，移动 64 个盘子需要

$$2^{64}-1=18\,446\,744\,073\,709\,551\,615$$

秒，大约是 5000 亿年. 这个例子恰好说明了把多项式时间的算法看作是有效算法的理由. 因为随着 n 的增长，指数时间算法的效率飞速下降，这就是计算中经常提到的"指数爆炸"问题.

方程 $T(n)=2T(n-1)+1$ 就是关于 Hanoi 塔算法时间复杂度的递推方程. 这里的 $T(1)$，$T(2)$，…，$T(n)$，…可以看作算法的时间复杂度函数随 n 增长的值所构成的数列，其中 $T(n)$ 是数列的通项公式. 这种递推方程实际上表达了数列的项与其前面的某些项之间的依赖关系. 一般地有下述定义.

定义 8.5 设序列 $a_0,a_1,\cdots,a_n,\cdots$，简记为 $\{a_n\}$，一个把 a_n 与某些个 $a_i(i<n)$ 联系起来的等式称作关于序列 $\{a_n\}$ 的**递推方程**.

求解递推方程的迭代法就是从原始递推方程开始，利用方程所表达的数列中后项对前项的依赖关系，把表达式中的后项用相等的前项的表达式代入，直到表达式中没有函数项为止. 这时等式右边可能是一系列迭代后的项之和. 然后，将右边的项求和并将结果进行化简. 为了保证结果的正确性，往往需要代入原来的递推方程进行验证. 下面考虑归并排序的例子.

例 8.14 二分归并排序算法.

这个算法的主要思想是：将被排序的数组划分成元素数相等的两个子数组，然后递归使用同样的算法分别对两个子数组排序，最后将两个排好序的子数组归并成一个数组. 归并的过程如下：假设两个子数组是 A 和 B，它们的元素都按照从小到大的顺序排列. 将 A 与 B 归并后的数组记作 C. 设定两个指针 p_1、p_2，初始分别指向 A 和 B 的最小元素. 归并时只需比较 p_1 和 p_2 指向的元素，哪个元素小，就把它从原来的数组移到 C，原来指向它的指针向后移动一个位置. 如果 A 或 B 中有一个数组(比如说 A)的元素已经被全部移走，那么比较过程结束，剩下的工作就是将 B 中剩下的元素顺序移到 C 中元素的后面.

考虑 10 个数的数组：1,5,7,8,2,4,6,9,10,3. 使用归并排序算法，首先划分成两个子数组，即 $A=[1,5,7,8,2]$，$B=[4,6,9,10,3]$. 然后对于 A 和 B 分别调用同样的算法进行排序. 假设 A 与 B 已经完成排序，即 $A=[1,2,5,7,8]$，$B=[3,4,6,9,10]$，下面进行归并. 首先 1 与 3 比较，拿走 1；接着 2 与 3 比较，拿走 2；再接着 5 和 3 比较，拿走 3，……继续下去，依次拿走 4、5、6、7、8. 这时数组 A 已经空了，比较结束，把 B 中剩下的 9 和 10 顺序放到

归并后的数组中.

假设 $n=2^k$,下面计算归并排序算法的比较次数. 尽管被归并的子数组都同样大,对于不同的输入,归并的比较次数是不一样的. 比如归并数组[1,2,4]和[5,8,9],只需要比较 3 次;而归并数组[1,4,8]和[2,5,9],则需要比较 5 次. 设 $W(n)$表示该算法在最坏情况下所做的比较次数,即对所有规模为 n 的输入算法所需要的最多的比较次数. 根据上面的分析,分别排序 A 和 B 的工作量为 $2W(n/2)$. 在归并 A 和 B 时,每比较 1 次,就可以移走 1 个元素. 因为 A 和 B 总共有 n 个元素,至多需要 $n-1$ 次比较,就可以完成归并工作. 因此,对 n 个数进行二分归并排序在最坏情况下的比较次数满足如下递归方程:

$$\begin{cases} W(n) = 2W(n/2) + n - 1, n = 2^k \\ W(1) = 0 \end{cases}$$

迭代求解过程如下:

$$\begin{aligned} W(n) &= 2W(2^{k-1}) + 2^k - 1 \\ &= 2[2W(2^{k-2}) + 2^{k-1} - 1] + 2^k - 1 \\ &= 2^2W(2^{k-2}) + 2^k - 2 + 2^k - 1 \\ &= 2^2[2W(2^{k-3}) + 2^{k-2} - 1] + 2^k - 2 + 2^k - 1 \\ &= 2^3W(2^{k-3}) + 2^k - 2^2 + 2^k - 2 + 2^k - 1 \\ &\vdots \\ &= 2^kW(1) + k2^k - (2^{k-1} + 2^{k-2} + \cdots + 2 + 1) \\ &= k2^k - 2^k + 1 \\ &= n\log n - n + 1 \end{aligned}$$

需要说明的是,上述结果中的 $\log n$ 是 $\log_2 n$ 的简写形式,在算法设计与分析中经常使用这种写法.

为了对结果进行验证. 使用数学归纳法. 把 $n=1$ 代入上述公式得

$$W(1) = 1 \cdot \log 1 - 1 + 1 = 0,$$

符合初始条件. 假设对于任何小于 n 的正整数 t,$W(t)$都是正确的,将结果代入原递推方程的右边得

$$\begin{aligned} 2W(n/2) + n - 1 &= 2[2^{k-1}\log(2^{k-1}) - 2^{k-1} + 1] + 2^k - 1 \\ &= 2^k(k-1) - 2^k + 2 + 2^k - 1 = k2^k - 2^k + 1 \\ &= n\log n - n + 1 = W(n) \end{aligned}$$

迭代方法一般适用于依赖关系比较简单的递推方程,对于某些比较复杂的递推方程需要先进行化简. 请看下面的例子.

例 8.15 快速排序算法.

快速排序是实践中广泛应用的排序算法. 这种算法的基本思想是:设要排序的数组是 $A[p..r]$,不妨假设 A 中的元素彼此不等. 以 A 的首元素 $A[p]$作为标准,对 A 进行划分,使得所有小于 $A[p]$的元素构成子数组 A_1,所有大于 $A[p]$的元素构成子数组 A_2. 需要说明的是,这个划分过程 Partition 并不对子数组 A_1 和 A_2 进行排序,只是把原来规模为 n 的问题归约为两个小规模的子问题. 然后算法分别递归地对 A_1 和 A_2 进行排序. 这个递归调用过程一直进行下去,直到子问题的数组只含有 1 个元素为止.

下面介绍划分过程. 考虑下述数组 $A[1..13]$

$\underline{27}$　**99**　0　8　13　64　86　16　7　10　88　**25**　90

A 的首元素是 27,它就是划分数组的标准. 算法首先从后向前扫描数组,寻找第一个比 27 小的数,是 25,记下这个位置 $j=12$. 然后算法从前向后扫描数组,寻找第一个比 27 大的数,是 99,记下这个位置 $i=2$. 把刚才找到的两个数 99 和 25 交换. 交换后的数组变成

$\underline{27}$　25　0　8　13　**64**　86　16　7　**10**　88　99　90

接着,算法从位置 j 和 i 继续向中间扫描,寻找下一对需要交换的数的位置. 不难看到,下一对需要交换的数是 64 和 10,交换后的数组是

$\underline{27}$　25　0　8　13　10　**86**　16　**7**　64　88　99　90

继续这个过程,第三次交换 86 和 7,得到

$\underline{27}$　25　0　8　13　10　7　16　86　64　88　99　90

下面的搜索将导致 i 大于 j,划分过程结束,返回划分的边界位置 $q=8$. 然后算法把首元素 27 和位置 q 的元素 16 交换,得到下面的数组:

16　25　0　8　13　10　7　$\underline{27}$　86　64　88　99　90

该数组以 27 为界,划分成两个子数组:[16,25,0,8,13,10,7]与[86,64,88,99,90]. 算法接着递归地对这两个子数组继续排序.

考虑算法在平均情况下的时间复杂度. 如果首元素恰好是最小元素,用它做划分标准,得到的子数组分别是空数组和具有 $n-1$ 个元素的数组;如果首元素恰好是第二小元素,划分后得到的子数组分别是 1 个元素和 $n-2$ 个元素的数组,……;一般来说,如果首元素排序后恰好处在第 k 个位置,那么划分后的两个子问题的规模分别为 $k-1$ 和 $n-k$,其中 $k=1,2,\cdots,n$. 假定这 n 种情况出现的可能性相等,为计算平均时间复杂度,只需要对这 n 种情况分别计算各自的比较次数,然后取平均值即可.

设算法对于规模为 n 的输入的平均比较次数是 $T(n)$. 若首元素处在第 k 个位置,划分后的子问题规模分别为 $k-1$ 和 $n-k$,平均比较次数分别是 $T(k-1)$ 和 $T(n-k)$,而划分过程需要的比较次数是 $O(n)$①,因此总的比较次数为 $T(k-1)+T(n-k)+O(n)$. 对 $k=1,2,\cdots,n$ 求和,去掉 $T(0)=0$ 的项,就得到

$$2\sum_{k=1}^{n-1}T(k)+O(n^2)$$

把上式除以 n 就得到平均比较次数 $T(n)$,因而得到下述递推方程:

$$\begin{cases}T(n)=\dfrac{2}{n}\sum_{i=1}^{n-1}T(i)+O(n) & n\geqslant 2\\ T(1)=0\end{cases},$$

从这个方程不难看出,$T(n)$依赖于 $T(n-1),T(n-2),\cdots,T(1)$所有的项,这种递推方程称为**全部历史递推方程**. 直接使用迭代法没办法处理,可以先用差消法对原方程进行化简. 具体过程如下.

---

① $f(n)=O(n)$表示函数 $f(n)$的增长以 n 的某个线性函数为界.

去分母得到

$$nT(n) = 2\sum_{i=1}^{n-1} T(i) + c(n^2) \quad c\text{ 为某个常数}$$

将 n 用 $n-1$ 替换得到

$$(n-1)T(n-1) = 2\sum_{i=1}^{n-2} T(i) + c(n-1)^2$$

将两个方程相减得到

$$nT(n) - (n-1)T(n-1) = 2T(n-1) + O(n)$$

化简得到

$$nT(n) = (n+1)T(n-1) + O(n)$$

变形并迭代得到

$$\begin{aligned}\frac{T(n)}{n+1} &= \frac{T(n-1)}{n} + \frac{c'}{n+1} \\ &= \cdots \\ &= c'\left[\frac{1}{n+1} + \frac{1}{n} + \cdots + \frac{1}{3}\right] + \frac{T(1)}{2} \\ &= c'\left[\frac{1}{n+1} + \frac{1}{n} + \cdots + \frac{1}{3}\right]\end{aligned}$$

上面公式中的 c' 是某个常数，求和使用了积分作为近似结果，如图 8-2 所示. 根据积分有

$$\frac{1}{n+1} = \frac{1}{n} + \cdots + \frac{1}{3} \leqslant \int_2^{n+1} \frac{1}{x}\mathrm{d}x = \ln x \,\Big|_2^{n+1} = \ln(n+1) - \ln 2 = O(\log n)$$

因此得到原递推方程的解 $T(n)=O(n\log n)$.

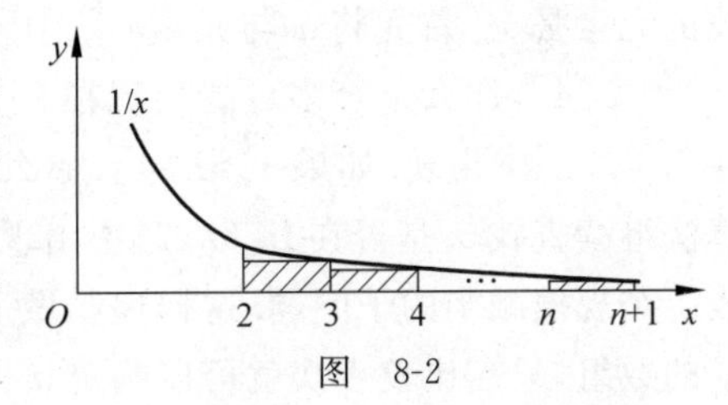

图 8-2

如上面的例子所示，许多递推方程不能求出精确的解，但是可以估计出函数的阶，这对于算法分析工作是有意义的.

用**递归树**的模型可以说明上述迭代的思想. 下面以二分归并排序算法的递推方程

$$\begin{cases} W(n) = 2W(n/2) + n - 1, n = 2^k \\ W(1) = 0 \end{cases}$$

为例来构造递归树. 递归树是一棵带权的二叉树，每个结点都有权. 初始的递归树只有一个结点，它的权标记为 $W(n)$. 然后不断进行迭代，直到树中不再含有权为函数的结点为止. 迭代规则就是把递归树中权为函数的结点，如 $W(n)$、$W(n/2)$、$W(n/4)$、…，用和这个函数相等的递推方程右部的子树来代替. 这种子树只有 2 层，树根标记为方程右部除了函数项之外的剩余表达式，每一片树叶则代表方程右部的一个函数项. 例如，第一步迭代，树中唯一的结点(第 0 层)$W(n)$可以用根是 $n-1$、2 片树叶都是 $W(n/2)$的子树来代替. 代替以后递归树由 1 层变成了 2 层. 第二步迭代，应该用根为 $n/2-1$、2 片树叶都是 $W(n/4)$的子树来代替树中权为 $W(n/2)$的叶结点(第 1 层)，代替后递归树就变成了 3 层. 照这样进行下去，每迭代一次，递归树就增加一层，直到树叶都变成初值 1 为止. 整个迭代过程与递归树

的生成过程完全对应起来，如图 8-3 所示. 不难看出，在整个迭代过程中，递归树中全部结点的权之和不变，总是等于函数 $W(n)$.

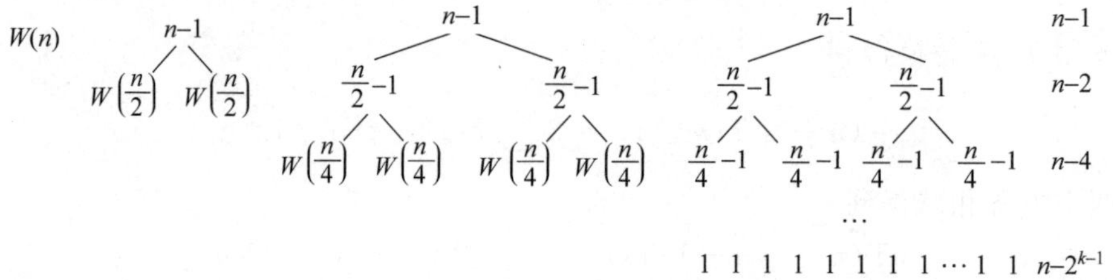

$W(n)$　　$n-1$　$W\left(\frac{n}{2}\right)$　$W\left(\frac{n}{2}\right)$

$n-1$　$\frac{n}{2}-1$　$\frac{n}{2}-1$　$W\left(\frac{n}{4}\right)$　$W\left(\frac{n}{4}\right)$　$W\left(\frac{n}{4}\right)$　$W\left(\frac{n}{4}\right)$

$n-1$　$\frac{n}{2}-1$　$\frac{n}{2}-1$　$\frac{n}{4}-1$　$\frac{n}{4}-1$　$\frac{n}{4}-1$　$\frac{n}{4}-1$　…　1 1 1 1 1 1 1 1 … 1 1

$n-1$　$n-2$　$n-4$　$n-2^{k-1}$

图　8-3

为了计算最终的递归树中所有结点的权之和，可以采用分层计算的方法. 递归树有 k 层，各层结点的值之和分别为

$$n-1, n-2, n-4, \cdots, n-2^{k-1}$$

因此总和为

$$nk-(1+2+\cdots+2^{k-1}) = nk-(2^k-1) = n\log n-n+1$$

这个结果与前面用迭代法计算的结果完全一致.

递归算法是一种常用的算法，它的特点就是在算法中要递归调用自己. 递归算法的分析中经常用到递推方程. 分治策略是算法设计中的一种重要的技术，它的主要思想是将原问题归约成规模更小的子问题，用同样的算法递归地求解每个子问题，然后将子问题的解进行综合，从而得到原问题的解. 二分查找算法就是一个分治算法. 用一个简单的例子看看这个算法的设计思想. 假设含 7 个元素的数组为 L，L 已经按照从小到大的顺序排序，被查找的元素是 x. 首先将 x 与元素 $L[4]$比较. 如果 $x=L[4]$，则算法结束，输出 x 的位置 4；如果 $x<L[4]$，那么 x 至多可能出现在 $L[1..3]$的范围内，于是用原来的算法继续查找 x 是否在 $L[1..3]$中出现. 如果 $x>L[4]$，那么 x 至多可能出现在 $L[5..7]$范围内，仍旧用原来的算法继续查找 x 是否在 $L[5..7]$中出现. 不管哪种情况发生，经过 1 次比较，原问题就归约成 1 个规模减半的子问题. 这样递归做下去，直到问题规模减小到 1 为止. 而对于含 1 个元素的数组，只需比较 1 次就可以确定 x 是否在这个数组里. 前面谈到的二分归并排序算法也是分治算法. 原问题划分成两个规模减半的子问题，用同样的算法分别对两个子问题进行排序，然后将排好序的子数组归并. 与二分查找不同的是，在这个算法的划分过程中不需要比较，但是在归并子问题解的过程中需要 $n-1$ 次比较.

可以总结一下分治算法的共同特点. 设 a、b 为正整数，n 为问题的输入规模，n/b 为子问题的输入规模，a 为子问题个数，$d(n)$为将原问题分解成子问题以及将子问题的解综合得到原问题解的代价. 例如对 n 个正整数进行二分归并排序，那么 $b=2, a=2, d(n)=n-1$. 一般情况下有

$$\begin{cases} T(n) = aT(n/b)+d(n), n=b^k \\ T(1)=1 \end{cases}$$

这里不妨设 $T(1)=1$，若 $T(1)$为其他常数可类似处理. 对这个递推方程进行迭代得到

$$T(n) = a^2T(n/b^2)+ad(n/b)+d(n)$$

$$= \cdots$$

$$= a^k T(n/b^k) + a^{k-1} d(n/b^{k-1}) + a^{k-2} d(n/b^{k-2}) + \cdots + ad(n/b) + d(n)$$

$$= a^k + \sum_{i=0}^{k-1} a^i d(n/b^i)$$

其中

$$a^k = a^{\log_b n} = n^{\log_b a}$$

当 $d(n)=\mathrm{c}$ 时,这里的 c 代表某个常数,代入上式得到

$$T(n) = \begin{cases} a^k + \mathrm{c}\dfrac{a^k - 1}{a - 1} = O(a^k) = O(n^{\log_b a}) & a \neq 1 \\ a^k + k\mathrm{c} = O(\log n) & a = 1 \end{cases}$$

当 $d(n)=\mathrm{c}n$ 时,这里的 c 代表某个常数,代入上式得到

$$T(n) = a^k + \sum_{i=0}^{k-1} a^i \frac{\mathrm{c}n}{b^i} = a^k + \mathrm{c}n \sum_{i=0}^{k-1} \left(\frac{a}{b}\right)^i$$

$$= \begin{cases} n^{\log_b a} + \mathrm{c}n\dfrac{(a/b)^k - 1}{a/b - 1} = O(n) & a < b \\ n + \mathrm{c}nk = O(n\log n) & a = b \\ a^k + \mathrm{c}n\dfrac{(a/b)^k - 1}{a/b - 1} = a^k + \mathrm{c}\dfrac{a^k - b^k}{a/b - 1} = O(n^{\log_b a}) & a > b \end{cases}$$

这些结果可以直接用于求解递推方程,例如二分归并排序的递推方程是

$$\begin{cases} W(n) = 2W(n/2) + n - 1, n = 2^k \\ W(1) = 0 \end{cases}$$

其中 $a=2, b=2, d(n)=O(n)$. 根据上面的结果有 $W(n)=O(n\log n)$. 类似地,二分查找算法的递推方程是

$$\begin{cases} W(n) = W(n/2) + 1, n = 2^k \\ W(1) = 0 \end{cases}$$

其中 $a=1, b=2, d(n)=1$,根据上面的公式直接可以得到 $W(n)=O(\log n)$.

关于递推方程还有一些其他的求解方法,如公式法、换元法、尝试法、主定理等,限于篇幅,就不一一列举了. 有兴趣的读者可以参看其他的书籍.

8.4 题例分析

例 8.16~例 8.18 为选择题.

例 8.16 某一考试共出了 20 道题.

(1) 如果前 10 道题是必答题,后 10 道题要求选 5 道题,此时选题的方法有 A 种.

(2) 如果 20 道题中选择 15 道题,此时选题的方法有 B 种.

(3) 如果前 10 道题中至少要选 8 道题,总共要选 15 道题,此时选题的方法有 C 种.

供选择的答案

①5;②120;③252;④1200;⑤5040;⑥5400;⑦7752;⑧15504;⑨30240;⑩40320.

答案　A：③；B：⑧；C：⑦.

分析　(1) $C_{10}^{5}=\dfrac{10!}{5!5!}=252$.

(2) $C_{20}^{15}=C_{20}^{5}=\dfrac{20!}{5!15!}=15\,504$.

(3) $C_{10}^{8}C_{10}^{7}+C_{10}^{9}C_{10}^{6}+C_{10}^{10}C_{10}^{5}=5400+2100+252=7752$.

例 8.17　(1) 有 8 个人在底层(第 0 层)进入自动电梯,电梯从底层上升,最高可至第 5 层,在每一层上都总有人离开电梯,到第 5 层,当人离去后电梯为空. 那么这 8 个人离开电梯的方式共有[A]种(假定对应各层离去的人数相同的方案是同一种方案).

(2) S 是具有 3 个元素的集合,在 S 上可定义[B]种不同的二元关系,[C]种不同的对称并且反对称的二元关系,[D]种不同的等价关系.

(3) 在 6 位二进制序列中,使得数字 0 不相邻的序列有[E]种.

供选择的答案

A、E：①21；②18；③35；④32；⑤13.

B：①512；②256；③128；④81；⑤324.

C：①32；②64；③128；④14；⑤8.

D：①3；②8；③9；④10；⑤5.

答案　A：③；B：①；C：⑤；D：⑤；E：①.

分析　(1) 设 $x_1, x_2, \cdots, x_5$ 分别表示第 1 层,第 2 层,…,第 5 层离去的人数. 由题意,所求方法数就是方程

$$x_1+x_2+\cdots+x_5=8$$

的正整数解的个数,即多重集$\{\infty\cdot a_1, \cdots, \infty\cdot a_5\}$的每个元素至少取 1 个的 8 组合数. 根据定理 8.7 的推论有

$$N=C_{8-1}^{5-1}=C_7^4=C_7^3=35.$$

(2) 根据第 4 章 n 元集上可定义 2^{n^2} 个不同的二元关系,所以 3 元集上有 $2^{3^2}=512$ 个不同的二元关系. 每个对称并且反对称的关系都是恒等关系的子集. 恒等关系中含 3 个有序对,有 $2^3=8$ 个不同的子集. 三元集上的等价关系数就是三元集的划分个数. 由例 4.15 知有 5 种划分,所以,也只有 5 种等价关系.

(3) 分以下情况讨论:

只含 1 个 0 的序列数:C_6^1.

只含 2 个 0 的序列数:C_6^2-5.

只含 3 个 0 的序列数:C_4^1.

不含 0 的序列数:1.

$$N=1+C_6^1+C_6^2-5+C_4^1=1+6+15-5+4=21.$$

例 8.18　(1) 设有 5 种明信片,每种张数不限,现在分别寄给 2 个朋友,若给每个朋友只寄 1 张明信片,则有[A]种方法. 若给每个朋友寄 1 张明信片,但每个朋友得到的明信片都

不相同,则有[B]种方法. 若给每个朋友寄2张不同的明信片(不同的人可以得到相同的明信片),则有[C]种方法.

(2) 如果是5张不同的明信片全部寄给2个朋友,若每个朋友得到的张数不限(包括0),有[D]种方法. 若每个朋友至少得到1张,则有[E]种方法.

供选择的答案

①1; ②5; ③10; ④20; ⑤25; ⑥30; ⑦32; ⑧40; ⑨100; ⑩120.

答案 A: ⑤; B: ④; C: ⑨; D: ⑦; E: ⑥.

分析 (1) 设5种明信片为 $a_1, a_2, \cdots, a_5$,则多重集 S 是 $\{\infty \cdot a_1, \infty \cdot a_2, \cdots, \infty \cdot a_5\}$. 若给每个朋友1张明信片,相当于从 S 中允许重复的选2个元素. 由定理 $N_1 = 5^2 = 25$. 若每个人得到1张不同的明信片,则相当于集合 $\{a_1, a_2, \cdots, a_5\}$ 的2排列问题,所求方法数 $N_2 = P_5^2 = 5 \times 4 = 20$. 如果是给每个人2张不同的明信片,从5种明信片每次取2种配成套,共有 $C_5^2 = 10$ 套不同的配法. 然后分给每个人1套,由乘法法则有 $10 \times 10 = 100$ 种分法.

(2) 考虑明信片的集合为 $S = \{a_1, a_2, \cdots, a_5\}$. 全部寄给2个人,$a_1$ 可以有2种寄法,…,a_5 也有2种寄法,由乘法法则不同的寄法有 $2^5 = 32$ 种. 如果每个人至少得到1张. 假设 a_1 寄给甲,则剩下的4张,每张可以有2种寄法,或寄给甲,或寄给乙. 共有 $2^4 = 16$ 种寄法,但将这4张全部寄给甲的方法不符合题意. 所以,合乎题意的有 $2^4 - 1 = 15$ 种方法. 同理,如果 a_1 先寄给乙,也有15种方法. 由加法法则,总共有30种方法. 另一种考虑就是 $2^5 = 32$ 种方法中减去有1个人得0张的方法,即得 $32 - 2 = 30$.

例 8.19 设 A 为 n 元集,A 上可定义 2^{n^2} 个不同的二元关系,其中有

(1) 多少个自反的二元关系?

(2) 多少个对称的二元关系?

(3) 多少个反对称的二元关系?

答案 (1) 自反关系有 2^{n^2-n} 个;

(2) 对称关系有 $2^{\frac{n^2+n}{2}}$ 个;

(3) 反对称关系有 $2^n 3^{\frac{n(n-1)}{2}}$ 个.

分析 考虑关系矩阵.

(1) 自反关系矩阵的主对角线元素全是1,其他元素可以是1,也可以是0. 由于主对角线元素有 n 个,其他元素有 $n^2 - n$ 个,每个元素有2种选择,根据乘法法则,有 2^{n^2-n} 个自反的关系.

(2) 对称关系的矩阵是对称矩阵. 为此仅需考虑上三角或下三角矩阵(含主对角线元素在内). 以上三角矩阵为例,含 $\frac{n^2+n}{2}$ 个元素,每个元素可以有1和0两种选择,因此这种矩阵的个数是 $2^{\frac{n^2+n}{2}}$,从而对称关系有 $2^{\frac{n^2+n}{2}}$ 个.

(3) 反对称关系的矩阵中主对角线元素可以有1和0两种选择,共有 2^n 种方式. 其他元素以主对角线为界其位置成对称分布. 位置对称的元素 r_{ij} 和 r_{ji} 的选择可以是0和0、0和

1、1 和 0 这 3 种可能. 这样的元素有$\dfrac{n(n-1)}{2}$对,根据乘法法则有 $2^n 3^{\frac{n(n-1)}{2}}$个反对称关系.

例 8.20 设 A、B 分别为 m 元集和 n 元集,m 和 n 为正整数,则从 A 到 B 有多少个函数? 其中有

(1) 当 m 与 n 满足什么条件时存在单射函数? 有多少个单射的函数?

(2) 当 m 与 n 满足什么条件时存在双射函数? 有多少个双射的函数?

答案 有 n^m 个从 A 到 B 的函数,其中

(1) 当 $m \leqslant n$ 时存在单射函数,单射函数有 P_n^m 个;

(2) 当 $m=n$ 时存在双射函数,双射函数有 $n!$个.

分析 从 A 到 B 的函数构成集合 B^A,$|B^A|=n^m$.

(1) 对单射函数 $f: A \to B$,设 x_1 和 x_2 是 A 中不同的元素,则 $f(x_1)$与 $f(x_2)$也不同. 需要从 n 个元素中选取 m 个不同的元素作为函数值,选法有 P_n^m 种,因此单射函数有 P_n^m 个.

(2) 当 $m=n$ 时每个单射函数都是满射的,因而也是双射的,$P_n^m=n!$.

例 8.21 考虑一个多项式求值的问题. 设有多项式

$$A(x) = a_0 + a_1 x + a_2 x^2 + \cdots + a_{n-1} x^{n-1}$$

要计算 $A(x)$在所有的 1 的 $2n$ 次方根上的值. 换句话说,需要计算所有的 $A(\omega_j)$,其中

$$\omega_j = \mathrm{e}^{(2\pi j/2n)i}, \quad j = 0,1,\cdots,2n-1, \quad i \text{ 为虚数单位}$$

例如 $n=4$,1 的 8 次方根有 8 个,分别是:

$$\omega_0 = \mathrm{e}^0 = 1, \omega_1 = \mathrm{e}^{\frac{\pi}{4}\mathrm{i}} = \frac{\sqrt{2}}{2} + \frac{\sqrt{2}}{2}\mathrm{i}, \omega_2 = \mathrm{e}^{\frac{2\pi}{4}\mathrm{i}} = \mathrm{i}, \omega_3 = \mathrm{e}^{\frac{3\pi}{4}\mathrm{i}} = -\frac{\sqrt{2}}{2} + \frac{\sqrt{2}}{2}\mathrm{i},$$

$$\omega_4 = \mathrm{e}^{\pi\mathrm{i}} = -1, \omega_5 = \mathrm{e}^{\frac{5\pi}{4}\mathrm{i}} = -\frac{\sqrt{2}}{2} - \frac{\sqrt{2}}{2}\mathrm{i}, \omega_6 = \mathrm{e}^{\frac{3\pi}{2}\mathrm{i}} = -\mathrm{i}, \omega_7 = \mathrm{e}^{\frac{7\pi}{4}\mathrm{i}} = \frac{\sqrt{2}}{2} - \frac{\sqrt{2}}{2}\mathrm{i}.$$

如图 8-4 所示,这 8 个点正好均匀地分布在复平面的单位圆上. 我们的问题是: 对 $x=\omega_0, \omega_1, \cdots, \omega_7$,计算下述多项式

$$A(x) = a_0 + a_1 x + a_2 x^2 + a_3 x^3$$

的值,其中 a_0, a_1, a_2, a_3 为给定常数.

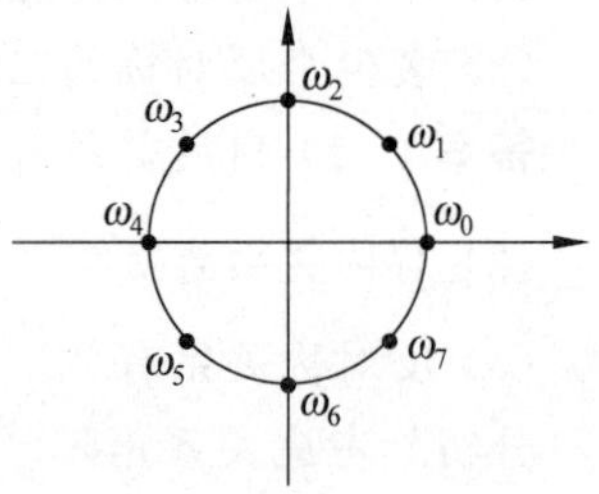

图 8-4

考虑下面几个不同的算法.

算法 1 对于给定的 ω_j,依次计算每个项 $a_i\omega_j^i$,其中 $i=0, 1, \cdots, n-1$,然后对 i 求和,得到 $A(\omega_j)$. 如果以乘法作为基本运算,要得到项 $a_i\omega_j^i$ 需要做 i 次乘法,所有的项就需要

$$1 + 2 + \cdots + n - 1 = n(n-1)/2$$

次乘法. 这里仅完成了对一个给定的 ω_j 的计算. 为得到所有的值,需要对 $j=0,1,\cdots,2n-1$ 求和,那么总的乘法次数将是 n^3 级的函数,即 $T_1(n)=O(n^3)$.

这就是中学生计算一个多项式值的基本方法. 这里面含有太多的重复计算,比如后面的每个项都需要重新计算 $\omega_j^2, \omega_j^3, \omega_j^4, \cdots$直到 ω_j^i. 能不能减少这样的重复计算,以提高计算效率呢? 回答是肯定的. 请看第二个算法.

算法 2 先定义以下一系列多项式:

$$A_1(x) = a_{n-1}$$

$$A_2(x) = a_{n-2} + A_1(x) \cdot x$$
$$A_3(x) = a_{n-3} + A_2(x) \cdot x$$
$$\vdots$$
$$A_n(x) = a_0 + A_{n-1}(x) \cdot x$$

不难验证 $A_n(x)$就是多项式 $A(x)$. 对于给定的 ω_j,如果从 $A_2(\omega_j)$开始,顺序计算 $A_2(\omega_j)$, $A_3(\omega_j)$, …, $A_n(\omega_j)$,就得到 $A(\omega_j)$的值. 在这个计算过程中,比如从 $A_k(\omega_j)$计算 $A_{k+1}(\omega_j)$,只需要做 1 次乘法,即 $A_k(\omega_j)$与 ω_j 相乘,然后是 1 次加法. 因此,在完成整个 $A(\omega_j)$的计算中,只需要 $n-1$ 次乘法. 为得到所有的值,需要对 $j=0,1,\cdots,2n-1$ 求和,那么总的乘法次数将是 n^2 级的函数,即 $T_2(n)=O(n^2)$. 显然算法 2 比算法 1 减少了大量的重复计算,效率要高得多.

因为需要计算 $2n$ 个 n 次多项式的值,$O(n^2)$的时间似乎已经达到了算法效率的极限,但是实际上还存在更好的算法.

算法 3 分治算法.

设计分治算法的关键在于把原始问题求解归约为规模更小的子问题的求解,但这个归约不一定是简单的划分. 回顾上面 $n=4$ 的简单实例. 为计算多项式

$$A(x) = a_0 + a_1x + a_2x^2 + a_3x^3$$

在 $\omega_0,\omega_1,\cdots,\omega_7$ 的值. 考虑下述两个分别由奇数项和偶数项系数构成的多项式:

$$A_{\text{even}}(x) = a_0 + a_2x$$
$$A_{\text{old}}(x) = a_1 + a_3x$$

它们的次数恰好等于原始多项式的一半(或者少 1 次). 如果能够计算这两个多项式的求值,就可以通过如下公式得到 $A(x)$的值:

$$A(x) = A_{\text{even}}(x^2) + xA_{\text{old}}(x^2)$$

若 x 是 1 的 8 次方根,那么上式中的 x^2 恰好是 1 的 4 次方根.

根据这个思路,具体计算过程就是:先求出所有的 8 次方根 $\omega_0,\omega_1,\omega_2,\omega_3,\omega_4,\omega_5,\omega_6,\omega_7$,其中 $\omega_0,\omega_2,\omega_4,\omega_6$ 恰好就是 4 次方根. 这是预处理过程. 接着算法进入递归调用. 对于所有的 ω_j,$A_{\text{even}}(\omega_j^2)$和 $A_{\text{old}}(\omega_j^2)$的计算是两个规模减半的子问题,通过递归调用同一个算法来求解. 最后通过 8 次乘法和 8 次加法对所有的 ω_j 归并函数 A_{even} 和 A_{old} 在 ω_j^2 的值,以求得最终结果.

考虑一般情况. 不妨设 n 为偶数,令

$$A_{\text{even}}(x) = a_0 + a_2x + a_4x^2 + \cdots + a_{n-2}x^{(n-2)/2}$$
$$A_{\text{old}}(x) = a_1 + a_3x + a_5x^2 + \cdots + a_{n-1}x^{(n-2)/2}$$

则

$$A(x) = A_{\text{even}}(x^2) + xA_{\text{old}}(x^2)$$

算法计算所有的方根 $\omega_j(j=0,1,\cdots,2n-1)$需要 $D_1(n)=O(n)$次运算. 假设递归阶段的工作量是 $D_2(n)$,那么两个子问题 A_{even} 和 A_{old} 函数计算的工作量是 $2D_2(n/2)$. 归并这两个函数的计算结果,对于所有的 ω_j 总共需要 $O(n)$的工作量. 于是得到算法的时间复杂度是

$$T_3(n) = D_1(n) + D_2(n)$$
$$D_2(n) = 2D_2(n/2) + O(n)$$

根据前面的公式，相当于 $a=2$, $b=2$, $d(n)=O(n)$的情况，于是 $D_2(n)=O(n\log n)$. 由于 $D_1(n)$是线性函数，阶低于 $O(n\log n)$，因而 $T_3(n)=O(n\log n)$.

这个结果从直觉上看似乎有点不可思议：对所有的 $2n$ 次方根，计算 n 次多项式的值，居然只用 $O(n\log n)$次运算！算法 3 比起算法 2 在时间复杂度方面确实有明显的改善. 对于很大的 n，算法 3 比起算法 2 的运行要快得多. 这个结果已经用到快速傅里叶变换 FFT 中，而 FFT 在信号处理中有着广泛的应用.

习　题

题 8.1～题 8.5 的要求是从供选择的答案中选出应填入叙述中的□内的正确答案.

8.1 某产品加工需要 1、2、3、4、5 道工序. 那么安排这些加工工序共有[A]种方法. 若工序 1 必须先加工，则有[B]种方法. 若工序 4 不能放在最后加工，则有[C]种方法. 若工序 3 必须紧跟在工序 2 的后边，则有[D]种方法. 若工序 3 必须在工序 5 的前边，则有[E]种方法.

供选择的答案

A、B、C、D、E：①6；②12；③24；④30；⑤48；⑥60；⑦80；⑧96；⑨100；⑩120.

8.2 100 件产品，从其中任意抽出 3 件共有[A]种方法. 如果 100 件产品中有 2 件次品，则抽出的产品中恰好有 2 件次品的有[B]种方法，至少有 1 件次品的有[C]种方法，恰好有 1 件次品的有[D]种方法，没有次品的有[E]种方法.

供选择的答案

A、B、C、D、E：①1；②100；③98；④4753；⑤9506；⑥9604；⑦152 096；⑧156 947；⑨161 700；⑩以上答案都不对.

8.3 从整数 1,2,…,50 中选出 2 个数，共有[A]种方法. 若这两个数之和是偶数，则有[B]种方法. 若其和为奇数，则有[C]种方法. 若其差等于 7，则有[D]种方法. 若其差小于等于 7，则有[E]种方法.

供选择的答案

A、B、C、D、E：① 43；②100；③300；④322；⑤600；⑥625；⑦672；⑧1200；⑨1225；⑩以上答案都不对.

8.4 书架上有 9 本不同的书，其中 4 本是红皮的，5 本是白皮的，则

(1) 9 本书的排列有[A]种方法.

(2) 若白皮书必须排在一起，则有[B]种方法.

(3) 若白皮书排在一起，红皮书也排在一起，则有[C]种方法.

(4) 若所有的白皮书必须排在红皮书的前边，则有[D]种方法.

(5) 若红皮书与白皮书必须相间，则有[E]种方法.

供选择的答案

A、B、C、D、E：①576；②1152；③1440；④2880；⑤5760；⑥7200；⑦14 400；⑧28 800；⑨362 880；⑩以上答案都不对.

8.5 从去掉大小王的52张扑克牌中任意选出5张牌，则有[A]种方法.

(1) 如果其中含有4张K，则有[B]种方法.

(2) 如果这5张牌的点数恰好是连续分布的，例如，9、8、7、6、5，那么有[C]种方法.

(3) 如果这5张牌是同种花色的，则有[D]种方法.

(4) 如果这5张牌的点数都不相同，则有[E]种方法.

供选择的答案

A：①P_{52}^{5}；②C_{52}^{5}.

B、C、D、E：③48；④196；⑤1024；⑥1287；⑦5148；⑧10 240；⑨1 317 888；⑩以上数字都不对.

8.6 (1) 15名篮球队员被分到A、B、C 3个组，使得每个组有5名运动员，那么有多少种方法？

(2) 15名篮球队员被分成3个组，使得每个组有5名运动员，那么有多少种方法？

8.7 从整数1,2,…,100中选出3个数，使得它们的和正好能被4整除，有多少种方法？

8.8 有相同的红球4个，黄球3个，白球3个，如果把它们排成一条直线，则有多少种方法？

8.9 从0、1、2这3个数字中可重复地选择n个数字排列，有多少种排法？若不允许相邻位置的数字相同，又有多少种排法？

8.10 从集合$\{a_1,\cdots,a_9\}$中无序选取4个元素，求

(1) a_1、a_2、a_3中至多选取其一的方法数.

(2) a_1、a_2、a_3中不能同时选取2个但可以同时选取3个的方法数.

(3) a_1、a_2、a_3中不能同时选取3个且a_4和a_5或者不取或者全取的方法数.

8.11 多重集合$\{5\cdot a, 1\cdot b, 1\cdot c, 1\cdot d, 1\cdot e\}$中的全体元素构成字母序列，求其中

(1) 任何2个a都不相邻的序列数.

(2) b、c、d、e中任何2个字母不相邻的序列数.

8.12 求满足不等式$x_1+x_2+x_3\leqslant 6$的正整数解的个数.

8.13 求多重集$S=\{3\cdot a,4\cdot b,2\cdot c\}$中的所有元素构成的且同类字母的全体不能相邻的排列数. 例如，排列$aabbbacbc$符合要求，而排列$abbbbcaac$不符合要求.

8.14 (1) 设有一排n个座位，顺序标记为1,2,…,n，若从其中选出k个座位并使得没有两个座位是相邻的，问有多少种选法？

(2) 和(1)类似，如果这n个座位围成一个圆圈，若从其中选出k个座位并使得没有两个座位是相邻的，问有多少种选法？

8.15 一个商店出售20种冰激凌. 一个顾客买4盒冰激凌，问有多少种选法？如果4

盒中只有 3 种冰激凌．问有多少种选法？

8.16 有 3 类明信片，分别是 3、4、5 张．把它们全部送给 5 个朋友（允许有的人得到 0 张），问有多少种不同的方式？

8.17 有多少种方法把 $2n+1$ 个苹果分给 3 个孩子而使得任两个孩子的苹果数加在一起比剩下那个孩子的苹果多？

8.18 有 3 只蓝球、2 只红球、2 只黄球，排成一排，若要求黄球不相邻，问有多少种排法？

8.19 由 2 个 1、3 个 2、2 个 3 组成 7 位数，要求在这些数中不出现连续的 2 个 1、连续的 3 个 2 和连续的 2 个 3，问这样的 7 位数有多少个？

8.20 在空间直角坐标系中，如果一个点的 x、y、z 坐标都是整数就称这个点为整点．求由平面 $x+y+z=n$ 和 $x=0$、$y=0$、$z=0$ 的平面所围成区域（包括围成区域的平面在内）的整点个数，这里的 n 是给定的正整数．

8.21 求以凸 n 边形的顶点作为顶点，以 n 边形内部的对角线作为边的三角形有多少个？

8.22 设 $N=\{1,2,\cdots,n\}$，$f: N \to N$．

(1) 如果 f 是单调递增的，问不同的 f 有多少个？

(2) 如果 f 是严格单调函数，问不同的 f 有多少个？

8.23 从 $\{1,2,\cdots,9\}$ 中选取不同的数字构成 7 位数．如果 5 和 6 不相邻，则有多少个不同的 7 位数．

8.24 在 1 到 1000 之间（包括 1 和 1000 在内）有多少个整数，其各位数字之和小于 7？

8.25 设 A 为 n 元集，A 上可定义多少个不同的二元关系？其中有

(1) 多少个二元关系是自反并且对称的？

(2) 多少个二元关系既不是对称的，也不是反对称的？

8.26 求解下列递推方程．

(1) $T(n)=T(n/2)+n, n=2^k, T(2)=1$．

(2) $T(n)=T(n-1)+n^2, T(1)=1$．

(3) $T(n)=4T(n/2)+O(n)$．

(4) $T(n)=2T(n/2)+O(n)$．

8.27 设 a 为实数，n 为正整数且恰好是 2 的幂．用下述算法计算 a^n．算法的思路是：如果已经计算出了 $a^{n/2}$，那么将这个数与自己相乘，就可以得到 a^n．

(1) 设算法对给定 n 所做的乘法次数是 $T(n)$，列出 $T(n)$ 满足的递推方程和初值．

(2) 估计 $T(n)$ 的阶．

(3) 下面的数列 $\{F_n\}$ 称作 Fibonacci 数列：

$$1,1,2,3,5,8,\cdots$$

其中 F_n 满足 $F_n=F_{n-1}+F_{n-2}$，$F_1=1$，$F_2=1$．在该数列的前面加上一个 0，用数学归纳法证明

$$\begin{bmatrix} F_{n+1} & F_n \\ F_n & F_{n-1} \end{bmatrix} = \begin{bmatrix} 1 & 0 \\ 1 & 0 \end{bmatrix}^n.$$

(4) 对于 $n=2^k$，k 为正整数，如何利用上述公式和算法计算 F_n？把这个算法与直接利

用递推公式 $F_n = F_{n-1} + F_{n-2}$ 用加法计算 F_n 的算法进行比较，哪个效率更高？为什么？

8.28 双 Hanoi 塔问题是 Hanoi 塔问题的一种推广，与 Hanoi 塔的不同点在于：$2n$ 个圆盘分成大小不同的 n 对，每对圆盘完全相同. 初始，这些圆盘按照从大到小的次序从下到上放在 A 柱上，最终要把它们全部移到 C 柱，移动的规则与 Hanoi 塔相同.

(1) 设计一个移动的算法.

(2) 计算你的算法所需要的移动次数.

8.29 设 A 是 $n(n>1)$ 个不等的正整数构成的集合，其中 $n=2^k$，k 为正整数. 考虑下述在 A 中找最大和最小的算法 MaxMin：如果 A 中只有 2 个数，那么比较 1 次就可以确定最大数与最小数，否则，将 A 划分成相等的两个子集 A_1 与 A_2. 用算法 MaxMin 递归地在 A_1 与 A_2 中找最大与最小. 令 a_1、a_2 分别表示 A_1 与 A_2 中的最大数，b_1 与 b_2 分别表示 A_1 与 A_2 中的最小数，那么 $\max\{a_1, a_2\}$ 与 $\min\{b_1, b_2\}$ 就是所需要的结果. 对于规模为 n 的输入，计算算法 MaxMin 最坏情况下所做的比较次数.

8.30 利用递推方程求解 $1, 2, \cdots, n$ 的错位排列个数 D_n.

8.31 设 $P(x)=a_0+a_1x+\cdots+a_{n-1}x^{n-1}+x^n$ 是最高次项的系数为 1 的 n 次多项式，使得 $P(x)=0$ 的实数 x 称为该多项式的根. 假设存在算法 A 和 B，其中 A 可以在 $O(k)$ 时间内计算一个 k 次多项式与一个 1 次多项式的乘积；B 可以在 $O(i\log i)$ 时间内计算两个 i 次多项式的乘积. 利用算法 A 和 B 设计一个算法确定以给定整数 $d_1, d_2, \cdots, d_n$ 为根的 n 次多项式 $P(x)$ 的表达式，并估计算法最坏情况下的运行时间.

8.32 在 Internet 上的搜索引擎经常需要对信息进行比较，比如可以通过某个人对一些事物的排名来估计他（或她）对各种不同信息的兴趣，从而实现个性化的服务. 对于不同的排名结果可以用逆序来评价它们之间的差异. 考虑 $1, 2, \cdots, n$ 的排列 $i_1 i_2 \cdots i_n$，如果其中存在 i_j，i_k，使得 $j<k$ 但是 $i_j>i_k$，那么就称 (i_j, i_k) 是这个排列的一个逆序. 一个排列含有逆序的个数称为这个排列的逆序数. 例如，排列 263451 含有 8 个逆序 (2,1)，(6,3)，(6,4)，(6,5)，(6,1)，(3,1)，(4,1)，(5,1)，它的逆序数就是 8. 显然，由 $1, 2, \cdots, n$ 构成的所有 $n!$ 个排列中，最小的逆序数是 0，对应的排列就是 $12\cdots n$；最大的逆序数是 $n(n-1)/2$，对应的排列就是 $n(n-1)\cdots 21$. 逆序数越大的排列与原始排列的差异度就越大. 利用二分归并的排序算法可以计数一个排列的逆序. 它的主要思想是：在递归调用算法分别对子数组 L_1 与 L_2 排序时，计数每个子数组内部的逆序；在归并排好序的子数组 L_1 与 L_2 的过程中，计数 L_1 的元素与 L_2 的元素之间产生的逆序. 在算法运行中每次得到的逆序数都加到逆序总数上. 下面是一个归并过程的例子.

假如两个排好序的子数组是 1,4,5 和 2,3,6，在归并时，先比较 1 和 2，$1<2$，没有逆序，移走 1，第一个数组剩下 2 个数；接着比较 4 和 2，$4>2$，第一个数组的 4，5 都与 2 构成逆序，即 (4,2)，(5,2)，与 2 有关的逆序数恰好等于第一个数组剩下的元素个数. 移走 2，逆序总数加 2. 接着比较 4 和 3，移走 3，再增加 2 个逆序；接着比较 4 和 6，移走 4，不增加逆序；比较 5 和 6，移走 5，不增加逆序. 在这个过程中逆序数共增加了 4，恰好等于 1,4,5 与序列 2，3,6 的数之间构成的逆序总数. 如果 n 是 2 的幂，计算上述求逆序的算法在最坏情况下使用的比较次数.

第9章 代数系统简介

实践中存在大量的代数系统，如中学学过的实数及其加法与乘法运算构成的实数域、实数矩阵的加法和乘法构成的矩阵环，布尔变量及其与、或、非运算构成的布尔代数，还有集合代数、向量代数等．它们都是由集合及运算构成，这些运算都遵从某些规律——算律．在第3章和第4章已经讨论了集合和函数，使用这些概念可以给出代数系统的一般定义和分类．本章首先简要给出代数系统的一般概念，然后对某些典型的代数系统加以讨论．

9.1 二元运算及其性质

二元运算是最常见的代数运算．

定义9.1 设 S 为集合，函数 $f: S\times S\to S$ 称为 S 上的一个二元运算，简称为**二元运算**．

例如，$f: \mathbf{N}\times\mathbf{N}\to\mathbf{N}, f(<x,y>)=x+y$ 就是自然数集合上的一个二元运算，即普通的加法运算．但是普通的减法不是自然数集合上的二元运算，因为两个自然数相减可能得负数，而负数不属于 $\mathbf{N}$，这时也称集合 $\mathbf{N}$ 对减法运算不**封闭**．验证一个运算是否为集合 S 上的二元运算，首先要保证参加运算的可以是 S 中的任意两个元素（包含相等的两个元素），而运算的结果也是 S 中的一个元素，即 S 对该运算是封闭的．下面是一些二元运算的例子．

例9.1 (1) 自然数集合 $\mathbf{N}$ 上的加法和乘法是 $\mathbf{N}$ 上的二元运算，但减法和除法不是．

(2) 整数集合 $\mathbf{Z}$ 上的加法、减法和乘法是 $\mathbf{Z}$ 上的二元运算，而除法不是．

(3) 非零实数集 $\mathbf{R}^*$ 上的乘法和除法都是 $\mathbf{R}^*$ 上的二元运算，而加法、减法不是．

(4) 设 $\boldsymbol{M}_n(\mathbf{R})$ 表示所有 n 阶实矩阵的集合 $(n\geqslant 2)$，即

$$\boldsymbol{M}_n(\mathbf{R})=\left\{\left.\begin{bmatrix} a_{11} & a_{12} & \cdots & a_{1n} \\ a_{21} & a_{22} & \cdots & a_{2n} \\ \vdots & \vdots & \vdots & \vdots \\ a_{n1} & a_{n2} & \cdots & a_{nn} \end{bmatrix}\right| a_{ij}\in\mathbf{R}\right\}$$

则矩阵加法和乘法都是 $\boldsymbol{M}_n(\mathbf{R})$ 上的二元运算．

(5) S 为任意集合，则 $\cup$、$\cap$、$-$、$\oplus$ 为 S 的幂集 $P(S)$ 上的二元运算．

(6) S 为集合，S^S 是 S 上的所有函数的集合，则合成运算 $\circ$ 是 S^S 上的二元运算．

通常用 $\circ$、$*$、$\cdot$ 等符号表示二元运算，称为**算符**．设 $f: S\times S\to S$ 是 S 上的二元运算，对任意的 $x,y\in S$，如 x 与 y 的运算结果是 z，即

$$f(<x,y>)=z,$$

可利用算符 $\circ$ 简记为

$$x\circ y=z.$$

类似于二元运算，对于任意的正整数 n 可定义集合 S 上的 n 元运算．

定义 9.2 设 S 为集合，n 为正整数，则函数

$$f: \underbrace{S \times S \times \cdots \times S}_{n\text{个}} \rightarrow S$$

称为 S 上的一个 n 元运算，简称为 ***n* 元运算**.

例如，求一个数的相反数是实数集 $\mathbf{R}$ 上的一元运算，求一个数的倒数是非零实数集 $\mathbf{R}^*$ 上的一元运算. 在幂集合 $P(S)$上，如果规定全集为 S，那么求集合的绝对补运算可以看作是 $P(S)$上的一元运算. 在空间直角坐标系中求某一点(x,y,z)的坐标在 x 轴上的投影可以看作是实数集 $\mathbf{R}$ 上的三元运算 $f(<x,y,z>)=x$，因为参加运算的是有序的 3 个实数，而结果也是实数.

和二元运算一样，也可以使用算符来表示 n 元运算. 若 $f(<a_1,a_2,\cdots,a_n>)=b$，则可记为

$$\circ(a_1,a_2,\cdots,a_n)=b.$$

例如，

$$\circ(a)=b \quad \text{一元运算},$$
$$\circ(a_1,a_2)=b \quad \text{二元运算},$$
$$\circ(a_1,a_2,a_3)=b \quad \text{三元运算}.$$

这些相当于前缀表示法，但对二元运算用得较多的还是 $a_1 \circ a_2 = b$. 根据本书的要求，今后所涉及的代数运算仅限于一元和二元运算.

如果集合 S 是有穷集，S 上的一元和二元运算也可以用运算表给出. 表 9-1 和表 9-2 是一元和二元运算表的一般形式.

表 9-1

a_i	$\circ(a_i)$
a_1	$\circ(a_1)$
a_2	$\circ(a_2)$
$\vdots$	$\vdots$
a_n	$\circ(a_n)$

表 9-2

$\circ$	a_1	a_2	$\cdots$	a_n
a_1	$a_1 \circ a_1$	$a_1 \circ a_2$	$\cdots$	$a_1 \circ a_n$
a_2	$a_2 \circ a_1$	$a_2 \circ a_2$	$\cdots$	$a_2 \circ a_n$
$\vdots$	$\vdots$	$\vdots$	$\vdots$	$\vdots$
a_n	$a_n \circ a_1$	$a_n \circ a_2$	$\cdots$	$a_n \circ a_n$

例 9.2 设 $S=\{1,2\}$，给出 $P(S)$上的运算～和$\oplus$的运算表，其中全集为 S.

解 所求的运算表如表 9-3 和表 9-4 所示.

表 9-3

a_i	$\sim a_i$
$\varnothing$	$\{1,2\}$
$\{1\}$	$\{2\}$
$\{2\}$	$\{1\}$
$\{1,2\}$	$\varnothing$

表 9-4

$\oplus$	$\varnothing$	$\{1\}$	$\{2\}$	$\{1,2\}$
$\varnothing$	$\varnothing$	$\{1\}$	$\{2\}$	$\{1,2\}$
$\{1\}$	$\{1\}$	$\varnothing$	$\{1,2\}$	$\{2\}$
$\{2\}$	$\{2\}$	$\{1,2\}$	$\varnothing$	$\{1\}$
$\{1,2\}$	$\{1,2\}$	$\{2\}$	$\{1\}$	$\varnothing$

例 9.3 设 $S=\{1,2,3,4\}$，定义 S 上的二元运算如下：

$$x \circ y = (xy) \bmod 5, \quad \forall x,y \in S.$$

求$\circ$的运算表.

解 $(xy)\bmod 5$ 是 xy 除以 5 的余数,其运算表如表 9-5 所示.

表 9-5

$\circ$	1	2	3	4
1	1	2	3	4
2	2	4	1	3
3	3	1	4	2
4	4	3	2	1

对于给定的集合 S,S 上可以存在许多二元运算. 但是,其中只有一小部分具有良好性质的才有实际意义. 下面定义一些重要的运算性质.

定义 9.3 设$\circ$为 S 上的二元运算.

(1) 如果对任意的 $x,y\in S$ 都有

$$x\circ y=y\circ x,$$

则称运算$\circ$在 S 上是**可交换**的,或者说$\circ$在 S 上适合**交换律**.

(2) 如果对任意的 $x,y,z\in S$ 都有

$$(x\circ y)\circ z=x\circ(y\circ z),$$

则称运算$\circ$在 S 上是可结合的,或者说$\circ$在 S 上适合**结合律**.

(3) 如果对任意的 $x\in S$ 都有

$$x\circ x=x,$$

则称该运算$\circ$适合**幂等律**,也可以说 S 中的全体元素都是**幂等元**.

例如,普通加法和乘法在 $\mathbf{N}$、$\mathbf{Z}$、$\mathbf{Q}$、$\mathbf{R}$ 上都是可交换与可结合的,但减法不是可交换与可结合的. $\cup$、$\cap$、$\oplus$在幂集 $P(S)$上是可交换与可结合的,相对补$\sim$在 $P(S)$上不是可交换与可结合的. 矩阵加法和乘法在 $\boldsymbol{M}_n(\mathbf{R})$上是可结合的,其中矩阵加法是可交换的,但矩阵乘法不是可交换的. 普通加法与乘法一般不适合幂等律,但 0 是加法的幂等元,1 是乘法的幂等元. 幂集 $P(S)$上的$\cup$和$\cap$运算适合幂等律,但对称差运算不适合幂等律(除非 $P(S)=\{\varnothing\}$),因为对任意集合 A,如果 $A\neq\varnothing$,则 $A\oplus A\neq A$,但$\varnothing$是运算$\oplus$的幂等元.

对于适合结合律的二元运算,在一个只具有该种算符的表达式中,可以去掉标记运算顺序的括号. 例如,加法在实数集上是可结合的,那么可以写

$$(x+y)+(z+u)=x+y+z+u.$$

如果每一次参与运算的元素都是同一个元素,还可以用该元素的幂来表示,例如,

$$\underbrace{x\circ x\circ\cdots\circ x}_{n\text{个}}=x^n.$$

关于 x 的幂运算,使用数学归纳法不难证明以下公式:

$$\left.\begin{aligned}x^m\circ x^n&=x^{m+n},\\(x^m)^n&=x^{mn}.\end{aligned}\right.\quad m\text{、}n\text{ 为正整数}$$

例如,初等代数的幂运算、关系合成的幂运算以及矩阵乘法的幂运算的公式都是这两个公式

的具体实例.

定义 9.4 设$\circ$和$*$是S上的两个二元运算,如果对任意的$x,y,z\in S$有

$$x*(y\circ z)=(x*y)\circ(x*z),$$
$$(y\circ z)*x=(y*x)\circ(z*x),$$

则称运算$*$对$\circ$是**可分配**的,也称$*$对$\circ$适合**分配律**.

例如,在实数集上普通乘法对加法是可分配的,在n阶实矩阵的集合$\boldsymbol{M}_n(\mathbf{R})$上矩阵乘法对矩阵加法是可分配的. 而在幂集$P(S)$上$\cup$和$\cap$是互相可分配的.

定义 9.5 设$\circ$和$*$是S上的两个可交换的二元运算,如果对任意的$x,y\in S$都有

$$x*(x\circ y)=x,$$
$$x\circ(x*y)=x,$$

则称$\circ$和$*$满足**吸收律**.

例如,在幂集$P(S)$上$\cup$和$\cap$是满足吸收律的.

定义 9.6 设$\circ$为S上的二元运算.

(1) 若存在元素e_l(或e_r)$\in S$使得对任何$x\in S$都有

$$e_l\circ x=x\quad(\text{或 }x\circ e_r=x),$$

则称e_l(或e_r)是S中关于运算$\circ$的一个**左幺元**(或**右幺元**). 若$e\in S$关于$\circ$既是左幺元,又是右幺元,则称e为S上关于运算$\circ$的**幺元**.

(2) 若存在元素θ_l(或θ_r)$\in S$使得对任意的$x\in S$有

$$\theta_l\circ x=\theta_l\quad(\text{或 }x\circ\theta_r=\theta_r)$$

则称θ_i(或θ_r)是S上关于运算$\circ$的**左零元**(或**右零元**). 若$\theta\in S$关于运算$\circ$既是左零元,又是右零元,则称θ为S上关于运算$\circ$的**零元**.

(3) $e\in S$为运算$\circ$的幺元. 对于任意的$x\in S$,如果存在$y_l\in S$(或$y_r\in S$)使得

$$y_l\circ x=e\ (\text{或 }x\circ y_r=e)$$

则称y_l(或y_r)是x的**左**(或**右**)**逆元**. 若$y\in S$既是x的左逆元,又是x的右逆元,则称y是x的**逆元**.

在自然数集$\mathbf{N}$上加法的幺元是0,不存在零元;乘法的幺元是1,零元是0. 在$\boldsymbol{M}_n(\mathbf{R})$上,全0的$n$阶矩阵是关于矩阵加法的幺元和矩阵乘法的零元,而$n$阶单位矩阵(主对角线元素为1,其余元素为0)是关于矩阵乘法的幺元. 在幂集$P(S)$上,$\varnothing$是$\cup$运算的幺元和$\cap$运算的零元,S是$\cap$运算的幺元和$\cup$运算的零元.

自然数集$\mathbf{N}$关于加法运算只有$0\in\mathbf{N}$有逆元0,其他的自然数都没有加法逆元. 在整数集$\mathbf{Z}$中,加法幺元为0,对任何整数x,其加法逆元是$-x$. 因为

$$x+(-x)=(-x)+x=0.$$

在$\boldsymbol{M}_n(\mathbf{R})$上,对于矩阵乘法只有可逆矩阵$\boldsymbol{M}\in\boldsymbol{M}_n(\mathbf{R})$存在逆元$\boldsymbol{M}^{-1}$,使得

$$\boldsymbol{M}\cdot\boldsymbol{M}^{-1}=\boldsymbol{E}\quad\text{和}\quad\boldsymbol{M}^{-1}\cdot\boldsymbol{M}=\boldsymbol{E}$$

成立,其中$\boldsymbol{E}$为n阶单位矩阵. 而在幂集$P(S)$上,对于$\cup$运算只有$\varnothing$有逆元,就是它自己,其他的元素都没有逆元.

对于给定的集合和运算,有的存在幺元,有的不存在幺元. 例如,$\mathbf{R}^*$是非零实数集,$\circ$是$\mathbf{R}^*$上的二元运算,任取$a,b\in\mathbf{R}^*$有$a\circ b=a$,那么不存在e_l,使得对所有的$b\in\mathbf{R}^*$都有$e_l\circ b=b$,所

以，运算$\circ$没有左幺元. 类似地，运算$\circ$也没有右零元. 任意 $\mathbf{R}^*$ 的元素 a 都是运算$\circ$的右幺元和左零元. $\mathbf{R}^*$ 中有无数多个右幺元和左零元，但是既没有幺元也没有零元.

对于集合 S 和给定的二元运算，如果幺元或零元存在，则是唯一的. 请看下面的定理.

定理 9.1 设$\circ$为 S 上的二元运算，e_l、e_r 分别为运算$\circ$的左幺元和右幺元，则有

$$e_l = e_r = e.$$

且 e 为 S 上关于运算$\circ$的唯一的幺元.

证明 $e_l = e_l \circ e_r$，（因为 e_r 为右幺元）

$e_l \circ e_r = e_r$，（因为 e_l 为左幺元）

所以，$e_l = e_r$.

把 $e_l = e_r$ 记作 e. 假设 S 中存在幺元 e'，则有

$$e' = e \circ e' = e.$$

所以，e 是 S 中关于运算$\circ$的唯一的幺元. ■

定理 9.2 设$\circ$为 S 上的二元运算，θ_l 和 θ_r 分别为运算$\circ$的左零元和右零元，则有

$$\theta_l = \theta_r = \theta,$$

且 θ 是 S 上关于运算$\circ$的唯一的零元.

该定理与定理 9.1 的证明类似，此处不再重复.

定理 9.3 设$\circ$为 S 上可结合的二元运算，e 为该运算的幺元. 对于 $x \in S$ 如果存在左逆元 y_l 和右逆元 y_r，则有

$$y_l = y_r = y,$$

且 y 是 x 的唯一的逆元.

证明 $y_l = y_l \circ e = y_l \circ (x \circ y_r) = (y_l \circ x) \circ y_r = e \circ y_r = y_r$，

令 $y_l = y_r = y$，假设 $y' \in S$ 是 x 的逆元，则有

$$y' = y' \circ e = y' \circ (x \circ y) = (y' \circ x) \circ y = e \circ y = y.$$ ■

由这个定理可知，对于可结合的二元运算来说，元素 x 的逆元如果存在则是唯一的. 通常把这个唯一的逆元记作 x^{-1}.

上述定理表明，逆元和幺元、零元不同. 如果幺元或零元存在，一定是唯一的，而逆元是与集合中的某个元素相联系的，有的元素有逆元，有的元素没有逆元，不同的元素则对应着不同的逆元. 如果运算是可结合的，那么对集合中给定的元素来说，逆元若存在，则是唯一的.

定义 9.7 设$\circ$为 S 上的二元运算，如果对任意的 $x,y,z \in S$ 满足以下条件：

(1) 若 $x \circ y = x \circ z$ 且 x 不是零元，则 $y = z$；

(2) 若 $y \circ x = z \circ x$ 且 x 不是零元，则 $y = z$.

就称运算$\circ$满足**消去律**.

例如，在整数集合上加法是满足消去律的. 对任意的整数 x、y、z 由

$$x + y = x + z \quad 或 \quad y + x = z + x$$

可得

$$y = z.$$

消去了 x. 类似地，对乘法也有消去律. 但在幂集 $P(S)$ 上，取 $A,B,C \in P(S)$，由 $A \cup B =$

$A\cup C$ 不一定能得到 $B=C$. 所以,$\cup$运算不满足消去律,但是对称差运算$\oplus$满足消去律.

在使用消去律时要注意,消去的元素不能是该运算的零元. 例如,普通乘法适合消去律.但是,不能由 $0\times5=0\times6$ 得到 $5=6$. 因为 0 是乘法的零元.

例 9.4 设 Σ 是字母的有穷集,称为**字母表**,Σ 中的有限个字母组成的序列称为 Σ 上的串. 对任何串 ω,串中字母的个数称作**串的长度**,记作$|\omega|$. 长度是 0 的串称作**空串**,记作 λ 对任给的自然数 k,令

$$\Sigma^k=\{v_{i_1}v_{i_2}\cdots v_{i_k}\mid v_{i_j}\in\Sigma,j=1,2,\cdots,k\}.$$

显然 Σ^k 是 Σ 上所有长度为 k 的串的集合. 特别地有

$$\Sigma^0=\{\lambda\},$$
$$\Sigma^+=\Sigma^1\cup\Sigma^2\cup\cdots,$$
$$\Sigma^*=\Sigma^0\cup\Sigma^1\cup\cdots.$$

其中 Σ^+ 是 Σ 上长度大于等于 1 的所有有限串的集合,而 Σ^* 是 Σ 上所有有限串(包括空串)的集合.

下面规定 Σ^* 上的二元运算$\circ$. 对任意 $\omega,\varphi\in\Sigma^*,\omega=a_1a_2\cdots a_m,\varphi=b_1b_2\cdots b_n$,

$$\omega\circ\varphi=a_1a_2\cdots a_mb_1b_2\cdots b_n,$$

运算$\circ$把串 φ 接在串 ω 的后面,称之为**连接**运算. 它是 Σ^* 上的二元运算. 下面研究它的性质.

对任意 $\omega,\varphi,\psi\in\Sigma^*$ 有

$$(\omega\circ\varphi)\circ\psi=\omega\circ(\varphi\circ\psi),$$

即连接运算满足结合律,但不满足交换律. 它的幺元是空串 λ.

在 Σ^* 上还可以定义一个一元运算——求一个串的**反串**,记作$'$. 对任意 $\omega\in\Sigma^*,\omega=a_1a_2\cdots a_n$,有

$$\omega'=a_na_{n-1}\cdots a_2a_1.$$

对任意串 $\omega\in\Sigma^*$,如果 $\omega=\omega'$,则称该串是一个**回文**. 例如,1、100001、10101 都是 $\{0,1\}^*$ 上的回文.

对给定的 Σ,Σ^* 的任何子集都称为 Σ 上的一个**语言**,记作 L, $L\subseteq\Sigma^*$. 因为 $P(\Sigma^*)$是 Σ^* 的所有子集的集合,它恰好表示了 Σ 上所有语言的集合. 例如,$\Sigma=\{0,1\}$,那么

$$L_1=\{(01)^n\mid n\in\mathbf{N}\}=\{\lambda,01,0101,\cdots\},$$
$$L_2=\{0^n1^n\mid n\in\mathbf{N}\}=\{\lambda,01,0011,\cdots\},$$
$$L_3=\{0^n10^n\mid n\in\mathbf{N}\}=\{1,010,00100,\cdots\}$$

都是 Σ 上的语言,其中 L_3 是**回文语言**.

在 $P(\Sigma^*)$上可以定义二元运算$\cup$、$\cap$和$\circ$,其中$\cup$和$\cap$为集合的并和交运算,而运算$\circ$定义为:对任意的 $L_1,L_2\in P(\Sigma^*)$有

$$L_1\circ L_2=\{\omega\circ\varphi\mid\omega\in L_1\wedge\varphi\in L_2\}.$$

即 $L_1\circ L_2$ 表示由 L_1 中的串连接 L_2 中的串构成的所有新串的集合. 显然,运算$\circ$在 $P(\Sigma^*)$上是可结合的,但不是可交换的,且幺元为$\{\lambda\}$.

在 $P(\Sigma^*)$上也可以定义一元运算,记作$'$. 对任意 $L\in P(\Sigma^*)$有

$$L'=\{\varphi'\mid\varphi\in L\}.$$

例如，$L=\{0^n1^n \mid n\in\mathbf{N}\}$，则

$$L' = \{1^n0^n \mid n \in \mathbf{N}\}.$$

如果对于某个 $L\in P(\Sigma^*)$ 有 $L'=L$，则称 L 为 Σ 上的**镜像语言**. 易见回文语言一定是镜像语言，但镜像语言不一定是回文语言. 例如，语言$\{01,10\}$是镜像语言，但不是回文语言.

9.2 代数系统

定义 9.8 非空集合 S 和 S 上的 k 个运算 $f_1,f_2,\cdots,f_k$（其中 f_i 为 n_i 元运算，$i=1,2,\cdots,k$）组成的系统称为一个**代数系统**，简称**代数**，记作$<S,f_1,f_2,\cdots,f_k>$.

例如，$<\mathbf{N},+>$、$<\mathbf{Z},+,\cdot>$、$<\mathbf{R},+,\cdot>$都是代数系统，其中$+$为普通加法，$\cdot$ 为普通乘法. $<\boldsymbol{M}_n(\mathbf{R}),+,\cdot>$是代数系统. 其中$+$和 $\cdot$ 分别表示矩阵加法和矩阵乘法. $<P(S),\cup,\cap,\sim>$也是代数系统，它包含两个二元运算和一个一元运算.

在某些代数系统中对于给定的二元运算存在幺元或零元，并且它们对该系统的性质起着重要作用，称之为该系统的**特异元素**或**代数常数**. 为了强调这些特异元素的存在，有时把它们列到有关的代数系统的表达式中. 例如，$<\mathbf{Z},+>$的幺元是 0，也可记为$<\mathbf{Z},+,0>$. $<P(S),\cup,\cap,\sim>$中$\cup$和$\cap$的幺元分别为$\varnothing$和 S，同样也可记为$<P(S),\cup,\cap,\sim,\varnothing,S>$. 具体采用哪一种记法要看所研究的问题是否与这些代数常数有关.

定义 9.9 设$V=<S,f_1,f_2,\cdots,f_k>$是代数系统，$B\subseteq S$ 且 $B\neq\varnothing$，如果 B 对 $f_1,f_2,\cdots,f_k$ 都是封闭的，且 B 和 S 含有相同的代数常数，则称$<B,f_1,f_2,\cdots,f_k>$是 V 的**子代数系统**，简称**子代数**.

例如，$<\mathbf{N},+>$是$<\mathbf{Z},+>$的子代数. 因为 $\mathbf{N}$ 对$+$是封闭的，且它们都没有代数常数. $<\mathbf{N},+,0>$是$<\mathbf{Z},+,0>$的子代数，因为 $\mathbf{N}$ 对加法封闭，且它们都具有相同的代数常数 0. $<\mathbf{N}-\{0\},+>$是$<\mathbf{Z},+>$的子代数，但不是$<\mathbf{Z},+,0>$的子代数. 因为代数常数 0 不出现在 $\mathbf{N}-\{0\}$中.

通常考虑一个代数系统，除了它的集合和集合上的运算外，还要规定这些运算的性质——**代数系统的公理**. 而代数常数往往与某些公理联系在一起，比如有的代数常数表示了该系统的二元运算存在幺元. 由子代数的定义不难看出，V 的子代数与 V 本身不仅具有相同的代数运算，并且这些运算也具有相同的性质，它们是非常相似的代数系统，只是子代数比原来的代数系统小一些就是了.

对任何代数系统$V=<S,f_1,f_2,\cdots,f_k>$，其子代数一定存在. 最大的子代数就是 V 本身. 如果令 V 中所有的代数常数构成的集合是 B，且 B 对 V 中所有的运算都是封闭的，那么，B 就构成了 V 的最小的子代数. 这种最大与最小的子代数称为 V 的**平凡的子代数**. 如果 V 的子代数 $V'=<B,f_1,f_2,\cdots,f_k>$满足 $B\subset S$，则称 V'是 V 的**真子代数**. 为了叙述的方便，有时也将子代数 $V'=<B,f_1,f_2,\cdots,f_k>$简称 B.

例 9.5 设$V=<\mathbf{Z},+,0>$，令

$$n\mathbf{Z} = \{nz \mid z \in \mathbf{Z}\}, \quad n\text{为自然数},$$

那么，$n\mathbf{Z}$ 是 V 的子代数.

证明 任取 $n\mathbf{Z}$ 中的两个元素 nz_1 和 nz_2，$z_1,z_2\in\mathbf{Z}$，则有

$$nz_1 + nz_2 = n(z_1 + z_2) \in n\mathbf{Z},$$

即 $n\mathbf{Z}$ 对+运算是封闭的,并且 $0=n\cdot 0\in n\mathbf{Z}$. 所以,$n\mathbf{Z}$ 是 $<\mathbf{Z},+,0>$ 的子代数.

当 $n=1$ 时,$n\mathbf{Z}$ 就是 V 本身,当 $n=0$ 时,$0\mathbf{Z}=\{0\}$ 是 V 的最小的子代数,而其他的子代数都是 V 的非平凡的真子代数.

由两个代数系统 V_1 和 V_2 可以产生一个新的代数系统 $V_1\times V_2$,这就是 V_1 与 V_2 的积代数. 限于篇幅,下面仅对含一个二元运算的代数系统给出积代数的定义.

定义 9.10 设 $V_1=<S_1,\circ>$,$V_2=<S_2,*>$ 是代数系统,$\circ$ 和 $*$ 为二元运算. V_1 和 V_2 的积代数 $V_1\times V_2$ 是含有一个二元运算的代数系统,即 $V_1\times V_2=<S,\cdot>$,其中 $S=S_1\times S_2$,且对任意的 $<x_1,y_1>,<x_2,y_2>\in S_1\times S_2$ 有

$$<x_1,y_1>\cdot<x_2,y_2>=<x_1\circ x_2,y_1*y_2>.$$

设 $V_1=<\mathbf{Z},+>$,$V_2=<\boldsymbol{M}_3(\mathbf{R}),\cdot>$,其中+和·分别表示整数加法和矩阵乘法,那么 $V_1\times V_2$ 是

$$V_1\times V_2=<\mathbf{Z}\times\boldsymbol{M}_3(\mathbf{R}),\circ>.$$

对任意的 $<z_1,M_1>,<z_2,M_2>\in\mathbf{Z}\times\boldsymbol{M}_3(\mathbf{R})$ 都有

$$<z_1,M_1>\circ<z_2,M_2>=<z_1+z_2,M_1\cdot M_2>.$$

例如,

$$\left\langle 5,\begin{bmatrix}1&0&0\\0&1&0\\0&1&1\end{bmatrix}\right\rangle\circ\left\langle -3,\begin{bmatrix}0&0&1\\0&1&0\\0&0&1\end{bmatrix}\right\rangle=\left\langle 2,\begin{bmatrix}0&0&1\\0&1&0\\0&1&1\end{bmatrix}\right\rangle$$

可以推广定义 9.10. 如果原来的两个代数系统分别含有代数常数,比如说 V_1 的代数常数为 a_1,V_2 的代数常数为 a_2,那么,$<a_1,a_2>$ 就是积代数 $V_1\times V_2$ 中的代数常数. 例如,

$$V_1=<\mathbf{Z},+,0>,V_2=\left\langle \boldsymbol{M}_3(\mathbf{R}),\cdot,\begin{bmatrix}1&0&0\\0&1&0\\0&0&1\end{bmatrix}\right\rangle,$$

积代数 $V_1\times V_2$ 的代数常数是 $\left\langle 0,\begin{bmatrix}1&0&0\\0&1&0\\0&0&1\end{bmatrix}\right\rangle$,且

$$V_1\times V_2=\left\langle \mathbf{Z}\times\boldsymbol{M}_3(\mathbf{R}),\circ,\left\langle 0,\begin{bmatrix}1&0&0\\0&1&0\\0&0&1\end{bmatrix}\right\rangle\right\rangle.$$

类似地,可以定义 3 个代数系统的积代数. 例如,$V=<\mathbf{Z},+,0>$,那么有

$$V\times V\times V=<\mathbf{Z}\times\mathbf{Z}\times\mathbf{Z},*,<0,0,0>>,$$

并且对任意的 $<x_1,y_1,z_1>,<x_2,y_2,z_2>\in\mathbf{Z}\times\mathbf{Z}\times\mathbf{Z}$ 有

$$<x_1,y_1,z_1>*<x_2,y_2,z_2>=<x_1+x_2,y_1+y_2,z_1+z_2>.$$

不难证明,如果 V_1 和 V_2 中的二元运算都是可交换的(可结合的或幂等的),则积代数中相应的二元运算也是可交换的(可结合的或幂等的). 如果 e_1、e_2 分别为 V_1 和 V_2 的幺元,那么 $<e_1,e_2>$ 就是积代数 $V_1\times V_2$ 的幺元. 如果 x_1 在 V_1 中的逆元为 x_1^{-1},x_2 在 V_2 中的逆

元为 x_2^{-1}，那么在积代数 $V_1 \times V_2$ 中，$<x_1^{-1}, x_2^{-1}>$就是$<x_1, x_2>$的逆元.

代数系统的同态与同构就是在两个代数系统之间存在着一种特殊的映射——保持运算的映射，它是研究两个代数系统之间关系的强有力的工具. 下面先对只具有一个二元运算的代数系统给出同态映射的定义.

定义 9.11 设 $V_1 = <S_1, \circ>$，$V_2 = <S_2, *>$是代数系统，$\circ$ 和 $*$ 是二元运算. 如果存在映射 $\varphi: S_1 \to S_2$ 满足对任意的 $x, y \in S_1$ 有

$$\varphi(x \circ y) = \varphi(x) * \varphi(y),$$

则称 φ 是 V_1 到 V_2 的**同态映射**，简称**同态**. 称$<\varphi(S_1), *>$是 V_1 在 φ 下的**同态像**.

例如，$V_1 = <\mathbf{Z}, +>$，$V_2 = <\mathbf{Z}_n, \oplus>$，其中 $+$ 为普通加法，$\oplus$ 为模 n 加法. 即 $\forall x, y \in \mathbf{Z}_n$ 有

$$x \oplus y = (x + y) \bmod n.$$

这里 $\mathbf{Z}_n = \{0, 1, \cdots, n-1\}$. 令

$$\varphi: \mathbf{Z} \to \mathbf{Z}_n, \varphi(x) = (x) \bmod n,$$

则 φ 是 V_1 到 V_2 的同态. 因为对任意 x，$y \in \mathbf{Z}$ 有

$$\begin{aligned} \varphi(x + y) &= (x + y) \bmod n = (x) \bmod n \oplus (y) \bmod n \\ &= \varphi(x) \oplus \varphi(y). \end{aligned}$$

又比如令 $\varphi: \mathbf{R} \to \mathbf{R}^+$，$\varphi(x) = \mathrm{e}^x$，那么 φ 是$<\mathbf{R}, +>$到$<\mathbf{R}^+, \cdot>$的同态，因为对任意 $x, y \in \mathbf{R}$，下式成立，

$$\varphi(x + y) = \mathrm{e}^{x+y} = \mathrm{e}^x \cdot \mathrm{e}^y = \varphi(x) \cdot \varphi(y)$$

定义 9.12 设 φ 是 $V_1 = <S_1, \circ>$到 $V_2 = <S_2, *>$的同态，如果 φ 是满射的，则称 φ 为 V_1 到 V_2 的**满同态**，记作 $V_1 \overset{\varphi}{\sim} V_2$. 如果 φ 是单射的，则称 φ 为 V_1 到 V_2 的**单同态**. 如果 φ 是双射的，则称 φ 为 V_1 到 V_2 的**同构**，记作 $V_1 \overset{\varphi}{\cong} V_2$.

例 9.6 (1) $V = <\mathbf{Z}, +>$，给定 $a \in \mathbf{Z}$，令

$$\varphi_a: \mathbf{Z} \to \mathbf{Z}, \varphi_a(x) = ax, \forall x \in \mathbf{Z}.$$

那么任取 z_1，$z_2 \in \mathbf{Z}$ 有

$$\varphi_a(z_1 + z_2) = a(z_1 + z_2) = az_1 + az_2 = \varphi_a(z_1) + \varphi_a(z_2),$$

所以 φ_a 是 V 到自身的同态，这时也称 φ_a 为 V 的**自同态**.

当 $a = 0$ 时，有 $\forall z \in \mathbf{Z}$，$\varphi_0(z) = 0$，称 φ_0 为**零同态**，其同态像为$<\{0\}, +>$.

当 $a = 1$ 时，有 $\forall z \in \mathbf{Z}$，$\varphi_1(z) = z$，φ_1 为 $\mathbf{Z}$ 的恒等映射，显然是双射，其同态像就是$<\mathbf{Z}, +>$. 这时 φ_1 是 V 的**自同构**. 同理可证 φ_{-1} 也是 V 的自同构.

当 $a \neq \pm 1$ 且 $a \neq 0$ 时，$\forall z \in \mathbf{Z}$ 有 $\varphi_a(z) = az$，易证 φ_a 是单射的，这时 φ_a 为 V 的**单自同态**，其同态像$<a\mathbf{Z}, +>$是$<\mathbf{Z}, +>$的真子代数.

(2) 令 $V_1 = <\Sigma^*, \circ>$，$V_2 = <\mathbf{N}, +>$，定义 $\varphi: \Sigma^* \to \mathbf{N}$ 如下：

$$\varphi(w) = |w|, \quad \forall \omega \in \Sigma^*.$$

易证 φ 是 V_1 到 V_2 的映射，且满足：$\forall w_1$，$w_2 \in \Sigma^*$ 有

$$\varphi(w_1 \circ w_2) = |w_1 \circ w_2| = |w_1| + |w_2| = \varphi(w_1) + \varphi(w_2)$$

所以，φ 为 V_1 到 V_2 的同态，且是满同态. 其同态像就是 V_2. 如果 Σ 中只含有一个字母，比

如说 a，那么 $\Sigma^* = \{a^n | n \in \mathbf{N}\}$. 这时 φ 是双射的，就是 V_1 到 V_2 的同构了.

定义 9.11 的同态概念可以推广到一般的代数系统中去. 先考虑具有两个二元运算的代数系统.

设 $V_1 = <S_1, \circ, *>$，$V_2 = <S_2, \circ', *'>$ 是代数系统，其中 $\circ$、$*$、$\circ'$、$*'$ 都是二元运算. 如果 φ: $S_1 \rightarrow S_2$ 满足以下条件：$\forall x, y \in S_1$ 有

(1) $\varphi(x \circ y) = \varphi(x) \circ' \varphi(y)$,

(2) $\varphi(x * y) = \varphi(x) *' \varphi(y)$,

则称 φ 是 V_1 到 V_2 的同态映射，简称同态.

例如，$V_1 = <\mathbf{Z}, +, \cdot>$，$V_2 = <\mathbf{Z}_n, \oplus, \odot>$，其中 $+$、$\cdot$ 为普通的加法和乘法. $\oplus$ 为模 n 加法，$\odot$ 为模 n 乘法. 即对任意 $x, y \in \mathbf{Z}_n$ 有

$$x \odot y = (xy) \bmod n,$$

令 φ: $\mathbf{Z} \rightarrow \mathbf{Z}_n$，$\varphi(x) = (x) \bmod n$，那么易证

$$\varphi(x + y) = (x + y) \bmod n = (x) \bmod n \oplus (y) \bmod n = \varphi(x) \oplus \varphi(y)$$

$$\varphi(x \cdot y) = (xy) \bmod n = (x) \bmod n \odot (y) \bmod n = \varphi(x) \odot \varphi(y)$$

所以 φ 是 V_1 到 V_2 的同态，且是满同态.

类似地，还可以把同态的概念推广到两个具有 k 个运算的代数系统中去.

下面考虑除了二元运算以外还具有一元运算的代数系统. 设 $V_1 = <S_1, \circ, \Delta>$，$V_2 = <S_2, *, \Delta'>$ 是代数系统，其中 $\circ$、$*$ 是二元运算，Δ 和 Δ' 是一元运算. 如果映射 φ: $S_1 \rightarrow S_2$ 满足以下条件

(1) $\forall x, y \in S_1$，有 $\varphi(x \circ y) = \varphi(x) * \varphi(y)$,

(2) $\forall x \in S_1$，有 $\varphi(\Delta(x)) = \Delta'(\varphi(x))$,

则称 φ 是 V_1 到 V_2 的同态.

例如，$V_1 = <\mathbf{R}, +, ->$，$V_2 = <\mathbf{R}^+, \cdot, ^{-1}>$，其中 $+$、$\cdot$ 为普通加法和乘法，$-x$ 表示求 x 的相反数，x^{-1} 表示求 x 的倒数. 令 φ: $\mathbf{R} \rightarrow \mathbf{R}^+$，$\varphi(x) = \mathrm{e}^x$，那么 $\forall x, y \in \mathbf{R}$ 有

$$\varphi(x + y) = \mathrm{e}^{x+y} = \mathrm{e}^x \cdot \mathrm{e}^y = \varphi(x) \cdot \varphi(y),$$

$$\varphi(-x) = \mathrm{e}^{-x} = (\mathrm{e}^x)^{-1} = \varphi(x)^{-1},$$

所以，φ 是 V_1 到 V_2 的同态.

最后考虑具有代数常数的代数系统之间的同态. 设 $V_1 = <S_1, \circ, k_1>$，$V_2 = <S_2, *, k_2>$ 是代数系统，其中 $\circ$、$*$ 为二元运算，$k_1 \in S_1$，$k_2 \in S_2$ 是代数常数. 如果 φ: $S_1 \rightarrow S_2$ 满足以下条件：

(1) $\forall x, y \in S_1$，$\varphi(x \circ y) = \varphi(x) * \varphi(y)$,

(2) $\varphi(k_1) = k_2$,

则称 φ 是 V_1 到 V_2 的同态.

例如，$V_1 = <\mathbf{Z}, +, 0>$，$V_2 = <\mathbf{Z}_n, \oplus, 0>$，其中 $+$ 是普通加法，$\oplus$ 是模 n 加法，令

$$\varphi: \mathbf{Z} \rightarrow \mathbf{Z}_n, \quad \varphi(x) = (x) \bmod n$$

则 $\forall x, y \in \mathbf{Z}$ 有

$$\varphi(x + y) = (x + y) \bmod n = (x) \bmod n \oplus (y) \bmod n = \varphi(x) \oplus \varphi(y),$$

$$\varphi(0) = (0) \bmod n = 0,$$

所以 φ 是 V_1 到 V_2 的同态.

设 $V_1=<S_1,\circ,*>$,$V_2=<S_2,\circ',*'>$是具有两个二元运算的代数系统,φ 是 V_1 到 V_2 的同态,不难证明 φ 具有以下性质.

(1) 若$\circ$(或 $*$)是可交换的(可结合的或幂等的),则$\circ'$(或 $*'$)在 $\varphi(S_1)$中也是可交换的(可结合的或幂等的).

(2) 若$\circ$对 $*$ 是可分配的,则$\circ'$对 $*'$在 $\varphi(S_1)$中也是可分配的.

(3) 若$\circ$和 $*$ 是可吸收的,则$\circ'$和 $*'$在 $\varphi(S_1)$中也是可吸收的.

(4) 若 e 是 S_1 中关于$\circ$运算的幺元,θ 是 S_1 中关于$\circ$运算的零元,那么 $\varphi(e)$和 $\varphi(\theta)$分别是 $\varphi(S_1)$中关于$\circ'$运算的幺元和零元. 对于 $x\in S_1$,如果 x^{-1}是 x 的关于$\circ$运算的逆元,则 $\varphi(x^{-1})$是 $\varphi(x)$关于$\circ'$运算的逆元. 对于 $*$ 和 $*'$运算也有类似的性质.

9.3 几个典型的代数系统

本节主要介绍半群与群、环与域、格与布尔代数等典型的代数系统.

定义 9.13 设 $V=<S,\circ>$是代数系统,$\circ$为二元运算.

(1) 如果$\circ$是可结合的,则称 $V=<S,\circ>$为**半群**.

(2) 如果半群 $V=<S,\circ>$中的二元运算含有幺元,则称 V 为**含幺半群**,也可称作**独异点**. 为了强调幺元 e 的存在,有时将独异点记为$<S,\circ,e>$.

(3) 如果半群 $V=<S,\circ>$(独异点 $V=<S,\circ,e>$) 中的二元运算$\circ$是可交换的,则称 V 为**可交换半群**(**可交换独异点**).

例 9.7 (1) $<\mathbf{Z}^+,+>$、$<\mathbf{N},+>$、$<\mathbf{Z},+>$、$<\mathbf{Q},+>$、$<\mathbf{R},+>$都是可交换半群,其中$+$表示普通加法. 其中除了$<\mathbf{Z}^+,+>$外都是可交换独异点,这里普通加法$+$的幺元是 0.

(2) $<\boldsymbol{M}_n(\mathbf{R}),\cdot>$是半群和独异点,其中$\cdot$表示矩阵乘法,幺元是 n 阶单位矩阵 E.

(3) $<\Sigma^*,\circ>$是半群和独异点,其中 Σ 是有穷字母表,$\circ$表示连接运算,幺元是空串 λ.

(4) $<P(B),\oplus>$是可交换半群和独异点,其中$\oplus$表示集合的对称差运算,幺元是$\varnothing$.

(5) $<\mathbf{Z}_n,\oplus>$是可交换半群和独异点,其中 $\mathbf{Z}_n=\{0,1,\cdots,n-1\}$,$\oplus$表示模 n 加法,幺元是 0.

可以把上述独异点分别记作$<\mathbf{N},+,0>$、$<\mathbf{Z},+,0>$、$<\mathbf{Q},+,0>$、$<\mathbf{R},+,0>$、$<\boldsymbol{M}_n(\mathbf{R}),\cdot,E>$、$<\Sigma^*,\circ,\lambda>$、$<P(B),\oplus,\varnothing>$和$<\mathbf{Z}_n,\oplus,0>$.

由于半群与独异点 S 中的运算$\circ$是可结合的,可以定义运算的幂. 对任意的 $x\in S$,在半群 $V=<S,\circ>$中规定,对于任意正整数 n,x^n 是

$$x^1 = x,$$

$$x^{n+1} = x^n \circ x.$$

在独异点 $V=<S,\circ,e>$中,对于任意自然数 n,x^n 的定义是:

$$x^0 = e,$$

$$x^{n+1} = x^n \circ x.$$

易证 x 的幂遵从以下规律:

$$x^n \circ x^m = x^{n+m},$$

$$(x^n)^m = x^{nm},$$

这里的 m 和 n 在半群中代表正整数,而在独异点中代表自然数(可以等于 0).

下面讨论群,群是一种特殊的独异点,也是一种特殊的半群.

定义 9.14 设 $<G,\circ>$ 是代数系统,$\circ$ 为二元运算. 如果 $\circ$ 是可结合的,存在幺元 $e\in G$,并且 G 中的任意元素 x 都有 $x^{-1}\in G$,则称 G 是**群**.

在例 9.7(1)中,$<\mathbf{Q},+>$、$<\mathbf{Z},+>$、$<\mathbf{R},+>$ 是群,因为任何实数 x 的加法逆元是 $-x$. 而 $<\mathbf{Z}^+,+>$ 和 $<\mathbf{N},+>$ 都不是群,因为在 $<\mathbf{Z}^+,+>$ 中没有加法幺元,而在 $<\mathbf{N},+>$ 中,除 0 以外的其他自然数都没有加法逆元. 在例 9.7(2)中的代数系统也不是群. 只有可逆矩阵 $\boldsymbol{M}\in\boldsymbol{M}_n(\mathbf{R})$ 才有逆阵 $\boldsymbol{M}^{-1}$,而 $\boldsymbol{M}_n(\mathbf{R})$ 中并不是所有的矩阵都是可逆矩阵. 在例 9.7(3)中,除了空串 λ 以外,其他的符号串都没有逆元,所以 $<\Sigma^*,\circ>$ 也不是群. 例 9.7(4)和例 9.7(5)中的代数系统都是群. 对任意 $x\in P(B)$,x^{-1} 就是 x 自己,因为 $x\oplus x=\varnothing$. 而对任意的 $x\in\mathbf{Z}_n$,都有

$$x^{-1}=\begin{cases}0, & x=0;\\ n-x, & x\neq 0.\end{cases}$$

例 9.8 设 $G=\{e,a,b,c\}$,$\circ$ 为 G 上的二元运算,它由运算表 9-6 给出. 不难证明 G 是一个群. 由表中可以看出 G 的运算具有下面的特点:

e 为 G 中的幺元.

$\circ$ 是可交换的.

任何 G 中的元素与自己运算的结果都等于 e.

在 a、b、c 三个元素中,任何两个元素运算的结果都等于另一个元素. 一般称这个群为 **Klein 四元群**.

表 9-6

$\circ$	e	a	b	c
e	e	a	b	c
a	a	e	c	b
b	b	c	e	a
c	c	b	a	e

下面介绍和群有关的一些术语.

若群 G 中的二元运算是可交换的,则称群 G 为**交换群**,也称作**阿贝尔(Abel)群**. 例 9.7 中所有的群都是阿贝尔群. Klein 四元群也是阿贝尔群.

若群 G 中有无限多个元素,则称 G 为**无限群**,否则称为**有限群**. 对于有限群 G,G 中的元素个数也称作 G 的**阶**,记作 $|G|$. 例如,$<\mathbf{Z},+>$、$<\mathbf{R},+>$ 都是无限群. $<\mathbf{Z}_n,\oplus>$ 是有限群,其阶是 n. Klein 四元群也是有限群,其阶是 4.

设 G 为群,由于 G 中每个元素都有逆元,所以能定义负的幂. 对于任意 $x\in G,n\in\mathbf{Z}^+$,定义

$$x^{-n}=(x^{-1})^n.$$

那么就可以把独异点中关于 x^n 的定义扩充为

$$x^0 = e,$$
$$x^{n+1} = x^n \circ x, \quad n\text{为非负整数},$$
$$x^{-n} = (x^{-1})^n, \quad n\text{为正整数}.$$

有关幂运算的两个公式不变,但其中的 m 和 n 可以是任意整数.

设 G 是群,$x \in G$,使得 $x^k = e$ 成立的最小的正整数 k 称作 x 的**阶**(或**周期**). 如果不存在正整数 k 使 $x^k = e$,则称 x 是**无限阶**的. 对有限阶的元素 x,通常将它的阶记为 $|x|$. 例如,在群 $<\mathbf{Z},+>$ 中,只有 0 的阶是 1,其他的元素都是无限阶的. 而在 Klein 四元群中,a、b 和 c 的阶都是 2,e 的阶是 1. 在模 6 的加群 $<\mathbf{Z}_6,\oplus>$ 中,因为 $2\oplus2\oplus2=0$,所以 $|2|=3$. 同样有 $|4|=3$,$|3|=2$. 而 $|1|=|5|=6$,$|0|=1$. 不难看出,在任何群 G 中幺元 e 的阶都是 1.

群是一个重要的代数系统,它具有许多有用的性质. 限于篇幅,略去有关定理的证明,仅将定理本身列在下面,供读者参考.

定理 9.4 设 G 为群,则 G 中的幂运算满足

(1) $\forall x \in G, (x^{-1})^{-1} = x$.

(2) $\forall x, y \in G, (xy)^{-1} = y^{-1}x^{-1}$.

(3) $\forall x \in G, x^n x^m = x^{n+m}$ $\quad m$、n 是整数.

(4) $\forall x \in G, (x^n)^m = x^{nm}$ $\quad m$、n 是整数.

定理 9.4(2)式可以推广到有限个元素,即 $\forall x_1, x_2, \cdots, x_n \in G$ 有

$$(x_1 x_2 \cdots x_n)^{-1} = x_n^{-1} \cdots x_2^{-1} x_1^{-1}.$$

定理 9.5 G 为群,$\forall a, b \in G$,方程 $ax=b$ 和 $ya=b$ 在 G 中有解,且有唯一解.

易证方程 $ax=b$ 的唯一解是 $x=a^{-1}b$,而方程 $ya=b$ 的唯一解是 $y=ba^{-1}$. 例如,$S=\{1,2,3\}$,在群 $<P(S),\oplus>$ 中有方程

$$\{1,2\} \oplus x = \{1,3\},$$

它是 $ax=b$ 的形式,其中 $a=\{1,2\}$,$b=\{1,3\}$,而 ax 中省略的算符应该是对称差$\oplus$. 由定理 9.5 有

$$x = a^{-1}b = \{1,2\}^{-1} \oplus \{1,3\} = \{1,2\} \oplus \{1,3\} = \{2,3\}.$$

不难验证这就是原方程的解. 同理方程

$$y \oplus \{1\} = \{2,3\}$$

的解是 $y=\{1,2,3\}$.

定理 9.6 G 为群,则 G 中适合消去律,即对任意 $a,b,c \in G$ 有

(1) 若 $ab=ac$,则 $b=c$.

(2) 若 $ba=ca$,则 $b=c$.

因为在 G 中没有零元 θ,所以对 G 中的任何元素都可以消去. 在集合代数中有关对称差运算的消去律就是这个定理的一个实例.

定理 9.7 G 为有限群,则 G 的运算表中的每一行(每一列)都是 G 中元素的一个置换,且不同的行(或列)的置换都不相同.

这就是说,在 G 的运算表的每一行里,G 的每个元素都出现一次,且只出现一次. 在不同的行里元素的排列顺序也不同. 使用这个定理可以通过运算表很快地判断出哪些代数系

统 $V=<S,\circ>$不是群.

半群、独异点和群都有子代数，分别叫做子半群、子独异点和子群. 这里仅对子群给予简要介绍.

定义 9.15 设群$<G,*>$，H 是 G 的非空子集. 如果 H 关于 G 中的运算 $*$ 构成群，则称 H 为 G 的子群，记作 $H\leqslant G$.

例如，在群$<\mathbf{Z},+>$中，取

$$2\mathbf{Z}=\{2z\mid z\in\mathbf{Z}\},$$

则 $2\mathbf{Z}$ 关于加法构成$<\mathbf{Z},+>$的子群. 同样，$\{0\}$也是$<\mathbf{Z},+>$的子群. 在 Klein 四元群 $G=\{e,a,b,c\}$中，有 5 个子群：

$$\{e\},\{e,a\},\{e,b\},\{e,c\},G.$$

其中$\{e\}$和 G 是 G 的平凡子群. 除了 G 自身外，其他子群都是 G 的真子群.

怎样判定 G 的子集 H 能够构成 G 的子群呢？主要使用以下判定定理.

定理 9.8 设 G 为群，H 是 G 的非空子集. 如对任意 $x,y\in H$ 都有 $xy^{-1}\in H$，则 H 是 G 的子群.

例 9.9 设 G 为群，

(1) 对任何 $x\in G$，令

$$H=\{x^k\mid k\in\mathbf{Z}\},$$

即 x 的所有幂的集合. 不难判定 H 是 G 的子群. 因为任取 H 中的元素 x^m、x^l，都有

$$x^m(x^l)^{-1}=x^mx^{-l}=x^{m-l}\in H.$$

称这个子群是由元素 x **生成的子群**，记作$\langle x\rangle$.

例如，群$<\mathbf{Z}_6,\oplus>$中由 2 生成的子群包含 2 的各次幂. 2 的 1 次幂就是 2，2 的 2 次幂即 $2\oplus2=4$，2 的 3 次幂即 $2\oplus2\oplus2=0$，其他的幂也与 0,2,4 中的某一个相等，所以

$$<2>=\{0,2,4\}.$$

而且有$<4>$与$<2>$相等. 同理有

$$<3>=\{0,3\},$$
$$<1>=<5>=G,$$
$$<0>=\{0\}.$$

(2) 设 G 为群，令 C 是与 G 中所有的元素都可交换的元素构成的集合，即

$$C=\{a\mid a\in G\wedge\forall x\in G(ax=xa)\},$$

称 C 为群 G 的**中心**. 可以证明 C 是 G 的子群. 任取 $a,b\in C$，只要证明 ab^{-1}与 G 中所有的元素都可交换就行了. $\forall x\in G$ 有

$$\begin{aligned}(ab^{-1})x&=ab^{-1}x=ab^{-1}((x^{-1})^{-1})\\&=a(x^{-1}b)^{-1}=a(bx^{-1})^{-1}\\&=a(xb^{-1})=(ax)b^{-1}=(xa)b^{-1}\\&=x(ab^{-1}),\end{aligned}$$

由定理 9.8 有 $C\leqslant G$.

对于阿贝尔群 G，因为 G 中所有的元素互相都可交换，所以 G 的中心 C 就等于 G.

群的积代数也称作群的**直积**. 只要把积代数的一般定义应用到群上就可以了. 这里不

再做进一步的讨论. 下面介绍两种常用的群.

定义 9.16 在群 G 中如果存在 $a \in G$ 使得

$$G = \{a^k \mid k \in \mathbf{Z}\}$$

则称 G 为**循环群**,记作 $G=<a>$,称 a 为 G 的**生成元**.

例如,$<\mathbf{Z},+>$是循环群,其生成元是 1 或 -1,因为任何整数都可以由若干个 1 或者若干个 -1 相加而得到. $<\mathbf{Z}_6,\oplus>$也是循环群,其生成元是 1 或 5. 这是由于 $0,1,\cdots,5$ 中的每个数都可以由 1 或者 5 做若干次模 6 的加法得到. 比如,

$$4 = 5 \oplus 5 = (5+5) \bmod 6 = (10) \bmod 6.$$

循环群都是阿贝尔群,但阿贝尔群不一定都是循环群. 例如,Klein 四元群是阿贝尔群,但不是循环群.

在循环群 $G=<a>$中,生成元 a 的阶与群 G 的阶是一样的. 如果 a 是有限阶元,$|a|=n$,则称 G 为 ***n* 阶循环群**. 如果 a 是无限阶元,则称 G 为**无限循环群**. $<\mathbf{Z},+>$是无限循环群,$<\mathbf{Z}_n,\oplus>$是 n 阶循环群. 对无限循环群 $G=<a>$,G 的生成元就是 a 和 a^{-1}. 而对 n 阶循环群 $G=<a>=\{e,a,a^2,\cdots,a^{n-1}\}$,$G$ 的生成元是 a^t 当且仅当 t 与 n 是互质的. 例如,$<\mathbf{Z},+>$是无限循环群,其生成元是 1 和 -1,-1 是 1 的加法逆元. 而在 12 阶循环群 $G=\{e,a,\cdots,a^{11}\}$中,与 12 互质的数有 1、5、7、11. 那么 G 的生成元就是 $a^1=a$、a^5、a^7 和 a^{11}. 在上面的例子里,$<\mathbf{Z}_6,\oplus>$是 6 阶循环群,1 和 5 都与 6 互质,所以 1 和 5 是生成元.

循环群 $G=<a>$的子群仍是循环群. 若 G 是无限循环群,则 G 的子群除了$\{e\}$以外都是无限循环群,n 阶循环群 $G=<a>$的子群的阶都是 n 的因子. 对于 n 的每个正因子 d,在 G 中只有一个 d 阶子群,就是由 $a^{n/d}$生成的子群. 例如,$G=<\mathbf{Z},+>$是无限循环群,则 G 的子群除了$\{0\}$以外都是无限循环群,如 $2\mathbf{Z},3\mathbf{Z},\cdots,n\mathbf{Z},\cdots$,其中

$$n\mathbf{Z} = \{nz \mid z \in \mathbf{Z}\} = \{\cdots,-2n,-n,0,n,2n,\cdots\}.$$

但对 12 阶群 $G=\{e,a,a^2,\cdots,a^{11}\}$,12 的正因子是 1、2、3、4、6、12,则 G 的子群是:

$$< a^{\frac{12}{1}} >=< e >= \{e\}, \qquad 1\text{ 阶子群}$$

$$< a^{\frac{12}{2}} >=< a^6 >= \{e,a^6\}, \qquad 2\text{ 阶子群}$$

$$< a^{\frac{12}{3}} >=< a^4 >= \{e,a^4,a^8\} \qquad 3\text{ 阶子群}$$

$$< a^{\frac{12}{4}} >=< a^3 >= \{e,a^3,a^6,a^9\} \qquad 4\text{ 阶子群}$$

$$< a^{\frac{12}{6}} >=< a^2 >= \{e,a^2,a^4,a^6,a^8,a^{10}\} \qquad 6\text{ 阶子群}$$

$$< a^{\frac{12}{12}} >=< a >= G \qquad 12\text{ 阶子群}$$

除了循环群外,另一种重要的群就是置换群.

定义 9.17 设 $S=\{1,2,\cdots,n\}$,S 上的任何双射函数 $\sigma: S \to S$ 构成了 S 上 n 个元素的置换,称为 ***n* 元置换**.

例如,$S=\{1,2,3\}$,令 $\sigma: S \to S$,且有

$$\sigma(1) = 2,\quad \sigma(2) = 3,\quad \sigma(3) = 1,$$

则 σ 将 1、2、3 分别置换成 2、3、1,此置换常被记为

$$\boldsymbol{\sigma} = \begin{pmatrix} 1 & 2 & 3 \\ 2 & 3 & 1 \end{pmatrix}.$$

采用这种记法，一般的 n 元置换 σ 可记为

$$\begin{pmatrix} 1 & 2 & \cdots & n \\ \sigma(1) & \sigma(2) & \cdots & \sigma(n) \end{pmatrix}.$$

由排列组合的知识可以知道，n 个不同元素有 $n!$ 种排列的方法. 所以，S 上有 $n!$ 个置换. 例如，$\{1,2,3\}$ 上有 $3!(=6)$ 种不同的置换，即

$$\boldsymbol{\sigma}_1=\begin{pmatrix}1&2&3\\1&2&3\end{pmatrix},\quad \boldsymbol{\sigma}_2=\begin{pmatrix}1&2&3\\2&1&3\end{pmatrix},\quad \boldsymbol{\sigma}_3=\begin{pmatrix}1&2&3\\3&2&1\end{pmatrix},$$

$$\boldsymbol{\sigma}_4=\begin{pmatrix}1&2&3\\1&3&2\end{pmatrix},\quad \boldsymbol{\sigma}_5=\begin{pmatrix}1&2&3\\2&3&1\end{pmatrix},\quad \boldsymbol{\sigma}_6=\begin{pmatrix}1&2&3\\3&1&2\end{pmatrix}.$$

对于 n 元置换也可以用不交的轮换之积来表示. 设 n 元置换

$$\tau=(a_1a_2\cdots a_m),\quad m\leqslant n,$$

那么 τ 的映射关系是

$$a_1\mapsto a_2,a_2\mapsto a_3,\cdots,a_{m-1}\mapsto a_m,a_m\mapsto a_1,$$

而其他的元素 a 都有 $a\mapsto a$. 称 τ 为 **m 阶轮换**. 任何 n 元置换都可表成不交的轮换之积. 例如，σ 是 $\{1,2,\cdots,6\}$ 上的置换，且

$$\boldsymbol{\sigma}=\begin{pmatrix}1&2&3&4&5&6\\6&5&3&4&2&1\end{pmatrix}.$$

那么 σ 的映射关系是

$$1\mapsto 6,2\mapsto 5,3\mapsto 3,4\mapsto 4,5\mapsto 2,6\mapsto 1,$$

去掉 3 和 4 这两个保持不变的元素，可得

$$1\mapsto 6,6\mapsto 1,2\mapsto 5,5\mapsto 2.$$

所以

$$\sigma=(16)(25)(3)(4).$$

又如，τ 也是 $\{1,2,\cdots,6\}$ 上的置换，且

$$\boldsymbol{\tau}=\begin{pmatrix}1&2&3&4&5&6\\4&5&2&3&1&6\end{pmatrix},$$

则有

$$\tau=(14325)(6).$$

为了使表达式简洁，可去掉 1 阶轮换. 那么有

$$\sigma=(16)(25),$$

$$\tau=(14325).$$

根据这种表法，$\{1,2,3\}$ 上的置换可记为

$$\sigma_1=(1),\sigma_2=(12),\sigma_3=(13),\sigma_4=(23),\sigma_5=(123),\sigma_6=(132).$$

设 $S=\{1,2,\cdots,n\}$，S 上的 $n!$ 个置换构成集合 S_n，其中恒等置换 $I_s=(1)\in S_n$. 在 S_n 上规定二元运算$\circ$，对任意 n 元置换 $\sigma,\tau\in S_n$，$\circ$ 表示 σ 与 τ 的复合. 显然 $\sigma\circ\tau$ 也是 S 上的 n 元置换. 所以，S_n 对运算$\circ$是封闭的，且$\circ$是可结合的. 任取 S_n 中的置换 σ，有

$$\sigma\circ I_s=I_s\circ\sigma=\sigma.$$

所以，恒等置换 $I_s=(1)$ 是 S_n 中的幺元且 σ 的逆置换

$$\sigma^{-1}=\begin{pmatrix}\sigma(1) & \sigma(2) & \cdots & \sigma(n)\\ 1 & 2 & \cdots & n\end{pmatrix}$$

就是 σ 的逆元. 这就证明了 S_n 关于置换的复合构成一个群,称之为 S 上的 **n 元对称群**,S_n 的任何子群则称为 S 上的 **n 元置换群**.

例如,$S_3=\{(1), (12), (13), (23), (123), (132)\}$,$S_3$ 的运算表如表 9-7 所示.

表 9-7

$\circ$	(1)	(12)	(13)	(23)	(123)	(132)
(1)	(1)	(12)	(13)	(23)	(123)	(132)
(12)	(12)	(1)	(132)	(123)	(23)	(13)
(13)	(13)	(123)	(1)	(132)	(12)	(23)
(23)	(23)	(132)	(123)	(1)	(13)	(12)
(123)	(123)	(13)	(23)	(12)	(132)	(1)
(132)	(132)	(23)	(12)	(13)	(1)	(123)

从表 9-7 可以看到

$$(13)\circ(12)\neq(12)\circ(13).$$

所以,S_3 不是阿贝尔群. 在 S_3 中,(12)、(13)和(23)都是 2 阶元,而(123)和(132)是 3 阶元.

S_3 有 6 个子群,即

$$
\begin{aligned}
&<(1)>=\{(1)\},\\
&<(12)>=\{(1),(12)\},\\
&<(13)>=\{(1),(13)\},\\
&<(23)>=\{(1),(23)\},\\
&<(123)>=<(132)>=\{(1),(123),(132)\},\\
&S_3=\{(1),(12),(13),(23),(123),(132)\}.
\end{aligned}
$$

其中$\{(1)\}$和 S_3 是平凡的,除 S_3 自己以外,都是 S_3 的真子群.

下面考虑另外一类代数系统——环与域. 域是特殊的环,它们都是具有两个二元运算的代数系统. 通常把这两个运算分别称作“加法”和“乘法”,记作+和·. 域在密码学中有着重要的应用.

定义 9.18 设$<R,+,\cdot>$是代数系统,R 为集合,+、· 为二元运算,如果

(1) $<R,+>$为阿贝尔群,

(2) $<R,\cdot>$为半群,

(3) 乘法 · 对加法+适合分配律,

则称$<R,+,\cdot>$是**环**.

例如,$<\mathbf{Z},+,\cdot>$、$<\mathbf{Q},+,\cdot>$和$<\mathbf{R},+,\cdot>$都是环,其中 $\mathbf{Z}$、$\mathbf{Q}$、$\mathbf{R}$ 分别表示整数、有理数和实数集,+和 · 表示普通加法和乘法. $<\boldsymbol{M}_n(\mathbf{R}),+,\cdot>$是环,其中 $\boldsymbol{M}_n(\mathbf{R})$是 n 阶实矩阵的集合,+、· 分别是矩阵加法和乘法. $<\mathbf{Z}_n,\oplus,\odot>$是模 n 的整数环,其中 $\mathbf{Z}_n=\{0,1,\cdots,n-1\}$,$\oplus$和$\odot$分别表示模 n 的加法和乘法. 即 $\forall x,y\in\mathbf{Z}_n$ 有

$$x\oplus y=(x+y)\bmod n.$$

$$x \odot y = (xy) \bmod n.$$

在环$<R,+,\cdot>$中，如果乘法$\cdot$适合交换律，则称R是**交换环**. 如果对于乘法有幺元，则称R是**含幺环**. 为了区别含幺环中加法幺元和乘法幺元，通常把加法幺元记作0，乘法幺元记作1. 可以证明加法幺元0恰好是乘法的零元.

在环$<R,+,\cdot>$中，如果存在$a,b\in R,a\neq 0,b\neq 0$，但$ab=0$，则称a为R中的**左零因子**，b为R中的**右零因子**. 如果环R中既不含左零因子，也不含右零因子，即$\forall a,b\in R$，

$$ab = 0 \Rightarrow a = 0 \vee b = 0,$$

则称R为**无零因子环**.

例如，$<\mathbf{Z},+,\cdot>$、$<\mathbf{Q},+,\cdot>$、$<\mathbf{R},+,\cdot>$、$<\mathbf{Z}_n,\oplus,\odot>$都是交换环，但$<\boldsymbol{M}_n(\mathbf{R}),+,\cdot>$不是交换环. 它们都是含幺环. 因为1是普通乘法的幺元，也是模n乘法$\odot$的幺元. 而n阶单位矩阵E是环$\boldsymbol{M}_n(\mathbf{R})$的乘法幺元. $<\mathbf{Z},+,\cdot>$、$<\mathbf{Q},+,\cdot>$和$<\mathbf{R},+,\cdot>$都是无零因子环，但$<\mathbf{Z}_n,\oplus,\odot>$不一定是无零因子环. 例如，$<\mathbf{Z}_6,\oplus,\odot>$中有$2\odot 3=0$，但2和3都不是0. $<\mathbf{Z}_6,\oplus,\odot>$不是无零因子环，而$<\mathbf{Z}_5,\oplus,\odot>$是无零因子环.

定义 9.19 (1) 若环$<R,+,\cdot>$是交换、含幺和无零因子的，则称R为**整环**.

(2) 若环$<R,+,\cdot>$至少含有2个元素且是含幺和无零因子的，并且$\forall a\in R(a\neq 0)$有$a^{-1}\in R$，则称R为**除环**.

(3) 若环$<R,+,\cdot>$既是整环，又是除环，则称R是**域**.

例如，$<\mathbf{Z},+,\cdot>$是整环不是域. 因为乘法可交换，1是幺元，且不含零因子，但是任何整数除了± 1之外没有乘法的逆元. 而$<\mathbf{R},+,\cdot>$是域，即实数域，因为$\forall x\in\mathbf{R},x\neq 0$，有$x^{-1}=\dfrac{1}{x}\in\mathbf{R}$.

例 9.10 设S为下列集合，$+$和$\cdot$为普通加法和乘法.

(1) $S=\{x\mid x=2n\wedge n\in\mathbf{Z}\}$.

(2) $S=\{x\mid x=2n+1\wedge n\in\mathbf{Z}\}$.

(3) $S=\{x\mid x\in\mathbf{Z}\wedge x\geqslant 0\}=\mathbf{N}$.

(4) $S=\{x\mid x=a+b\sqrt{3},\ a,b\in\mathbf{Q}\}$.

问S和$+$、$\cdot$能否构成整环？能否构成域？为什么？

解 (1) 不是整环也不是域，因为乘法幺元是$1,1\notin S$.

(2) 不是整环也不是域，因为S不是环，普通加法在S上不封闭且幺元是$0,0\notin S$.

(3) S不是环，因为除0以外任何正整数x的加法逆元是$-x$，而$-x\notin S$. S当然也不是整环和域.

(4) S是域. 对任意$x_1,x_2\in S$有

$$x_1 = a_1 + b_1\sqrt{3},\ x_2 = a_2 + b_2\sqrt{3}.$$

$$x_1 + x_2 = (a_1 + a_2) + (b_1 + b_2)\sqrt{3} \in S.$$

$$x_1 \cdot x_2 = (a_1a_2 + 3b_1b_2) + (a_1b_2 + a_2b_1)\sqrt{3} \in S.$$

S对$+$和$\cdot$是封闭的. 又乘法幺元$1\in S$，易证$<S,+,\cdot>$是整环. $\forall x\in S,x\neq 0,x=a+b\sqrt{3}$有

$$\frac{1}{x}=\frac{1}{a+b\sqrt{3}}=\frac{a-b\sqrt{3}}{a^2-3b^2}=\frac{a}{a^2-3b^2}-\frac{b}{a^2-3b^2}\sqrt{3}\in S,$$

所以$<S,+,\cdot>$是域.

定理 9.9 设$<R,+,\cdot>$是环,则

(1) $\forall a\in R, a\cdot 0=0\cdot a=0$.

(2) $\forall a,b\in R,(-a)b=a(-b)=-(ab)$.

(3) $\forall a,b\in R,(-a)(-b)=ab$.

(4) $\forall a,b,c\in R,a(b-c)=ab-ac$,

$$(b-c)a=ba-ca.$$

证明 (1) $a\cdot 0=a\cdot(0+0)=a\cdot 0+a\cdot 0$,

由加法消去律得

$$0=a\cdot 0.$$

同理可证 $0\cdot a=0$.

(2) $(-a)b+ab=(-a+a)b=0\cdot b=0$.

类似地有 $ab+(-a)b=0$.

所以$(-a)b$是ab的加法逆元,即$-(ab)$.

同理可证 $a(-b)=-(ab)$.

(3) $(-a)(-b)=-(a(-b))=-(-(ab))=ab$.

(4) $a(b-c)=a(b+(-c))=ab+a(-c)=ab-ac$.

同理有 $(b-c)a=ba-ca$. ■

为简洁起见,定理 9.9 的(2)、(3)和(4)中省略了字母之间的乘法算符. 在环中做加法和乘法只能遵从加法的交换律和结合律、乘法的结合律、乘法对加法的分配律及定理 9.9 中所给出的算律. 由定理 9.9(1)可以看出加法的幺元 0 恰好是乘法的零元.

例 9.11 设$<R,+,\cdot>$是环,$\forall a,b\in R$ 计算$(a-b)^2$和$(a+b)^3$.

解
$$\begin{aligned}(a-b)^2&=(a-b)(a-b)\\&=a^2-ba-ab-b(-b)\\&=a^2-ba-ab+b^2.\end{aligned}$$

$$\begin{aligned}(a+b)^3&=(a+b)(a+b)(a+b)\\&=(a^2+ba+ab+b^2)(a+b)\\&=a^3+ba^2+aba+b^2a+a^2b+bab+ab^2+b^3.\end{aligned}$$

在上面两个式子中许多项不能合并. 例如,ba^2与aba、a^2b等都不能合并. 如果合并一定会用到乘法的交换律,而在一般的环(不是整环)中乘法可能是不可交换的. 在初等代数中的加法和乘法运算都是在实数域中进行的,乘法是可以交换的. 所以,有

$$(a-b)^2=a^2-2ab+b^2.$$
$$(a+b)^3=a^3+3a^2b+3ab^2+b^3.$$

最后,介绍另一类重要的代数系统——格和布尔代数. 布尔代数是一种特殊的格,它在计算机科学中有广泛的应用. 首先说明,从这里开始到本章结束所遇到的∨和∧不再代表逻辑符号,而是偏序集中的两个运算符.

定义 9.20 设$<S,\leqslant>$是偏序集，如果$\forall x,y\in S$，$\{x,y\}$都有最小上界和最大下界，则称 S 关于$\leqslant$构成一个**格**.

由于最小上界与最大下界的唯一性，可以把求$\{x,y\}$的最小上界和最大下界看成 x 与 y 的二元运算$\vee$和$\wedge$，即 $x\vee y$ 和 $x\wedge y$ 分别表示 x 和 y 的最小上界和最大下界.

例 9.12 设 n 为正整数，S_n 为 n 的正因子的集合，D 为整除关系，则$<S_n,D>$构成格. $\forall x,y\in S_n$，$x\vee y$ 是 x 与 y 的最小公倍数$[x,y]$，$x\wedge y$ 是 x 与 y 的最大公约数(x,y). 图 9-1 给出了格$<S_8,D>$、$<S_6,D>$和$<S_{30},D>$.

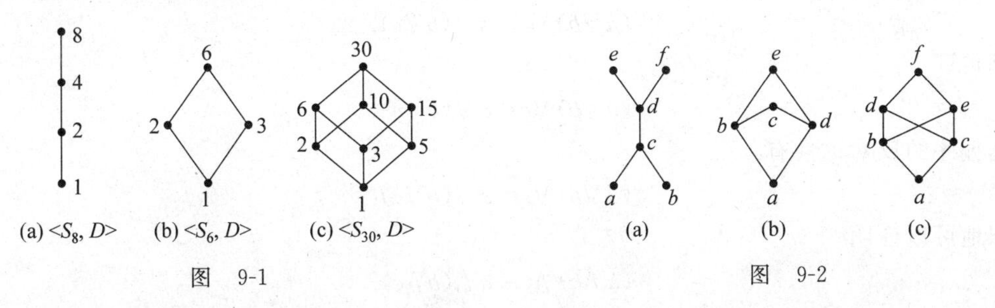

(a) $<S_8,D>$　(b) $<S_6,D>$　(c) $<S_{30},D>$

图 9-1

(a)　(b)　(c)

图 9-2

例 9.13 判断图 9-2 中偏序集是否构成格，说明为什么.

解 都不是格. 图 9-2(a)中的$\{e,f\}$没有上界，图 9-2(b)中的$\{b,d\}$有上界 c 和 e，但没有最小上界. 图 9-2(c)中的$\{d,e\}$有下界 a、b、c，但没有最大下界.

格有一条重要的性质，即格的**对偶原理**.

设 f 是含有格中的元素以及符号$=$、$\leqslant$、$\geqslant$、$\vee$、$\wedge$的命题，令 f^* 是将 f 中的$\leqslant$改写成$\geqslant$，$\geqslant$改写成$\leqslant$，$\vee$改写成$\wedge$，$\wedge$改写成$\vee$所得到的命题，称为 f 的**对偶命题**. 根据格的对偶原理，若 f 对一切格为真，则 f^* 也对一切格为真.

例如，在格中有

$$(a\vee b)\wedge c\leqslant c$$

成立，则有

$$(a\wedge b)\vee c\geqslant c$$

成立.

定理 9.10 设$<L,\leqslant>$为格，则运算$\vee$和$\wedge$适合交换律、结合律、幂等律和吸收律，即

(1) $\forall a,b\in L$ 有

$$a\vee b=b\vee a,\quad a\wedge b=b\wedge a.$$

(2) $\forall a,b,c\in L$ 有

$$(a\vee b)\vee c=a\vee(b\vee c),\quad (a\wedge b)\wedge c=a\wedge(b\wedge c).$$

(3) $\forall a\in L$ 有

$$a\vee a=a,\quad a\wedge a=a.$$

(4) $\forall a,b\in L$ 有

$$a\vee(a\wedge b)=a,\quad a\wedge(a\vee b)=a.$$

证明 (1) $a\vee b$ 是$\{a,b\}$的最小上界，$b\vee a$ 是$\{b,a\}$的最小上界. 因为$\{a,b\}=\{b,a\}$，所以，有 $a\vee b=b\vee a$. 同理可证 $a\wedge b=b\wedge a$.

(2) 由最小上界的定义有

$$(a\vee b)\vee c\geqslant a\vee b\geqslant a, \tag{9.1}$$

$$(a\vee b)\vee c\geqslant a\vee b\geqslant b, \tag{9.2}$$

$$(a\vee b)\vee c\geqslant c. \tag{9.3}$$

由式(9.2)和式(9.3)得

$$(a\vee b)\vee c\geqslant b\vee c, \tag{9.4}$$

再由式(9.1)和式(9.4)得

$$(a\vee b)\vee c\geqslant a\vee(b\vee c).$$

同理可证

$$(a\vee b)\vee c\leqslant a\vee(b\vee c).$$

根据偏序的反对称性有

$$(a\vee b)\vee c=a\vee(b\vee c).$$

类似地可以证明

$$(a\wedge b)\wedge c=a\wedge(b\wedge c).$$

(3) 显然 $a\leqslant a\vee a$,又由 $a\leqslant a$ 可得 $a\vee a\leqslant a$. 根据偏序的反对称性有

$$a\vee a=a.$$

同理可证 $a\wedge a=a$.

(4) 显然 $a\vee(a\wedge b)\geqslant a$. 又由于 $a\leqslant a$,$a\wedge b\leqslant a$,所以有

$$a\vee(a\wedge b)\leqslant a.$$

由这两个式子可得

$$a\vee(a\wedge b)=a.$$

同理可证

$$a\wedge(a\vee b)=a.$$

■

定理 9.10 说明格 L 可以看成具有两个二元运算的代数系统 $<L,\wedge,\vee>$,并且运算 $\wedge$ 和 $\vee$ 满足交换律、结合律、幂等律和吸收律. 利用这些性质也可以从一般代数系统的角度给出格的另一个等价的定义.

设 $<S,*,\circ>$ 是具有两个二元运算的代数系统,且对于 $*$ 和 $\circ$ 运算适合交换律、结合律、吸收律,则可以适当定义 S 中的偏序 $\leqslant$ 使得 $<S,\leqslant>$ 构成一个格,且 $\forall a, b\in S$ 有

$$a\wedge b=a*b,\quad a\vee b=a\circ b.$$

和定理 9.10 相比,这里没有提到幂等律,这是因为只要吸收律成立,则幂等律就一定成立. 证明如下: $\forall a\in S$ 有

$$a\circ a=a\circ(a*(a\circ a))=a.$$

同理可证 $a*a=a$.

下面介绍一些特殊的格.

定义 9.21 设 $<L,\wedge,\vee>$ 是格. 若 $\forall a,b,c\in L$ 有

$$a\wedge(b\vee c)=(a\wedge b)\vee(a\wedge c),$$

$$a\vee(b\wedge c)=(a\vee b)\wedge(a\vee c)$$

成立,则称 L 为**分配格**.

可以证明，这两个等式中只要有一条成立，另一条一定成立.

例如，图 9-3(a)和图 9-3(b)是分配格，但图 9-3(c)和图 9-3(d)不是分配格.

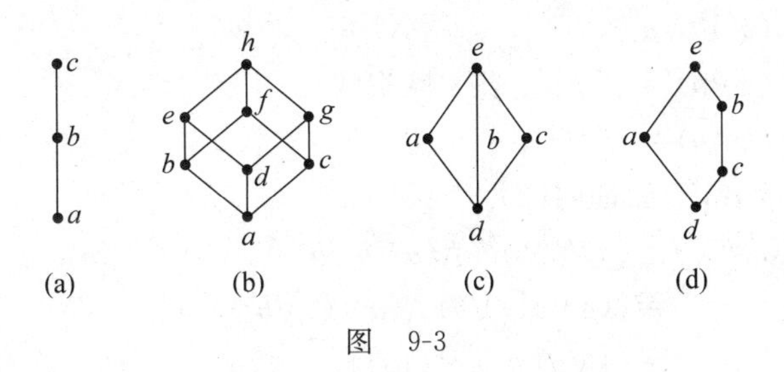

(a) (b) (c) (d)

图 9-3

因为在图 9-3(c)中有

$$a\wedge(b\vee c)=a\wedge e=a,$$
$$(a\wedge b)\vee(a\wedge c)=d\vee d=d.$$

而在图 9-3(d)中有

$$b\wedge(a\vee c)=b\wedge e=b,$$
$$(b\wedge a)\vee(b\wedge c)=d\vee c=c.$$

定义 9.22 若在格$<L,\wedge,\vee>$中存在一个元素 a，$\forall b\in L$，$a\leqslant b$(或 $b\leqslant a$)，则称 a 为格 L 的**全下界**(或**全上界**).

对于一个格 L，全下界如果存在，则是唯一的，记为 0. 同样地，若全上界存在也是唯一的，记为 1. 具有全上界和全下界的格称为**有界格**，记作$<L,\wedge,\vee,0,1>$.

所有的有限元的格都是有界格，而$<\mathbf{Z},\leqslant>$不是有界格，其中$\leqslant$为小于等于关系.

定义 9.23 设$<L,\wedge,\vee,0,1>$是有界格，$\forall a\in L$，若存在 $b\in L$ 使得 $a\wedge b=0$，$a\vee b=1$，则称 b 为 a 的**补元**.

在图 9-4 中，图 9-4(a)的 a、b、c 都不存在补元，0 与 1 互为补元. 图 9-4(b)的 a、b、c 中任意两个都互为补元，0 与 1 互为补元. 图 9-4(c)中 a 和 b 的补元都是 c，而 c 的补元是 a 和 b，0 与 1 互为补元.

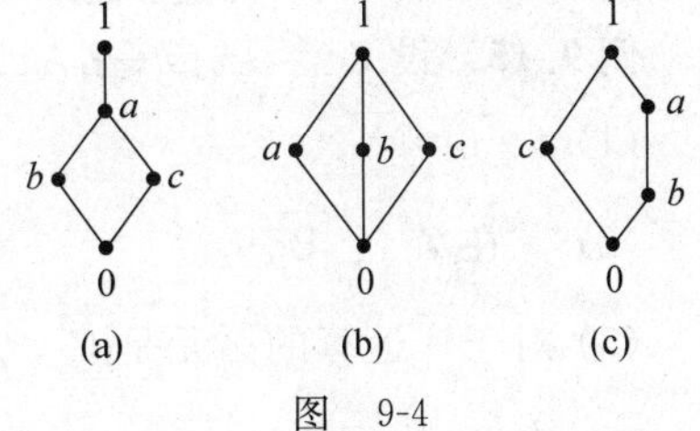

(a) (b) (c)

图 9-4

在格中有的元素无补元，有的元素有补元，有的元素有多个补元. 如果格中每个元素都至少有一个补元，则称这个格为**有补格**. 图 9-4(b)和图 9-4(c)是有补格，而图 9-4(a)不是.

可以证明，对分配格 L 来说，如果 $a\in L$ 有补元，则一定有唯一的补元，记为 a'.

定义 9.24 如果格$<L,\wedge,\vee,0,1>$是有补分配格，则称 L 为**布尔格**，也称作**布尔代数**.

由于布尔代数 L 中的每个元都有唯一的补元，求补运算也可以看成是 L 中的一元运算. 因此，布尔代数 L 可记为$<L,\wedge,\vee,',0,1>$，其中$'$表示求补运算.

例 9.14 (1) 集合代数$<P(S),\cap,\cup,\sim,\varnothing,S>$是布尔代数.

(2) 开关代数$<\{0,1\},\wedge,\vee,\neg,0,1>$是布尔代数，其中$\wedge$为与运算，$\vee$为或运算，$\neg$为非运算.

布尔代数有以下性质.

定理 9.11 设 $\langle L,\wedge,\vee,0,1\rangle$ 是布尔代数,则有:

(1) $\forall a\in L,\quad (a')'=a$.

(2) $\forall a,b\in L,\quad (a\vee b)'=a'\wedge b'$, 德·摩根律

$\qquad (a\wedge b)'=a'\vee b'$,

(1) 的证明留给读者,下面证明(2).

证明
$$\begin{aligned}(a\vee b)\vee(a'\wedge b')&=(a\vee b\vee a')\wedge(a\vee b\vee b')\\&=((a\vee a')\vee b)\wedge(a\vee(b\vee b'))\\&=(1\vee b)\wedge(a\vee 1)=1,\\(a\vee b)\wedge(a'\wedge b')&=(a\wedge a'\wedge b')\vee(b\wedge a'\wedge b')\\&=((a\wedge a')\wedge b')\vee((b\wedge b')\wedge a')\\&=(0\wedge b')\vee(0\wedge a')=0.\end{aligned}$$

所以 $a'\wedge b'$ 是 $a\vee b$ 的补元,即 $(a\vee b)'=a'\wedge b'$.

同理可证

$$(a\wedge b)'=a'\vee b'.$$ ■

定理 9.12(有限布尔代数的表示定理)

若 L 是有限布尔代数,则 L 含有 2^n 个元($n\in\mathbf{N}$),并且 L 与 $\langle P(S),\cap,\cup,\sim,\varnothing,S\rangle$ 同构,其中 S 是一个 n 元集合.

限于篇幅,略去这个定理的证明. 从定理可以知道,元素个数相同的有限布尔代数都是同构的. 换句话说,含有 2^n 个元素的布尔代数在同构的意义下只有一个,就是集合代数.

9.4 题例分析

例 9.15～例 9.22 为选择题.

例 9.15 设 $\mathbf{Z}^+=\{x\mid x\in\mathbf{Z}\wedge x>0\}$, $*$ 表示求两个数的最小公倍数的运算. 则

(1) $4*6=$ [A].

(2) $*$ 在 $\mathbf{Z}^+$ 上 [B].

(3) 对于 $*$ 运算的幺元是 [C],零元是 [D].

(4) 在 $\mathbf{Z}^+$ 中 [E].

供选择的答案

A: ①24; ②12.

B: ③只满足交换律; ④只满足结合律; ⑤满足交换律、幂等律和结合律.

C、D: ⑥0; ⑦1; ⑧不存在.

E: ⑨不存在逆元; ⑩只有唯一的逆元.

答案 A: ②; B: ⑤; C: ⑦; D: ⑧; E: ⑩.

分析 易知 4 与 6 的最小公倍数是 12. x 与 y 的最小公倍数就是 y 与 x 的最小公倍数. x 与 x 的最小公倍数就是 x 自己. 所以 $*$ 适合交换律、幂等律,同样也适合结合律. 对

任何 $x\in\mathbf{Z}^+$，x 与 1 的最小公倍数就是 x，所以 1 是幺元，不存在零元，在 $\mathbf{Z}^+$ 中只有 1 有逆元 1，其他元素都没有逆元.

例 9.16 在有理数集 **Q** 上定义二元运算 $*$，$\forall x,y\in\mathbf{Q}$ 有

$$x*y=x+y-xy,$$

则 (1) $2*(-5)=\boxed{\text{A}}$，$7*\dfrac{1}{2}=\boxed{\text{B}}$.

(2) $*$ 在 **Q** 上是$\boxed{\text{C}}$.

(3) 关于 $*$ 的幺元是$\boxed{\text{D}}$.

(4) **Q** 中满足$\boxed{\text{E}}$.

供选择的答案

A、B：①4；②7；③-13.

C：④可结合的；⑤不可结合的.

D：⑥1；⑦0.

E：⑧所有的元素都有逆元；⑨只有唯一的逆元；⑩ $\forall x\in\mathbf{Q}$，$x\neq1$ 时有逆元 x^{-1}.

答案 A：②；B：①；C：④；D：⑦；E：⑩.

分析 代入 $*$ 的定义得

$$2*(-5)=2+(-5)-2\times(-5)=7,$$

$$7*\frac{1}{2}=7+\frac{1}{2}-7\times\frac{1}{2}=4.$$

对任意的 $x,y,z\in\mathbf{Q}$ 有

$$(x*y)*z=x+y+z-xy-xz-yz+xyz,$$

$$x*(y*z)=x+y+z-xy-xz-yz+xyz,$$

所以，$*$ 适合结合律.

对任意的 $x\in\mathbf{Q}$ 有

$$x*0=x+0-x\cdot0=x,\quad 0*x=0+x-0\cdot x=x,$$

所以，0 是幺元.

对任意的 $x\in\mathbf{Q}$，假设 x^{-1} 是 x 的逆元，则有

$$x+x^{-1}-x\cdot x^{-1}=0$$

解得

$$x^{-1}=\frac{x}{x-1}(x\neq1).$$

例 9.17 (1) $S_1=\{0,1\}$，则 S_1 $\boxed{\text{A}}$.

(2) $S_2=\{1,2\}$，则 S_2 $\boxed{\text{B}}$.

(3) $S_3=\{2x\mid x\in\mathbf{Z}^+\}$，则 S_3 $\boxed{\text{C}}$.

(4) $S_4=\{2x-1\mid x\in\mathbf{Z}^+\}$，则 S_4 $\boxed{\text{D}}$.

(5) $S_5=\{x\mid x=2^n,n\in\mathbf{Z}^+\}$，则 S_5 $\boxed{\text{E}}$.

供选择的答案

A、B、C、D、E：①在普通乘法下封闭，在普通加法下不封闭；②在普通加法下封闭，在普通乘法下不封闭；③在普通加法和乘法下都封闭；④在普通加法和乘法下都不封闭.

答案 A：①；B：④；C：③；D：①；E：①.

分析 (1) $1+1=2, 2\notin S_1$，S_1 在加法下不封闭. $0\times1=0, 1\times1=1, 1\times0=0, 0\times0=0$，$S_1$ 在乘法下封闭.

(2) $2+2=4, 2\times2=4, 4\notin S_2$ 所以，S_2 在加法和乘法下都不封闭.

(3) 偶数＋偶数＝偶数，偶数×偶数＝偶数. 所以，S_3 在加法和乘法下都封闭.

(4) 奇数×奇数＝奇数，奇数＋奇数＝偶数. 所以，S_4 在乘法下封闭，在加法下不封闭.

(5) $2^r\cdot2^s=2^{r+s}\in S_5$，所以 S_5 在乘法下封闭. 但 2 和 $4\in S_5$，而 $2+4=6\notin S_5$，所以 S_5 在加法下不封闭.

例 9.18 设 $V_1=\langle S_1,\circ\rangle$，$V_2=\langle S_2,*\rangle$，其中 $S_1=\{a,b,c,d\}$，$S_2=\{0,1,2,3\}$. $\circ$ 和 $*$ 由运算表 9-8 和表 9-9 给出.

表 9-8

$\circ$	a	b	c	d
a	a	b	c	d
b	b	b	d	d
c	c	d	c	d
d	d	d	d	d

表 9-9

$*$	0	1	2	3
0	0	1	1	0
1	1	1	2	1
2	1	2	3	2
3	0	1	2	3

定义同态 $\varphi: S_1\to S_2$，且

$$\varphi(a)=0,\quad \varphi(b)=1,\quad \varphi(c)=0,\quad \varphi(d)=1,$$

则 (1) V_1 中的运算 $\circ$ [A]，其幺元是 [B]，V_2 中的运算 $*$ [C].

(2) φ 是 [D]，V_1 在 φ 下的同态像是 [E].

供选择的答案

A、C：①满足交换律，不满足结合律；②满足结合律，不满足交换律；③满足交换律与结合律.

B：④a；⑤d.

D：⑥单同态；⑦满同态；⑧以上两者都不是.

E：⑨$\langle S_2,*\rangle$；⑩$\langle\{0,1\},*\rangle$.

答案 A：③；B：④；C：①；D：⑧；E：⑩.

分析 两个运算表都关于主对角线成对称分布，所以 $\circ$ 和 $*$ 都是可交换的. 由 V_1 的运算表可知，a 为幺元，d 为零元. 从 S_1 中任取 3 个元素，如果其中含有 a 或 d，则结合律显然成立；如果 3 个全是 b(或全是 c)，则结合律也成立；如果含有 b 和 c，则不管如何排列运算顺序，其结果都是 d. 所以，$\circ$ 是可结合的. 但运算 $*$ 不适合结合律，举一个反例如下：

$$(1*0)*2=1*2=2,$$
$$1*(0*2)=1*1=1,$$

这说明

$$(1*0)*2 \neq 1*(0*2).$$

因为 $\varphi(a)=\varphi(c)=0$，所以 φ 不是单射的. 又 $\varphi(S_1)=\{0,1\}$，所以 φ 也不是满射的. V_1 的同态像是 $<\{0,1\},*>$，这个结果说明，若 V_1 中的运算$\circ$是可结合的，可以证明 V_2 中的运算 $*$ 在同态像 $\varphi(V_1)$ 中是可结合的，但不能保证在 V_2 中是可结合的. 这里 $\varphi(V_1)\subset V_2$.

例 9.19 设 $V_1=<\{1,2,3\},\circ,1>$，其中 $x\circ y$ 表示取 x 和 y 之中较大的数. $V_2=<\{5,6\},*,6>$，其中 $x*y$ 表示取 x 和 y 之中较小的数.

(1) V_1 含有 $\boxed{A}$ 个子代数，其中非平凡的真子代数有 $\boxed{B}$ 个. V_2 含有 $\boxed{C}$ 个平凡的子代数.

(2) 积代数 $V_1\times V_2$ 中有 $\boxed{D}$ 个元素，其幺元是 $\boxed{E}$.

供选择的答案

A、B、C、D：①0；②1；③2；④3；⑤4；⑥5；⑦6.

E：⑧$<1,5>$；⑨$<1,6>$；⑩$<3,6>$.

答案 A：⑤；B：③；C：③；D：⑦；E：⑨.

分析 V_1 的子代数是 $<\{1\},\circ,1>$、$<\{1,2\},\circ,1>$、$<\{1,3\},\circ,1>$ 和 $<\{1,2,3\},\circ,1>$ 共 4 个. 其中 $\{1\}$ 和 $\{1,2,3\}$ 是平凡的子代数，$\{1\}$、$\{1,2\}$ 和 $\{1,3\}$ 是真子代数. 所以，非平凡的真子代数有 2 个. V_2 有 2 个子代数，$\{6\}$ 和 $\{5,6\}$ 都是平凡的.

积代数的元素数就是 V_1 与 V_2 中的元素数之积，$3\times 2=6$，即有 6 个元素. 幺元是 $<1,6>$.

例 9.20 某二进制通信编码由 4 个数据位 x_1、x_2、x_3、x_4 和 3 个校验位 x_5、x_6、x_7 构成. 它们的关系如下：

$$x_5 = x_1 \oplus x_2 \oplus x_3,$$
$$x_6 = x_1 \oplus x_2 \oplus x_4,$$
$$x_7 = x_1 \oplus x_3 \oplus x_4,$$

其中$\oplus$为异或运算.

(1) 设 S 为所有满足上述关系的码字的集合，如下定义 S 上的$\oplus$运算. $\forall x,y\in S$，$x=x_1x_2\cdots x_7$，$y=y_1y_2\cdots y_7$，有

$$x\oplus y = z_1z_2\cdots z_7\text{，其中 } z_i = x_i\oplus y_i,\quad i=1,2,\cdots,7.$$

这里的 $x_i\oplus y_i$ 为异或运算. 那么，$<S,\oplus>$ 是一个 $\boxed{A}$.

(2) 设 $x,y\in S$，定义 $H(x,y)=\sum_{i=1}^{7}(x_i\oplus y_i)$，那么当 $x\neq y$ 时 $H(x,y)\geqslant \boxed{B}$.

(3) 使用该种码可查出接收码中包含的所有 $k\leqslant \boxed{C}$ 错误.

(4) 使用该种码可纠正接收码中包含的所有 $k\leqslant \boxed{D}$ 位错误.

(5) 如果接收到 1000011，且知有一位出错，那么出错位是第 $\boxed{E}$ 位.

供选择的答案

A：①半群，但不是群；②群；③环，但不是域；④域；⑤前 4 种都不对.

B、C、D、E：①1；②2；③3；④4；⑤5；⑥6；⑦7；⑧0.

答案 A：②；B：③；C：②；D：①；E：⑤.

分析 (1) 不难验证 S 在运算$\oplus$下是封闭的，$\oplus$是可结合的，0000000 是幺元，$\forall x \in S$，x 的逆元就是 x. 所以$<S,\oplus>$构成群.

(2) $H(x,y)$为码字 x 和 y 不同的位数，称为海明距离. 由于校验位完全由数据位决定，只要分别考查数据位的不同情况就可以得到最小海明距离是 3. 例如，码字 $x=x_1x_2\cdots x_7$，$y=y_1y_2\cdots y_7$，假设 $x_1\neq y_1$，$x_2=y_2$，$x_3=y_3$，$x_4=y_4$，则必有 $x_5\neq y_5$，$x_6\neq y_6$，$x_7\neq y_7$. 这时 $H(x,y)=4$.

(3) 如果码 S 的最小海明距离是 $k+1$，则该码至多可查出接收码中包含的所有 k 位错. 由于 $k+1=3$，所以 $k=2$.

(4) 如果码 S 的最小海明距离是 $2k+1$，则该码至多可纠正接收码中包含的所有 k 位错. 由于 $2k+1=3$，所以 $k=1$.

(5) 因为数据位中的任何一位出错，都会引起校验位出错. 所以，总的出错位数必然大于1. 这说明出错位一定是校验位. 考查 1000011，它的第 2、3、4 位都一样，那么第 5、6、7 位也应该一样. 所以，第 5 位应该是 1.

例 9.21 对以下定义的集合和运算判断它们是不是代数系统. 如果是，是哪一种？

(1) $S_1=\left\{1,\frac{1}{2},2,\frac{1}{3},3,\frac{1}{4},4\right\}$，$*$ 为普通乘法，则 S_1 是$\boxed{A}$.

(2) $S_2=\{a_1,a_2,\cdots,a_n\}$，$n\geqslant 2$，$a_i\in\mathbf{R}$，$i=1,2,\cdots,n$，$\forall a_i,a_j\in S_2$ 有 $a_i\circ a_j=a_i$，则 S_2 是$\boxed{B}$.

(3) $S_3=\{0,1\}$，$*$ 为普通乘法，则 S_3 是$\boxed{C}$.

(4) $S_4=\{1,2,3,6\}$，$\preccurlyeq$为整除关系，则 S_4 是$\boxed{D}$.

(5) $S_5=\{0,1\}$，$+$、$*$ 分别为模 2 加法和乘法，则 S_5 是$\boxed{E}$.

供选择的答案

A、B、C、D、E：①半群，但不是独异点；②是独异点，但不是群；③群；④环，但不是域；⑤域；⑥格，但不是布尔代数；⑦布尔代数；⑧代数系统，但不是以上 7 种；⑨不是代数系统.

答案 A：⑨；B：①；C：②；D：⑦；E：⑤.

分析 (1) 因为 S_1 对乘法不封闭，所以 S_1 和 $*$ 不构成代数系统.

(2) $<S_2,\circ>$是代数系统，运算$\circ$适合结合律，但无幺元，只构成半群.

(3) S_3 在乘法下封闭，结合律成立，幺元是 1，是独异点. 但 0 没有逆元，不能构成群.

(4) $<S_4,\preccurlyeq>$是格，又与 2^2 的集合代数同构，所以是布尔代数.

(5) 易证$<S_5,+,*>$是代数系统，并且就是$<\mathbf{Z}_2,\oplus,\odot>$，所以是整环. 除 0 以外只有元素 1，1 的模 2 乘法的逆元就是 1. 所以$<S_5,+,*>$是域.

例 9.22 图 9-5 给出一个格 L，则

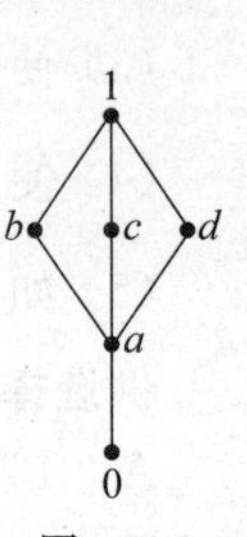

图 9-5

(1) L 是$\boxed{A}$元格.

(2) L 是$\boxed{B}$.

(3) b 的补元是[C], a 的补元是[D], 1 的补元是[E].

供选择的答案

A：①5；②6.

B：③分配格；④有补格；⑤布尔格；⑥以上都不对.

C、D、E：⑦不存在；⑧c 和 d；⑨0；⑩c.

答案　A：②；B：⑥；C：⑦；D：⑦；E：⑨.

分析　(1) L 中含有 6 个元素，所以是 6 元格.

(2) L 不是分配格，因为它含有图 9-3(c) 的格作为子格，而该子格不是分配格，所以在 L 中也不成立分配律. L 中的 a、b、c、d 都没有补元，只有 1 与 0 互为补元. 所以，L 不是有补格，当然更不是布尔格了.

(3) b 和 a 没有补元，1 的补元是 0.

例 9.23　设 $<B, \wedge, \vee, ', 0, 1>$ 是布尔代数，

(1) $a, b \in B$，公式 f 为 $b \wedge (a \vee (a' \wedge (b \vee b')))$，在 B 中化简 f.

(2) 在 B 中等式 $(a \wedge b') \vee (a' \wedge b) = 0$ 成立的条件是什么？

答案　(1)

$$
\begin{aligned}
& b \wedge (a \vee (a' \wedge (b \vee b'))) \\
= & b \wedge (a \vee (a' \wedge 1)) \quad &\text{(补元定义)} \\
= & b \wedge (a \vee a') \quad &\text{(1 为全上界)} \\
= & b \wedge 1 \quad &\text{(补元定义)} \\
= & b. \quad &\text{(1 为全上界)}
\end{aligned}
$$

(2) $a = b$.

分析　(1) 根据布尔代数的运算规则化简即可.

(2) 两个元素的最小上界是 0，则它们必都为 0. 从而得到 $a \wedge b' = 0$ 和 $a' \wedge b = 0$. 而对第一个等式求补得到 $a' \vee b = 1$. 由这个结果和 $a' \wedge b = 0$，根据补元定义知道 b 是 a' 的补元，又 a 是 a' 的补元. 由补元唯一性得 $a = b$.

习　题

题 9.1～题 9.9 是选择题. 题目要求是从供选择的答案中选出应填入叙述中的[ ]内的正确答案.

9.1　设 $S = \{a, b\}$，则 S 上可以定义[A]个二元运算. 其中有 4 个运算 f_1、f_2、f_3、f_4，其运算表如下：

	a	b
a	a	a
b	a	a

f_1

	a	b
a	a	b
b	b	a

f_2

	a	b
a	b	a
b	a	a

f_3

	a	b
a	a	b
b	a	b

f_4

则只有[B]满足交换律，[C]满足幂等律，[D]有幺元，[E]有零元.

供选择的答案

A：①4；②8；③16；④2.

B、C、D、E：⑤f_1 和 f_2；⑥f_1、f_2 和 f_3；⑦f_3 和 f_4；⑧f_4；⑨f_1；⑩f_2.

9.2 设 $S=\mathbf{Q}\times\mathbf{Q}$，其中 $\mathbf{Q}$ 为有理数集合. 定义 S 上的二元运算 $*$，$\forall\langle a,b\rangle$，$\langle x,y\rangle\in S$ 有

$$\langle a,b\rangle * \langle x,y\rangle=\langle ax,\ ay+b\rangle,$$

则 (1) $\langle 3,4\rangle*\langle 1,2\rangle=\boxed{A}$，$\langle -1,3\rangle*\langle 5,2\rangle=\boxed{B}$.

(2) $\langle S,*\rangle$是$\boxed{C}$.

(3) $\langle S,*\rangle$的幺元是$\boxed{D}$.

(4) $\langle S,*\rangle\boxed{E}$.

供选择的答案

A、B：①$\langle 3,10\rangle$；②$\langle 3,8\rangle$；③$\langle -5,1\rangle$.

C：④可交换的；⑤可结合的；⑥不是可交换，也不是可结合的.

D：⑦$\langle 1,0\rangle$；⑧$\langle 0,1\rangle$.

E：⑨只有唯一的逆元；⑩当 $a\neq 0$ 时，元素$\langle a,b\rangle$有逆元.

9.3 $\mathbf{R}$ 为实数集，定义以下 6 个函数 f_1，f_2，…，f_6，$\forall x,y\in\mathbf{R}$ 有

$$f_1(\langle x,y\rangle)=x+y,$$
$$f_2(\langle x,y\rangle)=x-y,$$
$$f_3(\langle x,y\rangle)=xy,$$
$$f_4(\langle x,y\rangle)=\max\{x,y\},$$
$$f_5(\langle x,y\rangle)=\min\{x,y\},$$
$$f_6(\langle x,y\rangle)=|x-y|.$$

那么，其中有$\boxed{A}$个是 $\mathbf{R}$ 上的二元运算，有$\boxed{B}$个是可交换的，$\boxed{C}$个是可结合的，$\boxed{D}$个是有幺元的，$\boxed{E}$个是有零元的.

供选择的答案

A、B、C、D、E：①0；②1；③2；④3；⑤4；⑥5；⑦6.

9.4 (1) 设 $V=\langle\mathbf{Z},+,\cdot\rangle$，其中$+$和$\cdot$分别表示普通加法和乘法，则 V 有$\boxed{A}$个不同的子代数，且这些子代数$\boxed{B}$.

(2) 令 $T_1=\{2n\mid n\in\mathbf{Z}\}$，则 T_1 是 V 的$\boxed{C}$.

(3) 令 $T_2=\{2n+1\mid n\in\mathbf{Z}\}$，则 T_2 不是 V 的子代数，其原因是 T_2 $\boxed{D}$.

(4) 令 $T_3=\{-1,0,1\}$，则 T_3 不是 V 的子代数，其原因是 T_3 $\boxed{E}$.

供选择的答案

A：①有限；②无限.

B：③含有有限个元素；④含有无限个元素；⑤有的含有有限个元素，有的含有无限个

元素.

C：⑥平凡的子代数；⑦非平凡的子代数.

D、E：⑧对加法不封闭；⑨对乘法不封闭；⑩对加法和乘法都不封闭.

9.5 设$V=<\mathbf{R}^+,\cdot>$，其中·为普通乘法. 对任意$x\in\mathbf{R}^+$令$\varphi_1(x)=|x|$，$\varphi_2(x)=2x$，$\varphi_3(x)=x^2$，$\varphi_4(x)=\frac{1}{x}$，$\varphi_5(x)=-x$，则其中有$\boxed{A}$个是V的自同态. 它们是$\boxed{B}$，有$\boxed{C}$个是单自同态，而不是满自同态；$\boxed{D}$个是满自同态，而不是单自同态；$\boxed{E}$个是自同构.

供选择的答案

A、C、D、E：①0；②1；③2；④3；⑤4；⑥5.

B：⑦φ_1，φ_2，φ_3；⑧φ_1，φ_3；⑨φ_1，φ_3，φ_4；⑩φ_1，φ_2，φ_3，φ_4.

9.6 设$V=<\mathbf{Z},+>$，其中+为普通加法. $\forall x\in\mathbf{Z}$令$\varphi_1(x)=x$，$\varphi_2(x)=0$，$\varphi_3(x)=x+5$，$\varphi_4(x)=2x$，$\varphi_5(x)=x^2$，$\varphi_6(x)=-x$，则φ_1，…，φ_6中有$\boxed{A}$个是V的自同态，其中$\boxed{B}$个不是V的自同构，$\boxed{C}$个只是单自同态，不是满自同态；$\boxed{D}$个是满自同态，不是单自同态. 零同态的同态像是$\boxed{E}$.

供选择的答案

A、B、C、D：①0；②1；③2；④3；⑤4；⑥5；⑦6.

E：⑧$\{0\}$；⑨0；⑩$\mathbf{Z}$.

9.7 对以下定义的集合和运算判别它们能否构成代数系统？如果能，请说明是构成哪一种代数系统？

(1) $S_1=\{0,\pm1,\pm2,\cdots,\pm n\}$，+为普通加法，则$S_1$是$\boxed{A}$.

(2) $S_2=\left\{\frac{1}{2},0,2\right\}$，*为普通乘法，则$S_2$是$\boxed{B}$.

(3) $S_3=\{0,1,\cdots,n-1\}$，n为任意给定的正整数且$n\geqslant2$，*为模n乘法，∘为模n加法，则S_3是$\boxed{C}$.

(4) $S_4=\{0,1,2,3\}$，≤为小于等于关系，则S_4是$\boxed{D}$.

(5) $S_5=\boldsymbol{M}_n(\mathbf{R})$，+为矩阵加法，则$S_5$是$\boxed{E}$.

供选择的答案

A、B、C、D、E：①半群，不是独异点；②独异点，不是群；③群；④环，不一定是域；⑤域；⑥格，不是布尔代数；⑦布尔代数；⑧代数系统，但不是以上7种；⑨不是代数系统.

9.8 (1) 设$G=\{0,1,2,3\}$，若⊙为模4乘法，则$<G,\odot>$构成$\boxed{A}$.

(2) 若⊕为模4加法，则$<G,\oplus>$是$\boxed{B}$阶群，且是$\boxed{C}$. G中的2阶元是$\boxed{D}$，4阶元是$\boxed{E}$.

供选择的答案

A：① 群；②半群，不是群.

B：③ 有限；④无限.

C：⑤ Klein四元群；⑥置换群；⑦循环群.

D、E：⑧0；⑨1 和 3；⑩2.

9.9 (1) 设$<L,\wedge,\vee,',0,1>$是布尔代数，则 L 中的运算$\wedge$和$\vee$ [A]，运算$\vee$的幺元是 [B]，零元是 [C]，最小的子布尔代数是由集合 [D] 构成.

(2) 在布尔代数 L 中表达式

$$(a\wedge b)\vee(a\wedge b\wedge c)\vee(b\wedge c)$$

的等值式是 [E].

供选择的答案

A：①适合德·摩根律、幂等律、消去律和结合律；②适合德·摩根律、结合律、幂等律、分配律；③适合结合律、交换律、消去律、分配律.

B、C：④0；⑤1.

D：⑥$\{1\}$；⑦$\{0,1\}$.

E：⑧$b\wedge(a\vee c)$；⑨$(a\wedge c)\vee(a'\wedge b)$；⑩$(a\vee b)\wedge(a\vee b\vee c)\wedge(b\vee c)$.

9.10 设 $S=\{1,2,\cdots,10\}$，问下面定义的二元运算 $*$ 是否为 S 上的二元运算？

(1) $x*y=\gcd(x,y)$，x 与 y 的最大公约数.

(2) $x*y=\mathrm{lcm}(x,y)$，x 与 y 的最小公倍数.

(3) $x*y=$大于等于 xy 的最小整数.

(4) $x*y=\max\{x,y\}$.

(5) $x*y=$质数 p 的个数，其中 $x\leqslant p\leqslant y$.

9.11 下面各集合都是 **N** 的子集，它们在普通加法运算下是否封闭？

(1) $\{x|x$ 的某次幂可以被 16 整除$\}$.

(2) $\{x|x$ 与 5 互质$\}$.

(3) $\{x|x$ 是 30 的因子$\}$.

(4) $\{x|x$ 是 30 的倍数$\}$.

9.12 设 $V=<S,*>$，其中 $S=\{a,b,c\}$，$*$ 的运算表分别给定如下：

(1)

$*$	a	b	c
a	a	b	c
b	b	c	a
c	c	a	b

(2)

$*$	a	b	c
a	a	b	c
b	a	b	c
c	a	b	c

(3)

$*$	a	b	c
a	a	b	c
b	b	b	c
c	c	c	c

分别对以上每种情况讨论 $*$ 运算的可交换性、幂等性，是否含有幺元以及 S 中的元素是否含有逆元.

9.13 设 $V_1=<\{0,1,2\},\circ>$，$V_2=<\{0,1\},*>$，其中$\circ$表示模 3 加法，$*$ 表示模 2 乘法. 试构造积代数 $V_1\times V_2$ 的运算表，并指出积代数的幺元.

9.14 设代数系统 $V=<A,\circ,*,\Delta>$，其中 $A=\{1,2,5,10\}$，$\forall x,y\in A$ 有 $x\circ y=x$ 与 y 的最大公约数，$x*y=x$ 与 y 的最小公倍数，$\Delta x=\dfrac{10}{x}$. 给出关于$\circ$、$*$ 和 Δ 运算的运算表.

9.15 设 $V=<\mathbf{R}^*,\circ>$是代数系统，其中 $\mathbf{R}^*$ 为非零实数的集合. 分别对下述小题讨

论$\circ$运算是否可交换、可结合，并求幺元和所有可逆元素的逆元.

（1）$\forall a,b\in\mathbf{R}^*, a\circ b=\frac{1}{2}(a+b)$.

（2）$\forall a,b\in\mathbf{R}^*, a\circ b=\frac{a}{b}$.

（3）$\forall a,b\in\mathbf{R}^*, a\circ b=ab$.

9.16 设$V=\langle A,*\rangle$为代数系统，其中$A=\{0,1,2,3,4\}$. $\forall a,b\in A, a*b=(ab)\bmod 5$.

（1）列出$*$的运算表.

（2）$*$是否有零元和幺元？若有幺元，请求出所有可逆元素的逆元.

9.17 设$A=\{1,2\}, V=\langle A^A,\circ\rangle$，其中$\circ$表示函数的合成. 试给出$V$的运算表，并求出$V$的幺元和所有可逆元素的逆元.

9.18 设$A=\{x\mid x\in\mathbf{R}\wedge x\neq 0,1\}$. 在$A$上定义6个函数如下：

$$f_1(x)=x,\quad f_2(x)=\frac{1}{x},\quad f_3(x)=1-x,$$

$$f_4(x)=\frac{1}{1-x},\quad f_5(x)=\frac{x-1}{x},\quad f_6(x)=\frac{x}{x-1}.$$

$V=\langle S,\circ\rangle$，其中$S=\{f_1,f_2,\cdots,f_6\}$，$\circ$为函数的合成.

（1）给出V的运算表.

（2）说明V的幺元和所有可逆元素的逆元.

9.19 设A为n元集，A上可定义多少个不同的一元运算和二元运算？其中有

（1）多少个二元运算是可交换的？

（2）多少个二元运算是幂等的？

（3）多少个二元运算既不是可交换的，也不是幂等的？

9.20 设$\mathbf{Z}$为整数集合，在$\mathbf{Z}$上定义二元运算$\circ$，$\forall x,y\in\mathbf{Z}$有

$$x\circ y=x+y-2,$$

那么$\mathbf{Z}$与运算$\circ$能否构成群？为什么？

9.21 设$G=\{a,b,c,d\}$，其中

$$\boldsymbol{a}=\begin{bmatrix}1&0\\0&1\end{bmatrix},\boldsymbol{b}=\begin{bmatrix}-1&0\\0&-1\end{bmatrix},\boldsymbol{c}=\begin{bmatrix}0&1\\-1&0\end{bmatrix},\boldsymbol{d}=\begin{bmatrix}0&-1\\1&0\end{bmatrix}$$

G上的运算是矩阵乘法.

（1）找出G的全部子群.

（2）在同构的意义下G是4阶循环群还是Klein四元群？

（3）令S是G的所有子群的集合，定义S上的包含关系$\subseteq$，则$\langle S,\subseteq\rangle$构成偏序集，画出这个偏序集的哈斯图.

9.22 令$\mathbf{Z}[\mathrm{i}]=\{a+b\mathrm{i}\mid a,b\in\mathbf{Z}\}$，其中i为虚数单位，即$\mathrm{i}^2=-1$，那么$\mathbf{Z}[\mathrm{i}]$对于普通加法和乘法能否构成环？为什么？

9.23 下列各集合对于整除关系都构成偏序集，判断哪些偏序集是格？

（1）$L=\{1,2,3,4,5\}$.

（2）$L=\{1,2,3,6,12\}$.

(3) $L=\{1,2,3,4,6,9,12,18,36\}$.

(4) $L=\{1,2,2^2,\cdots,2^n\}$.

9.24 设$<S,\wedge,\vee,',0,1>$是布尔代数，在 S 上定义二元运算$\oplus$，$\forall x,y\in S$ 有

$$x\oplus y=(x\wedge y')\vee(x'\wedge y),$$

那么$<S,\oplus>$能否构成代数系统？如果能，指出是哪种代数系统.

9.25 设 $A=\{1,2,3,4,5\}$，$<P(A),\oplus>$构成群，其中$\oplus$为集合的对称差.

(1) 求解群方程$\{1,3\}\oplus X=\{3,4,5\}$.

(2) 令 $B=\{1,4,5\}$，求由 B 生成的循环子群$<B>$.

9.26 以下两个置换是 S_6 中的置换，其中

$$\sigma=\begin{pmatrix}1&2&3&4&5&6\\2&4&6&1&3&5\end{pmatrix},\quad \tau=\begin{pmatrix}1&2&3&4&5&6\\6&5&4&1&2&3\end{pmatrix}.$$

(1) 试把 σ 和 τ 表成不交的轮换之积.

(2) 求 $\sigma\tau$、$\tau\sigma$、$\sigma\tau\sigma^{-1}$.

9.27 判断以下映射是否为同态映射. 如果是，说明它是否为单同态和满同态.

(1) G 为群，φ: $G\to G$，$\varphi(x)=e$，$\forall x\in G$，其中 e 是 G 的幺元.

(2) $G=<\mathbf{Z},+>$为整数加群，φ: $G\to G$，$\varphi(n)=2n$，$\forall n\in\mathbf{Z}$.

(3) $G_1=<\mathbf{R},+>$，$G_2=<\mathbf{R}^+,\cdot>$，其中 $\mathbf{R}$ 为实数集，$\mathbf{R}^+$ 为正实数集，$+$和$\cdot$分别为普通加法和乘法. φ: $G_1\to G_2$，$\varphi(x)=\mathrm{e}^x$，$\forall x\in\mathbf{R}$.

9.28 设 $A=\{1,2,5,10,11,22,55,110\}$是 110 的正因子集，$<A,\preccurlyeq>$构成偏序集，其中$\preccurlyeq$为整除关系.

(1) 画出偏序集$<A,\preccurlyeq>$的哈斯图.

(2) 说明该偏序集是否构成布尔代数，为什么？

9.29 图 9-6 中给出了一些偏序集的哈斯图.

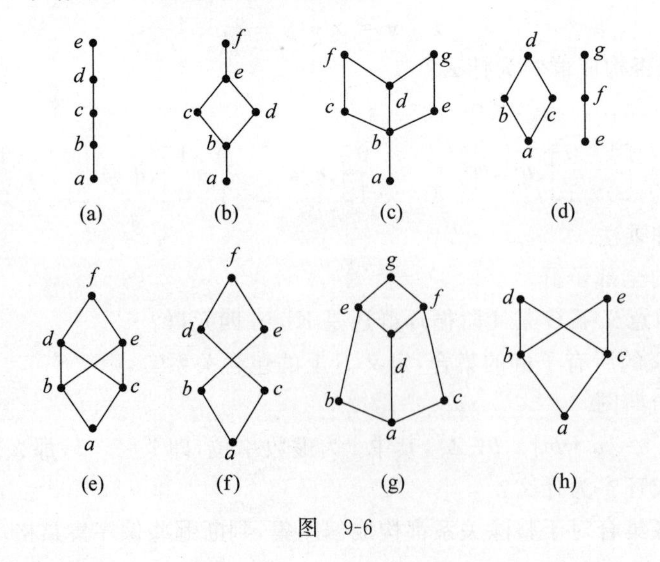

图 9-6

(1) 指出哪些不是格并说明理由.

(2) 对那些是格的说明它们是否为分配格、有补格和布尔格.

9.30 在图 9-7 所示的 3 个有界格中哪些元素有补元？如果有，请指出该元素所有的补元.

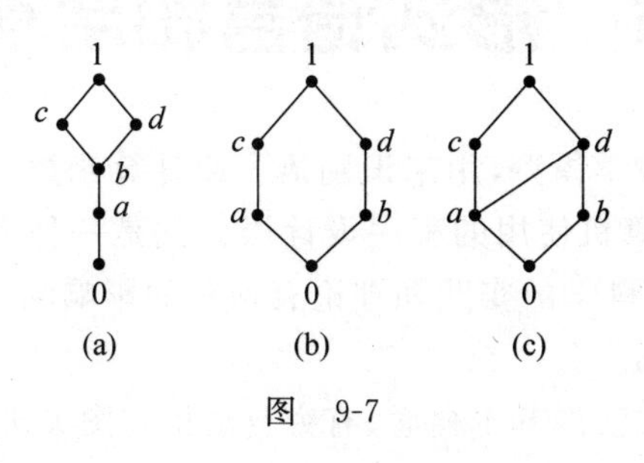

图 9-7

第10章 形式语言和自动机初步

自动机是描述计算的数学模型,用来识别语言或计算函数. 形式文法也是一种数学模型,用来产生形式语言. 计算机使用的程序设计语言就是一种形式语言. 形式语言和自动机理论密切相关,对计算机科学的实践和理论有深刻的影响和广泛的应用. 它们是计算机科学和技术的重要理论基础.

本章扼要地介绍形式文法的基本概念、有穷自动机和图灵机以及它们识别的语言类.

10.1 形式语言和形式文法

著名的语言学家乔姆斯基(N. Chomsky)于 1956 年建立了形式语言的描述. 他把形式文法分成 4 类: 0 型文法、1 型文法、2 型文法和 3 型文法. 现已证明它们分别与图灵机、非确定型线性界限自动机、非确定型下推自动机和有穷自动机等价. 形式文法,特别是上下文无关文法和正则文法在程序设计语言和编译理论中起着重要的作用.

10.1.1 字符串和形式语言

抽象地说,语言是按照一定规则排列的符号的集合. 例如,汉语是由汉字和标点符号排列成的符号串的集合. 程序设计语言是由字母、数字和一些专用符号组成的符号串的集合.

字母表是一个非空的有穷集合. 设 Σ 是一个字母表. 由 Σ 的符号组成的有穷序列称作字母表 Σ 上的**字符串**. 如 $a,aa,ab,abab,\cdots$都是字母表 $\Sigma=\{a,b\}$上的字符串. 字符串 ω 中所含符号的个数称作 ω 的**长度**,记作$|\omega|$. 如$|aba|=3$. 长度为 0 的字符串称作**空串**,记作 ε. ε 是没有任何符号的字符串. 设 $a\in\Sigma$,把 n 个 a 组成的字符串 $aa\cdots a$ 记作 a^n,这里 n 是一个自然数. 特别地,$a^0=\varepsilon$.

Σ 上的字符串的全体记作 Σ^*. Σ^* 的任何子集称作字母表 Σ 上的**形式语言**,简称为**语言**. 例如,$A=\{a,b\}$,$B=\{a^n|n\in N\}$,$C=\{a^nb^m|n,m\geqslant 1\}$都是字母表 $\Sigma=\{a,b\}$上的语言. 对于任何字母表 Σ,$\varnothing$、$\{\varepsilon\}$和 Σ^* 都是 Σ 上的语言. 要注意,$\varnothing$不含任何元素,而$\{\varepsilon\}$有一个元素.

设 ω 是一个字符串. 由 ω 左边若干个连续符号组成的字符串称作 ω 的**前缀**. 由 ω 右边若干个连续符号组成的字符串称作 ω 的**后缀**. 由 ω 的任何部位的若干个连续符号组成的字符串称作 ω 的**子字符串**,简称**子串**. 前缀和后缀是两种特殊的子串. 如 $\omega=aabb$,aab 是 ω 的前缀,bb 是 ω 的后缀,ab 是 ω 的子串,且不是 ω 的前缀、也不是 ω 的后缀. 对于任何字符串来说,空串 ε 既是前缀又是后缀.

设 $\alpha=a_1a_2\cdots a_n$,$\beta=b_1b_2\cdots b_m$ 是两个字符串,把 β 接在 α 的右边得到的新字符串记作 $\alpha\beta$,即 $\alpha\beta=a_1a_2\cdots a_nb_1b_2\cdots b_m$. $\alpha\beta$ 称作 α 和 β 的**连接**. 显然,连接运算是可结合的,即对任意的字符串 α、β、γ,有

$$(\alpha\beta)\gamma = \alpha(\beta\gamma).$$

空串 ε 是连接的单位元,即对任意的字符串 α,有

$$\varepsilon\alpha = \alpha\varepsilon = \alpha.$$

把 n 个 α 的连接记作 α^n,即

$$\alpha^n = \underbrace{\alpha\alpha\cdots\alpha}_{n个},$$

这里 n 是一个自然数. 例如,$(ab)^3 = ababab$. 特别地,当 $n=0$ 时,$\alpha^0=\varepsilon$.

10.1.2 形式文法

语言是由一定的规则产生出来的,这种规则就是文法. 为了说明如何从文法产生出语言,我们先分析一个大家熟悉的句子:王平和李玲是大学生. 它由王平、和、李玲、是、大学生 5 个词组成. 整个句子可分成两部分:主语和谓语. 主语是一个名词词组,由名词加连词加名词组成. 谓语是一个动宾词组,由动词加宾语组成. 宾语是一个名词. 而名词是王平、李玲和大学生,动词是"是",连词是"和".

句子由主语和谓语组成,写成

〈句子〉→〈主语〉〈谓语〉 ①

类似地,还有

〈主语〉→〈名词词组〉; ②
〈名词词组〉→〈名词〉〈连词〉〈名词词组〉; ③
〈名词词组〉→〈名词〉; ④
〈谓语〉→〈动宾词组〉; ⑤
〈动宾词组〉→〈动词〉〈宾语〉; ⑥
〈宾语〉→〈名词〉; ⑦
〈名词〉→ 王平; ⑧
〈名词〉→ 李玲; ⑨
〈名词〉→ 大学生; ⑩
〈连词〉→ 和; ⑪
〈动词〉→ 是. ⑫

这是一组文法规则,把它们称作产生式. 王平等 5 个词是不能再分解的基本单位,叫作终极符. 其余都是非终极符. 在产生式中用尖括号〈 和 〉把非终极符括起来.

由产生式①,得到

〈句子〉⇒〈主语〉〈谓语〉.

这里⇒表示用一个产生式能从左边得到右边. 再由②和③,得到

⇒〈名词词组〉〈谓语〉
⇒〈名词〉〈连词〉〈名词词组〉〈谓语〉

接下去可以逐步得到

⇒ 王平〈连词〉〈名词词组〉〈谓语〉 由 ⑧
⇒ 王平和〈名词词组〉〈谓语〉 由 ⑪

⇒ 王平和〈名词〉〈谓语〉　　　由 ④

⇒ 王平和李玲〈谓语〉　　　由 ⑨

⇒ 王平和李玲〈动宾词组〉　　　由 ⑤

⇒ 王平和李玲〈动词〉〈宾语〉　　　由 ⑥

⇒ 王平和李玲是〈宾语〉　　　由 ⑫

⇒ 王平和李玲是〈名词〉　　　由 ⑦

⇒ 王平和李玲是大学生　　　由 ⑩

这样用上述一组规则得到这个句子. 这个推导过程可以表示成一棵根树. 根树的叶子都是终极符,从左到右排列恰好是我们的句子,如图 10-1 所示.

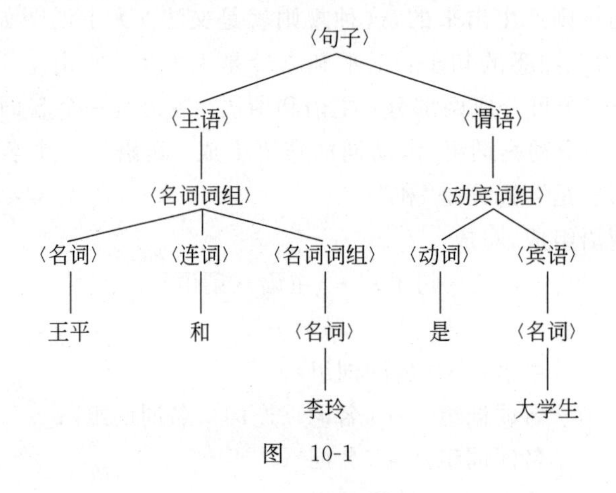

图　10-1

当然,从这组规则还可以产生出其他的句子. 如

王平是大学生;

李玲和王平是大学生;

大学生是王平;

王平和大学生是王平;

王平和李玲和大学生是李玲;

王平和王平是王平;

⋮

虽然有些句子的语义不正确,但在形式上它们都是合法的(指都有主语和谓语,主语是名词词组,谓语是动宾词组等).

下面给出形式文法的定义.

定义 10.1　一个**形式文法**是一个有序四元组 $G=\langle V,T,S,P\rangle$,其中

(1) V 是一个非空有穷集合,它的元素称作**变元**或**非终极符**;

(2) T 是一个非空有穷集合且 $V\cap T=\varnothing$,T 的元素称作**终极符**;

(3) $S\in V$ 称作**起始符**;

(4) P 是一个非空有穷集合,它的元素称作**产生式**或**改写规则**,形如

$$\alpha\rightarrow\beta,$$

这里 $\alpha,\beta\in(V\cup T)^*$ 且 $\alpha\neq\varepsilon$.

给定文法 $G=\langle V,T,S,P\rangle$，设 $\omega,\lambda\in(V\cup T)^*$. 如果存在 $\varphi,\psi\in(V\cup T)^*$ 和 P 中的产生式 $\alpha\to\beta$，使得 $\omega=\varphi\alpha\psi$，$\lambda=\varphi\beta\psi$，即把 ω 中的 α 改写成 β 后得到 λ，则称 λ 是 ω **直接派生**出来的，记作 $\omega\Rightarrow\lambda$.

如果 $\omega_1,\omega_2,\cdots,\omega_n$ 是 $V\cup T$ 上的字符串，$n\geqslant 1$ 且 $\omega_1\Rightarrow\omega_2\Rightarrow\cdots\Rightarrow\omega_n$，则称 ω_n 是由 ω_1 **派生**出来的，记作 $\omega_1\overset{*}{\Rightarrow}\omega_n$. 注意，对 $V\cup T$ 上的所有字符串 ω，有 $\omega\overset{*}{\Rightarrow}\omega$. $\overset{*}{\Rightarrow}$是$\Rightarrow$的自反传递闭包.

定义 10.2 设 $G=\langle V,T,S,P\rangle$是一个文法，称

$$L(G)=\{\omega\in T^*\mid S\overset{*}{\Rightarrow}\omega\}$$

是文法 G **生成的语言**.

根据定义 10.2，$L(G)$中的字符串满足下述两个条件：

(1) 由终极符组成；

(2) 可以由起始符派生出来.

定义 10.3 如果 $L(G_1)=L(G_2)$，则称文法 G_1 和 G_2 **等价**.

例 10.1 文法 $G_1=\langle V,T,S,P\rangle$，其中 $V=\{S\}$，$T=\{a,b\}$，$P=\{S\to aSb,S\to ab\}$.

显然，有 $S\Rightarrow ab$，$S\Rightarrow aSb$，$aSb\Rightarrow a^2b^2$，$aSb\Rightarrow a^2Sb^2$ 等. 对于任意的 $n>0$，连续使用 $n-1$ 次 $S\to aSb$，最后再用一次 $S\to ab$，得到 $S\overset{*}{\Rightarrow}a^nb^n$.

不难看出，

$$L(G_1)=\{a^nb^n\mid n\geqslant 1\}.$$

例 10.2 文法 $G_2=\langle V,T,S,P\rangle$，其中 $V=\{A,B,S\}$，$T=\{0,1\}$，$P=\{S\to 1A,A\to 0A,A\to 1A,A\to 0B,B\to 0\}$.

$$L(G_2)=\{1x00\mid x\in\{0,1\}^*\},$$

即 $L(G_2)$是所有可以被 4 整除的正整数的二进制表示.

例 10.3 文法 $G_3=\langle V,T,S,P\rangle$，其中 V 和 T 与例 10.2 的相同，$P=\{S\to A0,A\to B0,B\to B0,B\to B1,B\to 1\}$. 有 $L(G_3)=L(G_2)$，故 G_2 和 G_3 等价.

例 10.4 设文法 $G_4=\langle V,T,S,P\rangle$，其中 $V=\{S,A,B,C,D,E\}$，$T=\{a\}$，P 中的产生式如下：

(1) $S\to ACaB$； (2) $Ca\to aaC$； (3) $CB\to DB$； (4) $CB\to E$；

(5) $aD\to Da$； (6) $AD\to AC$； (7) $aE\to Ea$； (8) $AE\to\varepsilon$.

试证明：对任意的 $i\geqslant 1$，$S\overset{*}{\Rightarrow}a^{2^i}$

证 先给出 a^2 和 a^4 的派生过程：

$$\begin{aligned}S&\Rightarrow ACaB && \text{用(1)}\\&\Rightarrow AaaCB && \text{用(2)}\\&\Rightarrow AaaE && \text{用(4)}\\&\overset{*}{\Rightarrow} AEa^2 && \text{用 2 次(7)}\\&\Rightarrow a^2. && \text{用(8)}\end{aligned}$$

若在第 3 步不用(4)，而改用(3)，可以得到下述派生过程：

$$
\begin{aligned}
S &\overset{*}{\Rightarrow} AaaCB \\
&\Rightarrow AaaDB \quad \text{用(3)} \\
&\overset{*}{\Rightarrow} ADaaB \quad \text{用 2 次(5)} \\
&\Rightarrow ACaaB \quad \text{用(6)} \\
&\overset{*}{\Rightarrow} AaaaaCB \quad \text{用 2 次(2)} \\
&\Rightarrow Aa^4E \quad \text{用(4)} \\
&\overset{*}{\Rightarrow} AEa^4 \quad \text{用 4 次(7)} \\
&\Rightarrow a^4. \quad \text{用(8)}
\end{aligned}
$$

如果在得到 $AaaaaCB$ 之后不用(4),而再次用(3),就可以得到 a^8. 关键是连续使用(2)可使 a 的个数增加一倍. 在上述派生过程的启发下,我们先证明:对任意的 $i \geqslant 1$,

$$S \overset{*}{\Rightarrow} Aa^{2^i}CB.$$

用归纳法. 当 $i=1$ 时,前面已经证明结论成立. 假设 $S \overset{*}{\Rightarrow} Aa^{2^i}CB$,接下去有

$$
\begin{aligned}
S &\overset{*}{\Rightarrow} Aa^{2^i}CB \\
&\Rightarrow Aa^{2^i}DB \quad \text{用(3)} \\
&\overset{*}{\Rightarrow} ADa^{2^i}B \quad \text{用 } 2^i \text{ 次(5)} \\
&\Rightarrow ACa^{2^i}B \quad \text{用(6)} \\
&\overset{*}{\Rightarrow} Aa^{2^{i+1}}CB \quad \text{用 } 2^i \text{ 次(2)}
\end{aligned}
$$

得证对 $i+1$ 结论也成立. 故对任意的 i,结论成立. 于是,对任意的 $i \geqslant 1$,有

$$
\begin{aligned}
S &\overset{*}{\Rightarrow} Aa^{2^i}CB \\
&\Rightarrow Aa^{2^i}E \quad \text{用(4)} \\
&\overset{*}{\Rightarrow} AEa^{2^i} \quad \text{用 } 2^i \text{ 次(7)} \\
&\Rightarrow a^{2^i} \quad \text{用(8)}
\end{aligned}
$$

实际上,还可以证明由 S 也只能派生出形如 a^{2^i} $(i \geqslant 1)$的终极符串,从而

$$L(G_4) = \{a^{2^i} \mid i \geqslant 1\}.$$

10.1.3 形式文法的分类

乔姆斯基把形式文法分成 4 类,它们的区别在于对产生式附加了不同的限制.

0 型文法就是一般的形式文法,对定义 10.1 不再附加任何条件. 0 型文法又称作**短语结构文法**或**无限制文法**. 0 型文法生成的语言称作 **0 型语言**.

如果文法 G 中每一个产生式 $\alpha \to \beta$ 有 $|\alpha| \leqslant |\beta|$,则称 G 是一个 **1 型文法**. 1 型文法又称作**上下文有关文法**. 后一名词来源于下述事实:每一个 1 型文法都等价于一个这样的文法,它的产生式形如

$$\varphi A\psi \rightarrow \varphi\alpha\psi,$$

这里 $A\in V$，$\varphi, \psi, \alpha\in(V\cup T)^*$ 且 $\alpha\neq\varepsilon$. 也就是说，在这种文法中，在替换变元时必须考虑这个变元的上下文. 产生式 $\varphi A\psi\rightarrow\varphi\alpha\psi$ 表示只有当 A 的上下文分别为 φ 和 ψ 时，才能把 A 替换成 α. 如果 $L-\{\varepsilon\}$ 可由 1 型文法生成，则 L 称作 **1 型语言**或**上下文有关语言**.

如果文法 G 中的每一个产生式都形如

$$A \rightarrow \alpha,$$

其中 $A\in V$，$\alpha\in(V\cup T)^*$，则称 G 是一个 **2 型文法**. 2 型文法又称作**上下文无关文法**. 2 型文法生成的语言称作 **2 型语言**或**上下文无关语言**. 在上下文无关文法中，用产生式 $A\rightarrow\alpha$ 把 A 替换成 α 时，不需要考虑 A 的上下文.

如果文法 G 的产生式形如

$$A \rightarrow \alpha B \quad 或 \quad A \rightarrow \alpha,$$

其中 $A,B\in V$，$\alpha\in T^*$，则称 G 是一个**右线性文法**.

如果文法 G 的产生式形如

$$A \rightarrow B\alpha \quad 或 \quad A \rightarrow \alpha,$$

其中 A、B 和 α 同上，则称 G 是一个**左线性文法**.

右线性文法和左线性文法统称作 **3 型文法**或**正则文法**. 3 型文法生成的语言称作 **3 型语言**或**正则语言**.

例 10.1 中的 G_1 是上下文无关文法. 例 10.2 中的 G_2 是右线性文法，例 10.3 中的 G_3 是左线性文法，G_2 和 G_3 都是正则文法. 例 10.4 中的 G_4 是 0 型文法.

这 4 个语言类之间存在着包含关系：正则语言是上下文无关语言，上下文无关语言是上下文有关语言，上下文有关语言是 0 型语言. 而且这些包含关系都是真包含关系.

在上面的定义中，1 型语言的定义有点特别，这是因为 1 型文法不可能生成 ε，而其余 3 种文法都可以生成 ε. 如果不这样定义的话，在讨论 1 型语言与 2 型语言的包含关系时，遇到 ε 会有点麻烦.

上下文无关文法和正则文法在程序语言的设计和编译理论中起着重要的作用. 词法分析可以用正则文法解决，而语法分析使用上下文无关文法.

当有若干个产生式的左端是同一个变元时可采用下述缩写形式. 如 $A\rightarrow XY$，$A\rightarrow a$，$A\rightarrow\varepsilon$ 可缩写成 $A\rightarrow XY|a|\varepsilon$，用"|"表示"或".

例 10.5 描述算术表达式的文法.

$G=\langle\{E,T,F\},\{a,+,-,*,/,(,)\},E,P\rangle$，这里符号的含义是 E：算术表达式，T：项，F：因子，a：数或变量.

$$\begin{aligned} P: E &\rightarrow E+T \mid E-T \mid T \\ T &\rightarrow T*F \mid T/F \mid F \\ F &\rightarrow (E) \mid a \end{aligned}$$

这是一个上下文无关文法. 用这个文法可以派生出所有合法的算术表达式.

例 10.6 描述数的文法.

在程序设计语言中，一个数是一个无符号数或无符号数前面加一个加号或减号. 无符号数由整数、小数、指数 3 部分组成，其中小数部分和指数部分是可选择的，即可有可无的.

我们用 num 表示数，fig 表示无符号数. 用 $r1$ 表示无符号数中第一个数字之后的部分，包括可选择的小数部分和指数部分在内. 用 $r2$ 表示小数点以后的部分，包括可选择的指数部分在内. 用 $r3$ 表示小数点后面第一个数字以后的部分，也包括指数部分在内. 用 $r4$ 表示 E 以后的部分，$r5$ 表示 E 后面的无符号整数部分，$r6$ 表示 E 后面第一个数字以后的部分. 文法如下：

$$G = \langle V, T, num, P\rangle,$$

其中 $V=\{num, fig, r1, r2, r3, r4, r5, r6\}$，$T=\{a, +, -, ., E\}$.

$$\begin{aligned}P:\ & num\to +fig\mid -fig\mid fig\\ & fig\to ar1\\ & r1\to ar1\mid .r2\mid Er4\mid \varepsilon\\ & r2\to ar3\\ & r3\to ar3\mid Er4\mid \varepsilon\\ & r4\to +r5\mid -r5\mid r5\\ & r5\to ar6\\ & r6\to ar6\mid \varepsilon\end{aligned}$$

这里 a 表示一个数字，应该把 $A\to aB$ 看成 $A\to 0B, A\to 1B, \cdots, A\to 9B$ 的缩写. 这是一个右线性文法.

下面给出右线性文法和左线性文法的等价性.

定理 10.1 设 G 是一个右线性文法，则存在左线性文法 G' 使得 $L(G')=L(G)$；设 G' 是一个左线性文法，则存在右线性文法 G 使得 $L(G)=L(G')$.

证 设右线性文法 $G=\langle V, T, S, P\rangle$. 要构造一个左线性文法 G' 使得 $L(G')=L(G)$.

G' 的终极符集合与 G 的相同，增添一个新的变元 $S'\notin V\cup T$ 作为起始符. G' 的产生式如下：对 G 的每一个产生式 $A\to\alpha B$，P' 中有 $B\to A\alpha$；对 G 的每一个产生式 $A\to\alpha$，P' 中有 $S'\to A\alpha$. 除此之外，P' 中还包括 $S\to\varepsilon$. 即

$$G' = \langle V\cup\{S'\}, T, S', P'\rangle,$$

其中 $P'=\{B\to A\alpha \mid A\to\alpha B\in P\}\cup\{S'\to A\alpha \mid A\to\alpha\in P\}\cup\{S\to\varepsilon\}$.

要证 $L(G)=L(G')$.

设 $\omega\in L(G)$. 有两种可能：

(1) $S\to\omega$ 是 G 的产生式，则 G' 有产生式 $S'\to S\omega$. 另外，$S\to\varepsilon$ 也是 G' 的产生式. 于是，在 G' 中有 $S'\Rightarrow S\omega\Rightarrow\omega$，故 $\omega\in L(G')$.

(2) 对于某个 $n\geqslant 1$，在 G 中有派生：

$S\Rightarrow\alpha_0A_1\Rightarrow\alpha_0\alpha_1A_2\Rightarrow\cdots\Rightarrow\alpha_0\alpha_1\cdots\alpha_{n-1}A_n\Rightarrow\alpha_0\alpha_1\cdots\alpha_n=\omega$，这里 $S\to\alpha_0A_1$，$A_i\to\alpha_iA_{i+1}$ $(1\leqslant i\leqslant n-1)$ 和 $A_n\to\alpha_n$ 是 G 的产生式. 根据 P' 的定义，$A_1\to S\alpha_0$，$A_{i+1}\to A_i\alpha_i$ $(1\leqslant i\leqslant n-1)$ 和 $S'\to A_n\alpha_n$ 是 G' 的产生式. 于是，在 G' 中有

$S'\Rightarrow A_n\alpha_n\Rightarrow A_{n-1}\alpha_{n-1}\alpha_n\Rightarrow\cdots\Rightarrow A_1\alpha_1\cdots\alpha_n\Rightarrow S\alpha_0\alpha_1\cdots\alpha_n\Rightarrow\alpha_0\alpha_1\cdots\alpha_n=\omega$. 故 $\omega\in L(G')$.

得证 $L(G)\subseteq (G')$.

反之，设 $\omega'\in L(G')$. 注意到 $S\to\varepsilon$ 是 G' 中唯一的右端不含变元的产生式，故有 G' 中的派生：

$$S' \Rightarrow B_1\beta_0 \Rightarrow B_2\beta_1\beta_0 \Rightarrow \cdots \Rightarrow B_n\beta_{n-1}\cdots\beta_0 \Rightarrow \beta_n\beta_{n-1}\cdots\beta_0 = \omega',$$

这里 $S'\to B_1\beta_0$，$B_i\to B_{i+1}\beta_i(1\leqslant i\leqslant n-1)$ 和 $B_n\to\beta_n$ 都是 G' 的产生式，其中 $B_n=S$，$\beta_n=\varepsilon$. 根据 P' 的定义，在 G 中有产生式 $B_1\to\beta_0$，$B_{i+1}\to\beta_iB_i(1\leqslant i\leqslant n-1)$. 于是，在 G 中有

$S=B_n\Rightarrow\beta_{n-1}B_{n-1}\Rightarrow\cdots\Rightarrow\beta_{n-1}\cdots\beta_1B_1\Rightarrow\beta_{n-1}\cdots\beta_1\beta_0=\omega'$，故 $\omega'\in L(G)$. 得证 $L(G')\subseteq L(G)$. 所以，有 $L(G)=L(G')$.

类似可证，每一个左线性文法都存在与之等价的右线性文法. ■

根据上述定理，每一个正则语言都可以用右线性文法生成，也可以用左线性文法生成.

10.2 有穷自动机

有穷自动机是具有离散输入和输出系统的一种数学模型. 它有有穷个内部状态，随着信号的输入，内部状态不断地转移. 在计算机科学中，可以找到许多这种有穷状态系统的例子. 开关线路是一个重要的例子. n 个门的开关线路有 2^n 个状态. 在文本编辑程序和编译程序中，用有穷自动机理论来设计各种识别有效字符串(如标识符、数等)的处理器.

我们从识别语言的角度介绍有穷自动机，并证明有穷自动机等价于正则文法. 也就是说有穷自动机接受的语言都是正则语言；反之，每一个正则语言都可以用一个有穷自动机接受.

10.2.1 基本概念

定义 10.4 **有穷自动机**(简记作 FA)是一有序五元组 $M=\langle Q,\Sigma,\delta,q_0,F\rangle$，其中

(1) Q 是非空有穷的**状态集合**；

(2) Σ 是非空有穷的**输入字母表**；

(3) δ: $Q\times\Sigma\to Q$ 是**状态转移函数**；

(4) $q_0\in Q$ 是**初始状态**；

(5) $F\subseteq Q$ 是**终结状态集合**.

例 10.7 有穷自动机 $M=\langle\{q_0,q_1\},\{a\},\delta,q_0,\{q_1\}\rangle$，其中 $\delta(q_0,a)=q_1$，$\delta(q_1,a)=q_0$.

有穷自动机可以用状态转移图表示. 状态转移图是一个有向图，每一个结点代表一个状态. 初始状态用一个指向该结点的箭头标明，终结状态用双圈标明. 如果 $\delta(q,a)=q'$，则从结点 q 到 q' 有一条弧，并在这条弧旁标上符号 a. 例 10.7 中的有穷自动机的状态转移图如图 10-2 所示.

我们把有穷自动机看成一个具有有穷个状态的控制器，它有一个只读头. 控制器对给定的输入字符串 ω 是这样工作的：开始时，控制器处于初始状态 q_0，只读头扫视 ω 的第一个符号. 在每一步，控制器根据当时的状态 q 和只读头扫视的符号 a，把它的状态转移到 $\delta(q,a)$，同时只读头向右移动一步. 如此一步一步地进行，直到扫视完 ω 的所有符号为止，如图 10-3 所示.

为了精确地描述有穷自动机在输入字符串上的动作，我们推广状态转移函数 δ. 定义函数 $\hat{\delta}$: $Q\times\Sigma^*\to Q$ 如下：对任意的 $q\in Q$，$\omega\in\Sigma^*$ 和 $a\in\Sigma$，

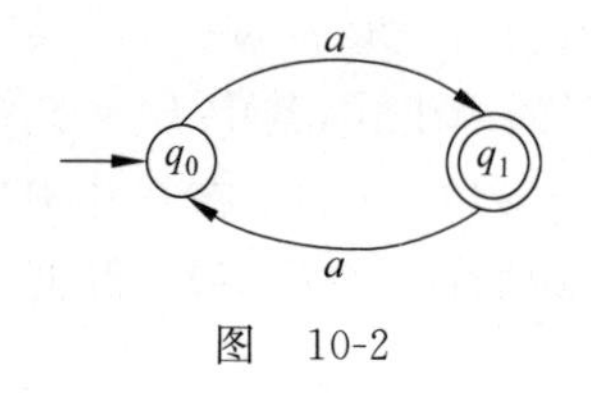

图 10-2

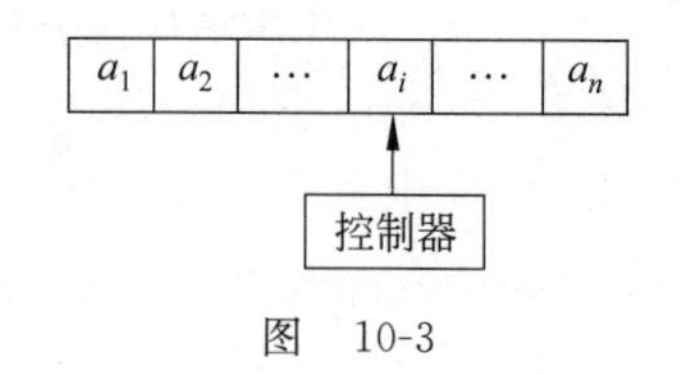

图 10-3

$$\hat{\delta}(q,\varepsilon)=q,$$

$$\hat{\delta}(q,\omega a)=\delta(\hat{\delta}(q,\omega),a),$$

$\hat{\delta}$ 的含义是清楚的：对任意的 $q\in Q$ 和 $\omega\in\Sigma^*$，有穷自动机从状态 q 开始，依次扫视 ω 的符号，有穷自动机的状态也随之不断转移. $\hat{\delta}(q,\omega)$恰好是自动机扫视完 ω 的全部符号后所处的状态.

例如，对例 10.7 的 FA M，$\hat{\delta}(q_0,a^5)=q_1$，$\hat{\delta}(q_0,a^6)=q_0$，$\hat{\delta}(q_1,a^3)=q_0$，$\hat{\delta}(q_1,a^{10})=q_1$.

定义 10.5 设有穷自动机 $M=\langle Q,\Sigma,\delta,q_0,F\rangle$，$\omega\in\Sigma^*$. 如果 $\hat{\delta}(q_0,\omega)\in F$，则称 M **接受**字符串 ω. M 接受的字符串的全体称作 M **接受的语言**，记作 $L(M)$. 即

$$L(M)=\{\omega\in\Sigma^*\mid\hat{\delta}(q_0,\omega)\in F\}.$$

不难看出，对于例 10.7，$L(M)=\{a^{2k+1}\mid k\in\mathbf{N}\}$.

10.2.2 非确定型有穷自动机

在定义 10.4 中，对每一个 $q\in Q$ 和 $a\in\Sigma$，$\delta(q,a)$有唯一的值，因而 FA 在输入字符串上的动作是完全确定的，故称这种自动机是确定型的. 当需要强调这方面时，我们把定义 10.4 定义的有穷自动机称作**确定型有穷自动机**，简记作 DFA. 如果 $\delta(q,a)$不是一个状态，而是 Q 的一个子集，表示自动机可以转移到这个子集中的任一个状态，那么 δ 不再是 $Q\times\Sigma$ 到 Q 的函数，而是 $Q\times\Sigma$ 到 Q 的幂集 $P(Q)$的函数. 这样一来，自动机的动作是不确定的了. 这种自动机称作非确定型的. 下面给出非确定型有穷自动机的定义.

定义 10.6 **非确定型有穷自动机**(记作 NFA)是一个有序五元组 $M=\langle Q,\Sigma,\delta,q_0,F\rangle$，其中 Q、Σ、q_0、F 的含义与 DFA 中的相同，而 δ：$Q\times\Sigma\to P(Q)$.

根据定义，对于 NFA，$\delta(q,a)$可以含有 1 个或多个状态，也可以是空集.

例 10.8 NFA $M=\langle\{q_i\mid 0\leqslant i\leqslant 4\},\{0,1\},\delta,q_0,\{q_2,q_4\}\rangle$，其中 δ 如表 10-1 所示.

表 10-1

δ	0	1
q_0	$\{q_0,q_3\}$	$\{q_0,q_1\}$
q_1	$\varnothing$	$\{q_2\}$
q_2	$\{q_2\}$	$\{q_2\}$
q_3	$\{q_4\}$	$\varnothing$
q_4	$\{q_4\}$	$\{q_4\}$

NFA 的状态转移图和 DFA 的区别是：对于每一个 $q\in Q$ 和 $a\in\Sigma$，DFA 恰好有一条从结点 q 出发标有 a 的弧，而 NFA 可以有 1 条或多条这样的弧，也可以没有这样的弧. 例

10.8 的 NFA 的状态转移图如图 10-4 所示.

给定一个输入字符串 ω,DFA 有唯一的从初始状态 q_0 开始的状态转移序列. 而 NFA 由于在每一步可能有若干转移,所以可能有若干个从 q_0 开始的状态转移序列. 如果在这些序列中存在一个在读完 ω 后以某个终结状态结束的序列,则说这个 NFA 接受 ω.

例 10.8 的 NFA 在输入 10110 上的工作情况如图 10-5 所示. 从树根到每一个树叶给出一个状态转移序列. 这里共有 6 条,其中有 3 条没有读完输入就中断了. 这是因为遇到 δ 的值为$\varnothing$. 在 3 条读完输入串的状态转移序列中,有一条最后进入状态 q_2. 而 q_2 是终结状态,故 M 接受 10110.

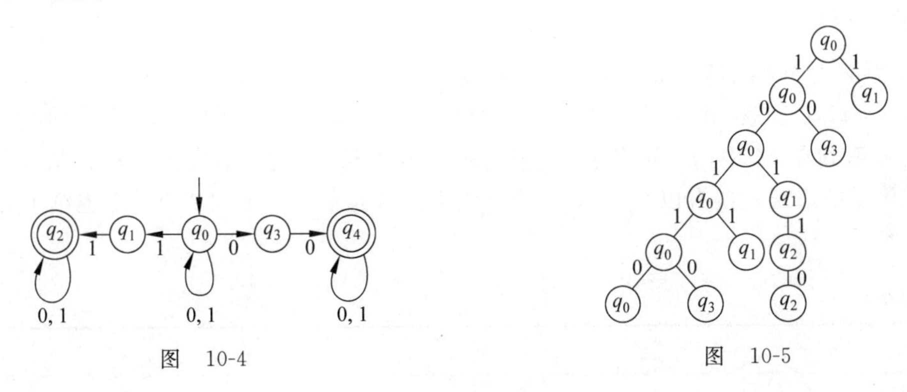

图 10-4　　　　图 10-5

和 DFA 类似,把 NFA 从状态 q 开始,读完字符串 ω 后所处的状态集合记作$\hat{\delta}(q,\omega)$,其定义为

$$\hat{\delta}(q,\varepsilon)=\{q\},$$

$$\hat{\delta}(q,\omega a)=\bigcup_{r\in\hat{\delta}(q,\omega)}\delta(r,a).$$

对于刚才的例子有 $\hat{\delta}(q_0,1)=\{q_0,q_1\}$,$\hat{\delta}(q_0,10)=\{q_0,q_3\}$,$\hat{\delta}(q_0,101)=\{q_0,q_1\}$,$\hat{\delta}(q_0,1011)=\{q_0,q_1,q_2\}$,$\hat{\delta}(q_0,10110)=\{q_0,q_2,q_3\}$.

定义 10.7　设 NFA $M=\langle Q,\Sigma,\delta,q_0,F\rangle$,$\omega\in\Sigma^*$. 如果 $\hat{\delta}(q_0,\omega)\cap F\neq\varnothing$,则称 M 接受 ω. M 接受的字符串的全体称作 **M 接受的语言**,记作 $L(M)$. 即

$$L(M)=\{\omega\in\Sigma^*\mid\hat{\delta}(q_0,\omega)\cap F\neq\varnothing\}.$$

根据刚才的计算,例 10.8 中的 NFA M 接受字符串 10110. 不难看出,$L(M)$由所有含有连续 2 个 1 或连续 2 个 0 的 0、1 串组成.

每一个 DFA 都是一个 NFA,这只需要把 $\delta(q,a)=q'$看成 $\delta(q,a)=\{q'\}$即可. 因此,NFA 接受的语言类包含 DFA 接受的语言类. 实际上,非确定性并没有增加 NFA 的能力,有下述定理.

定理 10.2　对每一个 NFA M 都存在 DFA M'使得 $L(M)=L(M')$.

因而,DFA 和 NFA 接受的语言类相同. 这里不叙述定理 10.2 的严格证明,仅用下面的例子说明如何构造这样的 M'. 实际上,这已经给出了定理 10.2 证明的基本思想.

例 10.9　设 NFA $M=\langle\{q_0,q_1\},\{0,1\},\delta,q_0,\{q_1\}\rangle$,其中 δ 如表 10-2 所示.

表 10-2

δ	0	1
q_0	$\{q_0, q_1\}$	$\varnothing$
q_1	$\{q_0, q_1\}$	$\{q_0\}$

要构造一个 DFA M' 使得 $L(M')=L(M)$. M' 的输入字母表和 M 的相同,M'的状态集合是M 的状态集合的幂集 $P(Q)$,初始状态 $q_0'=\{q_0\}$,终结状态集合 F' 由所有含有M 的终结状态的子集组成. 而对于每一个 $A\subseteq P(Q)$和 $a\in\Sigma$,M'的状态转移函数 $\delta'(A,a)=\bigcup_{q\in A}\delta(q,a)$.

在这里 $M'=\langle Q',\Sigma,\delta',\{q_0\},F'\rangle$,其中 $Q'=P(Q)=\{\{q_0\},\{q_1\},\{q_0,q_1\},\varnothing\}$,$F'=\{\{q_1\},\{q_0,q_1\}\}$,$\delta'$如表 10-3 所示. M 和 M'的状态转移图分别为图 10-6(a)和图 10-6(b). 从图上明显看到在 M'中$\{q_1\}$是多余的. 从$\{q_0\}$出发不可能到达$\{q_1\}$,可以把它从 M'中删去. 它们接受的语言是所有以 0 开始、又以 0 结束的并且不含 2 个和 2 个以上连续 1 的 0、1 字符串.

表 10-3

δ'	0	1
$\varnothing$	$\varnothing$	$\varnothing$
$\{q_0\}$	$\{q_0, q_1\}$	$\varnothing$
$\{q_1\}$	$\{q_0, q_1\}$	$\{q_0\}$
$\{q_0, q_1\}$	$\{q_0, q_1\}$	$\{q_0\}$

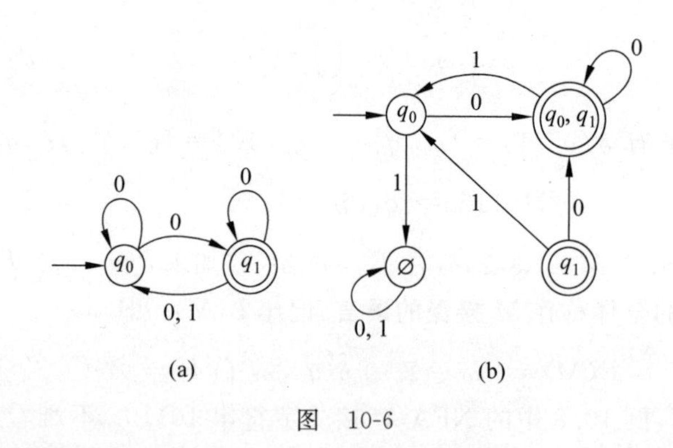

图 10-6

10.2.3 带 ε 转移的非确定型有穷自动机

对 NFA 稍加推广,不仅对 Σ 中的每一个符号可以有状态转移,而且在不读入任何符号(或者说读入空串 ε)的情况下,自动机在某些状态下也可以自动转移到另一状态. 这样的 NFA 称作带 ε 转移的 NFA.

定义 10.8　带ε 转移的非确定型有穷自动机是一个有序五元组$M=\langle Q,\Sigma,\delta,q_0,F\rangle$,其中 Q、Σ、q_0、F 的含义和 NFA 的相同,而 δ: $Q\times(\Sigma\cup\{\varepsilon\})\rightarrow P(Q)$,这里 $P(Q)$是 Q 的幂集.

NFA 可以看成带 ε 转移的 NFA 的特殊情况，因而带 ε 转移的 NFA 接受的语言类包含 NFA 接受的语言类. 同样，带 ε 转移也没有增加 NFA 的能力，有下述定理.

定理 10.3 对每一个带 ε 转移的 NFA M 都存在一个不带 ε 转移的 NFA M' 使得 $L(M)=L(M')$.

因而，带 ε 转移的 NFA 和不带 ε 转移的 NFA 接受的语言类相同. 进而 DFA、NFA 和带 ε 转移的 NFA 接受的语言类相同，或者说这 3 种自动机模型是等价的.

下面的例子说明了构造 M' 的方法，也给出了证明定理 10.3 的基本思路.

例 10.10 设带 ε 转移的 NFA $M=\langle\{q_0,q_1,q_2\},\{0,1\},\delta,q_0,\{q_2\}\rangle$，其中 δ 如表 10-4 所示. M 的状态转移图如图 10-7(a)所示. 它接受语言 $L(M)=\{(01)^n \mid n\in\mathbf{N}\}$.

表 10-4

δ	0	1	ε
q_0	$\{q_1\}$	$\varnothing$	$\{q_2\}$
q_1	$\varnothing$	$\{q_2\}$	$\varnothing$
q_2	$\varnothing$	$\varnothing$	$\{q_0\}$

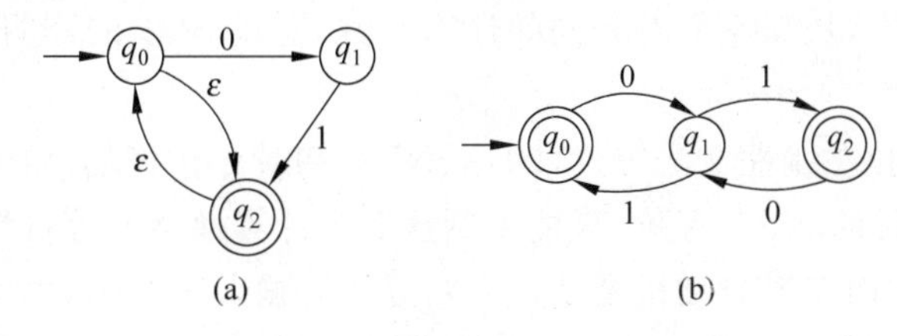

图 10-7

由于允许 ε 转移，当 M 进入状态 q 后就能够不读任何输入字符而自动进入所有从 q 经过 ε 转移可以到达的状态. 为此，我们先对每一个 $q\in Q$，定义 ε-closure(q)为由 q 及从 q 经过若干次 ε 移可以到达的状态组成的集合. 只要 M 进入状态 q，就能自动到达 ε-closure(q)中的每一个状态，而不消耗任何输入字符. 在这里，$\varepsilon\text{-closure}(q_0)=\{q_0,q_2\}$，$\varepsilon\text{-closure}(q_1)=\{q_1\}$，$\varepsilon\text{-closure}(q_2)=\{q_0,q_2\}$.

要构造一个与 M 等价的不带 ε 转移的 NFA M'. M'的状态集合、输入字母表和初始状态不变，与 M 相同. 设 $M'=\langle Q,\Sigma,\delta',q_0,F'\rangle$.

M 读 $a\in\Sigma$ 能从状态 q 转移到状态 p，当且仅当从 q 经过若干次(含 0 次)ε 转移到达 q'，在 q' 读 a 转移到 p'，再从 p' 经过若干次(含 0 次)ε 转移到达 p. 这里，$q'\in\varepsilon\text{-closure}(q)$，$p'\in\delta(q',a)$，$p\in\varepsilon\text{-closure}(p')$. 因此，为了模拟 δ，对每一个 $q\in Q$ 和 $a\in\Sigma$，令

$$\delta'(q,a)=\{p \mid \exists q',p',q'\in\varepsilon\text{-closure}(q),p'\in\delta(q',a),p\in\varepsilon\text{-closure}(p')\}.$$

在这里，δ'如表 10-5 所示.

表 10-5

δ'	0	1
q_0	$\{q_1\}$	$\varnothing$
q_1	$\varnothing$	$\{q_0,q_2\}$
q_2	$\{q_1\}$	$\varnothing$

根据 δ' 的定义，对任意的 $\omega\in\Sigma^*$ 且 $\omega\neq\varepsilon$，M 读完 ω 从 q_0 能到达 p（可能要经过 ε 转移）当且仅当 M' 从 q_0 读完 ω 能到达 p，从而应该有 $p\in F$ 当且仅当 $p\in F'$. 剩下的问题是当 $\omega=\varepsilon$ 时，如果 $\varepsilon\text{-closure}(q_0)\cap F\neq\varnothing$，则 M 接受 ε. 因而，此时应把 q_0 添加到 F' 中. 而且，这样做的结果是 M' 除接受 ε 外，不会增加接受任何别的字符串，故取

$$F'=\begin{cases}F\cup\{q_0\}, & \text{若 } \varepsilon\text{-closure}(q_0)\cap F\neq\varnothing;\\ F, & \text{否则.}\end{cases}$$

在这里，由于 $\varepsilon\text{-closure}(q_0)\cap F=\{q_2\}$，故 $F'=\{q_0,q_2\}$. M' 的状态转移图如图 10-7(b)所示. 不难直接看出，M' 也接受语言 $\{(01)^n\mid n\in\mathbf{N}\}$.

10.3 有穷自动机和正则文法的等价性

本节给出有穷自动机和正则文法的等价性，即有穷自动机识别的语言类恰好是正则语言. **模拟**是证明两个计算模型等价的主要方法. 用模型 A 模拟模型 B，就是用模型 A 实现模型 B 的计算. 如果两个模型可以相互模拟，也就是说在一个模型中可以进行的计算在另一个模型中也可以实现，从而它们有相同的计算能力. 定理 10.1 的证明和例 10.9、例 10.10 都是模拟的例子.

已知右线性文法和左线性文法等价，DFA、NFA 和带 ε 转移的 NFA 等价，因此只需证右线性文法和带 ε 转移的 NFA 等价，就能得到这 5 个计算模型的等价性. 右线性文法从左向右逐步生成字符串，而有穷自动机是从左到右逐个读输入字符串，两者十分相似. 关键在于要求右线性文法能生成字符串 ω 当且仅当有穷自动机读完 ω 能进入终结状态.

定理 10.4 对每一个正则语言 L 都存在一个带 ε 转移的 NFA M 使得 $L(M)=L$.

证明 由于每一个正则语言都可以用右线性文法生成，故可设右线性文法 $G=\langle V,T,S,P\rangle$ 生成正则语言 L. 如下构造所需要的 NFA $M=\langle Q,\Sigma,\delta,q_0,F\rangle$：

$Q=V\cup\{q_f\}$，$\Sigma=\{\alpha\in T^*\mid A\to\alpha B\in P \text{ 或 } A\to\alpha\in P\}$，$q_0=S$，$F=\{q_f\}$，
即 Σ 是在 G 的产生式中出现的所有终极符号串，其中 $q_f\notin V\cup T^*$ 是新增添的终结状态.

δ 的定义如下：若 P 中有产生式 $A\to\alpha B$，则 $B\in\delta(A,\alpha)$；若 P 中有产生式 $A\to\alpha$，则 $q_f\in\delta(A,\alpha)$. 即

$$\delta(A,\alpha)=\begin{cases}\{B\in V\mid A\to\alpha B\in P\}\cup\{q_f\}, & \text{若 } A\to\alpha\in P;\\ \{B\in V\mid A\to\alpha B\in P\}, & \text{否则.}\end{cases}$$

特别地，对任意的 $\alpha\in\Sigma\cup\{\varepsilon\}$，$\delta(q_f,\alpha)=\varnothing$，这里 α 可以是 ε，M 是一个带 ε 转移的 NFA. 要证 $L(M)=L(G)$.

首先，设 $\omega\in L(G)$，那么存在 G 中的派生过程：

$S=A_0\Rightarrow\alpha_0A_1\Rightarrow\alpha_0\alpha_1A_2\Rightarrow\cdots\Rightarrow\alpha_0\alpha_1\cdots\alpha_{m-1}A_m\Rightarrow\alpha_0\cdots\alpha_{m-1}\alpha_m=\omega$，其中 $A_i\to\alpha_iA_{i+1}$ $(0\leqslant i\leqslant m-1)$ 和 $A_m\to\alpha_m$ 是 G 的产生式. 根据 δ 的定义，有 $A_{i+1}\in\delta(A_i,\alpha_i)$，$0\leqslant i\leqslant m-1$ 和 $q_f\in\delta(A_m,\alpha_m)$. 于是，对于输入 $\omega=\alpha_0\alpha_1\cdots\alpha_m$，$M$ 存在状态转移序列

$$q_0=A_0\xrightarrow{\alpha_0}A_1\xrightarrow{\alpha_1}A_2\longrightarrow\cdots\longrightarrow A_m\xrightarrow{\alpha_m}q_f,$$

故 $\omega\in L(M)$.

其次，设 $\omega' \in L(M)$，则存在 M 的状态转移序列

$$q_0 = B_0 \xrightarrow{\beta_0} B_1 \xrightarrow{\beta_1} B_2 \longrightarrow \cdots \longrightarrow B_n \xrightarrow{\beta_n} q_f,$$

其中 $\omega' = \beta_0\beta_1\cdots\beta_n$，根据 δ 的定义，P 中有产生式 $B_i \to \beta_i B_{i+1}(0 \leqslant i \leqslant n-1)$ 和 $B_n \to \beta_n$. 于是，在 G 中有派生：

$$S = B_0 \Rightarrow \beta_0 B_1 \Rightarrow \beta_0\beta_1 B_2 \Rightarrow \cdots \Rightarrow \beta_0\cdots\beta_{n-1}B_n \Rightarrow \beta_0\cdots\beta_{n-1}\beta_n = \omega'$$

故 $\omega' \in L(G)$. 得证 $L(M) = L(G)$. ■

定理 10.5 对每一个带 ε 转移的 NFA M 都存在一个右线性文法 G 和左线性文法 G' 使得 $L(G) = L(G') = L(M)$.

证明 设带 ε 转移的 NFA $M = \langle Q, \Sigma, \delta, q_0, F \rangle$. 根据定理 10.1，只需证明存在右线性文法 G 使得 $L(G) = L(M)$.

先假设 $q_0 \notin F$. 取 $G = \langle Q, \Sigma, q_0, P \rangle$，其中 P 的定义如下：如果对于 $A, B \in Q$ 和 $a \in \Sigma \cup \{\varepsilon\}$，有 $B \in \delta(A, a)$，则当 $B \notin F$ 时，P 中有产生式 $A \to aB$；当 $B \in F$ 时，P 中有 $A \to aB$ 和 $A \to a$. 即

$$P = \{A \to aB \mid B \in \delta(A,a), \forall A, B \in Q, a \in \Sigma \cup \{\varepsilon\}\}$$
$$\cup \{A \to a \mid \delta(A,a) \cap F \neq \varnothing, \forall A \in Q, a \in \Sigma \cup \{\varepsilon\}\}.$$

要证 $L(G) = L(M)$. 设 $\omega \in L(M)$，则存在 M 的状态转移序列

$$q_0 = A_0 \xrightarrow{a_1} A_1 \xrightarrow{a_2} A_2 \longrightarrow \cdots \xrightarrow{a_m} A_m,$$

其中 $\omega = a_1 a_2 \cdots a_m$，$a_i \in \Sigma \cup \{\varepsilon\}$，$1 \leqslant i \leqslant m$ 以及 $A_m \in F$. 根据 P 的定义，G 有产生式 $A_{i-1} \to a_i A_i$，$1 \leqslant i \leqslant m-1$ 和 $A_{m-1} \to a_m$. 于是，在 G 中有派生过程：

$$q_0 = A_0 \Rightarrow a_1 A_1 \Rightarrow a_1 a_2 A_2 \Rightarrow \cdots \Rightarrow a_1 \cdots a_{m-1} A_{m-1} \Rightarrow a_1 \cdots a_m = \omega,$$

得 $\omega \in L(G)$.

反之，设 $\omega' \in L(G)$，则存在 G 的派生过程：

$$q_0 = B_0 \Rightarrow b_1 B_1 \Rightarrow b_1 b_2 B_2 \Rightarrow \cdots \Rightarrow b_1 b_2 \cdots b_{n-1} B_{n-1} \Rightarrow b_1 b_2 \cdots b_n = \omega',$$

这里 $b_i \in \Sigma \cup \{\varepsilon\}$，$1 \leqslant i \leqslant n$ 且 $B_{i-1} \to b_i B_i$，$1 \leqslant i \leqslant n-1$ 和 $B_{n-1} \to b_n$ 都是 G 的产生式. 根据 P 的定义，必有 $B_i \in \delta(B_{i-1}, b_i)$，$1 \leqslant i \leqslant n-1$，并且存在 $B_n \in F$ 使得 $B_n \in \delta(B_{n-1}, b_n)$. 于是，$M$ 对输入 $\omega' = b_1 b_2 \cdots b_n$ 有状态转移序列

$$q_0 = B_0 \xrightarrow{b_1} B_1 \xrightarrow{b_2} B_2 \longrightarrow \cdots \longrightarrow B_{n-1} \xrightarrow{b_n} B_n,$$

得 $\omega' \in L(M)$. 得证 $L(G) = L(M)$.

如果 $q_0 \in F$，则 $\varepsilon \in L(M)$. 在这种情况下，刚才构造的文法 G 可能不能派生出 ε. $L(G)$ 和 $L(M)$ 至多相差一个 ε. 为此，添加一个新变元 S 作起始符. 取 $G = \langle Q \cup \{S\}, \Sigma, S, P \rangle$，并在 P 中添加产生式 $S \to q_0$ 和 $S \to \varepsilon$，则有 $L(G) = L(M)$. ■

上述两个定理不仅证明了有穷自动机和正则文法的等价性，而且定理的证明给出了构造与给定有穷自动机等价的右线性文法和与给定右线性文法等价的有穷自动机的方法. 结合定理 10.1 的证明，对于左线性文法也不难实现这种模拟.

例 10.11 构造一个与例 10.10 中 M 等价的右线性文法和左线性文法.

解 取右线性文法 $G = \langle \{q_0, q_1, q_2\}, \{0,1\}, q_0, P \rangle$. 由 $\delta(q_0, 0) = \{q_1\}$，有 $q_0 \to 0q_1$. 由 $\delta(q_0, \varepsilon) = q_2$，并注意到 q_2 是终结状态，有 $q_0 \to q_2$ 和 $q_0 \to \varepsilon$. 由 $\delta(q_1, 1) = \{q_2\}$，有 $q_1 \to 1q_2$ 和 $q_1 \to 1$. 由 $\delta(q_2, \varepsilon) = \{q_0\}$，有 $q_2 \to q_0$.

综合起来，P：

$$q_0 \to 0q_1 \quad q_0 \to q_2$$
$$q_0 \to \varepsilon \quad q_1 \to 1q_2$$
$$q_1 \to 1 \quad q_2 \to q_0$$

可以根据定理 10.1，由 G 构造等价的左线性文法 G'，也可以直接由 M 构造 G'. 下面直接由 M 构造 G'，注意与前面的区别.

取左线性文法 $G'=\langle\{q_0,q_1,q_2,S\},\{0,1\},S,P'\rangle$，这里 S 是新添加的变元，作为起始符.

构造 P' 的一般做法是：若 $B\in\delta(A,\ a)$，则当 $B\in F$ 时，有产生式 $B\to Aa$ 和 $S\to Aa$；否则，有产生式 $B\to Aa$. 最后加一个产生式 $q_0\to\varepsilon$，这里 q_0 是 M 的初始状态.

在这里，由 $\delta(q_0,\ 0)=\{q_1\}$，有 $q_1\to q_0 0$. 由 $\delta(q_0,\ \varepsilon)=\{q_2\}$，注意到 q_2 是终结状态，有 $q_2\to q_0$ 和 $S\to q_0$. 由 $\delta(q_1,\ 1)=\{q_2\}$，有 $q_2\to q_1 1$ 和 $S\to q_1 1$. 由 $\delta(q_2,\ \varepsilon)=\{q_0\}$，有 $q_0\to q_2$. 最后加一个 $q_0\to\varepsilon$.

综合起来，P'：

$$S \to q_0 \quad S \to q_1 1$$
$$q_2 \to q_0 \quad q_2 \to q_1 1$$
$$q_1 \to q_0 0 \quad q_0 \to q_2$$
$$q_0 \to \varepsilon$$

例 10.12 构造与例 10.2 中文法 G_2 等价的有穷自动机.

解 有穷自动机 M 的有穷状态集 $Q=V\cup\{q_f\}=\{S,A,B,q_f\}$，其中 G_2 的起始符 S 是 M 的初始状态，q_f 是新增添的终结状态，$F=\{q_f\}$. 注意到 G_2 的所有产生式都形如 $X\to aY$，其中 a 是一个输入符号，故取 $\Sigma=T=\{0,1\}$. 由产生式 $S\to 1A$，有 $\delta(S,\ 1)=\{A\}$；由 $A\to 0A$ 和 $A\to 0B$，有 $\delta(A,\ 0)=\{A,\ B\}$；由 $A\to 1A$，有 $\delta(A,\ 1)=\{A\}$；由 $B\to 0$，有 $\delta(B,\ 0)=\{q_f\}$. 综合起来，有

$$M=\langle\{S,A,B,q_f\},\{0,1\},\delta,S,\{q_f\}\rangle,$$

其中 δ 如表 10-6 所示. 这是一个 NFA，它的状态转移图如图 10-8 所示.

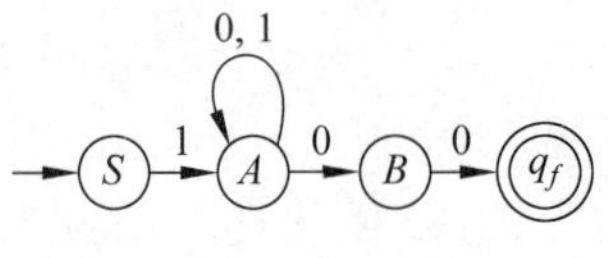

图 10-8

表 10-6

δ	0	1
S	$\varnothing$	$\{A\}$
A	$\{A,B\}$	$\{A\}$
B	$\{q_f\}$	$\varnothing$
q_f	$\varnothing$	$\varnothing$

10.4 图 灵 机

图灵(A. Turing)于 1936 年提出一种数学模型，现在称之为图灵机. 这个模型很好地描述了计算过程. 无数的事实表明，任何算法都可以用一个图灵机来描述. 这就是著名的丘

奇(A. Church)**论题**. 图灵机在可计算性理论中起着重要作用. 可以证明图灵机识别的语言是 0 型语言.

10.4.1 图灵机的基本模型

设想图灵机是由一个控制器和一条无穷长的带组成,如图 10-9 所示. 带被分成许多小方格,两头是无限的. 每个方格内可以存放字母表 Γ 中的一个符号. 控制器具有有穷个内部状态和一个读写头. 在计算的每一步,控制器处于某个内部状态,读写头扫描带的某一个方格,并且根据它当前的状态和扫描的方格内的内容决定下一步动作: 把正在扫描的方格内的内容改写成 Γ 中的某一个符号,读写头向左或者向右移动一格,控制器转移到某一个状态. 计算开始时,输入字符串存放在带上, 带的其余部分均为空白. 控制器处于初始状态 q_0,读写头扫描输入串左端的第一个符号. 如果对于当前的状态和扫视的符号没有下一个动作,则停机. 为了刻画一个图灵机,只要指明带字母表、输入字母表、状态集、决定下一步动作的动作函数以及几个特殊的符号即可.

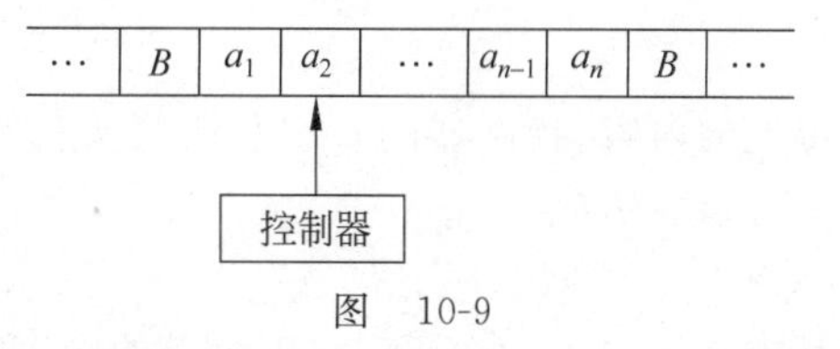

图 10-9

定义 10.9 **图灵机**(记作 TM)是一个有序组 $M=\langle Q,\Sigma,\Gamma,\delta,q_0,B,A\rangle$,其中

(1) Q 是非空有穷的**状态集合**;

(2) Σ 是非空有穷的**输入字母表**;

(3) Γ 是非空有穷的**带字母表**且 $\Sigma\subset\Gamma$;

(4) $q_0\in Q$ 是**初始状态**;

(5) $B\in\Gamma-\Sigma$ 是**空白符**;

(6) $A\subseteq Q$ 是**接受状态集合**;

(7) δ 是**动作函数**,它定义在 $Q\times\Gamma$ 的一个子集上,取值于 $\Gamma\times\{L,R\}\times Q$,即 $\mathrm{dom}\,\delta\subseteq Q\times\Gamma$, $\mathrm{ran}\,\delta\subseteq\Gamma\times\{L,R\}\times Q$. $\delta(q,s)=(s',R,q')$表示在当前状态是 q、读写头扫视的符号为 s 时,下一步把这个 s 改写成 s',读写头向右移一格,控制器的状态转移到 q';$\delta(q,s)=(s',L,q')$与此相同,唯一的区别是读写头向左移一格.

例 10.13 图灵机 $M=\langle\{q_0,q_1,q_2,q_3\},\{0,1\},\{0,1,B\},\delta,q_0,B,\{q_3\}\rangle$,其中 δ 如表 10-7 所示.

表 10-7

δ	0	1	B
q_0	$(0,R,q_0)$	$(1,R,q_0)$	(B,L,q_1)
q_1	(B,L,q_2)	$(1,R,q_0)$	(B,R,q_0)
q_2	(B,R,q_3)	—	—
q_3	—	—	—

和有穷自动机类似,也可以用状态转移图来表示图灵机. 在每一条弧旁标上 s/s', R 或 s/s', L,以表明图灵机的动作. 例 10.13 的状态转移图如图 10-10 所示.

在计算的每一步,带上只有有穷个方格的内容是非空白符. 因此,带的内容总可以表示成

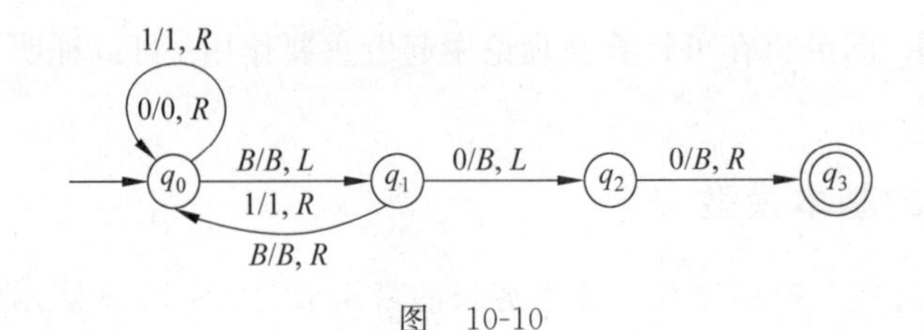

图 10-10

$$Ba_1a_2\cdots a_nB$$

两端的其余部分全都是空白符．当然，这里允许某些 a_i 是空白符．为了描述计算中的一步，还需要指明当前控制器所处的状态和读写头扫视的带方格，可把它表成

$$a_1\cdots a_{i-1}q\,a_i\cdots a_n \quad 或 \quad \begin{matrix} a_1\cdots a_i\cdots a_n \\ \uparrow \\ q \end{matrix}$$

带上的内容、控制器的状态和读写头扫视的带方格称作 M 的一个**格局**．一般地，一个格局总可以表示成

$$\alpha_1 q \alpha_2$$

其中 $\alpha_1,\alpha_2\in\Gamma^*$，$q\in Q$．它表示带的内容为 $\alpha_1\alpha_2$，当前状态为 q，读写头正在扫视 α_2 的第一个符号．如果 α_2 是空串，则读写头扫视紧挨在右边的空白符．M 的初始格局为

$$q_0\omega$$

这里 $\omega\in\Sigma^*$ 是输入字符串．

设 σ_1、σ_2 是两个格局．如果从 σ_1 经过一步到达 σ_2，则记作

$$\sigma_1 \vdash \sigma_2$$

如果从 σ_1 能够经过有限步(可以是零步)到达 σ_2，则记作

$$\sigma_1 \vdash^* \sigma_2$$

如果格局 $\sigma=\alpha_1q\alpha_2$ 中的 q 是接受状态，即 $q\in A$，则称 σ 是**接受格局**；如果 σ 之后没有任何动作，即设 α_2 的第一个符号是 s，$\delta(q,s)$ 没有定义，则称 σ 是**停机格局**．

设 $\sigma_1,\sigma_2,\cdots,\sigma_n,\cdots$ 是一个格局序列，它可以是有穷的，也可以是无穷的．如果每一个 σ_{i+1} 都由 σ_i 经过一步得到，则称这个序列是一个**计算**．任给一个输入字符串 $\omega\in\Sigma^*$，从初始格局 $\sigma_0=q_0\omega$ 开始，M 在 ω 上的计算有 3 种可能．

(1) 停机在接受状态，即计算是以接受格局结束的有穷序列 $\sigma_0,\sigma_1,\cdots,\sigma_n$，其中 σ_n 是接受的停机格局．

(2) 停机在非接受状态，即计算是以非接受格局结束的有穷序列 $\sigma_0,\sigma_1,\cdots,\sigma_n$，其中 σ_n 是停机格局，但不是接受格局．

(3) 永不停机，即计算是一个无穷序列 $\sigma_0,\sigma_1,\cdots$．

如果是第一种情况，我们称图灵机 M **接受**字符串 ω；如果是第二种或第三种情况，都说图灵机 M **不接受**字符串 ω，或**拒绝** ω．当 M 不接受 ω 时，有两种可能：M 停机在非接受状态或者永不停机．

定义 10.10 图灵机 $M=\langle Q,\Sigma,\Gamma,\delta,q_0,B,A\rangle$ **接受的语言** $L(M)$ 是 M 接受的字符串的全体，即

$$L(M)=\{\omega\in\Sigma^* \mid M\text{ 接受 }\omega\}.$$

例 10.13 的图灵机 M 在输入 $\omega=10100$ 上的计算为

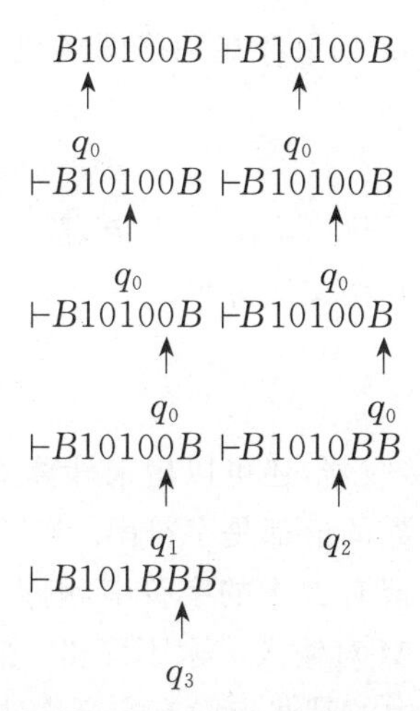

由于 q_3 是接受状态且最后的格局是停机格局，故 M 接受 $\omega=10100$.

这个 M 计算的一般过程大致是：在状态 q_0 下，读写头不断右移，扫视整个输入 ω，直至找到 ω 右边的第一个空白符 B，然后转移到状态 q_1. 若 ω 右端的两个符号是 0，则 M 把这两个 0 改写成 B 后，停机在接受状态 q_3. 如果 ω 右端第一个符号是 0，第二个符号是 1 或者 $\omega=0$，则 M 停机在非接受状态 q_2. 如果 ω 右端第一个符号是 1 或者 $\omega=\varepsilon$，则 M 永不停机，不断地从 q_0 到 q_1，再回到 q_0，读写头也在一左一右的来回移动. 可见，M 接受所有以 00 为后缀的 0、1 字符串，即 $L(M)=\{x00 \mid x\in\Sigma^*\}$.

例 10.14 构造一个接受语言 $L=\{0^n1^n \mid n\geqslant 1\}$ 的图灵机.

解 基本思想是读写头来回移动，每次删去左端的一个 0 和右端的一个 1. 如果这样恰好把输入串 ω 删去，则 $\omega\in L$；否则 $\omega\notin L$.

计算开始时，如果初始状态 q_0 读到 0，则把 0 改写成 B（删去这个 0）后转到状态 q_1；否则 $\omega\notin L$，停机并拒绝 ω. $\delta(q_0,0)=(B,R,q_1)$（不给出 $\delta(q_0,1)$ 和 $\delta(q_0,B)$，表示它们没有定义）. 在状态 q_1 下读写头右移，直至找到右边第一个 B 后，往回左移一格并且转到状态 q_2. $\delta(q_1,0)=(0,R,q_1)$，$\delta(q_1,1)=(1,R,q_1)$，$\delta(q_1,B)=(B,L,q_2)$. 如果 q_2 读到 1，则这个 1 与左端刚删去的 0 对应，故删去这个 1、左移并且转到状态 q_3；否则表明 $\omega\notin L$，停机并拒绝 ω. $\delta(q_2,1)=(B,L,q_3)$. 如果 q_3 读到 B，则表明恰好把输入串 ω 全部删去，$\omega\in L$，故停机并且接受 ω，q_3 是接受状态. 否则返回到左端和状态 q_0，重复上述过程. $\delta(q_3,0)=(0,L,q_4)$，$\delta(q_3,1)=(1,L,q_4)$，$\delta(q_4,0)=(0,L,q_4)$，$\delta(q_4,1)=(1,L,q_4)$，$\delta(q_4,B)=(B,R,q_0)$.

综上所述，$M=\langle Q,\{0,1\},\{0,1,B\},\delta,q_0,B,\{q_3\}\rangle$，其中 $Q=\{q_i \mid i=0,1,2,3,4\}$，$\delta$ 如表 10-8 所示.

表 10-8

δ	0	1	B
q_0	(B,R,q_1)	—	—
q_1	$(0,R,q_1)$	$(1,R,q_1)$	(B,L,q_2)
q_2	—	(B,L,q_3)	—
q_3	$(0,L,q_4)$	$(1,L,q_4)$	—
q_4	$(0,L,q_4)$	$(1,L,q_4)$	(B,R,q_0)

定义 10.11 设 L 是一个语言. 如果存在一个图灵机 M 接受语言 L,即 $L(M)=L$,则称 L 是**递归可枚举**的,记作 r.e.

可以证明下述定理:

定理 10.6 语言 L 是 r.e,当且仅当 L 是 0 型语言.

这个定理告诉我们,图灵机和 0 型文法等价.

10.4.2 用图灵机计算函数

图灵机不仅可以作为语言的接收器,还可以用来计算函数. 一般地,图灵机计算一个字符串函数,这个函数的自变量和函数的值都是字符串. 当图灵机 M 对输入 x 的计算停机时(不管是否停机在接受状态),带上留有 Γ 上的字符串,删去 Σ 以外的符号后,得到一个 Σ 上的字符串 y, 记作 $y=f(x)$. 如果 M 对输入 x 永不停机, 则 $f(x)$没有定义. 称 M 计算函数 f. f 是 Σ^* 到 Σ^* 的函数,但对 Σ^* 中的某些点没有定义. 对于例 10.13,输入 $x\in\{0,1\}^*$. 当 x 的右端是 2 个 0 时,$f(x)$等于 x 删去这 2 个 0 后的剩余部分;当 x 的右端只有 1 个 0 时,$f(x)$等于 x 删去这 1 个 0 后的剩余部分;当 x 最右端是 1 或 $x=\varepsilon$ 时,$f(x)$没有定义. 如果把$\{0,1\}$上的字符串看作自然数的二进制表示(字符串左端的 0 忽略不计),那么 f 是一个整数函数,有

$$f(x)=\begin{cases}x/4, & \text{若 } x \text{ 被 4 整除;}\\ x/2, & \text{若 } x \text{ 被 2 整除,但不被 4 整除;}\\ \text{没有定义,} & \text{否则.}\end{cases}$$

设 $\mathbf{N}$ 是自然数集合,m 是一个正整数. 考虑函数 $f:\mathbf{N}^m\to\mathbf{N}$. 在这里,对于 $\mathbf{N}^m$ 中的某些点 f 可以没有定义. 如果 $f(x_1,\cdots,x_m)$没有定义,则记作 $f(x_1,\cdots,x_m)\uparrow$. 我们称 f 是 $\mathbf{N}$ 上的 m 元**部分函数**. 如果对 $\mathbf{N}^m$ 中的每一点 f 都有定义,则 f 称作 m 元**全函数**.

例如,$x+y$ 是一个全函数,而 $x-y$ 是部分函数. 当 $x<y$ 时,$x-y$ 没有定义,因为要求函数值是一个自然数.

取 $\Sigma=\{1\}$. 用字符串 1^x,即连续的 x 个 1 表示自然数 x,称作自然数的**一进制**表示.

设 f 是 $\mathbf{N}$ 上的 m 元部分函数. 对任意给定的 $x_1,\cdots,x_m\in\mathbf{N}$,用它们的一进制表示作为 M 的输入,即带的初始内容为

$$1^{x_1}B1^{x_2}B\cdots B1^{x_m}$$

这里取 $\Sigma=\{1\}$,空白符 B 作为分隔符. 如果当 $f(x_1,\cdots,x_m)=k$ 时,M 最终停机且停机时带上的字符串(不计 Σ 以外的符号)是 1^k;当 $f(x_1,\cdots,x_m)\uparrow$ 时,M 永不停机,则称 M **计算函数** f. 图灵机计算的函数称作**部分可计算函数**或**部分递归函数**. 部分可计算的全函数称作**可计算函数**或**递归函数**.

用图灵机计算函数时,不需要区分停机在接受状态和非接受状态. 因此,不必指明接受状态集合.

虽然图灵机的动作非常简单,但其计算能力极强. 它能够实现任何算法,计算任何人们认为可计算的函数. 不过设计图灵机需要很强的技巧,而且通常是很麻烦的.

例 10.15 构造一台计算 $x-y$ 的图灵机.

解 前面已经说过,$x-y$ 是一个部分函数. 当 $x\geqslant y$ 时,它和普通减法一样;当 $x<y$

时，没有定义.

以一进制方式表示数. 带的初始内容为 1^xB1^y. 为了叙述方便，记 $\omega_1=1^x$，$\omega_2=1^y$ 分别为输入中的第一个值和第二个值. 设计的基本思想是读写头左右来回运动，每一次先删去 ω_2 中的一个 1(最右边的 1)，然后删去 ω_1 中的一个 1(最左边的 1). 如果在该删 ω_2 时 ω_2 已被删完，则表明 $x\geqslant y$，停机，此时 ω_1 中剩下的 1 即为所需的结果. 如果在该删 ω_1 时 ω_1 已被删完，则表明 $x<y$，机器进入永不停机的计算.

一开始，读写头右移，直至找到 ω_2 右边第一个 B 后转移到状态 q_2，并且往回左移一格：$\delta(q_0,1)=(1,R,q_0)$，$\delta(q_0,B)=(B,R,q_1)$，$\delta(q_1,1)=(1,R,q_1)$，$\delta(q_1,B)=(B,L,q_2)$. 若 q_2 读到 B，则表明 ω_2 已被删完，$x\geqslant y$，停机；若读到 1，则删去这个 1 后继续左移直至找到 ω_2 左端第一个 B(即分隔 ω_1 与 ω_2 的 B)后，转移到状态 q_4 并且继续左移一格：$\delta(q_2,1)=(B,L,q_3)$，$\delta(q_3,1)=(1,L,q_3)$，$\delta(q_3,B)=(B,L,q_4)$. 若 q_4 读到 B，则表明 ω_1 已被删完，$x<y$，读写头一直左移下去，永不停机；若 q_4 读到 1，则读写头继续左移找到 ω_1 左端的第一个 B 后往回右移一格，这是 ω_1 的左端，删去这个 1 后右移一格并且回到初始状态 q_0，重复上述过程：$\delta(q_4,B)=(B,L,q_4)$，$\delta(q_4,1)=(1,L,q_5)$，$\delta(q_5,1)=(1,L,q_5)$，$\delta(q_5,B)=(B,R,q_6)$，$\delta(q_6,1)=(B,R,q_0)$.

综上所述，$M=\langle Q,\{1\},\{1,B\},\delta,q_0,B\rangle$，其中 $Q=\{q_i\mid i=0,1,\cdots,6\}$，$\delta$ 如表 10-9 所示.

表 10-9

δ	1	B
q_0	$(1,R,q_0)$	(B,R,q_1)
q_1	$(1,R,q_1)$	(B,L,q_2)
q_2	(B,L,q_3)	—
q_3	$(1,L,q_3)$	(B,L,q_4)
q_4	$(1,L,q_5)$	(B,L,q_4)
q_5	$(1,L,q_5)$	(B,R,q_6)
q_6	(B,R,q_0)	—

例 10.16 构造计算 xy 的图灵机.

解 xy 是一个全函数，采用一进制表示，带的初始内容为 1^xB1^y，计算结束时为 1^{xy}. 和上题一样，把输入中的第一个值 1^x 称作 ω_1，第二个值 1^y 称作 ω_2. 算法的基本思想是删去 ω_1 中的一个 1，然后在右端生成 y 个 1，直到 ω_1 被全部删去为止. 最后删去 ω_2，带上恰好有 xy 个 1. 在右端生成 y 个 1，即复制一个 ω_2. 为此，引入一个工作符号 C，每次把 ω_2 中的一个 1 改写成 C，然后在右端写一个 1，直到把 ω_2 全部改成 C 为止. 最后，再把每一个 C 恢复成 1.

把复制一个 $\omega_2=1^y$ 的子过程记作 COPY. 进入 COPY 时的格局为 $1^tBp_01^yB1^{(x-t-1)y}$，退出 COPY 时的格局为 $1^tq_3B1^yB1^{(x-t)y}$，其中 $0\leqslant t<x$，COPY 中使用状态 p_j，$j=0,1,\cdots,5$.

从删去 ω_1 中的一个 1 到完成复制一个 ω_2 称作一个阶段. 每个阶段从状态 q_0、读写头位于最左端开始，最后又恢复到 q_0，读写头移回到最左端，为开始下一个阶段做好准备.

如果 q_0 读到 B，这表明 ω_1 已被全部删去或 $x=0$，则转移到状态 q_2. 用状态 q_2 删去 ω_2

后停机,计算结束. 如果 q_0 读到 1,则删去这个 1 后转入状态 q_1. 在状态 q_1 下,将读写头右移到分隔 ω_1 和 ω_2 的 B 的右边,转移到状态 p_0,进入 COPY.

退出 COPY 时,p_5 在读 ω_2 左边的 B,左移一格转到状态 q_3,用状态 q_3 找到 ω_1 左端的 B,然后往回右移一格并且返回到初始状态 q_0. 这部分的动作函数如表 10-10 所示.

表 10-10

δ	1	C	B
q_0	(B,R,q_1)	×	(B,R,q_2)
q_1	$(1,R,q_1)$	×	(B,R,p_0)
q_2	(B,R,q_2)	×	—
q_3	$(1,L,q_3)$	×	(B,R,q_0)

子过程 COPY. 如果状态 p_0 读到 B,这表明复制 1^y 已经完成,则转移到状态 p_5. 在状态 p_5 下,读写头左移,把所有 C 恢复成 1 后读到 ω_2 左边的 B,左移转移到状态 q_3,退出 COPY. 如果 p_0 读到 1,这是 ω_2 中尚未被改写的最左端的 1,则把这个 1 改写成 C 后转移到状态 p_1. 在状态 p_1 下右移读完 ω_2,越过 B 转移到状态 p_2. 在 p_2 下继续右移,越过前面生成的 1,找到右端的 B. 把这个 B 改写成 1(又生成一个 1)后转移到 p_3. 在 p_3 下左移,越过 ω_2 右边的 B 时转移到 p_4. p_4 继续左移读完 ω_2 中尚存的 1,最后读到 C. 读写头往回向右移一格并且返回到 p_0. COPY 的动作函数如表 10-11 所示.

表 10-11

δ	1	C	B
p_0	(C,R,p_1)	×	(B,L,p_5)
p_1	$(1,R,p_1)$	×	(B,R,p_2)
p_2	$(1,R,p_2)$	×	$(1,L,p_3)$
p_3	$(1,L,p_3)$	×	(B,L,p_4)
p_4	$(1,L,p_4)$	(C,R,p_0)	×
p_5	×	$(1,L,p_5)$	(B,L,q_3)

整个图灵机 $M=\langle Q,\{1\},\{1,C,B\},\delta,q_0,B\rangle$,其中 $Q=\{q_i \mid i=0,1,2,3\}\cup\{p_j \mid j=0,1,\cdots,5\}$. 在表 10-10 和表 10-11 中,×和—均表示 δ 没有定义. 但是,×是实际上不会出现的情况.

10.5 题例分析

例 10.17 设文法 $G=\langle\{S,C,A\},\{0,1\},S,P\rangle$,其中

$$P: S\to ASA\mid 0C1\mid 1C0$$
$$C\to ACA\mid A\mid \varepsilon$$
$$A\to 0\mid 1$$

(1) G 是几型文法?

(2) 下列命题是真是假?

① $C \Rightarrow 010$

② $C \overset{*}{\Rightarrow} 010$

③ $AAA \overset{*}{\Rightarrow} 00$

④ $CCCC \overset{*}{\Rightarrow} 00$

⑤ $C \overset{*}{\Rightarrow} AAA$

⑥ $S \overset{*}{\Rightarrow} 010$

(3) 给出 $L(G)$的集合表示.

答案 (1) G 是 2 型文法,即上下文无关文法.

(2) ①假. ②真. ③假. ④真. ⑤真. ⑥假.

(3) $L(G)=\{x0w1y, x1w0y \mid x,y,w \in \{0,1\}^*, 且 |x|=|y|\}$,

即 $L(G)$由所有长度大于等于 2 且不左右对称的 0、1 串组成.

分析 (2) 由于 G 不含产生式 $C \to 010$,故①为假.

派生通常是不唯一的,如② $C \overset{*}{\Rightarrow} 010$ 的派生可以是

$$C \Rightarrow ACA \Rightarrow AAA \Rightarrow 0AA \Rightarrow 01A \Rightarrow 010,$$
$$C \Rightarrow ACA \Rightarrow AC0 \Rightarrow 0C0 \Rightarrow 0A0 \Rightarrow 010,$$

等.

注意到 G 中以 A 为左端变元的产生式只有 $A \to 0$ 和 $A \to 1$,故 AAA 只能派生出长度为 3 的 0、1 串,故③$AAA \overset{*}{\Rightarrow} 00$ 为假.

S 要派生出长度为 3 的 0、1 串,就不能使用第一个产生式,而只能使用后两个产生式 $S \to 0C1$ 或 $S \to 1C0$,从而派生出的 0、1 串的首尾不可能同时为 0 或同时为 1,故⑥$S \overset{*}{\Rightarrow} 010$ 为假.

(3) 基于上面关于(2)②的观察,可以看到 $L(G)$ 中的 0、1 串至少有一对左右对称位置上的 0、1 不相同. 详细分析如下.

首先容易看出,C 可以派生出任意的 0、1 串. 其次,重复使用 $S \to ASA$ 可得到 $S \overset{*}{\Rightarrow} A^iSA^i$,其中 i 是任意的非负整数. 而 A^i 可以派生出长度为 i 的任意 0、1 串. 最后,为了消去 S,必须使用 $S \to 0C1$ 或 $S \to 1C0$,故

$$L(G) = \{x0w1y, x1w0y \mid x,y,w \in \{0,1\}^*, 且 \mid x \mid = \mid y \mid\}.$$

例 10.18 试构造一台 DFA 接受所有可被 5 整除的自然数的二进制表示,如 0、101、1010 等.

解 被 5 整除的余数是 0、1、2、3、4. 设 $\omega = a_1a_2\cdots a_n, a_j \in \{0,1\}$. 把 ω 的长度为 k 的前缀记作 ω_k,即 $\omega_k = a_1a_2\cdots a_k, 1 \leqslant k \leqslant n$. 用状态 q_i 表示 ω 已读完的前缀除以 5 的余数为 i, $0 \leqslant i \leqslant 4$. 由于

$$\omega_k 0 = 2 \times \omega_k, \quad \omega_k 1 = 2 \times \omega_k + 1,$$

δ 关于 q_i 的值如表 10-12 所示. q_0 是终结状态.

表　10-12

δ	$\to s$	$*q_0$	q_1	q_2	q_3	q_4	$*p$	r
0	p	q_0	q_2	q_4	q_1	q_3	r	r
1	q_1	q_1	q_3	q_0	q_2	q_4	r	r

最后，除 0 外，二进制表示应以 1 开头，故再添加 3 个状态 s、p 和 r，其中 s 是初始状态，p 是一个终结状态，专门用于接受字符串 0，相关的 δ 值也在表 10-12 中列出. 状态转移图如图 10-11 所示.

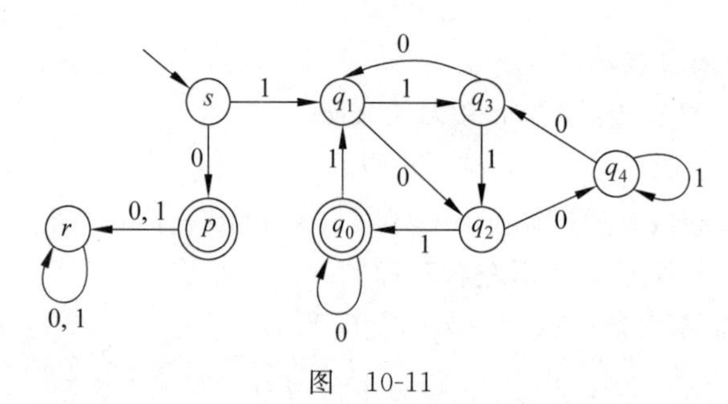

图　10-11

作为识别语言的工具，只有 DFA 才真正是识别语言的算法. 但是直接设计 DFA 有时比较困难，可以先设计 NFA，再把它转化成等价的 DFA. 利用 NFA 的非确定性往往可以简化设计，设计 NFA 的技巧在于使用“猜想”，如下例所示.

例 10.19　设 $L=\{xaba \mid x\in\{a,b\}^*\}$. 构造识别 L 的 DFA.

解　$\omega\in\{a,b\}^*$ 是否属于 L 取决于它的最后 3 个字符，因此不必关心开始时读到的字符，而只需检查最后 3 个字符是否是 aba. 问题在于不知道现在读到哪里了(在设计自动机时总是设想自己就是这台自动机). 如果是设计 DFA，在每一步都要考虑各种可能的情况. 如果是设计 NFA，就可以巧妙地使用“猜想”. 当读到 a 时就要猜想这个 a 是否是后缀 aba 的第一个 a. 如果猜想“是”，则转入检查后缀 aba 的计算. 这个 NFA M 如图 10-12 所示.

按照例 10.9 的方法可以构造出与 M 等价的 DFA M'，M' 的状态集合 Q' 是 M 的状态集合 Q 的幂集. 实际上，Q 的某些子集在 M 的计算中不可能出现，从而没有必要把它们引入 Q'. Q' 只需包含在 M 的计算中可能出现的 Q 的子集. 具体做法如下.

为方便起见，用 p_0 表示 $\{q_0\}$，p_1 表示 $\{q_1\}$，p_{01} 表示 $\{q_0,q_1\}$，其余类推.

M' 的初始状态是 p_0，计算 $\delta'(p_0,a)=\delta(q_0,a)=\{q_0,q_1\}=p_{01}$，$\delta'(p_0,b)=\delta(q_0,b)=\{q_0\}=p_0$. 新出现 p_{01}，对 p_{01} 计算 δ'：$\delta'(p_{01},a)=\delta(q_0,a)\cup\delta'(q_1,a)=p_{01}$，$\delta'(p_{01},b)=\delta(q_0,b)\cup\delta(q_1,b)=p_{02}$. 又新出现 p_{02}，再对 p_{02} 计算 δ'，如此继续，直至不再有出现过、但还没有计算 δ' 值的状态(Q 的子集)为止. 如表 10-13 所示. M' 的状态转移图如图 10-13 所示. M' 只有 4 个状态，而不是 $2^4=16$ 个状态.

图　10-12　　　　图　10-13

表 10-13

δ'	a	b
$\to p_0$	p_{01}	p_0
p_{01}	p_{01}	p_{02}
p_{02}	p_{013}	p_0
$*\ p_{013}$	p_{01}	p_{02}

例 10.20 构造识别数的 DFA.

解 例 10.16 给出了程序设计语言中数的描述和生成数的文法 G. 设计 DFA,可以直接构造,也可以先构造 NFA,再把它转换成等价的 DFA,还可以先设计等价的正则文法,再转换成有穷自动机.

在程序设计语言中用巴科斯范式(BNF)描述语法. 一般地,BNF 是上下文无关文法. 例 10.6 中给出的生成数的右线性文法 G 实际上就是描述数的 BNF.

根据定理 10.4 的证明,很容易把 G 转换成带 ε 转移的 NFA M,如图 10-14(a)所示. 这里仍沿用例 10.6 中的记号,其中 num 是初始状态,新添加了一个终结状态 q_f,a 是数字 0,1,…,9 的缩写. 注意,到 q_f 的 3 个转移都是 ε 转移,故可以删去 q_f,把这 3 个 ε 转移到 q_f 的状态 r_1、r_3 和 r_6 改成终结状态. 这仍是一个带 ε 转移的 NFA,记作 M_1,如图 10-14(b)所示. 再用例 10.10 的方法把 M_1 转换成等价的不带 ε 转移的 NFA M_2,见图 10-14(c). 最后用例 10.9 的方法把 M_2 转换成 DFA M_3,如图 10-14(d)所示. 这里用 $num, fig, \cdots, r_6$ 表示 $\{num\}, \{fig\}, \cdots, \{r_6\}$. 用 r_7 表示 $\{r_4, r_5\}$. 为了简明起见,图中没有画出状态 $\varnothing$ 及其有关的转移. 也就是说,图中 δ 所有没有定义的地方都是转移到 $\varnothing$,包括对任意字符 $\varnothing$ 转移到自身.

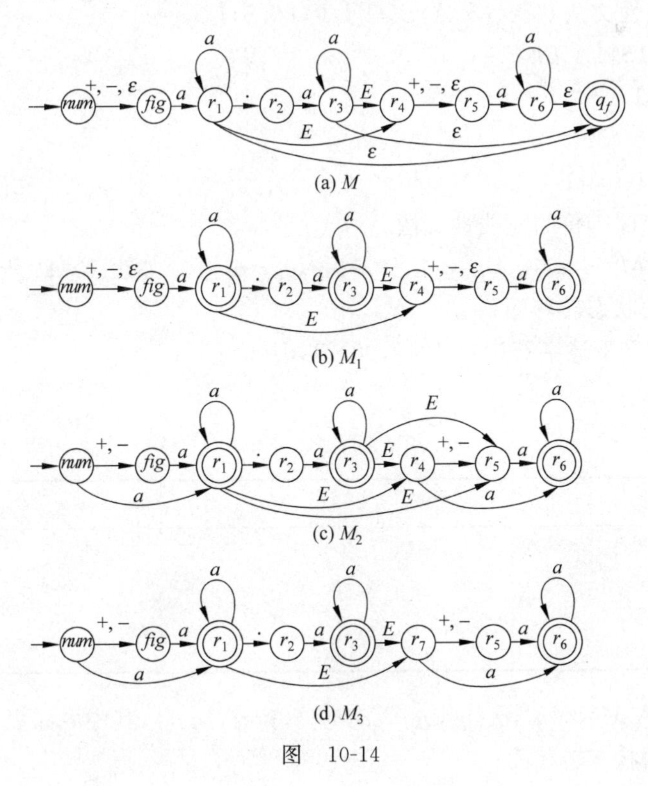

图 10-14

习　题

10.1　给出在例10.5中文法 G 派生出下述表达式的过程：

(1) $a+a*a$；　　(2) $(a-a)/(a*a+a*a)$.

10.2　设文法 $G=\langle\{S\},\{a,b\},S,P\rangle$，其中 P：$S\to aS, S\to Sb, S\to\varepsilon$. 求 $L(G)$.

10.3　设文法 $G=\langle\{S,A,B\},\{a,b,c\},S,P\rangle$，

其中 P：(1) $S\to aSAB$　　(2) $S\to aAB$

(3) $BA\to AB$　　(4) $aA\to ab$

(5) $bA\to bb$　　(6) $bB\to bc$

(7) $cB\to cc$

求证：对任意的 $n\geqslant 1, a^nb^nc^n\in L(G)$.

10.4　在程序设计语言中，一串以字母开头的字母和数字称作标识符. 试给出生成所有标识符的右线性文法和左线性文法.

10.5　试给出生成下述语言的右线性文法和左线性文法：

(1) $L=\{\omega\in\{0,1\}^*\mid\omega$ 中有连续的3个0$\}$；

(2) $L=\{a^mb^n\mid m,n\geqslant 1\}$.

10.6　给出生成语言 $L=\{\omega\omega^{\mathrm{T}}\mid\omega\in\{0,1\}^*\}$ 的文法，这里 ω^{T} 是 ω 的**反转**，定义如下：若 $\omega=a_1a_2\cdots a_n$，则 $\omega^{\mathrm{T}}=a_n\cdots a_2a_1$.

10.7　设右线性文法 $G=\langle\{S,A,B,C\},\{0,1\},S,P\rangle$，

其中　P：$S\to 0S|1S|1A|0B$

$A\to 1C|1$

$B\to 0C|0$

$C\to 0C|1C|0|1$

试构造一个与 G 等价的左线性文法.

10.8　设FA $M=\langle\{q_0,q_1,q_2,q_3\},\{0,1\},\delta,q_0,\{q_1\}\rangle$，$\delta$ 如表10-14所示.

(1) 给出 M 的状态转移图；

(2) M 是否接受下述字符串：01010，00101，01001；

(3) 求 $L(M)$.

表　10-14

δ	0	1
q_0	q_1	q_3
q_1	q_3	q_2
q_2	q_1	q_3
q_3	q_3	q_3

10.9　设NFA $M=\langle\{q_0,q_1,q_2,q_3\},\{a,b,c\},\delta,q_0,\{q_3\}\rangle$，其中 δ 如表10-15所示.

(1) 画出 M 的状态转移图；

(2) 用根树形式给出 M 对下述 ω 的计算过程中的状态转移，并问 M 是否接受 ω？

① $\omega=abbcc$；②$\omega=ababc$；③$\omega=abbca$.

表 10-15

δ	A	b	c
q_0	$\{q_0,q_1\}$	$\varnothing$	$\varnothing$
q_1	$\varnothing$	$\{q_1,q_2\}$	$\varnothing$
q_2	$\varnothing$	$\varnothing$	$\{q_2,q_3\}$
q_3	$\{q_0\}$	$\varnothing$	$\varnothing$

10.10 设带 ε 转移的 NFA M 的状态转移图如图 10-15 所示，求 $L(M)$.

10.11 给出接受下述语言的 DFA：

(1) $L=\{0^n1^m \mid n,m\geqslant 1\}$；

(2) 含有偶数个 0 的 0、1 字符串的全体(偶数包括 0).

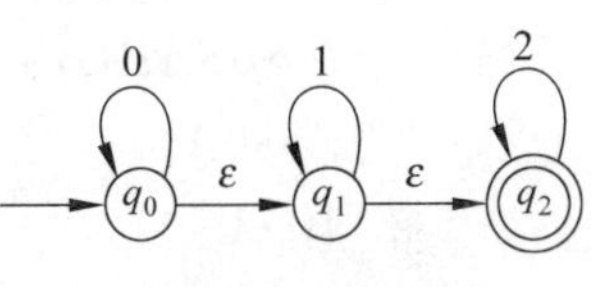

图 10-15

10.12 给出接受下述语言的 NFA：

(1) 以 01 为后缀的 0、1 字符串的全体；

(2) 不含子串 011 的 0、1 字符串的全体.

10.13 给出与题 10.9 NFA 等价的 DFA.

10.14 给出与题 10.10 带 ε 转移的 NFA 等价的不带 ε 转移的 NFA.

10.15 给出与题 10.8 FA 等价的右线性文法和左线性文法.

10.16 给出与题 10.10 带 ε 转移的 NFA 等价的右线性文法和左线性文法.

10.17 给出与题 10.7 右线性文法 G 等价的 NFA.

10.18 给出例 10.13 图灵机 M 对下述输入串的计算：

(1) 11010； (2) 01100； (3) 01011.

10.19 试构造出接受下述语言的图灵机：

(1) 所有 0 和 1 的个数相同的 0、1 字符串；

(2) $\{\omega\omega^{\mathrm{T}} \mid \omega\in\{0,1\}^*\}$，$\omega^{\mathrm{T}}$ 见题 10.6.

10.20 试构造出计算下述函数的图灵机，采取一进制表示数.

(1) $x+y$； (2) $3x$.

10.21 图灵机的状态转移函数 δ 可以表示成有穷的五元组集合，每个五元组 (q,s,s',X,q') 代表 $\delta(q,s)=(s',X,q')$，其中 $X=L$ 或 R，故称这种图灵机为**五元图灵机**. **四元图灵机**的 δ：$Q\times\Gamma\to(\Gamma\cup\{L,R\})\times Q$，可表示成有穷的四元组集合，每个四元组形如 (q,s,s',q')、(q,s,L,q') 或 (q,s,R,q'). 在四元组中符号的含义和五元组的相同. 四元图灵机的每一个动作除转移状态外，或者改写一个符号，或者向左、向右移动一格. 试证明：语言 L 被一个四元图灵机接受当且仅当 L 被一个五元图灵机接受.

以下各题从供选择的答案中选出正确的答案填入方框□内.

10.22 下述文法 G 的终极符集合均为{0,1}，起始符均为 S，大写字母均是变元.

(1) P：$S\to 0A \mid 1B$

$A\to 1A \mid 0B \mid 0$

$B \to 1B|0A|1$

G是[A]文法. 由 S [B]派生出 00010,[C]派生出 01001,[D]派生出 10000.

(2) P: $S \to 0BA \quad B \to A10$

$A \to 1A|0$

G是[A]文法. 由 S [B]派生出 00101110,[C]派生出 00010,[D]派生出 01010.

(3) P: $S \to 0ABA \quad AB \to A0B$

$BA \to B1A \quad A \to 1B|0$

$B \to 0A|1$

G是[A]文法. 由 S [B]派生出 0101110,[C]派生出 00010,[D]派生出 01010.

(4) P: $S \to 0SAB|BA$

$A \to 0A|0$

$B \to 1$

G是[A]文法. 由 S [B]派生出 00010,[C]派生出 01001,[D]派生出 10000.

供选择的答案

A: ①0 型; ②1 型; ③2 型; ④右线性; ⑤左线性.

B、C、D: ①能; ②不能.

10.23 图 10-16 给出 4 个有穷自动机的状态转移图. 记 M_i 的状态转移函数为 δ_i($1 \leqslant i \leqslant 4$).

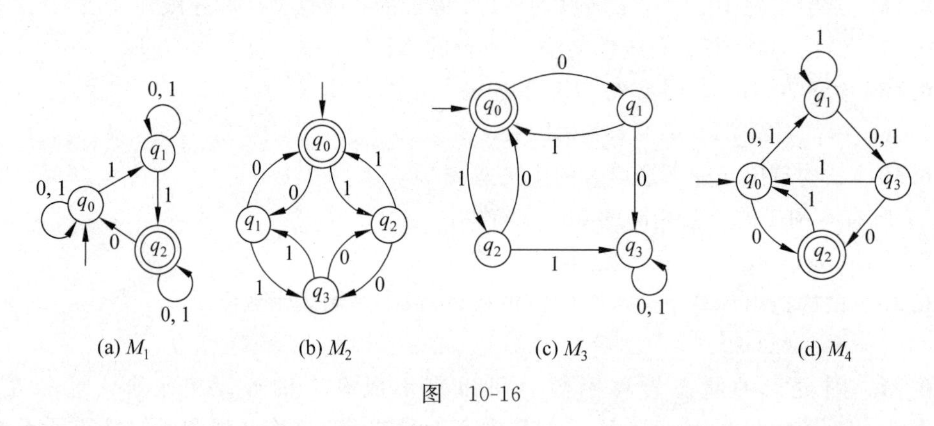

图 10-16

(a) $\delta_1(q_0, 1) =$ [A], $\delta_1(q_1, 1) =$ [B], M_1 读完输入 01101 后的状态为[C], M_1 接受[D]和[E].

(b) $\delta_2(q_1, 0) =$ [A], $\delta_2(q_2, 1) =$ [B], M_2 读完输入 01010 后的状态为[C], M_2 接受[D]和[E].

(c) $\delta_3(q_0, 0) =$ [A], $\delta_3(q_3, 1) =$ [B], M_3 读完输入 11001 后的状态为[C], M_3 接受[D]和[E].

(d) $\delta_4(q_1,1)=$ [A], $\delta_4(q_2,0)=$ [B]，M_4 读完输入 01010 后的状态为 [C]，M_4 接受 [D] 和 [E].

供选择的答案

A、B、C：① q_0；② q_1；③ q_2；④ q_3；⑤ $\{q_0,q_1\}$；⑥ $\{q_0,q_2\}$；⑦ $\{q_0,q_3\}$；⑧ $\{q_1,q_2\}$；⑨ $\{q_1,q_3\}$；⑩ $\{q_2,q_3\}$；⑪ $\{q_0,q_1,q_2\}$；⑫ $\{q_0,q_1,q_3\}$；⑬ $\{q_0,q_2,q_3\}$；⑭ $\{q_1,q_2,q_3\}$；⑮ $\{q_0,q_1,q_2,q_3\}$；⑯ $\varnothing$.

注：这里不区别 q_i 和 $\{q_i\}$.

D、E：①000000；②101010；③00010；④1001.

10.24 设图灵机 $M=\langle\{q_i|0\leqslant i\leqslant 5\},\{0,1\},\{0,1,B\},\delta,q_0,B,\{q_5\}\rangle$，其中 δ 如表 10-16 所示.

表 10-16

δ	0	1	B
q_0	$(0,R,q_0)$	$(1,R,q_0)$	(B,L,q_1)
q_1	$(1,L,q_3)$	$(0,L,q_2)$	—
q_2	$(1,L,q_4)$	$(0,L,q_5)$	—
q_3	$(0,L,q_4)$	$(1,L,q_4)$	—
q_4	$(1,L,q_4)$	$(0,L,q_5)$	(B,L,q_4)
q_5	—	—	—

给定输入 ω，M [A]、[B] ω. 当 M 停机时，输出有后缀 [C].

(1) $\omega=10111$；　(2) $\omega=10110$；

(3) $\omega=10$；　(4) $\omega=10000$；

(5) $\omega=00001$；　(6) $\omega=0$.

供选择的答案

A：①停机在 q_0；②停机在 q_1；③停机在 q_2；④停机在 q_3；⑤停机在 q_4；⑥停机在 q_5；⑦永不停机.

B：①接受；②拒绝.

C：①00；②01；③10；④11；⑤0；⑥1.

注：当 A 的答案是⑦时，不回答 C.